CW00505732

ISBN 978-1-5280-0111-3
PIBN 10468867

FB &c Ltd, Dalton House, 60 Windsor Avenue, London, SW19 2RR.
Company number 08720141. Registered in England and Wales.

For support please visit www.forgottenbooks.com

Berliner
Entomologische Zeitschrift

(1875—1880: Deutsche Entomologische Zeitschrift).

Herausgegeben

von dem

Entomologischen Verein zu Berlin.

Siebenundvierzigster Band (1902).

Mit 5 Tafeln und 17 Textfiguren.

Heft I—II. Seite (1) — (28), (I) — (II), 1—154.
ausgegeben Anfang August 1902
Heft III—IV. Seite (III) — (VII), 155—302,
ausgegeben Ende Januar 1903.

Berlin 1902.
In Commission bei R. Friedländer & Sohn.
Carlstrasse 11.

Für den Inhalt der Referate in den Sitzungsberichten und den Inhalt der Abhandlungen sind die Referenten und Autoren allein verantwortlich, die Redaction ist dies in keiner Weise.

Inhalt des 47. Bandes (1902) der Berliner Entomologischen Zeitschrift.

Vereinsangelegenheiten I.

Die in der Generalversammlung vom 6. März 1902 vorgenommene Neuwahl des Vorstandes des Vereins hatte folgendes Ergebnis:

Vorsitzender: . Herr Dr. med. O. Bode, Halensee b. Berlin, Ringbahnstr. 121.
Stellvertreter: - Geh. Justizrat a. D. F. Ziegler.
Schriftführer: . - Baumeister H. Stüler, Berlin W.35, Derfflingerstr. 26.
Rechnungsführer: - H. Thiele, Berlin W.35, Steglitzerstr. 7.
Bibliothekar und Redacteur - H. Stichel, Schöneberg b. Berlin Feurigstr. 46.
Beisitzer: - Oberlehrer R. Hensel.
- Techn. Inspector G. Schröder.

Herr G. L. Schulz hatte auf Annahme der Wiederwahl als Vorsitzender verzichtet.

In derselben Generalversammlung wurde eine Revision und Umarbeitung der Bibliotheksordnung vorgenommen. Der Neudruck wird zusammen mit dem des Nachtrages des Bibliotheks-Cataloges voraussichtlich noch im Laufe dieses Jahres erfolgen.

Seit dem Erscheinen des letzten Heftes 1901 wurde als Mitglied in den Verein aufgenommen:

Herr M. Göttler, München, Hopfenstr. 3.

Wiedereingetreten ist

Herr H. Klooss, Polizeileutnant, Berlin N. Wörtherstr. 17.

Ihren Austritt erklärten:

Herr Dr. Chr. Schröder, Itzehoe-Sude.
" Dr. P. Sack, Offenbach.

Durch den Tod verlor der Verein:

Herrn A. Roeder, Wiesbaden.
" Dr. C. Berg, Buenos Aires.

Wohnungs- und sonstige Veränderungen:

Herr Dr. O. Bode, Halensee b. Berlin, Ringbahnstr. 121.
" E. Günther, Friedrichshagen b. Berlin, Köpnickerstr. 11.
" W. Haneld, Feuerwerks-Major a. D. Schöneberg b. Berlin Colonnenstr. 46.
" E. Bernard, Landgerichtsrat a. D., Ratibor, Oberschlesien, Friedrichstr. 3.
" A. Gaul, Bildhauer, W. Berlin, Fasanenstr. 63.

Herr M. Holtz, Wien, Schönburgstr. 28.
„ D. Honig, Rittmeister a. D., Hasserode a. H. Friedrichstr. 58.
„ W. Roepke, stud, zool.. Zürich V. Schönbühlstr. 15.
„ A. Wimmer, Fürstl. Liechtenst. Maler, Maria Enzersdorf b. Mödling, Helferstorferstr. 24.
„ P. Speiser, Dr. med., Bischofsburg. Ostpr.
„ Th. Weidinger, Kiew, Hospitalnajez 8—3.

In der Mitgliederliste wurde gestrichen:

Herr I. Kandelhart, Landmesser: Aufenthalt unbekannt, mit Beiträgen mehrere Jahre im Rückstand.

Schriftenaustausch wurde vereinbart mit:

Redact. der Illustriert. Zeitschrift für Entomologie, Dr. Chr. Schröder, Itzehoe-Sude, rückwirkend von Band I dieser Zeitschrift.

Dagegen wurde der Schriftenaustausch wegen Mangel an entomologischen Artikeln der Gegenlieferungen folgenden Gesellschaften pp. gekündigt.

Bonn: Naturhist. Verein der Preuss. Rheinlande u. Westfalens.
Kiel: Naturwissenschaftl. Verein f. Schleswig-Holstein.
Lawrence, Kansas: University of Kansas.
Lüttich: Société royale des sciences.
Lyon: Société Linneénne.
Nürnberg: Naturhistor. Gesellschaft.
Prag: „Lotos", deutscher naturw.-medizin. Verein.
Topeka (U. S. A.): Kansas Academy of Science.
Wernigerode: Naturwiss. Verein des Harzes.

Die mit der Redaction der Insecten-Börse, Leipzig, getroffene Vereinbarung wurde nach Kündigung des Vertrages dahin modificiert, dass der Verein nach wie vor die Sitzungsberichte in der Insecten-Börse zum Abdruck bringen lässt und hierfür, sowie für Ueberlassung eines vollständigen Exemplares der Zeitschrift zwei Frei-Exemplare der Insekten-Börse erhält.

Stichel.

Vereinsangelegenheiten II.

Seit der Ausgabe des letzten Heftes (I/II, 1902) der Zeitschrift wurde aufgenommen als **Mitglied** des Vereins:

Herr Schmidt, Rudolf. Conservator der deutschen Tiefsee-Expedition. Berlin, Schlegelstr. 13

" Biel, Emilio. Oporto, Portugal. (Lep. eur.).

" Delahon, Paul. Amtsgerichtssekretär. Luckenwalde, Mühlenweg 3 (ab 1./I 03).

" Dennhardt, Alb. Hugo. Milwaukee. Wisc. U. S. A., 1215—1219 Fourth Street.

" Nöldner, Emil. Präparator a. Zool. Inst. der Kaiser Wilh. Universität. Strassburg i. E., Neue Fritzgasse 17 (ab 1./I. 1903),

Ihren **Austritt** vom 1./I. 1903 ab erklärten:

Herr König, W., Justizrat. Berlin.

" Lehnebach, R. Leutnant, Berlin.

" Brenske, E., Stadtrat, Potsdam.

" Holtz, Martin. Wien.

" Seebold, Th. Paris.

Wohnungs- und **sonstige Veränderungen**:

Herr Dadd, Edw. M. Director der Magnolia Antifrictions Metall Co. Berlin, W. 8, Friedrichstr. 71. (Privatadresse: Charlottenburg, Bismarckstr. 1).

" Enderlein, Dr. G. Berlin, N. 4, Invalidenstr. 31 III.

" Rey, E. Berlin, N. 4, Schlegelstr. 20.

" Verhoeff, Dr. C. Berlin, N.W. 5, Lehrterstr. 55.

" Schulz, Alb. München, Thalkirchnerstr 1 III.

" Windrath, W. Singapore, Straits Settlements.

Schriftenaustausch wurde vereinbart mit der Redaction der Broteria, Prof. J. S. Tavares, Collegio de S. Fiel Soalheira, Portugal.

Das vorliegende Heft, welches infolge des aus den laufenden Mitteln bestrittenen Druckes des Katalognachtrages quantitativ etwas schwächer ausgefallen ist, und dessen Ausgabe im alten Jahre wegen der Säumigkeit der die Tafeln liefernden Kunstinstitute leider nicht hat ermöglicht werden können, enthält den Schlussartikel Ihrer Königlichen Hoheit, Prinzessin Therese von Bayern,

Dr. phil hon. causa, über die entomologischen Ergebnisse Höchstihrer Forschungsreisen in Südamerika. Die der Arbeit beigegebenen beiden Chromotafeln wurden wiederum von Ihrer Königlichen Hoheit dem Verein gespendet.

Für die wohlwollende und reiche Unterstützung, welche Königliche Hoheit durch Höchstderen Publikationen in der Berliner Entomolog. Zeitschrift und durch Uebernahme der Kosten der künstlerischen Tafelbeilagen zu denselben im Laufe der letzten Jahre der entomologischen Wissenschaft im allgemeinen und dem Berliner Entomolog. Verein im besonderen hat zu teil werden lassen, sei Höchstderselben an dieser Stelle ehrerbietigst mit der ganz gehorsamsten Bitte gedankt, Höchstihre Gunst und Interesse der Entomologie und dem Berliner Verein auch fernerhin bewahren zu wollen.

Im ferneren hat der Autor des Artikels „Verzeichnis der in Tonkin etc gesammelten Papilioniden, Herr H. Fruhstorfer zu den Druckkosten einen Teil beigetragen und die Herstellungskosten der Clichés zu den Textfiguren übernommen. Demselben sei hierfür gleichfalls der Dank des Vereins ausgesprochen.

Stichel.

Die Bibliothek.

Als Separatum zu dem vorliegenden Heft habe ich das Vergnügen, dem Verein und dessen Freunden den Nachtrag I zum Bücherverzeichnis von 1884 zu überreichen.

Bei Uebernahme der Bibliothek vor etwa 4 Jahren, erwies sich der vorhandene Katalog als gänzlich unzureichend und bei dem Bestreben, eine Ergänzung desselben vorzunehmen, zeigte es sich, dass einerseits die Zahl der Schriftentitel fast auf das doppelte gestiegen, andererseits aber auch, dass in den meisten periodischen Erscheinungen derart beträchtliche Lücken vorhanden waren, dass die Benutzung ersterer nur eine recht bedingte und fragliche gewesen sein konnte. Vorerst wurde nun angestrebt, diese Lücken zu ergänzen und dank dem weitgehenden Entgegenkommen der betreffenden Institute und Gesellschaften, mit denen der Verein im Tauschverkehr steht, ist es im Laufe der Zeit gelungen, die Reihen der Periodica wenigstens annähernd zu komplettieren. Die an 67 verschiedene Redactionen etc. erlassenen Reklamationen hatten den Erfolg, dass 157 vollständige Bände bezw. Jahrgänge, 360 einzelne Hefte bezw.

Nummern und 19 einzelne grössere Abhandlungen nachgeliefert wurden und der Bibliothek einverleibt werden konnten. Absolut erfolglos waren die wiederholt durch den Unterzeichneten selbst, als auch durch Vermittelung der Buchhandlung Friedländer u. S. gemachten Versuche bei der Société française d'Entomologie (A Fanvel) und Soc. Linnéenne de Normandie, beide in Caën. Es wurde daher auch die Lieferung der Berliner Entom. Zeitschrift an dieselben vom Jahre 1900 ab eingestellt.

Im weiteren wurde einer Anzahl von Gesellschaften pp. das Tauschverhältnis gekündigt, weil deren Publikationen wenig oder gar nichts Entomologisches enthielten, dagegen die disponibel gewordenen Exemplare der Zeitschrift dazu verwendet, neue Tauschverbindungen zu schliessen. meist auf Jahre rückwirkend, zum Teil vom Anfang des Bestehens. Einige Zeitschriften, bei denen solche nicht zu erreichen gewesen sind. werden ferner auf dem Wege der Subscription beschafft, so dass nunmehr wohl die meisten, wenigstens aber die wichtigsten neuen periodischen Erscheinungen zur Verfügung stehen. Die Titel der Zu- und Abgänge sind in den früheren Heften veröffentlicht und nunmehr der derzeitige Bestand unter Abteilung XI des Nachtrages vollständig registriert.

Andererseits wurde aber auch eine Anzahl von Einzelwerken als fehlend festgestellt, deren Verbleib nicht zu ermitteln gewesen ist. Sollte es sich ergeben. dass dieses oder jenes Buch, welches verliehen und in Vergessenheit geraten war, noch im Besitze der Entleiher ist, so wird gebeten, dasselbe ungesäumt zurückzuliefern. (Conf. Seite 32—33 des Nachtrages unter II bis X).

Zum Zwecke des Einbindens von losen Schriften, die sich im Laufe der Zeit zu enormen Mengen aufgesammelt hatten, verstaubten und nicht benutzt werden konnten, wurde aus dem Reservefonds des Vereins ein Betrag von 370 Mk. bewilligt und verbraucht. Hierfür wurden 480 Einbände der wichtigeren und begehrtesten Zeitschriften und Einzelwerke geliefert. Endlich sind bei der Sichtung der Bestände eine Anzahl von Druckschriften ausgemustert, welche weder allgemein zoologisches noch speciell entomologisches Interesse hatten und diese, sowie eine Anzahl disponibeler Separata aus der Zeitschrift, bei Buchhändlern gegen entomologische Werke umgetauscht. Der Tauschwert betrug 366,50 Mk. U. a. ist hierfür beschafft: Linné, Syst. nat. X; Eimer, Artbildung u. Verw. b. d. Schmetterlingen; Felder u. Rogenhofer, Reis. Novara, Lepidopt.; Gray, Catal. Papilion. Britisch. Museum; Weymer-Maassen, Lepidopt. Süd-Amer. (Stübel); Novitates

Zool. (Rothschild) vol. 1—4 u. s. w. — Auch gegen Abgabe früherer Jahrgänge der Berl. Ent. Zeitschrift konnten Neu-Erscheinungen auf dem entomol. Gebiet erworben werden, so: Tutt, British Lepidoptera I—III u. Brit. Noctuae.

Nach annähernd genauer Feststellung ergiebt sich folgender Vergleich des Bestandes und Zuwachses an Büchern und Schriften:

Abteilung	Titel	1884 Bestand Titel (Nummern)	1884 Bestand Bände	Zugang Titel	Zugang Bände	Bestand 1902 Titel bezw. Nummern	Bestand 1902 Bände
I	Vermischtes	117	125	90	94	207	219
II	Allg. pp. Entomol.	153	173	96	135	249	308
III	Coleopteren	270	376	89	89	359	465
IV	Lepidopteren	153	207	162	185	315	392
V	Hymenopteren	95	112	70	77	165	189
VI	Dipteren	71	101	35	39	106	140
VII	Pseudo-Neuropt.	55	65	24	24	79	89
VIII	Thysanuren etc.	34	36	43	43	77	79
IX	Hemipteren etc.	69	72	47	51	116	123
X	Myriopoden etc.	72	74	48	51	120	125
XI	Periodica	126	982	134	1776	260	2758
		1215	2323	838	2564	2053	4887
	Hiervon Abgang laut Nachtrag					79	79
						1974	4808
	ferner ab infolge Zusammenbindens kleinerer Schriften					-	184
	Ergiebt Gesammtbestand					1974	4624

Diese kurze Darstellung und die genannten Zahlen mögen Zeugnis davon ablegen, welche Arbeit und Zeit erforderlich gewesen ist, dem thatsächlich recht dringenden Bedürfnis nach Musterung und Katalogisierung des Bücherbestandes gerecht zu werden und wird es erklärlich erscheinen lassen, dass sich die längst versprochene Ausgabe des Nachtrages so wesentlich verzögert hat. Diese Unterlagen werden auch ferner klarlegen, dass die Obliegenheiten des Bücherverwalters, abgesehen von den Umständen, welche die Expedition auszuleihender und einzuziehender Bücher mit sich bringt, nicht gering zu veranschlagen sind, wenn die unumgänglich notwendige Ordnung und eine gewissenhafte Kontrolle der Eingänge durchgeführt werden soll. Erst hierdurch wird dieser, ein Vermögen repräsentierende Bücherschatz des Vereins den Mitgliedern und Interessenten nutzbar gemacht, — und dies erreicht zu haben, soll mir für meine Thätigkeit als Bücherverwalter eine besondere Genugthuung sein.

In Zukunft werde ich, sofern es mir überlassen ist, die Geschäfte .als Bibliothekar weiterzuführen, Neueingänge an Einzelschriften und Büchern, sowie einzelner Stücke nicht laufend bezogener Zeitschriften pp, und etwa noch erfolgende Nachlieferungen früherer Jahre der laufenden Periodica auf besonderem Blatte in jedem Hefte bekannt geben, und zwar so, dass diese Vermerke in Gestalt von Ausschnitten als laufende Nachträge Verwendung finden können. Von Registrierung der eingehenden laufenden Periodica glaube ich absehen zu können, es sei denn, dass neue Tauschverbindungen oder Abonnements eingegangen werden. Diese Ankündigungen erfolgen einmalig.

Schliesslich kann ich es mir nicht versagen, an alle diejenigen, welche die Bibliothek benutzen oder benutzen wollen, die freundliche, aber dringende Bitte zu richten, die Bestimmungen für die Benutzung (Seite I—V des Nachtrages) recht gewissenhaft zu befolgen. Auf diese Weise wird einmal eine glatte und schnelle Erledigung der Wünsche gewährleistet, andererseits aber auch für den Bibliothekar eine wesentliche Erleichterung bei der Expedition und Ersparnis von Schreibarbeit geschaffen.

Der erste Zutrag folgt anbei.

Berlin, Januar 1903. H. Stichel.

Sitzungsberichte

des Entomologischen Vereins in Berlin für das Jahr 1901.

Redigiert von H. Stichel.

Sitzung vom 3. Januar.

Herr Stichel legt zwei, Herrn Niepelt in Zirlau-Freiburg gehörige, kürzlich neu benannte Tagfalter vor: den prächtigen *Papilio weiskei* und *Delias kummeri*, beide in Britisch-Neuguinea am Aroa-Fluss von Weiske gesammelt und von Ribbe in der Insektenbörse Nr. 39 von 1900 beschrieben (Vgl. auch Deutsche Ent. Zeitschr. Lep. v. 13 p. 338 (1900).

Als Nachtrag zu seinen Mitteilungen über Kugeltiere verweist Herr Verhoeff, einer Anregung des Dr. Flach folgend, auf eine interessante Gruppe von Kugelkäfern. Es ist die Gattung *Sphaeromorphus* nebst ihren Verwandten, die eine eingehende morphologisch vergleichende Studie verdienten.

Herr Rey hat eine Anzahl aus einem Gelege stammender *Vanessa io* L. vorzulegen, welche sämmtlich in der Mitte des Vorderflügels einen schwarzen Punkt tragen, eine auffallende Erscheinung, da Aberrationen dieses Falters selten vorkommen. Herr Rey hält diese Bildung für einen phylogenetischen Charakter, da sich der schwarze Fleck genau auf derselben Stelle befindet, wo verwandte Vanessaarten eine gleiche Zeichnung besitzen.

Sitzung vom 10. Januar.

Herr Verhoeff legt 2 Abhandlungen von *Canon* Normann vor. Die eine enthält Beschreibung und Abbildung eines neuen Amphipoden, sowie des Isopoden *Jaeropsis dollfusi;* dieser ist von länglicher parallelseitiger Gestalt. Die Antennen haben breite, grosse, aussen gezahnte Grundglieder; der Caudalabschnitt, welcher bei so vielen anderen Isopoden-Arten aus mehreren selbstständigen Segmenten besteht, ist hier zu einem einzigen grossen Schild verwachsen wie bei den Wasserasseln. Das andere Heft handelt über Krebstiere aus dem Trondjem Fjord. Darunter befindet sich *Bythocaris simplicirostris* Sars. Das Stammstück dieses Decapoden hat ein mit Höckern besetztes festes, kräftiges Rückenschild, während der Hinterleib zarter gebildet ist. Der, einem rauhen Steine ähnliche Rückenpanzer scheint sehr geeignet, das Tier feindlichen Nachstellungen zu entziehen. Normann weist noch darauf hin, dass gerade die Angehörigen der Unterordnung *Gammarina* mit den höheren Breitengraden immer artenreicher auftreten, während bei anderen Gruppen der Kerbtiere der Süden produktiver sei. So kenne man aus dem Mittelmeer nur

106, aus den englischen Gewässern schon 204 und aus den norwegischen gar 333 *Gammarina.*

Herr Gaul zeigt eine Anzahl Eulenarten, die er während seines Aufenthalts in Rom gesammelt hat.

Sitzung vom 17. Januar.

Herr Dönitz spricht über die Beziehungen der Stechmücken zur Malaria und zeigt eine Reihe neuer Arten aus dem tropischen Asien, deren Diagnosen und Beschreibungen in der Jnsektenbörse 1901 (Jahrg. 18) p. 34 u. folg. niedergelegt sind. Es sind die Arten:

Anopheles kochi Dönitz. Sumatra, Java,
Anopheles punctulatus Dönitz. Neu-Guinea, Bismarck-Archipel,
Anopheles leucopus Dönitz. Java, Sumatra, Doerian,
Anopheles leucosphyrus Dönitz Sumatra, Borneo,
Culex kochi Dönitz. Neu-Guinea.

Sitzung vom 24. Januar.

Herr Verhoeff zeigt Isopoden aus Dalmatien, und zwar abnorm gebildete Stücke der von ihm selbst aufgestellten var. *mostarensis* von *Porcellio rathkei* Brandt. Diese Isopoden besitzen bei normaler Bildung sieben gleichbreite Truncussegmente und zwar die ♂ ♂ schmälere, die ♀ ♀ breitere. Bei den vorgelegten Stücken aber, von denen drei von demselben Fundorte stammen, sind die vorderen vier Segmente schmal und von der Breite der männlichen *Porcellio*, die drei letzten Segmente aber setzen dagegen plötzlich ab in einer Breite, wie sie die weiblichen *Porcellio* zu haben pflegen. Es liegt der Gedanke nahe, dass ein Gynandromorphismus vorliegt. Es wäre das um so bemerkenswerter, als man unter den Isopoden noch keine Zwitterbildung zu kennen scheint. Im Bertkau'schen Verzeichnis sind aus den ganzen Crustaceen nur 8 Zwitter aufgeführt, darunter 1 Hummer und 1 Flusskrebs, aber kein Isopode. Während nun die hintere Partie, auch die Sexualdrüsen, der abnormen Stücke in der That ganz weiblich gebildet sind, so dass von echten Zwittern nicht die Rede sein kann, fehlt es leider der vorderen Hälfte an jedem tertiären Anzeichen der Männlichkeit, ausser dem erwähnten Breitenverhältnisse. Der Absatz liegt an der Stelle, wo bei der Häutung dieser Tiere die alte Haut aufreisst, so dass auch zu erwägen wäre, ob nicht vielleicht aus irgend einem Grunde die vordere Hälfte um 1—2 Häutungen gegen die hintere zurückgeblieben sei. Nach Ansicht des Vortragenden scheint dies aber ausgeschlossen, da die obere Hälfte alsdann ein mattes rissiges Aussehen haben müsste, weshalb er die Ueberzeugung hat, dass Gynandromorphismus vorliegt.

Herr Verhoeff zeigt ferner den Diplopoden *Tachypodoiulus albipes* C. Koch in einem männlichen Stück.

Herr Rey berührt ein Thema, über welches die Herren C. Frings, Bonn und B. Slevogt, ihre geteilten Ansichten in der Soc. ent. 1901 No. 10 und 17 geäussert haben. Es betrifft dies die Verfolgung von Schmetterlingen durch Vögel. In der Hauptsache bestreitet Referent die Möglichkeit, dass Schwalben, die nur kleine Insekten fressen, im stande wären, grosse Schmetterlinge, wie *Cat. fraxini*, *Endr. versicolora* etc. als Nahrung einzutragen. Wenn Herr Slevogt in Schwalbennestern Ueberreste solcher Schmetterlinge gefunden hat, so können letztere nur auf andere Weise, etwa durch Fledermäuse, dorthin gelangt sein. Bezüglich der Anwendung und Deutung des Ausdruckes „Warnfarbe" durch Herrn Slevogt bemerkt Herr Rey, dass derselbe nicht als gleichwertig mit besonders bunter Farbe gedacht werden darf. Dadurch, dass für natürliche Feinde ungeniessbare Falter eine bestimmte, meist grelle Zeichnung haben, z. B. Zygaeniden, wird der Vogel durch die Erfahrung belehrt, Schmetterlinge dieser Färbung zu meiden, er wird dadurch gewarnt oder abgeschreckt, sie zu verfolgen.

Sitzung vom 31. Jannar.

Herr Rey verlas einen, der politischen Tagespresse entnommenen Artikel von Professor Thomann, Plantahof-Landquart in der Schweiz, welcher von einem innigen Freundschaftsverhältnis zwischen den Räupchen von *Lycaena argus* und Ameisen erzählt. Die am Sanddorn, *Hippophaë rhamnoides* lebenden Räupchen werden dort von *Formica cinerea* besucht. Die Ameisen streicheln mit ihren Fühlern die Räupchen, welche dann aus dem dritten Leibesring einen zuckerhaltigen Saft von sich geben, der den Ameisen zur Speise dient. Die Gegenwart der letzteren sei den Räupchen wiederum ein Schutz, so dass ein ähnliches Verhältnis zwischen beiden besteht, wie zwischen Ameisen und Blattläusen. Doch damit nicht genug. Es sollen die Ameisen auch die Puppen in die Gänge ihres im Stamm angelegten Baues eintragen. Einigen skeptischen Bemerkungen, welche die Kleinheit der Ameisen in Betracht ziehen, tritt Herr Dadd lebhaft entgegen. In England gelte es als erwiesen, dass z. B. *Lycaena minima* Füssl. von Ameisen beherbergt werde.

Herr Verhoeff hält die Ausgangsöffnungen an Bauten der *Formica cinerea* allerdings für zu klein, um das Eintragen der Puppen zu gestatten. Doch könne es sich um Bauten grösserer Ameisen handeln, da *Formica cinerea* gerade massenhaft von der viel grösseren *F. sanguinea* als Arbeitssklave in deren Bauten eingeschleppt werde.

Hierauf hält Herr Verhoeff einen Vortrag über den Bau und die charakteristischen Erkennungszeichen der Land-Isopoden.

Sitzung vom 7. Februar.

Herr Stichel zeigt eine auffällige Aberration von *Pap. machaon* aus dem Harz. Das Stück ist leider verkrüppelt, nur Basal- und Diskalteil sind glatt ausgebildet. Das schwarze Basalfeld ist mit dem ersten Zellfleck vollständig verflossen und bildet eine gleichmässig schwarz bestäubte Fläche, die sich bis gegen den Hinterrand ausdehnt. Der obere Zellfleck ist schmal, der diskale Teil der Flügel stark verdüstert.

Derselbe legt ferner einige Aberrationen von *Papilio podalirius* vor. Die Tiere stammen aus dem Harz und sind aus der Raupe ohne Einfluss künstlicher Mittel gezogen:

1. Ein ♂ ab. *undecimlineatus* Eim. Fig. 1. Von der Wurzel gezählt, ist die fünfte, in der Zelle aberrativ auftretende Binde, die mit 4 a bezeichnet werden soll, nur schwach, Binde 5 und 6, die in der Regel zusammenfliessen, sind deutlich getrennt, ihre Fortsetzung nach dem Innenrand nicht in der Verlängerung von 6, sondern deutlich nach aussen gerückt, zwischen 6 und 7, unterhalb Mediana 3. Mittelbinde des Hinterflügels im vorderen

Fig. 1. *Fig. 2.*

Fig. 3. *Fig. 4.*

Teil deutlich ziegelrot ausgefüllt, im Analauge des Hinterflügels nur einzelne Spuren blauer Bestäubung, rotes Colorit breit und intensiv, blaue Randmonde reduciert.

2. Ein ♂ ab. wie vor, Fig. 2. Schwarze Bestäubung ungewiss begrenzt, schattenhaft. 3. Binde breit, entsendet einen schattierten Ausläufer aus dem Winkel von Mediana 1 nach aussen. Derselbe verbindet sich in schwacher Schattierung bogenförmig nach vorn mit der aberrativ auftretenden Binde 4a, Binde 5 und 6 verschwommen, endigen bei der Medianader, so dass deren Fortsetzung nach dem Innenrand deutlich abgetrennt ist. Diese beginnt unterhalb Mediana

3. Binde 7 ist breit und schattenhaft und reicht bis Mediana 2, läuft also neben der Verlängerung der Binden 5 und 6 einher. Hinterflügel wie die des vorigen, die rötliche Füllung der Mittelbinde reicht bis zum Analauge. In dem reducierten schwarzen Teile desselben oberseits keine Spur von Blau, Gesammteindruck: Matte Farbenentwicklung und Neigung zur Melanose.

3. Ein ♂, Fig 3 dem vorigen ähnlich. Die aberrativ auftretende Binde 4a ist deutlicher. Verlängerung der Binde 3 unterhalb der Medianader schwach. Verlängerung von Binde 7 über Mediana 3 hinaus nur schattenhaft. Binde 8 und 9 mit Binde 10 auf $^2/_3$ der Länge verschwommen. Mittelbinde des Hinterflügels ohne rötliche Füllung, sonst wie das vorige Stück.

4. Ein ♂ dem vorigen ähnlich, aber mit intensiver schwarzer Bestäubung, namentlieh die verflossenen Binden 8—9 und 10 sehr breit und dunkel, alle 3 deutlich bis zum Innenwinkel. Binde 5 und 6 deutlich getrennt Die blauen Randmonde der Hinterflügel stehen sehr schmal und scharf begrenzt in breitem, intensiv schwarzem Saume.

5. Ein ♀ trans. ad ab. *galenus* Schultz, Fig. 4, zum vorigen gegensätzlich gefärbt. Die Bindenzeichnung hält sich in normalem Ton, ist aber sehr reduciert. Binde 3 ist deutlich bis zur Mediana, darüber hinaus bis zur Submediana nur angedeutet. Desgleichen Binde 5 und 6 wie beim zweiten Stück hinter der Mediana unterbrochen. Die Verlängerung ist abgesetzt und nach aussen gerückt. Mittelbinde der Hinterflügel verkürzt, reicht nur bis zur Mediana, ist schmal und ohne rote Füllung. Der schwarze Teil des Analauges ohne Blau. Der schwarze Saum schmal, ebenso die blauen Randmonde.

Herr Ziegler zeigte ein *Smerinthus tiliae* L. ♀, bei welchem die Binde der Vorderflügel fehlt und nur durch einen ganz kleinen Punkt angedeutet ist, ferner ein ♂, bei dem die Binde nur auf dem linken, etwas verkrüppelten Vorderflügel fehlt und zwei ♀♀, deren eines auf der rechten Seite des Vorderflügels eine wachsfarbene Grundfarbe hat, während bei dem andern die Grundfarbe beider Vorderflügel goldgelb ist.

Herr Ziegler macht ferner die interessante Mitteilung, dass bei Christburg in Westpreussen *Colias phicomone* Esp. und *Argynnis amathusia* Esp. vorkommen.

Sitzung vom 14. Februar.

Herr Stichel zeigt eine Anzahl *Vanessa xanthomelas* Esp. aus Japan. Diese, namentlich durch sattere Färbung und ihre Grösse ausgezeichnete Form haben die Autoren, welche sich mit der Neubeschreibung ostasiatischer Schmetterlinge befassten, noch nicht benannt. Sie verdient dies aber mit demselben Rechte, wie eine Reihe anderer asiatischer Formen paläarktischer Arten, z. B. *Colias simoda* de l'Orza = *polyographus* Motsch = *hyale* L. var., *Arg. laodice* v. *japonica* Mén., *Arg. daphne* v. *fumida* Btl. u. a. Leech sagt in seinem trefflichen Werk „Butterflies from China, Japan and Corea" S. 261: „I am quite of Mr. Nicéville's opinion that there are no satisfactory characters by which this species can be specifically separated from V. polychloros".

Dies ist natürlich ein Irrtum, und die Eigenschaften der japanischen *Xanthomelas*-Form sind überdies so auffällig, dass Referent für sie den Namen

Vanessa xanthomelas japonica subsp. nov.

einführt.

Von der Stammart ist die Subspecies (Lokalform) unterschieden durch beträchtlichere Durchschnittsgrösse und gesättigtere Färbung. Der Saum, namentlich derjenige der Hinterflügel, ist an den Rippenenden stärker gezipfelt, der Aussenrand aller Flügel ist im allgemeinen dunkler, die blaue Bestäubung darin und vor dem Rande ist, namentlich auf den Vorderflügeln, intensiver und reichlicher. Die Unterseite ist sehr variabel. Während teilweise der dunkele Basalteil bis zur Mitte bei ♀ ♀ scharf von dem helleren Aussenteil abgesetzt ist, bleibt bei ♂ ♂ häufig nur ein geringer Farbencontrast und bei etlichen vorliegenden Stücken ist die Unterseite einfarbig braunschwarz, nur wenig gezeichnet und marmoriert. — Auffällig ist ein Exemplar, welches diese Eigenschaft in ziemlich prägnanter Weise auf der einen Hälfte zeigt, wo also nur ein geringer Färbungscontrast vorhanden ist, auf der anderen Seite dagegen eine scharfe Scheidung des dunkelen und helleren Flächenteiles wahrzunehmen ist. Entsprechend dieser Eigentümlichkeit ist die obere, linke Seite des Falters düster, rauchbraun verfärbt, die andere Seite normal. Erstere ist um eine Kleinigkeit verkürzt. Man könnte eine gynandromorphe Bildung vermuten, aber beide Vorderfüsse sind männlichen Charakters.

Sitzung vom 28. Februar.

Aus den für den Verein eingegangenen litterarischen Erzeugnissen legt Herr Stichel u. a. vor die Februar-Nummer des Entomologist, welche einen Nachruf an den leider schon im 38. Lebensjahre verstorbenen Leech und dessen sympathisches Abbild enthält, ferner das erste Heft der neu erschienenen „Zeitschrift für Hymenopterologie und Dipterologie“. Herr Stichel verliest das Vorwort des Herausgebers, Pfarrer Konow, das sich in geistreicher, aber nicht immer glücklicher Weise gegen Darwinismus wendet.

Herr Stüler berichtet über den Inhalt von Heft 3, Ser. I der von der R. Statione di Entomologia agraria di Firenze herausgegebenen Zeitschrift. Es sind darin viele Abhandlungen über Schädlinge aller Insektenordnungen enthalten, eine besonders eingehende über die Eule *Heliothis armigera* Hübn. Interesse gewährt eine durch 15 Jahre geführte Statistik über schädlich aufgetretene Insekten in Mittelitalien. Wir entnehmen derselben u. A., dass *Vanessa cardui* L. am Weinstock schädlich wird. Auffallend sind die zahlreichen Schädlinge an der doch nicht heimischen Tabakspflanze, die sich demnach unter der europäischen Insektenwelt ebenso viel Freunde erworben zu haben scheint, wie in ihrer Heimat. Unter diesen Insekten finden wir von Schmetterlingen *Heliothis armigera* und *Macroglossa stellatarum* L., von Käfern, zum Teil an der Wurzel fressend, *Melolontha vulgaris*, *Pentodon punctatus* Vill., *Cebrio gigas* F. und *dubius* Rossi.

Sitzung vom 14. März

Herr Stichel macht auf die interessanten kleinen Mitteilungen aufmerksam, welche die Hefte 1 und 2 des Rovartani Lapok enthalten. Darunter sind folgende Beobachtungen: *Vanessa atalanta* und *Agrotis pronuba* werden am Most saugend gefunden, den Raupen grosser Schwärmer wurde von einer Katze nachgestellt, *Pieriden* wurden von Luftschiffern noch bei 1000 m Höhe in Anzahl getroffen. Mitteilenswert sei auch die Beobachtung Horvath's, dass der aus den Abdominaldrüsen der Blattläuse ausgesonderte klebrige Saft nicht nur den Ameisen zur Speise diene, sondern auch zur Abwehr von Coccinellenlarven Verwendung finde, welche, damit bespritzt, in der Bewegung behindert würden. Endlich der Hinweis auf die Gespinnste von Fliegen der genera *Impis* und *Hiara*. Diese Dipteren spinnen einerseits ihre Beute ein, andrerseits tragen ihre Männchen im Fluge zwischen den Hinterfüssen ein ovales, schleierartiges Gespinnst, das für den Flug charakteristisch, dessen Zweck aber noch unerforscht ist.

Sitzung vom 21. März.

Herr Stichel verweist in Hindeutung auf die Ausführungen in der Sitzung vom 24. Januar d. J. auf eine in der Societas entomologica enthaltene Entgegnung des Pastors Slevogt auf den Angriff des Herrn Frings. In diesem Artikel macht Herr Slevogt so ausführliche Angaben über seine Beobachtung, betreffend die Fütterung junger Schwalben, der *Hirundo rustica*, mit den Leibern von Schmetterlingen, dass man doch gezwungen sei, die Verfolgung fliegender Schmetterlinge durch diese Vögel als verbürgt hinzunehmen. Der durch die sogenannte Schreckfarbe gewährte Schutz erscheine überdies recht illusorisch, nachdem Herr Slevogt festgetellt hat, dass ihm ein Kleiber, *Sitta europaea*, aufgespannte *Arctia caja* vom Spannbrett fortgefressen habe.

Herr Stüler machte einige Angaben über die Entwicklung des *Anthrenus verbasci* L. unter Vorlage von Puppe und Käfer. Nachdem die Puppenhülle über dem Rücken breit aufgeplatzt ist, kann man den noch ungefärbten und nicht voll entwickelten Käfer in der Hülle liegen sehen. Die Ringe des Notum sind deutlich erkennbar. Erst nach einigen Tagen färbt sich der Käfer, und die Flügeldecken ziehen sich zusammen. Er bringt dann noch mindestens 8 Tage in der Hülle sichtbar zu, ehe er sie verlässt.

Sitzung von 28. März.

Herr Haensch, über Leuchtkäfer sprechend, erzählt, dass er in Brasilien einst einen *Pyrophorus* gefunden habe, dessen ganzer Hinterleib vielleicht von einem Vogel abgerissen war. Der Käfer erschien leblos, verbreitete aber noch ein starkes Licht, das erst drei Tage nach dem Tode allmählich erlosch.

Herr Finke zeigte *Smerinthus ocellata* L. von auffallend heller Färbung. Das Rot der Hinterflügel erscheint hier blass-rosa. Die Vorderflügel sind mit weissen Schuppen durchsetzt und ebenfalls sehr hell, an *Smerinthus argus* erinnernd. Dieses Aussehen zeigten alle Stücke ein und derselben Zucht, welche als zweite Generation im August geschlüpft war.

Sitzung vom 4. April.

Herr Ziegler berichtigt und ergänzt seine in der Sitzung vom 7. Februar gemachten Angaben über das Vorkommen von *Colias phicomone* Esp. und *Argynnis amathusia* Esp. in Preussen dahin, dass Herr Lehrer Nickel in Mohrungen in seiner Sammlung ein Exemplar von *Col. phicomone* besitzt, das er dort in den achtziger Jahren selbst gefangen zu haben angiebt, dass ferner *Arg. amathusia* in 2 Exemplaren bei Angerburg gefangen sei, während ein drittes mit der Fundortsangabe „Danzig" im Zool. Museum zu Königsberg vorhanden ist.

Die Unterhaltung wendet sich auf das öfters massenhafte Vorkommen der Raupen von *Sphinx nerii* L. in Norddeutschland.

Herr Aschke aus Konitz berichtet, in einem Sommer ungefähr 600 Stück in der Gegend von Beeskow (Mark Brandenburg) erbeutet zu haben, während Herr Thurau in Ostpreussen einst 200 Stück gesammelt hat.

Sitzung vom 11. April.

Herr Ziegler legte das vom Grafen v. Goetzen, dem jetzigen Gouverneur von Deutsch Ostafrika herausgegebene Werk „Durch Afrika von Ost nach West", 2. Aufl., vor und machte auf das im Anhang enthaltene Verzeichnis der auf der Expedition des Grafen gesammelten Coleopteren, aufgestellt von Kaeseberg, aufmerksam. Demselben sind Abbildungen und Beschreibungen einzelner Arten beigefügt, unter denen damals manche neu waren.

Herr Stichel machte Mitteilungen aus dem 11. Jahresbericht des Wiener Entom. Vereins. Hierin erwähnt Herr H. Gross in seinem Beitrag zur Lepidopterenfauna Oberösterreichs auch die Form *brittingeri* Reb.-Rog. von *Parnassius apollo* Während aber Gross dieselbe in ihrer extremsten Ausbildung als Aberration ansieht, hat Herr Stichel gefunden, dass die aus Steiermark herkommenden Apollo-Falter sämmtlich mehr oder weniger die Eigenschaften der Form *brittingeri* aufweisen, so dass nach seiner Meinung der Name erweiterte Geltung als Bezeichnung einer Localform erhalten müsse und von ihm auch in diesem Sinne angewendet worden ist.

Herr Rey zeigte Stücke von *Papilio ascolius* Feld. aus Columbien und solche aus Ecuador und macht auf die Unterschiede dieser beiden aufmerksam. Auch zeigt er *Isamiopsis danisepa* Butl. aus Assam und die diesem Papilio ähnliche Euploea *Danisepa rhadamanthus* Fb.

Von demselben Herrn wurde auch ein *Zonosoma linearia* Hühn. vorgelegt, das allein auf seiner linken Seite eine Ocelle aufwies, wie solche für andere Zonosoma-Arten charakteristisch sind und ferner zwei Exemplare *Acidalia pygmaearia*, einer Geometridenart, die zu den kleinsten des europäischen Faunengebietes gehört.

Sitzung vom 18. April.

Herr Wadzeck zeigte 3 Expl. einer aus Weidengallen gezogenen Dipterenart, der laut Beschreibung die hintere Querader fehlen soll. Das trifft aber nur bei dem einen Exemplar zu, während die beiden andern interessante Abweichungen zeigen. Bei dem 2 Stück ist die Querader nämlich nur schwach angedeutet, bei dem 3. fehlt sie auf der rechten Seite, während sie links deutlich ausgebildet ist.

Sitzung vom 25. April.

Herr G. L Schulz setzte eine Anzahl Kästen in Umlauf, welche das Wesentlichste seiner vorjährigen Ausbeute im oberen Rhônethal, sowie einiger von ihm im vergangenen Jahre käuflich erworbener Schmetterlinge enthielten. Unter den letzteren befanden sich etliche seltene Arten von Palästina.

Sitzung vom 22. und 29. Mai.

Herr G. L. Schulz spricht über die Zucht von *Deilephila alecto* L. und empfiehlt zweimaliges Besprengen der Puppen täglich, wodurch er sehr günstige Zuchtresultate erzielt habe.

Herr Thurau zeigt Raupen von *Lasiocampa bufo*, Herr Ross eine erste Auslese von Käfern, welche ein Vereinsmitglied aus Kiautschou übersendet hat.

Von Herrn Verhoeff wurde als Separatdruck aus dem Archiv für Naturgeschichte eine Abhandlung Dr. Müggenburg's über *Cylindrotoma glabrata* Meigen vorgelegt. Die Larve dieser Tipulide lebt an Sumpfpflanzen tangartigen Wuchses. Sie ist, ebenso wie auch die Puppe, von hellgrüner Farbe und mit Dornen und blattartigen Auswüchsen bedeckt, so dass sie an der Futterpflanze äusserst schwer zu entdecken ist. Das Beobachtungsmaterial für die Abhandlung, welche auch mit guten Abbildungen versehen ist, war von Herrn Thurau bei Tegel, unweit Berlin, aufgefunden

Zu seinem Beitrag zu Heft 3/4 1900 der Berliner Entomologischen Zeitschrift „Ein beachtenswerter Feind der Blutlaus" macht Herr Verhoeff noch die Mitteilung, dass der im vorigen Jahre durch Blutläuse dem Untergang nahe gebrachte Apfelbaum, nachdem er teils mechanisch, teils aber, und zwar noch gründlicher, durch die Larven der *Chrysopa vulgaris* von Blutläusen gesäubert war, in diesem Jahre herrlich geblüht habe und reiche Ernte verspräche.

Sitzung vom 5. September.

Nach Erledigung der geschäftlichen Angelegenheiten hält Herr Dönitz unter Vorzeigung eines Sackes von *Psyche helix* Siebold nebst dem daraus geschlüpften Männchen einen Vortrag über diese hochinteressante Art. Vortragender hat die Raupe, welche bekanntlich in einem schneckenfömigen Gehäuse lebt, im Mai bei Bozen an einer niederen Pflanze kriechend aufgefunden, sie in eine leere Schachtel gethan und nach etwa drei Wochen den ♂ Schmetterling tot in der Schachtel vorgefunden. Bekanntlich befindet sich das Flugloch nicht an der Endöffnung des Gehäuses, sondern seitlich. Der Vortragende führt aus: das Männchen von *Ps. helix* ist sehr selten beobachtet worden. Er selbst wie auch der verstorbene Streckfuss hätten früher die Raupe in grösserer Anzahl eingetragen, jedoch niemals ein ♂ daraus erhalten. Deren seltenes Vorkommen habe, wie die Litteratur zeigt, mannigfache Irrtümer veranlasst. Einige Autoren haben fälschlich Männchen von *crenulella* nnd *helicinella* für solche von *helix* gehalten; auch Herrich-Schäffer bilde einen ♂ ab, dessen Geäder mit dem des vorliegenden Exemplars nicht übereinstimmt. Andere Autoren, wie Millière, haben geglaubt, dass das Männchen auch flügellos wie das Weibchen sei. Dieser hat daher das Genus *Apterona* dafür aufgestellt. Siebold und Claus, welche männliche Stücke aus bei Bozen und am Gardasee gefundenen Säcken zogen, glaubten doch neben der geschlechtlichen eine parthenogenetische Fortpflanzung annehmen zu müssen. Dieser Annahme steht der Vortragende mit starkem Zweifel gegenüber, der sich auf folgende Gründe stützt, dass das weibliche Insekt auch nach der Entwicklung den Sack niemals verlässt. Man kann daher einem angesponnenen Sack nicht ansehen, ob er eine Raupe, Puppe oder gar eine Imago enthält. Die Imago wird ebenfalls im Sack wohnend vom ♂ befruchtet. Wenn man daher aus eingetragenen Säcken öfters junge Brut erhalten hat, so ist damit ein Beweis für Parthenogenesis nicht erbracht, da die in der Litteratur hierfür enthaltenen Fälle nicht erkennen lassen, ob die eingetragenen Tiere sich wirklich noch im Raupenzustande befanden oder nicht vielmehr schon vollständig entwickelt waren. Parthenogenesis würde erst bewiesen sein, wenn jemand aus Raupen, die ihre Säcke noch frei herumschleppen, ohne Dazwischenkunft eines Männchens junge Brut erhielte. Redner verbreitet sich dann noch über die Benennung des Tieres. Das Genus *Apterona* sei unhaltbar, weil Milière drei, ganz verschiedenen Familien angehörige Arten darin zusammengefasst und seine Charakteristik demgemäss so allgemein gehalten habe, dass man noch mancherlei Arten und Gattungen darin unterbringen könne. Es sei daher unbegreiflich, wie dieser wertlose Name in dem neuen Staudinger'schen Katalog habe Aufnahme finden können. Was den Speciesnamen anbelangt, müsse an dem Siebold'schen *helix* festgehalten werden, der von Staudinger bevorzugte Namen *crenulella* Bruand passe nicht, weil Bruand ausdrücklich sagt, dass seine *crenulella* sehr schmale, fast lanzettförmige Flügel habe und sie so auch abbildet, während *Psyche helix* breite Vorder- und Hinterflügel hat. Wie es kommt, dass Bruand zu seiner schmalflügeligen, wie ein Mikropteron aussehenden *crenulella* einen Fühler zeichnete, der offenbar einer *helix* angehört, bleibt zunächst unklar. Sollte ein solches Tier nicht noch aufgefunden werden, so muss Bruand einem Irrtum zum Opfer gefallen sein, den wir keine Veranlassung haben, zu verewigen, indem wir den Namen *crenulella* für die wohlbekannte, gut beschriebene und nicht zu verwechselnde *helix* Siebold annehmen. Wegen der merkwürdigen, in der Mitte stark kammzähnigen Fühler muss das Genus von *Psyche* zwar abgetrennt werden. In dieser Erkenntniss hat Siebold das Genus *Cochlophanes* dafür aufgestellt und gut charakterisiert. Der Name *Cochl. helix* mag also gelten. Daneben wird sich aber der alteingebürgerte Name *Psyche helix* gewiss noch lange halten.

Zu der Bemerkung, dass die Seltenheit der Zucht von *helix* Männchen sich vermutlich daraus erkläre, dass die männlichen Raupen sich an anderen Stellen aufhalten und anspinnen, erzählt Herr G. L. Schulz, dass auch bei Stettin viele Säcke von *helix* gefunden seien, die nur Weibchen geliefert hätten, bis man endlich am oberen Teil gefällter Kiefern die Gehäuse der männlichen Tiere entdeckt habe.

Herr Rey berichtet unter Vorzeigen von Eigelegen an Kiefernzweigen über massenhaftes Auftreten der *Cnethocampa pinivora* Tr. auf der Kurischen Nehrung. Hierzu bemerkt Herr Petersdorf, dass das Ostseebad Kahlberg vor einigen Jahren infolge massenhaften Auftretetens dieser gefürchteten Raupen geradezu verödet gewesen sei. Herr Belling hat das häufige Vorkommen dieses Tieres bei Horst, Herr G. L. Schulz bei Gravesa beobachtet. Zur Biologie bemerkten die Herren Thurau und Schröder, dass die Verpuppung im August stattfinde und dass die Puppen überwintern.

Hierauf legt Herr Stichel drei aberrierende Exemplare von *~~Vanessa~~ io* vor, welche aus Böhmen stammen und keine Kunstprodukte ~~sind~~. Der Saum aller Flügel ist zuerst schmal stahlblau, dann kupferfarben ~~schillernd~~. Die etwas länglichen, ziemlich kleinen Ocellen der Hinterflügel irisieren ~~bei gewisser~~ Beleuchtung über und über metallisch blau, ebenso der grosse ~~schwarze~~ Costalfleck der Vorderflügel. Zur leichteren Verständigung bei Wiederholung ~~dieser~~ auffälligen Erscheinung benennt Herr St. diese Form.

Vanessa io *ab. nov.* **pavo** Stich.

Ein viertes Stück bildet einen Uebergang zur normalen Form mit der Einschränkung, dass der Saum der Flügel schwächer, der Costalfleck garnicht irisiert.

Sitzung vom 12. September.

Es werden von Herrn Stichel zwei neue Formen der Gattung *Discophora* vorgelegt und beschrieben Es sind:

Discophora deo fruhstorferi ♂ nov. subsp. Stichel,

von der Stammform *deo* de Nicéville aus Ober-Burma dadurch unterschieden, dass die orangefarbene Binde der Vorderflügel bedeutend verschmälert und nur bis zur 3. Medianader zusammenhängend ist. Von da ab löst sie sich, wie das bei den Vertretern der *necho-(cheops-)* Gruppe mit der blauen Binde der Fall ist, in Keilflecke auf, deren je 2 neben einander zwischen den Medianen stehen. Die Binde beginnt unterhalb der Subcostalis, der Vorderrand bleibt ungewiss olivenbraun. Der Saum aller Flügel, welcher von de Nicéville bei *deo* als schmalorangefarben bezeichnet wird, ist eintönig olivengrau wie die Grundfarbe der äusseren Flügelpartieen, ebenso die submarginale Partie der Hinterflügel in welcher bei *deo* obsolete, orangefarbene Mondflecke steben. Die Unterseite ist dunkler, der oberste Augenfleck der Hinterflügel zeigt einen kleinen, der untere einen grösseren kreideweissen Kern. Es liegen vor 4 ziemlich übereinstimmende ♂♂ aus Central-Tonking (Chiem-Hoa). Die Benennung geschah nach ihrem Entdecker H. Fruhstorfer. Es ist dies die zweite bekannte Form, deren Männchen eine gelbe transversale Binde der Vorderflügel zeigen. Ferner

Discophora lepida significans subsp. nov. Stichel.

Sie ist von der Stammform *lepida* Moore von *Ceylon* dadurch gut und ausreichend zu unterscheiden, dass die drei zusammenhanglosen, unter der Subcostalis beginnenden bläulichen Flecke vergrössert und zu einer Binde zusammengeflossen sind, die bis zur Mediana 2 reicht. Zwischen Mediana 1 und Mediana 2 steht noch ein einzelner bläulicher Fleck. Im Discalteil des Vorderflügels sind zwischen den Medianen zwei kleine weissliche Wischflecke vorhanden. Auf dem Hinterflügel befinden sich 2 Reihen submarginaler, beziehungsweise praediscaler bräunlicher Flecke, von welchen die äusseren schwach erkennbare Halbmonde bilden, während die Hinterflügel bei der typischen *lepida* gänzlich einfarbig sind.

Die Beschreibung geschah nach zwei übereinstimmenden ♂♂ der Sammlung von H. Fruhstorfer, welche aus Karwar, an der Ostküste von Vorder-Indien stammen.

Sitzung vom 19. September.

Herr Stichel legt einige Präparate von männlichen Genitalien der Schmetterlingsgattungen *Heliconius* und *Discophora* unter folgenden Bemerkungen vor:

Wie schon von Godman und Salvin in der Biologia Centrali-Americana festgestellt, lassen sich selbst bei äusserlich recht verschiedenen Arten, bezw. Formen specifische Unterschiede in dem Kopulationsapparat männlicher Heliconiden schwer nachweisen, wenigstens nicht bei solchen, deren Verwandtschaft durch das Vorhandensein von Zwischenformen angenommen werden muss. Es liegt hier, ähnlich wie bei der Gattung Colias, der Fall vor, dass sich die Arttrennung bezw. Spaltung anatomisch noch nicht consolidiert hat, während die Individuen äusserlich schon recht verschieden aussehen, morphologisch also bemerklich divergierend vorgeschritten sind.

Viele der von den Autoren als Arten beschriebenen Formen sind deshalb als solche nicht zu halten, und hat Riffarth in der Zeitschrift des Vereins 1901 schon den Zusammenhang ganzer Reihen solcher Formen mit vielem Geschick und grosser Umsicht klargelegt. Auch seine Gruppierung nach der Beschaffenheit der Vorderflügel-Unterseite unterhalb der Mediana, zum Teil auch nach dem Vorderrand der Hinterflügel der ♂♂ ist durchaus anzuerkennen. Diese Gruppierung lehrt, das einige äusserst ähnliche Tiere, z. B. die meistens verkannten *Hel melpomene* L. und *H. callycopis* Cram., die auch von Kirby in seinem Catalog als Synonyme aufgeführt sind, sowie *Hel. nanna* Stich. und *Hel. phyllis* Fab. garnicht mit einander in näherer Verwandtschaft stehen, sondern je einer ganz anderen Gruppe angehören. Dies wird durch die Kopulationsorgane bestätigt. Während die männlichen Genitalien von *Hel. melpomene* und *Hel. nanna* keinen specifischen Unterschied erkennen lassen, weichen sie von denen der beiden correspondierenden Arten *H. callycopis* und *H. phyllis*, deren Genitalien wiederum unter sich nicht sicher zu trennen sind, deutlich ab. Dadurch ist erwiesen, dass die verschieden aussehenden *H. melpomene* und *nanna* einerseits und *Hel. callycopis* und *phyllis* andererseits in näherer Verwandtschaft stehen, als die zum Verwechseln ähnlichen *H. melpomene* und *callycopis* sowie *H. nanna* und *phyllis*.

Das Kopulationsorgan selbst besteht aus den, den Nymphaliden eigenen Tegumen mit gebogenem, schnabelförmigem Uncus, unter dem ein kahnförmiges Scaphium sitzt. Die ovalen, lappigen Valven sind gut entwickelt, dorsal breit umgeschlagen, an ihrem oberen Ende gespalten und laufen in einen Zipfel aus. In der Form dieses Zipfels und in der Structur des umgeschlagenen Dorsalteiles der Valven liegen erwähnte Unterschiede. Eigentliche Harpen sind nicht vorhanden; dieselben werden durch den oberen zipfelartig abgesonderten Teil der Valven dargestellt. In dieser Hinsicht ähnelt der Apparat dem gewisser *Papilioniden.* Ganz anders ist aber das Organ der *doris*-Gruppe. Hier sind deutliche, von der Basis der Valven abgezweigte Harpagonen zu bemerken, wodurch diese Gruppe ganz hervorragend charakterisiert zu sein scheint. Ob diese Eigenschaft sich auf alle Vertreter der Gruppe erstreckt, ist indess noch nicht festgestellt.

Bei einer in Arbeit befindlichen Revision der Gattung *Discophora* seitens des Referenten haben sich die männlichen Genitalien wieder als unschätzbares Hilfsmittel zur Feststellung der Arttrennung und Verwandtschaft erwiesen. Die vorgelegten Präparate liefern z. B. den Beweis, dass die bisher als „Varietät" von *Disc. celinde* Stoll. (Java) angesehene *Disc. continentalis* Stgr. (Nord-Indien) eine von ersterer ganz verschiedene gute Art ist und der *Disc. necho* Feld. von Java näher steht. So sehr *continentalis* auch auf den ersten Blick der *celinde* ähnlich sieht, so entschieden ist dieselbe auch äusserlich von derselben zu trennen, wenn man eine Reihe vorliegender Tiere aus Sikkim betrachtet. Hier liefert ein Stück aus der Sammlung Thiele, Berlin, mit einer völlig ausgebildeten subapikalen Mondfleckenreihe ein unverkennbares Bindeglied mit *D. necho* Feld., nur mit dem Unterschiede, dass die Binde nicht bläulich-weiss, sondern gelblich-weiss ist. *Celinde* ändert in dieser Art nie ab und ist leicht an dem stets rundlichen Kostalfleck der Vorderflügel zu erkennen, der bei *continentalis* immer wischartig auftritt und als erster Ansatz der gebogenen transversalen Binde der *necho*-Gruppe angesehen werden muss.

Ob das erwähnte, äusserst interessante Uebergangsstück mit der gelben Fleckenbinde nur eine Aberration oder eine constante Form darstellt, wird noch ermittelt werden. Jedenfalls bildet es zugleich ein Bindeglied mit der vom Referenten beschriebenen *Disc. fruhstorferi*, deren Binde aber gesättigter rot-gelb und voluminöser ist.

Herr Rey*) spricht über Saisonformen von Schmetterlingen in den Tropen. Die sich regelmässig folgenden Trocken- und Regenperioden zeigten sehr scharfe Gegensätze. Dementsprechend seien auch für eine ganze Reihe von Arten nicht nur durch Beobachtung in der freien Natur, sondern auch durch Zucht nachgewiesen, dass dieselben, je nach der Jahreszeit, in ganz verschiedenen Formen aufträten. Von einigen Arten gäbe es nicht nur eine Form für die Regen- und eine andre für die Trockenzeit, sondern noch eine dritte Form für die Uebergangsperiode. Dieselben seien mehrfach als selbständige Arten angesehen und benannt worden, doch hätten Zuchtresultate die Identität der Arten bewiesen. So gäbe es zu *Prioneris seta* Moore als Herbstform, die Winter- oder Regenzeitform *Pr. thestylis* Doubl. und die Sommerform *Pr. watsonii* Hew. Der schwarze euploeenartige *Papilio panope* L. sei die Regenzeitform zu dem hellen danaidenähnlichen *Pap. dissimilis* L. Auch hier trete noch eine Herbst- oder Zwischenform auf.

Ebenso kenne man für *Terias brigitta* 3 Saisonformen. Für alle genannten Arten hat Herr Rey das Anschauungsmaterial zur Stelle und beruft sich im Uebrigen auf einen Aufsatz von Aikten im Journal der Bombay Nat Hist Society II., 1897, Pag. 37, wo u. a. über die Zucht von *Pap. dissimilis* aus *Pap. panope* berichtet

Schutzformen. So gäbe es neben der im Sommer, wenn alles blüht, fliegenden *Vanessa prorsa* die Frühlingsform *Vanessa levana*, die sich dem noch mit dürrem Laube bestreuten Waldboden vortrefflich anpasse.

Herr Fruhstorfer kann sich diesen Anschauungen nicht überall anschliessen. Man finge *Pap. dissimilis* und *panope* zusammen, und

---

*) Anm. d. Redact. Die Ausführungen sind unter eigner Verantwortlichkeit der Vortragenden abgedruckt.

eine Trennung der Formen nach der Jahreszeit sei daher nicht möglich. Bei andern Schmetterlingen könne man praktisch gradezu die der Theorie entgegengesetzten Erfahrungen machen. So habe er in Darjeeling gerade während der nassen Zeit von *Pap. clytia* nur ganz helle Thiere gefangen, welche die Theoretiker doch der Trockenzeit zuweisen. Für *Prioneris* könne er allerdings das Vorkommen dreier Zeitformen bestätigen. Bei *Ixias* giebt es ferner alle Uebergänge von einer kleinen Trockenform mit schmalem Saum zu grossen, breitgesäumten Regenzeitformen. Für die Behauptung, dass es auch Zwischenzeitformen von *P. clytia* gäbe, schienen ihm alle Beweise zu fehlen.

Herr Wadzek zeigt eine Neuheit für die Umgebung Berlins, nämlich eine bei Machnow gefangene *Pachycnemia hippocastanaria.*

Herr Belling hatte im vorigen Jahre eine Anzahl Eier von *Bomb. quercus* v. *sicula* W. V. erhalten. Unter den jetzt ausgeschlüpften Faltern giebt es mehrere Stücke, deren gelbe Binde auf den Hinterflügeln stark bestäubt ist, so dass die Tiere dem gewöhnlichen Quercus-Spinner äusserst ähnlich sehen.

Sitzung vom 26. September.

Herr Stichel legt eine Arbeit des Custos am Museum zu Tromsoe, Herrn Sparre Schneider vor, betitelt Coleoptera og lepidoptera ved Bergen og i naermeste omegn und referiert: Die Kenntnis der Insektenfauna Norwegens, sei sehr fragmentarisch. Es giebt nur eine von demselben Verfasser 1875 in Kristiania Videnskaps Selskabs Forhandlinger publicierte Arbeit über die Insekten fauna von Bergen. Jetzt würden nun Forschungen mit Unterstützung des Museums zu Bergen angestellt, aber nur über Coleopteren und Lepidopteren, weil von den übrigen Ordnungen vorerst so wenig Material gesammelt ist, dass es sich zu keiner Specialarbeit eignet. Das liegt nicht nur an ungenügender Untersuchung, sondern an der Armut von Fauna und Flora, welche für das westliche Norwegen geradezu charakteristisch und nicht allein durch die jetzt vorhandenen Erdbodenverhältnisse und das jetzige Klima begründet, sondern auch die Folge geologischer Veränderungen in der Vorzeit, besonders der grossen Vergletscherungen des Landes ist. Das vorgelegte Werk zählt auf: 402 Käfer und 292 Schmetterlinge. Abbildungen sind darin für *Pararge maera* L. ab. *monotonia* Schilde, *Agrotis comes* v. *bergensis* Sp. Schn., *Taeniocampa stabilis* V. aberr. *Orthosia litura* L. ab., *Anarta cordigera* Thnbg. und *Cidaria literata* Don. — Herr Thieme verweist hierbei auf die Thatsache, dass Bergen die grösste jährliche Regenmenge in Europa und vorzugsweise trübes und nebliges Wetter habe, das der Entwicklung der Insektenwelt wenig günstig sei.

Herr Rey zeigt eine auch bei Berlin vorkommende wespenähnliche Syrphide, *Spilomyia vespiformis* L. und einen Ohrwurm *Forficula auricularis*, der wahrscheinlich ein Zwitter oder mindestens gynandromorph gebildet sei, das bewiesen die beiden am Abdomen befindlichen Zangen, deren eine die den Männchen eigene starke Krümmung, die andre aber die den Weibchen eigene, schwache besitze.

Herrr Brasch zeigt eine Anzahl *Terias hastiana*, einen an Weiden lebenden Kleinschmetterling, welcher sehr stark abändert. Die Raupe sei häufig, der Schmetterling aber sehr selten zu finden und müsse daher durch Zucht erworben werden Auch die vorgelegte Zusammenstellung der hübschen kleinen Tiere ist grösstenteils aufgezüchtet, die gewonnenen Spielarten sind durch Ankauf ergänzt.

Endlich zeigt Herr Günther Eier und Imago von *Ranatra linearis*, d. i. der im Wasser lebenden Nadelscorpionwanze. Die Wanze trägt die Eier, welche zuerst an ihrem Hinterleibe haften, eine Zeit umher und befestigt sie später an Wasserpflanzen. Die Zangen, mit welchen die Eier scheinbar an die Pflanzen geheftet sind, erklärt Herr Enderlein für Atmungsorgane des Eies.

Sitzung vom 3. Oktober.

Herr Ziegler zeigte aus seiner diesjährigen Alpenreise eine Abweichung von *Melitaea dictynna* Esp. ♂, die bei Adelboden, im Berner Oberland, 1375 m hoch gelegen, gefangen war. Die Hinterflügel dieses Tiers tragen auf der Unterseite nur silberglänzende Flecke und eine hellgelbe Saumlinie. Ferner von *Erebia ceto* Hbn. einen ♂ von melanotischer Färbung mit sehr kleinen Flecken auf der Oberseite, ebenda gefangen, und endlich zwei ♂ von *Er. ligea* aus Brunneck im Pusterthal, welche auf der Oberseite statt der rostroten Binde nur rote Flecke, zum Teil mit schwarzem Kern, tragen und Ähnlichkeit mit *euryale* ab. *ocellaris* Stgr. haben.*)

Herr Petersdorf legt seine, hauptsächlich aus Noctuen bestehende Ausbeute aus Misdroy auf Wollin vor

Herr Stichel referiert nach der Zeitschrift Prometheus über ein auf Madagascar übliches Verfahren, Seide von einer Spinnenart, *Nephila madagascarensis*, zu erhalten. Dieses Tier spinnt nur bei der Eiablage. Die daher gewonnene Seide lieferte zwar einen haltbaren aber unansehnlichen Stoff. Man ist nun auf die Idee gekommen der Spinne den Seidenfaden durch Berühren der Spinndrüse mit dem Finger zu entlocken und den Faden aus einer grösseren Anzahl von Spinnen, die reihenweise in einem Apparat, der sogenannten Guillotine, eingesperrt sind, abzuhaspeln und die einzelnen Fäden zusammenzudrehen, wobei man einen sehr schönen, gleichmässigen Faden von bedeutender Länge erhält. Die Spinne bleibt dabei am Leben und wird wieder in Freiheit gesetzt.

Hierauf legte Herr Rey Saisonformen indischer Schmetterlinge vor. Es sind:

Junonia asterie L. Regenzeitform,
Junonia almana L. Trockenzeitform,
Mycalesis (*Gareris*) *gopa* Feld. Regenzeitform,
Mycalesis (*Gareris*) *sanatana* Moore Trockenzeitform,
Melanitis ismene Cram Regenzeitform,
Mel. leda L. Trockenzeitform.

Der Vortragende macht darauf aufmerksam, dass bei den Regenzeitformen der genannten Arten auf der Unterseite der Flügel Augenflecke auftreten, welche etwa so aussähen wie Wassertropfen. Bei den Trockenzeitformen fehlen diese Flecken und die Unterseite ähnelt täuschend dem dürren Laube. Herr Rey ist überzeugt, dass hier ein adaptiver Saisondimorphismus vorliege, der auf Anpassung des Schmetterlings an die je nach der Jahreszeit verschieden aussehende Umgebung beruhe. Er findet auch hierin eine neue Unterstützung seiner öfter vorgetragenen Ansichten über Mimicry.

---

*) Anm. d. Redact. Die fragliche Form dürfte nach Ansicht von anderer Seite zu *euryale* zu ziehen sein.

Auch Herr Fruhstorfer stellt zur Beurteilung der bei *Ixias pyrene* L. vorkommenden Saisonformen eine Sammlung von Regenzeit- und Trockenzeittieren zur Schau. Bei seinem Aufenthalt in Tonkin aber fand er zur Regenzeit unter lauter Trockenzeitformen nur eine Regenzeitform. Die Theorie erwies sich hier also als unsicher.

Herr Thurau hatte von seiner, im Juni nach Lappland unternommenen Reise meist noch unbestimmte Käfer mitgebracht; unter denselben befanden sich *Lepyrus arcticus* Payk. und ein anderer grosser Rüssler, ferner in grösserer Anzahl *Leptura virens* L., *Acmaeops pratensis* Laich., sowie die stark variierende *Brachyta interrogationis* L. und der ganz gleichmässig mit durchgehender schwarzer Schulterbinde auftretende *Trichius fasciatus*. Die Fundorte Qvikkjokk und Jokkmokk liegen etwa 1⁰ jenseits des Polarkreises.

Sitzung vom 10. Oktober.

Herr G. L. Schulz, zeigt die geblasene Raupe und Falter von *Lasiocampa bufo* Lederer. Er hatte ein aus zugeschickten Puppen glücklich gewonnenes Falterpaar zur Begattung und Eiablage gebracht. Hieraus entwickelte sich unter Pflege von Herrn Thurau eine zweite Zucht, die abermals glücklich gedieh, und zur Zeit sind sowohl Eier wie Raupen und Puppen an der Futterpflanze zu finden. — Eine ähnlich glückliche Aufzucht ist dem Vortragenden mit *Cidaria calligrapharia* H. S. gelungen.

Herr Rey legte verschiedene Abarten von *Bombyx mori* und die zugehörigen Puppen-Cocons vor, sowie einen von *Lecanium persicae* besetzten Kirschenzweig. Die Schilder der genannten Laus ähneln in Form und Farbe Blattknospen des Zweiges.

Herr Günther hatte vom Kirchhof an der Jungfernhaide bei Berlin ein von *Formica rufa* merkwürdig zerfressenes Stück Kiefernholz mitgebracht. Die in der Längsrichtung abgesetzten Gänge waren zur Niederlage der Ameisenpuppen benutzt.

Endlich stellte Herr Fruhstorfer eine Sammlung *Hestina*-Arten zur Schau aus, und zwar: *Hestina nama*, in Sikkim ein ziemlich häufiger Schmetterling, ferner von der bisher nur aus Sumatra bekannten Species *carolina* Snellen, ein Stück aus Perak und endlich eine ausgezeichnete Neuheit, die Herr Fruhstorfer *namoides* benennt, aus Sumatra. Diese unterscheidet sich von *nama* durch spitzere Hinterflügel mit breitem rothen Anflug. Auch unterseits sind die Hinterflügel breiter braun bezogen, während die Costalteile der Vorderflügel melanotisch dunkler gefärbt sind.

Sitzung vom 17. Oktober.

Nachdem Herr G. L. Schulz *Idmais chrysonome* Klug. und *Iphisadea* v. *palaestinensis* aus dem Jordanthal und vom Toten Meer vorgelegt hatte, zeigt Herr Thiele einen höchst merkwürdigen *Pap. machaon* L. ♂, in diesem Sommer im Posenschen gefangen. Das Exemplar ist in Grösse und Form vollständig entwickelt; die Grundfarbe ist normal. Der rechte Vorderflügel ist bis auf das Wurzelfeld normal gefärbt. Dieses und der 1. und 3. Vorderrandflecken sind schwach schwärzlich bestreut. - Der rechte Hinterflügel erscheint normal, nur die Subcostalis im äusseren Drittel breit gelb gefärbt. Der linke Vorderflügel ist aber bis auf einige kleine Gruppen von dunkleren Schuppen durchweg ohne Schwarz. Alle Zeichnung nur bläulich markiert und dadurch wie Untermalung wirkend. In gleicher Weise ist der linke Hinterflügel angelegt, nur ist das breite Band nach aussen durch schwarze Dreiecke, nach innen durch gleichfarbige Halbmonde begrenzt. Analauge wieder normal. Die Unterseite entspricht der Oberseite. Die übrigen Körperteile sind wie bei der Stammform gefärbt.

Als sich unter den Anwesenden Zweifel erhoben hatte, ob man eine derartige Bildung, besonders bei ihrem partiellen Auftreten, als Albinismus bezeichnen dürfe, bemerkt Herr Bode: Partieller Albinismus käme auch bei Menschen und Säugetieren vor und würde als Leukodermie bezeichnet. Diese bestehe im Fehlen des Pigments in allen epitheloiden Organen im Gegensatz zum Ergrauen der Haare, wo die weisse Farbe auf Lufteintritt zwischen die Zelllagen des Haares beruht. Leukodermie kommt am häufigsten in einem Ausbreitungsgebiet vor, das dem gewisser trophischer Nerven entspricht. Es gehört daher diese Krankheit zu den Trophoneurosen. Es sei nicht ausgeschlossen, dass solche Erscheinungen auch bei Insekten vorkommen, und so auch hier bei dem vorgewiesenen *P. machaon*.

Eine andere Merkwürdigkeit hat Herr Rohrbach am 17. 7. 1901 bei Bad Wildungen erbeutet. Es ist ein melanotisch gefärbter *Argynnis paphia* L. ♂, besonders ausgezeichnet durch breite, strahlenartig angeordnete, gesättigt schwarze Streifen, die von der Wurzel der Flügel bis zur Mitte reichen. Die Unterseite ist normal.

Herr Thieme zeigt einen Kasten mit *Arg. thore* Hübn., *Melitaea cynthia* W. V. und *Mel. maturna* var. *wolfensbergeri*, alle bei Pontresina gefangen. Der Herr Aussteller machte darauf aufmerksam, dass die ♂♂ von *wolfensbergeri* wenig abändern, während er von den ♀♀ sehr hübsche Abweichungen vorweisen kann.

Herr Günther hatte in Spiritus eingelegte Larven der Trauermücke *Sciara thomae* mitgebracht. Dieselben waren einem sogenannten Heerwurm entnommen, den der Vortragende im Juli in Finkenkrug bei Spandau angetroffen hatte. Er vergleicht das Aussehen des Heerwurms mit dem einer Schlangenhaut. Erst bei näherem Zusehen erkennt man die mit einer klebrigen Substanz susammenhängenden zahllosen Larven, Fliegenlarven ähnlich, neben und übereinander angeordnet und in einer Richtung langsam, aber merklich sich fortbewegend. Nachdem das Ganze zusammengerafft und zu Hause wieder ausgepackt war, ordneten sich die Tiere auf dem Tisch alsbald wieder und strebten in der ursprünglichen Form des Heerwurms abermals in einer Richtung fort. Herr G. fand die Tiere später in jüngerem Lebensstadium an *Nymphaea alba*, deren einzelne Blüten schätzungsweise 6000 gruppenweis vereinte Tierchen trugen. Andere Ansammlungen fand er in dem als selten trocken bekannten Sommer unter Holzstücken am Tegeler See in geringerer Anzahl. Doch auch sie suchten sich in derselben Art fortzubewegen.

Herr Fruhstorfer zeigt von *Agrias amydonius* Staudg. eine vom Vortragenden **trajanus** benannte Lokalform Von der Stammart war bisher nur ein ♂ aus Pebas am oberen Amazonas bekannt, während Herr F. von der neuen Form 2 Männer und ein Weib von Obidos am unteren Amazonas erhalten hat. Das vorgelegte Männchen hat breiter schwarz gezeichnete Vorderflügel. Der Purpurfleck dagegen tritt zurück. Die Hinterflügel sind breiter rot bezogen. Die Duftpinsel braun statt gelb, Analflecken blau statt gelb. Auf der Unterseite der Hinterflügel tritt eine orangefarbene Binde auf, die namentlich dem Weibchen ein zierliches Ansehen verleiht.

Herr Rey legt lebende Exemplare der aus Amerika eingewanderten und neuerlich stark verbreiteten *Blatta americana* vor. Derselbe Herr spricht alsdann über Saisondimorphismus. Er will neben einem direkten, d. h. durch den Wechsel der Jahreszeiten direkt hervorgerufenen Dimorphismus, einen adaptiven Saisondimorphismus unterschieden haben, welcher auf Anpassung an die je nach der Jahreszeit verschiedene Umgebung beruhe. Herr Rey stützt sich hierbei auf die von Weismann 1894 in einem zu Oxford gehaltenen Vortrage „Aeussere Einflüsse als Entwicklungsreize" und in einer 1895 erschienenen Abhandlung „Neue Versuche zum Saisondimorphismus der Schmetterlinge" (cfr. Zool. Jahrb., Abt. für Systematik B. VIII) von Weismann niedergelegten Anschauungen. In der letzten Abhandlung war der adaptive Saisondimorphismus an verschiedenen Arten nachzuweisen unternommen.

Herr Rey glaubt nun, eine neue Beobachtung gemacht zu haben, die er durch Beispiele belegt. Er behauptet nämlich, dass bei direktem Saisondimorphismus die Trockenzeitformen stets kleiner, auf keinen Fall grösser als die Regenzeitformen wären, während bei adaptivem Saisondimorphismus, also bei Arten mit schützend gefärbter Unterseite, die Trockenzeitformen nie kleiner, meist grösser als die Regenzeitformen seien.

Sitzung vom 24. Oktober.

Nachdem Herr Günther mehrere Gläser mit sauberen Präparaten der im Spätherbst hier vorkommenden Spinnen herumgegeben, legt Herr Stichel eine Collection *Heliconiden* aus der Sammlung von Herrn Riffarth vor. Es sind dies die wesentlichsten Vertreter der Formen der Species *phyllis* Fab.,*) die trotz ihrer habituellen Verschiedenheiten unter sich durch alle denkbaren Uebergänge derart miteinander verbunden sind, dass eine Trennung in Arten unhaltbar geworden ist. Die einfachste Form ist *Hel. phyllis viculata* Riff., die bis auf eine unregelmässige, aber geschlossene rote Querbinde der Vorderflügel einfarbig schwarzbraun ist Diese rote Binde wird zuweilen mehr oder weniger von der Grundfarbe zersprengt und namentlich der distale Teil in Flecke aufgelöst; so entsteht *ph. callycopis* Cram Andere Individuen treten mit roter Basalfärbung der Vorderflügel auf: *phyllis dryope* Riff.; auch bei diesen tritt der Fall ein, dass die geschlossene rote Diskalbinde sich auflöst, sie heissen dann *ph. corallii* Btl. und *ph. elimaea* Erichs. Bei einzelnen Individuen zeigt sich in der roten Binde gelbe Bestäubung; wenn diese Farbe bei der letzterwähnten Form im diskalen Teil das Rot verdrängt hat, entsteht *ph. amalfreda* Riff. Bei dem einfarbig rot gezeichneten

---

*) Nach späteren Feststellungen muss *H. phyllis* Fab. als Species dem *Hel. erato* Linné (= *Hel. vesta* Fab.) weichen. Synonymie von *erato* L. u. *vesta* Fab. ist von Aurivillius in Svenska Ak. Handl. v. 19 n 5 nachgewiesen.

Tier mit Basalfärbung und geschlossener Binde der Vorderflügel treten auf den Hinterflügeln rote Strahlen auf, man nennt diese Form *ph. erythraea* Cram., und wenn in die Binde des Vorderflügels die Grundfarbe wiederum eindringt, erkennen wir *ph. udalrica* Cram., tritt gelbe Bestäubung in der Zelle hinzu und ist die Binde sehr zersprengt, so erhalten wir *ph. andremona* Cram. und wenn die zersprengten Teile der Binde ganz gelb werden, so präsentiert sich uns die bekannte *ph. vesta* Cram. Eine Form, bei der nur der distale Teil der Binde erhalten blieb, cursiert unter dem Namen *ph. estrella* Bates, und wenn diese distale Fleckengruppe näher zur Zelle gerückt ist und sich um einen gelben Endzellfleck gruppiert, sagen wir *ph. lativitta* Btl. Bildet diese Fleckengruppe eine geschlossene Diskal-Makel, so erscheint *ph. venustus* Salv., und nimmt diese gelbe Makel zum Teil rote Bestäubung auf, so sehen wir *ph. anactorie* Dbl. vor uns. Das Diskal-Band oder die Makel wird schliesslich ganz rot, die rote Basalbestäubung tritt zurück, neben ihr erscheint ein gelber Wurzelstrahl und quer durch die roten Strahlen der Hinterflügel legt sich eine gelbe Längsbinde, diese Form heisst *ph. anacreon* Gr. Sm. Nunmehr verschwindet das Rot an der Basis der Vorderflügel, die roten Strahlen auf den Hinterflügeln treten zurück und sind nur noch in Rudimenten hinter der gelben Längsbinde wahrnehmbar: *ph. artifex* Stich, bis endlich auch diese wegbleiben und wir sind bei dem typischen *ph. phyllis* Fab. angelangt. Damit aber nicht genug! Der gelbe Basalstreif der Vorderflügel verschwindet wieder, an den Adern in der gelben Hinterflügelbinde bildet sich schwarze Bestäubung, wir erkennen *ph. phyllides* und dieser kann so ausgeprägt vorkommen, dass das Gelb ganz obsolet auftritt, ja sogar kaum wahrnehmbar ist, und wir sind im Kreislauf wieder bei *ph. viculata* Riff. angekommen.

Welche von diesen Formen nun als Subspecies oder individuelle Aberrationen aufzufassen sind, ist schwer zu beantworten und unterliegt wesentlich einer subjektiven Auffassung. Sehr erschwert wird die Entscheidung dadurch, dass fast alle diese Formen nebeneinander fliegen, wenn sich auch etliche in den weitesten Grenzen ihres Fluggebietes abzusondern scheinen. Es handelt sich jedenfalls nicht um Bastardierung verschiedener Arten, dazu sind die Fälle zu häufig und gewöhnlich, und es erübrigt nur, einen polymorphen Zustand der Art anzunehmen, der sich durch Kreuzung der verschiedenen, auf das gleiche Fluggebiet angewiesenen Formen vorläufig noch in reicher Vielseitigkeit zu erkennen giebt, aber schliesslich doch zu einer fundamentalen Trennung in Unterarten oder sogar in gute Arten führen dürfte.

Dass Kreuzungen unter diesen Formen vorkommen, ist neuerdings dadurch nachgewiesen, dass der Sammler Michaelis auf seiner letzten Reise in Surinam einen *H. ph. udalrica* ♂ mit *H. ph. vesta* ♀ in copula gefangen hat. Die beiden, in den Besitz des Herrn Riffarth übergegangenen Stücke liegen mit vor.

Herr Rey hat durch zahlreiche Zwischenformen den allmählichen Uebergang von *Prioneris watsoni* Hew. zu *Pr. seta* Moore und *Pr. thestylis* Doubl. zur Anschauung gebracht.

Herr Gaul zeigt Schmetterlinge aus der Umgebung Roms, welche zur Vervollständigung des von Calberla in der Iris veröffentlichten Verzeichnisses der Makrolepidopterenfauna der römischen Campagna zu dienen bestimmt sind.

Herr Fruhstorfer endlich hat Neuheiten aus Neuguinea mitgebracht. Es sind dies: *Tenaris kubaryi aroana* nov. subsp. Fruhst. Sie steht Staudinger's *kubaryi* von Deutsch-Neuguinea am nächsten, ist aber etwas grösser als diese und hat einen schwarzen, satt bräunlichen Costalsaum des Vorderflügels. Der Hinterrand der Vorderflügel und der Costalsaum der Hinterflügel sind hell schiefergrau bezogen. Basalteil der Hinterflügel gelblich. Das Tier ist von E. Weiske am Aroafluss in Britisch-Neu-Guinea erbeutet.

Ferner *Tenaris sticheli* nov. sp. Fruhst, welche der *T. kirschi* Stgr. nahe steht. Sie ist jedoch durch die kleineren hellgelb umrandeten Ocellen auf den Hinterflügeln unterschieden Der Subapicalfleck der Vorderflügel ist reiner weiss, der übrige Teil der Vorderflügel dunkler grau als bei *kirschi*. Herkunftsgegend ist die Milnebay an der Südostspitze der Insel Neu-Guinea.

Sitzung vom 31. Oktober.

Vom auswärtigen Mitgliede, Frh. v. Bock war eine Notiz eingegangen, betreffend die Acclimatisierung des aus Nord-Amerika stammenden Ailanthusspinners *Samia cynthia* bei Strassburg i. E. Dieser schöne und durch Grösse ausgezeichnete Spinner sei vor Jahren durch den Director Schnitter der dortigen Tabakmanufactur eingeführt. An diese Mitteilung knüpfen verschiedene Herren die Bemerkung, dass der Falter auch anderwärts, z. B. bei Laibach, eingebürgert sei.

Herr Stichel legte eine *Deileph. nerii* L, deren Flügel teilweise wie ausgeblichen waren, vor. Die bleiche Farbe sei nachgewiesener Massen durch sogenanntes Bluten der Puppe beim Transport entstanden.

Herr Rey stellte ein hübsches Uebergangsstück zwischen *Pap. dissimilis* und *Pap. panope* zur Schau.

Herr Fruhstorfer zeigte wiederum einige Neuheiten:

Cethosia cydippe iphigenia nov. subsp.

(Vgl. *Ceth. cydippe* var. Holland in Nov. Zool. März 1900.) Dieselbe unterscheidet sich von der typischen *cydippe* L aus Amboina und von Cramer's Abbildung der damit synonymen *ino* durch den schmäleren schwarzen Aussensaum aller Flügel. Das subapicale Weiss der Vorderflügel ist bei keinem der drei im Besitz des Vortragenden befindlichen Stücke zu einem breiten Feck zusammengeflossen, sondern in drei rundliche Punkte aufgelöst, von denen der mittlere am grössten ist. Vaterland Buru, Miro 1898

Lethe baucis philemon nov. subsp. Fruhst.

Ebenso wie *Clerome aerope excelsa* Fruhst. eine grosse Ausgabe der chinesischen *aerope* Leech vorstellt, verhält es sich mit der vorgeführten tonkinesischen *Lethe*, die als eine aussergewöhnlich grosse Localform der von Leech abgebildeten *baucis* Leech aufgefasst werden kann. *Philemon*, wie die neue geographische Rasse heissen mag, differiert in der Hauptsache durch die viel breitere und reinweisse Schrägbinde der Vorderflügel, und auf der Hinterflügel-Unterseite durch die grösseren Ocellen, die mit deutlichen silbrig-violetten Ringen umgeben sind. Auch zeigt die ultracellulare Längsbinde eine schmale, aber lange Ausbuchtung zwischen Hinterrand und Mediana. *Philemon* ist auch verwandt mit *Lethe naga* Doherty von Oberassam, die dem

Vortragenden nur aus der Abbildung in Moore's Lepidoptera indica bekannt ist. Von dieser aber ist *Philemon* leicht zu trennen, weil die weisse Apicalbinde auf der Unterseite der Hinterflügel fehlt.

Sitzung vom 7 November.

Herr G L Schulz zeigte von *Arctia maculosa* W. V. mehrere typische Stücke aus der Gegend von Wien und Würzburg, ferner eine Reihe Männchen und ein Weibchen, in den italienischen Alpen in 15 1600 m Höhe erbeutet, und endlich die var. *simplonica* ♂ und ♀, aus der südlichen Schweiz in 2300 m Meereshöhe gefangen. Herr Schulz hatte Männchen der zweiten Reihe in zwei einander folgenden Jahren an der Laterne gefangen und auch Puppen gefunden, aus welchen er neben einer Anzahl ♂♂ auch ein ♀ erhielt. Die Männchen nun aus den italienischen Alpen zeigen sämmtlich eine erheblich andere Färbung als die mehr der Ebene entstammenden Tiere der ersten Reihe, indem die Grundfarbe ihrer Flügel ziemlich gleichmässig blassrot ist. Da sich andererseits die Männchen erheblich von denjenigen der var. *simplonica* unterscheiden, während die Weibchen einander sehr ähnlich sind, hält es der Vortragende für berechtigt, diese italienische Alpenform als eine neue Localvarietät anzusehen. Er beabsichtigt hierüber eine Veröffentlichung in der Berl. Ent. Zeitschrift.

Im Anschluss an frühere Mitteilungen legte Herr Rey einige weitere indische Schmetterlinge mit auffälligem Saisondimorphismus vor. Es waren als Regenzeitformen:

Delias ithiela Doubl., *Cyrestis thyodamas* Boisd., *Argynnis childreni* Gray, *Prioneris autothisbe* Hübn. und *Ixias meridionalis* Swinh.,

und deren entsprechende Trockenzeitformen:

Del. belladonna F., *C. ganescha* Koll., *A. sacuntula* Koll., *P. autothispe* und *Ixias nola* Swinh.

Endlich aus Südafrika *Precis pelasgis* Godt. als Regenzeitform und *Pr. archesia* Cram. als Trockenzeitform. Diese letzteren sind so verschieden, dass sie noch vor wenigen Jahren für verschiedene Arten gehalten wurden. Erst Marshall stellte ihre Zusammengehörigkeit fest. (cfr. Trans. Ent. Soc. London 1896).

Von Herrn Stichel wurde die ausgeblasene Raupe und die Puppe von *Opsiphanes tamarindi* Feld. gezeigt, die Herr Haensch aus Ecuador mitgebracht hat. Die Raupen sind vorn und hinten etwas verjüngt, dicht mit kurzen, auf kleinen Warzen stehenden Borsten besetzt, tragen 2 Paar grosse und 2 Paar kleine Hörner am Kopfe und eine lange Schwanzgabel; sie leben an Bananen und sitzen nach Mitteilung des Sammlers in der Ruhe an der Unterseite der Blätter, dicht neben der starken Mittelrippe, eine hinter der anderen, also gesellig. Nach vorhandenen Notizen ist die Raupe blattgrün mit röt-lichen Streifen auf dem Rücken. An den Segmentverbindungen machen sich Querstreifen bemerkbar. Puppenruhe vom 3. bis 29. Juni. Die Puppe ist ziemlich schlank, ventral etwas eingedrückt, mit schwacher Rücken- und doppelter Flügelkante. Die Gewohnheit der Raupe, sich neben der Mittelrippe der Bananenblätter zu ruhen, wird von W. Müller in Zool. Ib. I, Heft 3/4 1886, S. 593, bestätigt. Den dortigen Mitteilungen ist zu entnehmen, dass das Ei rund und fein gerippt ist und 10 Tage bis zum Ausschlüpfen braucht. Die Raupen werden ca. 10 cm lang, die Hörner bilden sich erst später, in der Jugend sind statt dessen Höcker mit Borsten vorhanden. Die vier mittleren Hörner sind oberseits ziegelrot mit schwarzer Spitze, die vier äusseren und die Hinterseite des Kopfes blassrot. Der Körper hat 12 parallele braungelbe Linien, die Zwischenräume sind blaugrün und grüngelb. Die Puppe besitzt nur eine bewegliche Segmentverbindung. Neben mehreren Heften des „Entomologist", die Herr Stichel in Umlauf setzt, interessierte in besonderem Masse das der Königl. Bibliothek entliehene Werk Icones insectorum rariorum, von Carolus Clerck 1759 und 1764, auf Veranlassung der Königin Ulrike von Schweden herausgegeben. Dieses kostbare Werk ist besonders dadurch interessant und wichtig, dass die von Hand sauber colorierten Abbildungen nach der s. Z in Drottningholm (jetzt in Upsala) befindlichen Sammlung angefertigt sind, nach welcher Linné beschrieben hat.

Sitzung vom 14. November.

Herr Thurau stellte einen Kasten mit Spinnern zur Schau, die er durch Copulation eines *Bombyx quercus* v. *alpina* ♀ mit v. *sicula* ♂ erhalten hatte. Bei den mannigfach gefärbten Tieren war zu bemerken, dass die Zeichnung der Vorder- und Hinterflügel sich nicht ein und derselbe Ursprungsform zu nähern pflegte. Es näherte sich vielmehr das Aussehen der Vorderflügel der Form *sicula*, wenn die Hinterflügel die Färbung der Alpentiere zeigten und umgekehrt. Trugen z. B. die Vorderflügel eines ♂ die breite Binde der Alpenform, so zeigte der Hinterflügel sich breit gelb gesäumt wie beim *sicula* ♂.

Herr Fruhstorfer zeigte eine grössere Reihe von dem mimetischen *Papilio clytia* L., den er in verschiedenen Teilen Süd-Asiens gesammelt hat. Zunächst *P. clytia* L., die typische Form aus Sikkim in braunen ♂♂ und ♀♀ und solchen, die eine fast schwarze Flügelfarbe zeigen.

Dann Aberrationen von *clytia*, wie z. B. *casyapa* Moore mit einer dritten Submarginalreihe von weissen Flecken auf dem Vorderflügel, aus Sikkim, nicht sehr selten und anscheinend der Regenzeitform eigentümlich.

Dann ab. *papone* Westw., mit blauem Schimmer auf den ganz schwarzen Vorderflügeln, aus Tonkin und Siam.

Des weiteren eine Reihe Exemplare der ausschliesslich östlichen Subspecies, die Linné auch schon kannte und *panope* benannte.

Hiervon zeichnen sich Exemplare aus Tenasserim durch besonders weit ausgedehnten, weissvioletten Anflug der Vorderflügel oben aus (ab. *onpape* Moore), Stücke aus Annam durch die reducierten weissen Binden der Hinterflügel. Ein Stück aus Tonkin dürfte der ab. *saturatus* Moore zuzuzählen sein.

Ausserdem war Herr F. so glücklich, in Annam und Siam eine neue Aberration zu entdecken, die er *panope* ab. *janus* nennt.

Diese ist dadurch ausgezeichnet, dass an Stelle der weissen Apical- und Subapicalflecke schwarze Flecke auftreten, die sich von dem hellbraunen Grund deutlich abheben. Bei einem Stück ist der ganze Apex schwarz beschuppt, und sehen solche Exemplare aus, als wären sie mit Öl bespritzt.

Ein ♂ ist dann noch besonders merkwürdig durch die schwarzblaue Grundfarbe der Flügel, welche sich erst nahe dem Aussenrand aufhellt.

Solche Stücke, bei denen auch die weissen Vorderflügel-Tupfen ganz obsolet sind, bilden einen Übergang von *panope* zu ab. *onpape* und geben den Beweis, dass wir es trotz der grossen Abweichung von der Norm, doch immer mit Exemplaren einer Art zu thun haben.

Von der ab. *papone* besitzt Herr F. auch ein ♀ aus Annam.

Herr Stichel legte neue Arten und Localformen von *Brassoliden* vor, welche in Berl. ent. Z. v. 46 p. 487 u folg. beschrieben sind.

Sitzung vom 21. November.

Herr Thurau zeigt einige Stücke *Samia cynthia* aus Strassburg i. E. Vgl. Bericht vom 31./10. 1901

Herr Rey legt eine Anzahl des nordamerikanischen Schwalbenschwanzes *Pap. turnus* L vor, und zwar aus den verschiedensten Staaten Nordamerikas, um zu zeigen, wie eine im allgemeinen constante Form dennoch variiert, wenn man Stücke aus den verschiedenen Localitäten mit einander vergleicht. Es waren kleine Stücke aus dem Norden, grössere aus dem Westen und Osten bis zur gigantischen Form aus Florida. Bei den nördlichen Tieren sind Männchen und Weibchen gleich gefärbt, während im Süden bei den Weibchen ein auffallender Melanismus auftritt, welcher als schützende Anpassung an den im Süden häufigen *Pap. philenor* L. angesehen werden müsse. (!) Die schwarzen Weiber von *P. turnus* zeigen deutlich, wie ein solcher Melanismus entsteht, die gesammte Zeichnung und die schwarzen Binden, wie sie die gelben Tiere aufweisen, schimmern durch die schwarze Farbe hindurch und lässt dies erkennen, dass der Melanismus nicht, wie noch manche annehmen, durch Ausbreitung der schwarzen Zeichnung entstehe, sondern durch Verdunkelung der Grundfarbe und Auftreten einer Deckfarbe. In „The Butterflies of N. America" habe Edwards Uebergänge zwischen den schwarzen und gelben Weibchen abgebildet und nachzuweisen versucht, dass Melanismus kein Rückschlag in frühere Formen sein könne, sondern eine vorwärts schreitende Umbildung. Wahrscheinlich seien alle dunkelflügeligen Rinnenfalter von gelbflügeligen herzuleiten.

Herr Stüler verlas aus der Berliner Zeitung eine Mitteilung des Dr. Hermes über massenhaftes Auftreten von *Acherontia atropos* bei Rovigno in Istrien und den Massenfang dieser eniglüsternen Tiere hinter einem Fensterladen, wo sich ein Bienenschwarm angesiedelt hatte. Hierzu erzählt Herr Fruhstorfer, dass die javanische Art *Ach. satanas* leicht an der Lampe zu fangen sei und auch in grossen Mengen auftrete, da er in kurzer Zeit 2—300 Stück erhalten habe. Aehnlich verhalte es sich mit *Ach. medusa*, einem Gebirgstier, das bis Tonkin hinaufreiche.

Die Bemerkung in demselben Zeitungsabschnitte, dass auch *Sphinx convolvuli* bei Rovigno massenhaft auftrete und vorzugsweise *Jalappa mirabilis* saugend aufsuche, veranlasst Herrn Petersdorf zu der Mitteilung, dass der genannte Schwärmer hierzulande die Blüten der Tabakspflanze sehr gern aufsucht.

Herr Fruhstorfer zeigt noch eine hübsche Zwischenform zwischen *Agrias claudia* Schulz, aus Surinam bekannt, und *A sardanapalus*. Er benennt sie *A. claudia vesta* und hat sie aus

Obidos am unteren Amazonas erhalten. Derselbe Herr zeigt endlich einen Zwitter von *Ixias pyrene* aus Sikkim. Am weiblich gebildeten Leibe ist der rechte Vorder- und der linke Hinterflügel nach der männlichen Form bemessen und gezeichnet, wodurch das Tier ein sehr merkwürdiges, auffallendes Aussehen erhalten hat. (Beschrieben und bereits abgebildet in J. Bombay Soc. v. 7 p 152 (d. Redact.).

Sitzung vom 28. November

Herr G. L. Schulz, der schon 1896 in Ragusa auf die dort zahlreich in auffallender Grösse und variabler Zeichnung vorkommenden Falter von *Pap. machaon* L aufmerksam geworden war, hatte sich jetzt Puppen daher kommen lassen und legte eine grössere Anzahl der ausgeschlüpften Schmetterlinge vor. Unter den sehr interressant gezeichneten Tieren befand sich ein ♀ mit breitschwarzer, blaugekernter Abschlussmakel der Zelle auf den Hinterflügeln. Der schwarze, über den Rücken laufende Streifen verlief dagegen ganz schmal. Ein anderes ♀ war zwischen den Adern der Hinterflügel von der blauen Binde durch rote, flammige Wische ausgezeichnet.

Herr Rey zeigt ein bei Düsseldorf gefangenes Weib der var. *unicoloraria* Horm. von *Angerona prunaria* L., bei dem die schwarze Zeichnung der Flügel gänzlich fehlt.

Herr Thurau stellte eine Sammlung *Selenia lunaria* W. V., in zwei Generationen gezogen, zur Schau, und machte darauf aufmerksam, dass die Tiere seiner zweiten Zucht, die vom 18. 8. bis 21. 10. ausgeschlüpft sind, bedeutend heller als die der ersten, im April geschlüpften Zucht, ausgefallen waren; während sonst die zweite Zucht von Geometriden dunkler zu sein pflege. So z. B. bei *Sel. illunaria* Esp. und *tetralunaria* Hufn. Bei der zu allerletzt am 21. 10 geschlüpften *lunaria* ist das Wurzelfeld der Vorderflügel dagegen schieferblau und ebenso die auf den Hinterflügeln sonst hellgelbe Binde.

Herr Fruhstorfer zeigte Abarten etc. des *Papilio arcyles* Boisd., und zwar zunächst eine als

P. arycles arycleoides

von ihm eingeführte Unterform. Sie unterscheidet sich vom typischen *arycles* Boisd. aus Perak durch rundlicheren Flügelschnitt und die stets blaugrüne Färbung, welche niemals jenen gelblichen, hellmoosgrünen Ton annimmt, der *arycles* auszeichnet. Ausserdem sind alle blaugrünen Flecke zierlicher, und dadurch hat die schwarze Grundfarbe mehr Gelegenheit sich auszubreiten, so dass auch die Adern der Vorderflügel breiter schwarz umzogen sind. Der weisse Fleck am Costalrand der Hinterflügel ist kreisrund und sehr klein, niemals länglich wie bei *arycles*, und die ihn begrenzende schwarze Binde viel breiter. Der oberste Fleck der Submarginalreihe rundlicher Punkte ist weiss und in der Mitte geteilt. Fundort ist Muok Lek, 1000 Fuss hoch in Siam belegen. Zeit Februar 1901.

Im Jahrgang 1899 der Berl. Ent. Zeitschrift hat der Vortragende als neue von *arycles* unterschiedene Subspecies oder Abart unbekannter Herkunft den *Pap. arycles sphinx* beschrieben. (Vergl. das pag. 283, Tafel II, Fig. 12.) Dieser ist grösser als *arycleoides*, hat mit ihm die blaugrüne Färbung gemeinsam, auch sind die Flecken des Costalrandes der Hinterflügel alle weiss und der mittlere Fleck gleichfalls rund. Auf der Unterseite sind die bei *arycles* und *arycle-*

oides roten Flecke gelb gefärbt, eine Erscheinung, die aber auch beim typischen *arycles* vorkommen kann. (Vgl. Rothschild's Monographie:) Jetzt, im Besitze grösseren Materials, ist Herr F. der bestimmten Meinung, dass *sphinx* als Subspecies aufzufassen sei und wahrscheinlich in Nord-Siam oder Tonkin zu Hause ist. Für letzteren Fundort spreche der Umstand, dass dort alle indischen Papilionen Neigung zeigen, ein grösseres Flügelmass anzunehmen, eine Tatsache, die an ähnliche Verhältnisse auf Celebes erinnert.

Geographisch verteilt sich nun die Sippschaft *arycles* so:

arycles Boisd. = *rama* Feld. Palembang (Sumatra), Palawan (Doherty, Januar 1898), Java, Palabuan (Fruhst., Januar 1896), Perak, Malacca, Süd-Borneo (in coll. Fruhst).

arycles ab. *incertus* Fruhst. Ausgezeichnet durch ausgedehntere, weissliche Flecken im discalen Teil der Hinterflügel-Unterseite. Vielleicht auch eine subspecies. — Inseln bei Singapore — Banka oder Nias?

arycles sphinx Fruhst. Tonkin? [Figur No. 12, Tafel II der Berl. Ent. Zeitschrift 1889 hat durch die Verkleinerung viel an Anschaulichkeit verloren. Das von *arycles* verschiedene Aussehen der Flecken in der Vorderflügelzelle und am Costalsaum der Hinterflügel ist aber deutlich zu erkennen].

arycles arycleoides Fruhst. Siam. Es ist vielleicht möglich, dass dieser Falter nur eine Trockenzeitform vorstellt, die in Gebieten auftritt, wo die Trockenzeit lang andauert.

Von *Pap. chiron* beobachtete Vortragender wenigstens eine äbuliche Erscheinung in Sikkim. Eine grosse Anzahl im März und April gefangener Schmetterlinge sind erheblich kleiner, die hyalinen Flecken grösser und heller. Auch fehlt bei den meisten Stücken der gelbliche Strich am Costalsaum der Hinterflügel. Am grössten und dunkelsten sind vier Männer, die F. in Chiem-Hoa in Tonkin am Ende der Regenzeit im September fing, dann kommen solche aus Sikkim.

Pap. chiron und seine Verbreitung lässt sich demnach so darstellen:

Pap. bathycles chiron Wall. f. temp. *chiron*. Sikkim, Mai, Juni, Juli; Assam (wann?); Lower Birma; Tonkin (August bis September) in coll. Fruhst., Shan-Staaten (Rothschild).

Ders. f. temp. *chironides* Honrath. Sikkim (März bis April); Assam (wann?); Süd-Annam (Februar 1900 in coll. Fruhst.).

Von *chironides* besitzt F. sowohl aus Sikkim wie aus Annam Stücke mit und ohne gelblichen Costalpunkt, von *chiron-chiron* eine merkwürdige Aberration aus Darjeeling, nämlich sehr klein, tief schwarz mit folgenden Abweichungen vom normalen *chiron*: Die grösseren Apical- und Submarginal-Fleckchen sind zusammengeflossen Ebenso die beiden oberen Makeln in den Zellen und die beiden unteren, so dass vor dem Zellende ein über 70 mm breiter Fleck entsteht. Die costalen weissen Flecke der Hinterflügel stossen zusammen. Der erste grüne Punkt der Submarginalreihe ist zu einem Strich ausgezogen, die übrigen Fleckchen nur in Punktgrösse angedeutet. Auf der Hinterflügel-Unterseite sind die gelben Flecke sehr gross und erhalten durch schwarze Schüppchen ein diffuses Aussehen.

Herr F. berichtet ferner: *Pap. agenor* hat auch zwei Zeitformen:

eine kleine, meist stark rotfleckige Frühjahrsgeneration und eine grosse Sommer- oder Regenzeitform, die fast immer ohne basale Flecken auf der Oberseite der Vorderflügel vorkommt.

Pap. paris kommt im März nur in kleinen Stücken vor, seine Regenzeitform ist um ein Drittel grösser und zeigt dunkelgrüne Flügel.

Sitzung vom 5. Dezember.

Herr Brasch zeigte *Sesia flaviventris* aus Friedland in Mecklenburg, der alleinigen Heimat des hübsch gezeichneten Tierchens, das sich in den Zweigspitzen niedriger Weidenbüsche entwickelt, Herr G. L. Schulz *Eupithecien* aus der Schweiz, und Herr v. Oertzen wies ein noch lebendes Exemplar von *Adesmia fettingi* Haag vor, das im Mai bereits mit einer grösseren Zahl in Spiritus getöteter Käfer aus Deutsch Südwestafrika abgegangen war. Der vom Scheintot erwachte Käfer hatte mithin über 1/2 Jahr ohne Nahrung in der Verpackung zugebracht. Jetzt allerdings war er offenbar seinem Ende nahe.

Herr Rey wies an einer grösseren Sammlung der in Nordamerika heimischen *Colias eurytheme* Boisd. nach, wie ein über ein so grosses Gebiet verbreiteter Schmetterling unter den örtlichen Einwirkungen abändern kann. Die drei, *keewaydan*, *ariadne* und *eriphile* Edw. benannten Formen berührend, war ein vollständiger Uebergang bis zu *Colias philodice* hergestellt

Herr Fruhstorfer legt *Satyriden* aus dem malayischen Gebiet vor und macht zuvor darauf aufmerksam, wie die dunkle Farbe mit weissbläulichem Schimmer für diese und andere Bewohner des Waldes charakteristisch sei. Zunächst

Coelites nothis sylvarum nov. subsp.

Coel. nothis von Westwood mit der Ortangabe Ostindien beschrieben, war bisher nur in 2 ♂ und 1 ♀ Stücken der Boisduval'schen, jetzt Oberthür'schen, Sammlung bekannt. Hagen führte die Art irrtümlich als aus Sumatra stammend auf und seinem Beispiele sei de Nicéville gefolgt. Das wahre Vaterland sei indessen Siam, wo der Vortragende etwa 10 Stück bei Muok Lek in Mittelsiam auf ca. 1000 Fuss Höhe im Februar 1901 erbeutet habe, welche sich nach der vorzüglichen Abbildung in Moore's Lepidoptera Indica bestimmen liessen.

Ausserdem erbeutete Herr Fruhstorfer bei Chiem-Hoa in Central-Tonkin im September 1900 am Weissen Flusse auf ebenfalls 1000 Fuss Höhe über dem Meere ein neue Localform, welche als subsp. *sylvarum* vorliegt. Das Tier ist kleiner als *nothis* von rundlicherem Flügelschnitt und intensiverem, den ganzen Hinterflügel bis zum Marginalsaum beziehenden Blau. Auf der Unterseite sind die Vorderflügel dunkler mit einer um vieles schmäleren braunschwarzen Submarginalbinde. Auf den Hinterflügeln zieht sich die dunkelviolettgraue Discalbinde bis an den Analwinkel, die apicalen und analen Ocellen sind grösser, die mittlere dagegen kleiner als bei *nothis*.

Nachdem Herr F. noch *Coelites binghami* Moore aus Nieder-Birma vorgewiesen und die anderen bekannten *Coelites*-Arten besprochen hat, legt er zum Schluss noch ein Paar des in den weiblichen Stücken sehr seltenen *Pap. macar eus*, ebenfalls aus Siam stammend, vor.

Sitzung vom 12. Dezember.

Herr Thurau setzt einen Kasten mit *Angerona prunaria* L im Umlauf Die einer Zucht entstammenden Raupen hatten sich zum Teil schnell entwickelt und waren als zweite Jahres-Generation im Herbst ausgeschlüpft. Während alle andern eine normale Grösse erreicht hatten, hat das zuletzt am 4. Oktober ausgekommene Männchen nur etwa 20 mm Flügelspannweite und ist zudem gefärbt wie ein Weibchen. Der andere Teil der Raupen hatte bei Eintritt des Winters die Reife aber noch nicht erreicht. Diese hat Herr Th. mit Epheu weiter gefüttert und sie plötzlich der Winterkälte kurze Zeit ausgesetzt. Die hieraus im Februar und März erhaltenen Schmetterlinge haben die gewöhnliche Grösse, sind aber auffallend rot gefärbt und die dunklen Zeichnungen auf den Flügeln fast verschwunden, dies besonders bei den Weibchen.

Herr Rey zeigte eine interessante *Trichura*, Herr Stüler Frassstücke von *Hylesinus fraxini* F. Der erstgenannte Herr legt noch eine mannigfaltige Zusammenstellung tropischer Saisonformen vor, wobei er grossen Regenzeittieren in charakteristischer Weise kleine Trockenzeitfalter zur Seite gesteckt hatte.

Herr Fruhstorfer hält den Unterschied in der Grösse von Regen- und Trockenzeitformen aber nur bei einigen Arten, wie *Pap. agenor* und *xuthus* aus Japan, für charakteristisch, während er andere in grossen und kleinen Stücken vorgeführte Arten wie *Pap. helenus* überhaupt nicht als Saisonformen gelten lassen will, da diese untereinander anzutreffen seien, wirkliche *helenus* Trockenzeit Exemplare aus Sikkim aber stets ein intensiveres Rot auf der Htflgl.-Unterseite zeigen, worauf aber Gewicht zu legen sei, als auf blosse Grössenunterschiede.

Einen Zwitter von *Argynnis niobe* L hat Herr Thiele, einen solchen von *Cirrhochroa aoris* Dbl. Herr Fruhstorfer mitgebracht. Die *C. aoris* ist links männlich und rechts weiblich gebildet, stammt aus Sikkim und ist besonders dadurch bemerkenswert, dass sie in ausgesprochener Weise auf beiden Seiten die graubraune und düstergelben Farbentöne der Regenzeittiere trägt.

Sitzung vom 19. Dezember.

Herr G L Schulz legt eine Anzahl abweichend gefärbter Exemplare von *Angerona prunaria* vor, sowie zwei interessante Stücke von *Pap. machaon* aus Dalmatien.

Anknüpfend an das in der vorhergehenden Sitzung behandelte Thema der Trockenzeit- und Regenzeitformen wendet sich Herr Rey gegen die Annahme, er habe behauptet, dass sich Trockenzeit- und Regenzeittiere vorzugsweise durch die Grösse unterschieden. Er habe allgemein von Saisonformen gesprochen, deren Unterschied auch in anderen Merkmalen liege, z. B. in der verschiedenen Färbung der Männchen. Zur Illustration seiner Ausführungen lässt er eine Collection von Catopsilien zirculieren.

Herr Stichel nimmt der behandelten Frage gegenüber folgenden Standpunkt ein: Im allgemeinen sei die Behauptung nicht von der Hand zu weissen, dass die Jahreszeit in den Tropen Einfluss auf die Grössenverhältnisse einer Schmetterlingsart habe, aber man müsse sich vor dem Schluss rückwärts hüten, indem man sagt: weil das Individuum klein oder gross ist, muss es eine Trocken- oder Regenzeitform sein.

Individuelle Grössenunterschiede seien überall zu constatieren, aber dieselbe Art variiert auch in der Grösse in verschiedenen Gegenden, ja sogar in den verschiedenen Höhenlagen ein und derselben Gegend. Als Beispiel führt Vortragender *Heliconius phyllis* L. an. Tiere aus Brasilien seien im allgemeinen grösser und kräftiger als solche aus Paraguay. dort kommen allerdings auch solche Exemplare vor, die denen aus Brasilien nicht nachstehen, aber auch bedeutend kleinere. Vorgelegt werden zwei Stücbe von 27 und 39 mm Vorderflügellänge, die beide aus derselben Sendung stammen und in einer Jahreszeit gesammelt sind; hier ist, wie auch in vielen anderen Fällen, die Annahme von Saisonformen nicht gerechtfertigt. Auch in der engeren Heimat kommen solche Fälle vor, wie aus zwei andern vorgelegten Beispielen ersichtlich, nämlich zwei *Colias hyale* L. von 17 und 26 mm und zwei *Ocneria dispar* L. ♂ von 15 und 22 mm Vorderflügellänge. Aus den angeführten Gründen sei die Bezeichnung von verschieden grossen Individuen als Saisonformen sehr vorsichtig aufzufassen.

Herr Thiele legt eine hochinterressante Aberration von *Argynnis paphia* ♂ vor, die sich von der Stammform durch das Fehlen aller Fleckenbildung, sowie dadurch unterscheidet, dass das Schwarz auf der Oberseite sich strahlenförmig an den Rippen entlang nach dem Aussenrande zu ausbreitet.

Herr Thurau legt ein von ihm selbst in Lappland erbeutetes Exemplar von *Pieris brassicae* vor, dass sich von hiesigen Stücken durch die grünliche, schwärzlich bestäubte Unterseite unterscheidet und dadurch an die Madairaform *brassicae* var. *wollastoni* erinnert. Eine Zusammenstellung mit dieser Spielart erklärt Herr Fruhstorfer angesichts der klimatischen Verschiedenheit der Heimatländer der Tiere für ausgeschlossen. Herr Rey meint, das Tier ähnele Exemplaren der ersten hiesigen *brassicae*-Generation; jedenfalls bedarf es noch genauerer Vergleichung mit weiterem Material, ehe die Frage, ob in dem Exemplar etwa eine neue nordische Localform von *brassicae* vorliegt, beantwortet werden kann

Herr Ross lässt darauf eine Collektion südmexikanischer Falter, die er aus Frontera erhalten hat, circulieren.

Herr Fruhstorfer legt eine von ihm selbst in Tonkin gefangene *Nymphalide* vor, die er anfangs für eine *Satyride* gehalten, dann aber als neue Art aus der Gattung *Isodema* erkannt und unter dem Namen *pomponia* in der Societas entomologica beschrieben hat.

Zum Schluss zeigt derselbe Herr eine aus einem gespaltenen Bambusstab bestehende Cicadenklapper vor, deren sich die Siamesen bedienen, um Cicaden anzulocken, welche, in Cocosöl gebraten, von den Eingeborenen verspeist werden.

Berliner
Entomologische Zeitschrift

(1875—1880: Deutsche Entomologische Zeitschrift).

Herausgegeben

von dem

Entomologischen Verein zu Berlin.

unter Redaction von

H. Stichel.

Siebenundvierzigster Band (1902).

I—II. Heft: (1—28), (I—II), 1—154).

Mit 2 Tafeln und 11 Textfiguren.

Ausgegeben Anfang August 1902.

Preis für Nichtmitglieder 12 Mark.

Berlin 1902.

In Commission bei R. Friedländer & Sohn.

Carlstrasse 11.

Alle die Zeitschrift betreff. Briefe und Manuscripte, Anzeigen für den Umschlag

Den Vereinsmitgliedern stehen zu Anzeigen über Kauf und Tausch 5 Zeilen gratis zur Verfügung, soweit es der Raum gestattet.

Inhalt des ersten und zweiten Heftes des siebenundvierzigsten Bandes (1902) der Berliner Entomologischen Zeitschrift.

---

dressen der geschäftsführenden Vorstandsmitglieder:

tzender . . Herr Dr. med. O. Bode, Halensee b. Berlin, Ringbahnstr. 21.

führer . . „ H. Stüler, Berlin W., Derfflingerstr. 26. (Für allgemeine Vereinsangelegenheiten).

ngsführer. „ H. Thiele, Berlin W., Steglitzerstr. 7. (Für Geld- uud Kassenangelegenheiten).

hekar . . „ H. Stichel, Schöneberg b. Berlin, Feurigst. 46. (Für Redactions- und Bibliotheksangelegenheiten).

ıngen: Donnerstags Abends um 8½ Uhr im Königgrätzer Garten, S.W. Königgrätzerstr. 111.

Die beiden letzten Seiten des Umschlages werden der Beachtung empfohlen.

Die Serica-Arten der Erde.

Monographisch bearbeitet

von

E. Brenske.

Beschreibung der Gattungen und Arten.

(Schluss.)

Orthoserica fulvastra sp. nov.

Kita; Ungar, im Berliner Museum für Naturkunde. Länge 6, Breite 4 mill. ♂.

Rothgelb mit glänzend gelben Fühlern, matt, dicht tomentirt, wenig opalisirend.

Das Kopfschild ist verjüngt, vorn deutlich gerandet mit runden Ecken, dicht aber nicht runzlig punktirt mit zahlreichen Borstenpunkten. Die Augen treten weit hervor. Die Stirn hat an der Naht einen glatten, glänzenden Fleck. Das Halsschild bildet ein Parallelogramm, die Seiten sind fast gerade, sehr wenig geschweift, der Vorderrand in der Mitte etwas vorgezogen. Die Punktstreifen der Flügeldecken sind deutlich, die Zwischenräume sind feiner punktirt; das Pygidium ist gerundet. Die Borsten der Segmente deutlich. Die Hinterschenkel sind kurz, breit, mit deutlicher Borstenreihe, die Hinterschienen verbreitert mit langem Enddorn. Die Unterlippe ist fast steifborstig behaart. Der Fächer ist so lang wie der Stiel, vor der Spitze etwas seitlich gebogen.

Gattung Cephaloserica.

Diese Gattung mit der dazugehörenden Art *phthisica*, gehört nicht zu den Gattungen der aethiopischen, sondern der orientalischen Region und ist daher aus der Uebersichtstabelle der afrikanischen Gattungen zu streichen. Sie wird im Nachtrage abgehandelt werden, da sie aus Kooloo (Kulu) stammt, welches in N. W. Hindostan im Kangrah District des Punjab liegt und daher bei den Arten aus dem Himalaya Gebiet hätte berücksichtigt werden müssen.

Gattung Coronoserica.

Der Clypeus ist vorn hoch umrandet, in der Mitte mit erhabenem Längskiel vom Vorderrande bis zur erhabenen Naht. Die Stirn ist breit. Die Unterlippe ist gewölbt, vorn mit deutlicher Abplattung. Die Fühler sind 10-gliedrig, der Fächer dreiblättrig. Das Halsschild ist quer, an den Seiten fast gerade. Die Flügeldecken sind gestreckt, ohne Behaarung der Oberfläche. Die Hinterhüften sind stark verlängert und der Hinterleib ist verkürzt. Die Brust ist zwischen den Mittelhüften breit, die Mittelbrust ist schräg abfallend. Die Hinterschenkel sind wenig verbreitert, die Hinterschienen aussen mit drei Borstengruppen; die Vorderschienen scharf zweizähnig, die Tarsen schlank, die vordersten etwas verkürzt, die Krallen fein gespalten.

Im Habitus sich den Autoserica-Arten anschliessend ohne besonderes Auffälliges zu besitzen, aber mit mehreren Eigenthümlichkeiten, von denen die schräge Mittelbrust und die Clypeus-Bildung die wesentlichsten sind. Es ist eine Art bekannt.

Coronoserica beata sp. nov.

Sierra Leone; in meiner Sammlung von Herrn Donckier erhalten. Länge 6,5 Breite 4 mill. ♂.

Der *Homaloplia flava* von den Galla-Ländern sehr ähnlich. Von länglichem Körper, schmutzig gelb, matt, seidenglänzend, unbehaart mit schlankem zartem Fächer.

Das Kopfschild ist schmal, tief ausgehöhlt, sodass der Vorderrand sehr hoch erscheint, mit starkem Längskiel bis zur Naht. Die Stirn ist breit. Das Halsschild von Parallelogramm-Form, vorn in der Mitte deutlich vorgezogen, die Seiten gerade, fein uud dicht punktirt, sehr fein gerandet. Das Schildchen klein. Die Flügeldecken noch in Reihen punktirt mit daneben befindlichen, unregelmässigen Punkten, welche die schmalen wenig erhabenen Zwischenräume ziemlich gleichmässig bedecken. Das Pygidium ist zugespitzt, gewölbt, die Spitze nach innen gerichtet. Die Segmente sind schwach beborstet. Die Hinterschenkel sind glänzend, etwas gewölbt, weniger verbreitert und gegen die Spitze schmaler, stark punktirt, so dass die Borstenpunkte sich wenig abheben. Die Hinterschienen sind schmal, schlank, die Enddorne fast gleich lang und kürzer als das erste schlanke Tarsenglied. Die Krallen sind gespalten, das Zähnchen ist abgestumpft, auch an den Vorderfüssen. Die Brust ist zwischen den Hüften sehr breit, die Naht daselbst gerade, ohne Borsten. Die Unterlippe ist kurz behaart, die Abplattung ist glänzend und gross. Der schlanke schmale, gewundene Fächer ist etwas länger als der gestreckte Stiel. Die Vorderschienen sind äusserst kräftig, besonders der Spitzenzahn ist gross und vorragend.

Gattung Autoserica.

Der Autoserica-Typus, wie er bei den asiatischen Arten festgestellt wurde, ist hier unverändert derselbe geblieben: ein nach vorn convergirendes Kopfschild ohne besondere Eigenheiten und von mässiger Ausdehnung, ein breites quer gebautes Halsschild und gewölbte, eiförmig gestaltete Flügeldecken von brauner Farbe, ohne auffallende Behaarung. Die Hinterhüften sind gross und die Hinterschenkel und Schienen sind breit und flach. Die Brust ist zwischen den Mittelhüften breit und steil abfallend nach vorn. Die Fühler sind meist 10-gliedrig, der Fächer in beiden Geschlechtern dreiblättrig. Die Unterlippe ist vorn abgeplattet. —

Auch die vorliegende Artenreihe hat ein sehr übereinstimmendes Gepräge. Etwas auffallend ist die *A. lata* gebildet, sie fällt durch ihre breite Gestalt auf. Die letzten Arten von *A. Reichenowi* an sind etwas kleiner, zum Theil oben dunkler und scheinen sich habituell abzusondern; doch ist es nicht möglich gewesen dies, sei es auch nur aus Zweckmässigkeits Gründen, durchzuführen.

Autoserica byrrhoides.

Trochalus byrrhoides Thoms. Archiv entom. II. 1858 p. 57.

Gabon; Congo, Cap Palmas; in m. S. und den meisten Sammlungen vertreten. Länge 9, Breite 5,8 mill.

Eiförmig, matt, rothbraun mit schwachem Opalglanz, oben und unten mit winzigen Härchen, welche aber unter der Lupe deutlich wahrnehmbar sind.

Kopfschild breit, nach vorn wenig verjüngt, dicht, kräftig, gerunzelt punktirt, mit sehr schwacher Erhabenheit und einzelnen undeutlichen Borstenpunkten hinter dem Vorderrande; Stirn leicht gewölbt. Halsschild in der Mitte des Vorderrandes nicht vorgezogen, an den Seiten fast gerade, vor den Hinterecken leicht geschweift, diese wenig vortretend, leicht abgerundet, mit schwachen einzelnen Randborsten. Schildchen gross, zugespitzt. Flügeldecken in den Streifen dicht unregelmässig punktirt, die regelmässige Punktreihe tritt nicht hervor, die Zwischenräume sind schwach gewölbt, wenig punktirt, ausser den winzigen Härchen, die an der Basis dichter stehen, treten noch zerstreut weisse deutlichere Börstchen auf; die Randborsten dicht, kräftig, rückwärts anliegend. Das Pygidium ist leicht zugespitzt. Die Borstenreihen der Segmente sind wenig kräftig, der Hinterrand des letzten Segmentes ist in der Mitte fein und dicht behaart. Die Hinterschenkel sind stark verbreitert, an der Spitze am breitesten, vor derselben schwach gebuchtet, matt, mit weitläuftigen aber deutlichen sieben Borstenpunkten. Die Hinterschienen sind sehr breit, glatt, aussen mit 2, der Spitze genäherten Borstengruppen und einzelnen Borsten darüber, der Enddorn kräftig, kürzer als das erste sehr gestreckte Tarsenglied. Auf den Hinterhüften und den Brustseiten, machen sich die feinen Härchen ebenfalls bemerkbar. Das Krallenzähnchen ist abgestumpft. Die Abplattung der Unterlippe ist breit und deutlich.

Das der Beschreibung zu Grunde liegende Exemplar stammt von Gabon, woher auch die von Thomson beschriebene Art stammt von der ich nicht im Zweifel bin, dass sie hierher gehört und nicht zu *Trochalus*. Die kurze allgemein gehaltene Beschreibung Thomsons lautet: „Long. 9, larg. 6 mill. Entiérement d'un brun mat, un peu rougeâtre sur les bords des élytres, en dessous, et aux pattes, ayant sur le prothorax et les élytres un reflet soyeux un peu grisâtre. Ovalaire, dégèrement rétréci en avant. Tête glabre, luisante, assez fortement ponctuée, surtout en avant, avec une petite élévation sur le chaperon. Prothorax finement, mais assez densement ponctué, ainsi que l'écusson. Élytres très finement et peu densément ponctuées; à stries très fines, mais visibles et régulières."

Was die „petite élévation sur le chaperon" betrifft, so glaube ich diesen Ausdruck auf den etwas aufgeworfenen Vorderrand des Clypeus beziehen zu dürfen, da die Erhebung auf der Fläche eine derartig schwache ist, dass sie vom Autor, der die Härchen nicht einmal erwähnt, sicher nicht gemeint ist.

Es liegen mir mehrere Stücke von Gabun vor, aber merkwürdiger Weise nur Weibchen, so dass ich über die Zahl der männlichen Fächerglieder keine Angabe machen kann. Indess hat ein Männchen von Kita (Berliner Museum), welches ich auch zu dieser Art ziehe, einen 3-gliedrigen Fächer, der sich auch bei den Gabon Exemplaren vorfinden wird.

Ueber die anderen vorliegenden Exemplare sei noch folgendes gesagt. Die Grösse ist bei allen annähernd dieselbe; ein ♀ *No. 223*, von Gabon hat 10 mill. Länge und 6,5 mill. Breite, so dass es sich durch seine Grösse auszeichnet; hier erscheint der Clypeus etwas mehr nach vorn verjüngt, ein wenig stärker gerunzelt und die Halsschildseiten sind vor den Hinterecken nicht geschweift, die Flügeldecken grob punktirt, aber die Zwischenräume kaum erhaben, die Seiten der Brust sind kurz aber deutlich und länger als bei den andern behaart.

Bei zwei Exemplaren von Gabon (Delauny) *No. 224*, ist der Clypeus entschieden matter punktirt, nicht gerunzelt und daher glatter erscheinend; auf dem Scheitel befinden sich einige feine Borstenpunkte, die Halsschildseiten sind nicht geschweift und der Vorderrand zeigt in der Mitte ein sehr schwaches Vortreten. Diese Art wird nicht specifisch zu trennen sein.

Zwei Exemplare vom Congo, *No. 225*, haben keine geschweiften Halsschildseiten, aber etwas deutlicher in Reihen punktirte Flügeldecken. Sie sind etwas kleiner und der dunkelbraunen *Neoserica bibosa* sehr ähnlich. Das Männchen dieser Art hat einen 4-blättrigen Fächer, dessen 1. Blatt sehr schmal ist; auch hat diese Art geschweifte Halsschildseiten.

Bei dem Exemplar von Cap Palmas, *No. 226* (No. 24882 des Berliner Museums), sind die Zwischenräume der Flügeldecken etwas mehr punktirt.

No. 227, das oben erwähnte Männchen von Kita, ist 8 mill. lang, 5 mill. breit, also etwas kleiner, der 2-gliedrige Fächer ist schalgelb, länger als der Stiel, dessen Glieder 3—7 sehr klein und fast undeutlich sind Das Exemplar weicht von der Type nicht ab.

No. 295. ♀ von Senegambien im Museum Brüssel, coll. Thomson No. 9005, gebört ebenfalls hierher.

Mann müsste demnach statt einer, etwa 4—5 Arten annehmen, welche indess zur Zeit nach dem vorliegenden Material mit Sicherheit nicht zu begründen sind, daher ich alle zunächst bei einander belasse.

Autoserica badia n. sp.

Länge 8—9, Breite 5,5 – 6 mill.

Sierra Leone; Museum Wien.

Matt, braun, opalisirend, länglich oval, Fühler 10-gliedrig.

Kopfschild breit, sehr wenig verkürzt, hoch gerandet, mit abgerundeten Ecken, fein und weitläuftig punktirt, scharf gekielt. Halsschild in der Mitte des Vorderrandes nicht vorgezogen, an den Seiten fast gerade, nach hinten verbreitert, fein punktirt. Die Flügeldecken in Reihen grob punktirt mit winzigen Härchen; der 2te Zwischenraum nicht verbreitert, neben dem Seitenrande einzelne Borstenpunkte. Das Pygidium ist zugespitzt. Die Borsten der Segmente sind schwach, aber noch deutlich. Die Hinterschenkel sind sehr breit, an der Spitze nicht verjüngt, die Borstenreihe dicht und deutlich, am äusseren Rande mit sehr feiner Borstenpunktreihe. Die Hinterschienen sind sehr verbreitert, an der Basis fein punktirt, aussen mit 2 Borstengruppen; der Enddorn kürzer als das erste Tarsenglied. Brust-Mitte kräftig beborstet. Unterlippe breit abgeplattet; Vorderschienen 2-zähnig.

Autoserica loangoana n. sp.

Loango, Waelbroeck, im Museum Brüssel.

Länge 10, Breite 6,4 mill. ♀.

Rothbraun, matt, der *A. byrrhoides* in allen Stücken sehr ähnlich.

Der Clypeus hat eine kleine Erhabenheit auf der Mitte. Das Halsschild ist am Vorderrande in der Mitte leicht vorgezogen und die Seiten sind hinten nicht geschweift. Die Härchen und Börstchen auf den Flügeldecken sind vorhanden und in den anderen Merkmalen ist kein Unterschied zu finden.

Autoserica latipes.

Serica latipes Kolbe, Berliner E. Z. 1883 p. 19.

Chinchoxo (Dr. Falkenstein). Nach der Type im Berliner Museum beschrieben. Länge 8,25, Breite 5 mill. ♂.

Länglich eiförmig, braunroth, matt. Der Clypeus ist breit, dicht und runzlig punktirt, ohne Erhabenheit, hinter dem Vorderrande mit einzelnen Borsten. Die Stirn ist breit. Das Halsschild ist in der Mitte des Vorderrandes nicht vorgezogen, die Vorderecken treten stark hervor, nach hinten wenig verbreitert und an den Seiten nur vorn etwas gerundet. Die Flügeldecken sind in Reihen punktirt, nur an der Basis befinden sich sehr feine Härchen. Ebenso ist das Schildchen fein behaart. Das Pygidium ist breit, zugespitzt. Die Segmente tragen starke Borsten. Die Hinterschenkel sind breit, in der Mitte des hinteren Randes etwas gebuchtet, die Spitze abgerundet. Die Hinterschienen sind breit aber kurz, der längere Enddorn ist kürzer als das erste sehr lange Tarsenglied. Die Vorderschienen sind breit zweizähnig. Der dreigliedrige Fächer ist etwa so lang wie der Stiel. Diese Art schliesst sich an *loangoana* an.

Es gehören in die Verwandtschaft dieser Art noch folgende Exemplare, welche sich kaum von einander unterscheinen:

No. 296. ♂ von Zambi, Ch. Haas im Mus. Brüssel. Länge 8,5, Breite 5,5 mill.

No. 297. ♀ vom Congo, Bosson im Mus. Brüssel. Länge 9, Breite 6 mill.

No. 298. von Boma, M. Tschoffen, im Mus. Brüssel. Länge 8,3, Breite 5,7 mill.

No. 299 von Banana, F. Busscholdts, im Mus. Brüssel. Länge 9, Breite 6 mill.

No. 300. ♀ von Loulouabourg, Ch. Haas, im Museum Brüssel. Länge 9, Breite 6 mill.

No. 301. ♀ von Lukungu, Ch. Haas (M. Brüssel). Länge 9,5, Breite 6 mill.

Bei den beiden letzten Exemplaren sind die Zwischenräume auf den braunrothen Flügeldecken dunkel gestreift, sie weichen hierdurch erheblicher als die andern ab.

Autoserica bomuana.

Brenske, Annales de la Société Ent. de Belgique 1899 p. 379.

Ober M'Bomu, Colmant; coll. Comant und in m. S. Länge 8, Breite 5 mill. ♂♀.

Länglich oval, matt, braun. Das Kopfschild ist breit, dicht, grob runzlig punktirt, sehr leicht gerandet mit äusserst fein vorspringender Mitte und Ecken. Die Stirn ist flach, der Scheitel mit einzelnen Härchen. Das Halsschild ist kurz, vorn in der Mitte nicht vorgezogen, an den Seiten vorn etwas gebogen, nach hinten gerade mit rechteckigen Hinterecken. Das Schildchen ist an der Basis sehr breit. Die Flügeldecken sind in den Streifen dicht punktirt mit schmalen, glatten Zwischenräumen, auf welchen feine weisse Börstchen zerstreut stehen. Die Segmente haben deutliche Borstenreihen. Die Hinterschenkel sind sehr breit, an der Spitze verbreitert, abgerundet, glatt mit schwacher Borstenreihe (7 Punkte) an dem hinteren Rande; die Schienen sind wadenartig verbreitert, an der Spitze eingezogen. Die Längslinie der Hinterbrust ist deutlich, seitlich fein behaart. Die Vorderschienen kurz zweizähnig. Der dreigliedrige Fächer des Männchens ist gerade, etwas länger als der Stiel, der des Weibchen ist kürzer.

Einzelne unausgefärbte Exemplare sind gelbbraun bis vollständig weissgelb.

Die ursprünglich mit *bibosa* verglichene Art, reiht sich den mit *A. latipes* verwandten Arten, besonders *No. 296*, noch besser an.

Autoserica adumana sp. nov.

Aduma; in meiner Sammlung von Herrn Deyrolle erhalten. Länge 8,3, Breite 5,5 mill. ♂,

Oval, matt, rothbraun, etwas opalisirend, der *L. latipes* ähnlich.

Der Clypeus ist sehr dicht körnig gerunzelt, dem Scheitel fehlen die Börstchen, die Punktirung der Flügeldecken ist etwas gröber. Die Hinterschenkel sind entschieden breiter, besonders gegen die Spitze stark verbreitert, die Borstenpunktreihe ist sehr kräftig, auch am vorderen Rande stehen Borsten; die Abplattung der Unterlippe ist gross. Der 3-gliedrige Fächer ist etwas robust, leicht seitwärts gebogen, fast so lang wie der kurze Stiel.

Es ist garnicht daran zu zweifeln, dass wir es hier mit zwei ganz verschiedenen Arten zu thun haben, deren Gesammthabitus aber und auch die Mehrzahl der einzelnen Körpertheile eine solche Uebereinstimmung zeigt, dass die Unterscheidung eine äusserst schwierige besonders dann werden wird, wenn es sich um die Bestimmung des anderen noch fehlenden Geschlechtes handeln wird.

Autoserica fulvicolor.

Serica fulvicolor Quedenfeldt, Berliner Ent. Z. 1884 p. 309.

Malange, Länge 7,5 mill.

„Ovalis, modice convexa, fulva, opaca; clypeo nitido, ruguloso, medio gibboso; thorace elytrisque obsoletissime punctatis, punctis setulis minutissimis instructis, elytris praeterea subtile punctato-striatis. Corpore subtus, cum pedibus posticis valde compressis, leviter sericeo-micante; tibiis anticis bidentatis, tarsis castaneis, 10-articulatis.

Etwas länglich oval, oben und unten matt röthlichgelb, mit Ausnahme des Hinterleibes und des Clypeus schwach seidenschimmernd; dieser glänzend, stark runzlig punktirt, von der Stirn durch eine feine Querlinie getrennt, auf der Mitte mit einem stumpfen Höcker, die Oberlippe schmal aufgebogen und leicht ausgerandet. Halsschild zweieinhalb Mal so breit als lang, hinten wenig breiter als in der Mitte, Vorder- und Hinterecken fast rechteckig. Schildchen gleichseitig dreieckig, zerstreut punktirt. Flügeldecken mit sehr seichten und feinen Punktstreifen, die Zwischenräume etwas sperrig fein punktirt, jeder Punkt mit einem sehr kleinen, kaum sichtbaren, weissen Börstchen. Die Unterseite ein wenig heller als die Oberseite, Brust und Hinterhüften leicht seidenschimmernd, ziemlich dicht aber seicht punktirt; der Hinterleib matt, jedes Segment mit einer Querreihe borstentragender Punkte. Beine etwas glänzend, leicht farbenschillernd, die hinteren Schenkel und Schienen sehr breit und stark zusammengedrückt. Der *Serica latipes* Kolbe (Berl. Ent. Z. 1884 p. 19) von Chinchoxo sehr ähnlich, doch ist diese robuster, hat einen ungehöckerten Clypeus und eine nicht ausgerandete Oberlippe." Nach Quedenfeldt.

Die Stellung der mir unbekannten Art ist ohne Zweifel hier die richtige, doch wird sich dieselbe schwer nach der Beschreibung bestimmen lassen, weil die gegebenen Merkmale einer ganzen Anzahl von Arten eigenthümlich sind.

Autoserica sagulata.

Serica sagulata Quedenfeldt, Berliner E. Z. 1884 p. 307.

Malange. Länge 10,5 mill.

„*Ovata, modice convexa; capite antice varioloso-punctato, nigro, nitido, postice sicut thorace scutelloque, brunneo-nigro-velutinis; elytris nigro-aeneis, margaritaceo-micantibus, fortiter punctato-striatis, interstitiis sparsim subseriatim punctulatis. Corpore subtus cum pedibus rufo-ferrugineis 10-articulatis; pedibus posticis latis, valde compressis, tibiis anticis bidentatis*

Eine ansehnliche, durch ihre Färbung auffallende Art von vollkommen eiförmiger, nach hinten zu verbreiteter Gestalt. Hinterkopf, Halsschild und Schildchen braunschwarz, sammetartig tomentirt, mit äusserst feinen, nackten, ziemlich weitläuftig stehenden Pünktchen; Vorderkopf stark runzelig punktirt, die Oberlippe nur schwach aufgebogen, leicht ausgerandet. Halsschild kurz, mit ziemlich stark vorragenden spitzen Vorderecken, Basis über dem Schildchen gerundet vorgezogen, jederseits mit einem schwachen Eindruck. Flügeldecken schwarz, glatt, von vorne gesehen stark reifartig schimmernd, mit Farbenspiel, ziemlich stark punktirt gestreift, mit fast ebenen Zwischenräumen, diese weitläuftig, mitunter etwas reihig punktirt. Unterseite und Bein rothbraun, reifartig schimmernd; Hinterbrust stark gefurcht, die vorderen Schenkel und das Kinn rothgelb bewimpert. Mesosternalfortsatz ziemlich breit, gerade und fast senkrecht abgestutzt." Nach Quedenfeldt.

Die Art blieb mir unbekannt. Sie ist jedenfalls eine Autoserica welche der *A. malangeana* sehr ähnlich ist. Neben diese wird sie auch vom Autor gestellt. Eigenthümlich sind auf dem Halsschild die feinen nackten Pünktchen. Dass diese Art mit der auffallend breiten, braunen *A. lata* identisch sein sollte, möchte ich nach der Beschreibung nicht annehmen.

Autoserica lata sp. nov.

Malange; Buchner, im Berliner Museum f. Naturkunde. Länge 11, Breite 7,5 mill. ♀.

Durch ihre Breite zeichnet sich die Art von allen bekannten aus; braun, leicht grünlich, wenig matt, doch scheint das vorliegende Exemplar durch schlechte Conservirung gelitten zu haben, so dass auch hier, wie bei den vorhergehenden, eine mehr oder weniger dichte Tomentirung angenommen werden kann.

Der Clypeus ist breit, sehr dicht und sehr stark runzlig punktirt, mit undeutlichen Borstenpunkten, schwach gerandet. Die Stirn ist fein und wenig dicht punktirt. Das Halsschild ist sehr breit, nicht dichter punktirt als die Stirn, an den Seiten vorn gerundet, hinten gerade, mit deutlichen Borsten und abgerundeten Hinterecken. Das Schildchen ist zugespitzt, kräftig punktirt, die Spitze glatt. Die

Flügeldecken sind deutlich in Reihen punktirt, die Reihenpunkte sind kräftiger, dichter als die zerstreut stehenden der Zwischenräume, diese sind fast eben; winzige Härchen und weisse Börstchen sind auch hier wahrnehmbar; die Borstenpunkte des Seitenrandes stehen dicht. Das Pygidium ist dicht und kräftig punktirt. Vom Hinterleib sind in der Mitte nur 3 Ringe frei, diese sind fein punktirt mit deutlichen Borstenpunkten. Die Hinterschenkel sind sehr breit, in der Mitte des Hinterrandes geschwungen, mit verbreiteter Spitze und beiderseitigen Borstenreihen; die Hinterschienen sind stark verbreitert, an der Basis punktirt behaart, der Euddorn kürzer als das erste Tarsenglied; die Borstengruppen am Rande in ziemlich gleicher Entfernung. Der gewulstete Rand der Hinterhüften zwischen den Trochanteren ist sehr schräg nach innen abfallend; die Hinterbrust in der Mitte längs vertieft, leicht behaart, zwischen den Mittelhüften sehr breit. Die Abplattung der Unterlippe ist breit. Der dreigliedrige Fächer ist kurz oval, kürzer als der Stiel dessen 3.—7. Glied sehr klein ist.

Autoserica malàngeana sp. nov.

Malange (Pogge) von Major Quedenfeldt erhalten, der sie als *S. confinis* Burm. bezeichnete; vergl. Berl. Entom. Zeitsch. 1888 p. 166. Länge 9, Breite 6 mill. ♀.

Etwas breit eiförmig, braun oben purpurroth tomentirt, stark opalisirend. Das Kopfschild ist breit, dicht gerunzelt punktirt mit einer Reihe Borstenpunkte, an der Naht noch matt. Das Halsschild ist vorn in der Mitte nicht vorgezogen, die Seiten sind allmählig gerundet mit schwach abgerundeten Hinterecken, deutlich abgesetztem Seitenrande. Die Flügeldecken sind in Reihen punktirt, die Zwischenräume wenig erhaben, nicht dicht punktirt, mit winzigen Härchen die an der Basis dichter stehen und weisse Börstchen; der Nahtstreif ist unpunktirt, nur nach hinten mit sehr feinen Punkten. Hinterschenkel und Schienen wie bei *A. byrrhoides*, mit der sie grosse Aehnlichkeit hat. Glied 3—7 des Fühlerstiels sind sehr kurz.

Autoserica mombassana sp. nov.

Mombassa, (Hildebrandt) Museum f. Naturkunde in Berlin.

Länglich oval, braun, matt, leicht opalisirend. Die Art unterscheidet sich von den vorigen (*byrrhoides*, *malangeana*) dadurch, dass die winzigen Härchen in den Punkten hier sehr undeutlich sind, ebenso die weissen Börstchen.

Das Kopfschild ist breit, kaum verjüngt. sehr dicht grob runzlig punktirt, gröber als bei *byrrhoides*. Die Seiten des Halsschildes sind vorn deutlicher gerundet, nach hinten gerade, mit scharfen Hinterecken. Schildchen lang und spitz, hier sind die Härchen deutlich. Die Flügeldecken sind in Reihen punktirt, neben diesen Punktreihen fehlen die unregelmässigen Punkte ganz, so dass die Reihen klar hervortreten, die Zwischenräume sind flach, weitläuftig punktirt. Die Hinterschenkel sind sehr breit, am hinteren Rande leicht gebuchtet, mit Borstenpunkten und matt punktirter Fläche; die breiten Hinterschienen sind gegen die Spitze kaum verjüngt. Das dritte Tarsenglied ist ein wenig gestreckter, die folgenden sind sehr klein. Die Unterlippe deutlich gerandet.

Autoserica Reichenowi sp. nov.

Aquapim; Dr. Reichenow im Berliner Museum f. Naturkunde. Länge 7,5, Breite 4,5 mill. ♂.

Mit dieser Art beginnt eine Reihe kleiner, dunklerer Arten, welche sich habituell von den vorigen leicht unterscheiden. Länglich oval, matt, braun, wenig opalisirend, Oberfläche fein punktirt, Kopf etwas metallisch, der 3-gliedrige Fächer robust.

Der Clypeus ist etwas schmaler, verjüngt, schwach gerandet, vorn leicht gebuchtet, fein punktirt mit leichter höckriger Erhabenheit und einzelnen Borstenpunkten am Vorderrande; die Stirn ist hinter der sehr verschwindenden Naht besonders in der Mitte noch glatt, jederseits mit Borstenpunkten, nach hinten fein punktirt. Das Halsschild ist an den Seiten fast gerade, hier schwach beborstet, fein punktirt, der Vorderrand ist in der Mitte leicht vorgezogen. Die Flügeldecken sind in Reihen punktirt, die ebenen Zwischenräume weitläuftig punktirt, mit winzigen Härchen und Börstchen, welche an der Basis nicht dichter stehen. Die Hinterschenkel sind stark verbreitert, gerade, mit gerundeter Spitze; die Schienen sind weniger breit, glatt, die drei Borstengruppen am Rande stehen der Spitze genähert und dicht bei einander. Die Längslinie der Brustmitte ist schwach, Die Unterlippe hat eine schmale Abplattung. Die Vorderschienen sind kurz gezähnt, die Tarsen sind zart. Der robuste Fächer ist so lang wie der Stiel, dessen Glieder 3—7 sehr kurz sind.

Meinem Jugendfreunde, dem bekannten Ornithologen Professor Dr. A. Reichenow gewidmet.

Autoserica warriana n. sp.

Warri, Niger C. P. Dr. Roth, in m. S. Länge 8, Breite 5 mill. ♂♀.

Dunkel grünlich braun, matt. Der *A. Reichenowi* ähnlich, mit vorn breiterem Clypeus.

Das Kopfschild ist breit, nach vorn schwach verjüngt, dichter punktirt, ohne Erhabenheit, schwach gerandet, die Stirnnaht ist deutlich, die Stirn breit, wenig gewölbt. Das Halsschild ist vorn in der Mitte nicht vorgezogen, an den Seiten fast gerade. Die Flügeldecken sind deutlich gestreift, die Zwischenräume leicht erhaben, die winzigen Härchen äusserst schwach. Die Hinterschenkel sind dicht tomentirt, gleich breit mit abgerundeter Spitze und weitläuftig stehenden Borstenpunkten. Die Hinterschienen sind breit, wadenartig, glatt mit 3 Borstengruppen von denen die mittelste weiter von der ersten absteht als diese von der Spitze. Der Euddorn ist deutlich kürzer als das erste sehr lange Tarsenglied. Die Brustlinie ist schwach. Die Abplattung der Lippe ist schmal aber deutlich. Der Fächer des ♂ ist gerade, so lang etwa wie der Stiel; der des ♀ ist zierlich und deutlich kürzer.

Autoserica fluviatica sp. nov.

Senegal, in meiner Sammlung. Länge 8, Breite 4,5 mill. ♀.

Länglich oval, etwas schmal, matt, braun oben dunkel, bläulich schimmernd mit Opalglanz, doch ist die ganze Oberseite weniger dicht tomentirt, so dass die Punktirung gut zu erkennen ist. Clypeus breit, wenig verjüngt, dicht grob gerunzelt punktirt, hinter dem Vorderrande wo die wenig hervortretenden Borstenpunkte stehen, etwas weniger rauh punktirt. Die Stirn fein punktirt. Das Halsschild ist vorn in der Mitte vorgezogen, die Seiten sind fast gerade, nach hinten sehr leicht geschwungen, dicht und fein punktirt mit schwachen Randborsten. Das Schildchen ist länglich, spitz. In den Streifen stehen die Punkte in Reihen, daneben unregelmässige, welche fast die ganzen wenig erhabenen Zwischenräume ausfüllen, Härchen und Börstchen sind auch hier vorhanden aber sehr schwach wahrnehmbar. Auf den Segmenten sind die Borsten schwach. Die Hinterschenkel sind verbreitert, gleich breit, glatt mit sehr schwacher Borstenpunktreihe; die Hinterschienen breit. Die Brust ist etwas kräftiger vertieft. Der 3-gliedrige kurze Fächer ist schalgelb, die Glieder 3—7 des Stiels sind sehr schwach, fast undeutlich. Die Abplattung der Unterlippe ist breit.

Autoserica gabonica n. sp.

Gabon, im Museum Brüssel, coll. Ogier de Baulny. No. 82. Länge 7, Breite 4,6 mill. ♂♀, das letztere etwas breiter.

Eiförmig, braun, tomentirt mit dunkel grünlichem Schein, das Kopfschild etwas metallisch glänzend, der Fächer des ♂ lang, gebogen und dadurch besonders abweichend.

Das Kopfschild ist sehr wenig verjüngt, seitlich sehr fein gerundet, vorn schwach gebuchtet und wenig gerandet. dicht, feiner runzlig punktirt. Die Stirn ist schmal, dicht fein punktirt, die Augen sind gross. Das Halsschild ist vorn weniger tief gebuchtet, in der Mitte nicht vortretend, an den Seiten vorn leicht gerundet nach hinten geschwungen mit leicht vortretenden Hinterecken, die Fläche ist dicht fein punktirt. Die Flügeldecken haben feine Punktreihen und dicht und ebenso fein punktirte Zwischenräume, der erste und dritte sind deutlich breiter als der zweite und vierte, welche deutlicher erhaben sind. Die weissen zerstreuten Börstchen sind sehr schwach. Das Pygidium ist gewölbt. Die Segmente sind kräftig beborstet. Die Hinterschenkel sind gleich breit, an der Spitze breit abgerundet, die Borstenpunktreihe an dem vorderen Rande ist kaum schwächer als die an dem hinteren Rande, welche aus wenigen Punkten besteht. Die Hinterschienen sind gegen die Spitze etwas zusammengeschnürt, die erste Borstengruppe am Aussenrände steht der Spitze näher als der zweiten Borstengruppe. Die Hinterhüften sind gleichmässig dicht punktirt. Die Hinterbrust ist ein wenig abgeplattet, der Eindruck ist schwach. Die Vorderschienen sind sehr kräftig zweizähnig. Der Fächer des Männchens ist bedeutend länger als der Stiel, gelb, kräftig gebogen.

Autoserica benuensis sp. n.

Benuë, in meiner Sammlung von Staudinger und Bang Haas erhalten. Länge 6, Breite 4,5 mill. ♂♀.

Kürzer oval, matt, rothbraun, schwach seidenschimmernd, mit kurzem, gelbem Fächer.

Der Clypeus ist allmählich verjüngt, dicht runzlig punktirt, mit schwach angedeuteter mittlerer Erhabenheit, hinter dem stark erhabenem Vorderrande und hinter der Naht mit einer Reihe Borstenpunkte. Die Stirn ist breit. Das Halsschild ist sehr fein und dicht punktirt, an den Seiten fast gerade, sehr fein gerandet, am Vorderrande in der Mitte nicht vorgezogen. Das Schildchen ist breit, dicht und gleichmässig punktirt. Die Flügeldecken zeigen kleine deutliche Punktreihen, die Punkte stehen hier dicht verworren nebeneinander und lassen die etwas erhabenen Zwischenräume punktfreier, die winzigen Härchen und weissen Börstchen sind vorhanden, aber schwach hervortretend; die Borstenpunktreihe des Seitenrandes ist unterbrochen. Die Hinterschenkel sind fast eiförmig, an der Spitze am breitesten, mit schwacher Borstenpunktreihe am hinteren Rande, die Hinterschienen sind stark verbreitert, zerstreut sehr fein nadelrissig punktirt, der Euddorn erreicht die Länge des ersten Tarsengliedes; die Borstengruppen gleich weit entfernt: das Krallenzähnchen ist abgestumpft. Der 3-gliedrige hellgelbe Fächer des ♂ ist etwa so lang wie der Stiel. Die Abplattung der Unterlippe ist deutlich, das Kinn ist lang behaart. Der Fächer des ♀ ist halb so kurz, die Vorderschienen desselben sind nur unerheblich breiter, Körperform etwas dicker.

Autoserica atrata.

Omaloplia atrata Reiche, Voyage en Abyssinie dans les provinces du Tigre, du Samen et de l'Amhara par Ferret et Gallinier. Tome III. 1847. pag. 354 pl. XXI f. 4.

Omaloplia atra Reiche. (ex errore) Guérin, Voyage en Abyssinie par Léfebvre 1849 p. 314.

Bogos (Antinori! 1871) Mus. civ. di Genova;

Somali (Hardegg! 1896) Hofmuseum Wien.

Länge 10, Breite 6 mill. ♂♀.

Unten gleichmässig braun, oben grünlich schwarz braun, matt, schwach opalisirend, Schenkel stark verbreitert mit Borstenpunkten, Fühler 10-gliedrig, Fächer (♀) 3-gliedrig; dicke Art.

Das Kopfschild ist breit, ziemlich kurz, nach vorn verjüngt die Ecken breit gerundet, wenig hoch aber kräftig gerandet dicht grob runzlig punktirt mit einer Reihe Borstenpunkte gleich hinter dem Rande. Die Naht ist undeutlich, in der Mitte winklig nach hinten gebogen und hier etwas erhaben. Die Stirn ist sehr fein punktirt. Das Halsschild ist ziemlich kurz, an den Seiten sehr wenig gerundet, hier stark beborstet, nach hinten leicht geschweift mit leicht abgerundeten Hinterecken, der Vorderrand ist in der Mitte schwach vorgezogen, die Fläche ist dicht und fein punktirt mit winzigen greisen Härchen. Das Schildchen ist gross, flach, sehr fein und sehr viel dichter punktirt als das Halsschild. Die Flügeldecken sind in Reihen punktirt, die Zwischenräume sind ganz flach, gleichbreit, weitläuftig punktirt, mit winzigen Härchen in den Punkten, und deutlichen weissen Borsten, welche in Reihen stehen. An der Basis sind dieselben mit winzigen dicht stehenden Schuppenhärchen bedeckt. Das Pygidium ist zugespitzt, an der Spitze höckrig gewölbt, deutlich und ziemlich dicht punktirt. Die Bauchsegmente sind matt punktirt mit kräftigen, in der Mitte aussetzenden Borstenreihen, die Hinterhüften sind dicht punktirt mit dicht stehenden Randborsten. Die Seiten der Brust sind mit kurzen Borstenhaaren bedeckt. Die Hinterschenkel sind lang, stark verbreitert, an der Spitze deutlich breiter als an der Basis, an jedem Rande mit deutlicher Borstenpunktreihe, zerstreut punktirt, mit abgerundeter Ecke. Die Hinterschienen sind stark verbreitert, mit mehr als zwei Borstengruppen, der Euddorn ist verlängert, die Tarsen sind kräftig, das Krallenzähnchen an der Spitze breit abgeschnitten. Die Vorderschienen sind zweizähnig, die Zähne bei dem vorliegenden Exemplar sehr stark abgenutzt, fast verschwunden. Die Mittelhüften sind weit von einander entfernt, die Borstenpunkte der Mittelbrust stehen hier auf einer deutlich abgesetzten Kante; die Brust ist in der Mitte wenig punktirt, einzeln beborstet. Die Glieder des Stiels sind sehr kurz, der Fächer länglich oval, in beiden Geschlechtern kürzer als der Stiel. Die Unterlippe ist abgeplattet.

Obwohl Reiche in seiner Beschreibung von den winzigen Härchen und den weissen Borsten der Flügeldecken gar nichts erwähnt, beziehe ich die mir vorliegenden Exemplare doch auf seine Art. Das Exemplar von Bogos, welches schwächer tomentirt ist passt am besten zu der Beschreibung. Die Exemplare des Wiener Museums sind an den Halsschildseiten nach hinten nicht geschweift oder doch nur sehr unbedeutend, die Tomentirung ist kräftiger, die weissen Borsten der Flügeldecken deutlicher und auf den Hinterschenkeln stehen die Borstenpunkte an dem Vorderrande weitläuftiger.

Der Name dieser Art von Abyssinien hat die Priorität (1847) gegen denselben, welchen Burmeister (1855) einer aus dem ceylonesischen Gebiet stammenden Art gegeben hat, so dass dieser letztere zu ändern sein wird. Die Original-Beschreibung der Reiche'schen Art befindet sich im Nachtrag, am Schluss der ganzen Arbeit.

Autoserica consimilis.

Serica consimilis Linell, Proceedings of the U. S. National Museum. Smithonian Institution. Washington Vol. XVIII 1895. (edit. 1896) p. 689.

Tana River (Somali); Länge 9 mill.

„Broadly oval, dark ferruginous, sericeous, somewhat shining, rather densely punctate, rufo-ciliate at sides. Antennae ten pointed, light ferruginous, club those jointed, somwhat longer than the stem. Clypeus separated from the front by an obtusely elevated, strongly arcuate line, densely punctate, with apical margin truncate, obsolete tridentate. Thorax evenly convex, twice broader than long, widest at base, slightly narrowed to middle, strongly obliquely convergent in front; anterior angles produced, posterior angles obtuse. Scutellum triangular, smooth at apex. Elytra at base broader then thorax, somewhat wider at middle, broadly rounded at apex, rather strongly punctatostriate; sutural stria more duply impressed posteriorly; intervals irregularly punctate, slightly convex. Pygidium convex, punctate. Ventral surface and legs ferruginous, tarsi darker. Anterior tibiae strongly bidentate. Claws all equally cleft. Type No. 20 N. S. N. M. One example." (Nach Linell.)

Diese Art aus dem Somali Lande, welche mir unbekannt blieb, zeigt nach der leider sehr allgemein gehaltenen Beschreibung, kaum irgend welche characteristischen Eigenthümlichkeiten. Da auch ein Vergleich mit einer anderen verwandten Art fehlt, so ist es unmöglich die Art mit Sicherheit zu classificiren und dass sie hierher gehöre ist nur eine Muthmassung; während aus der Beschreibung andererseits gefolgert werden kann, dass sie mit der gleichfalls aus dem Somali Lande stammenden *Lepiserica gallana*, nichts verwandtschaftliches hat, wohl aber mit der *A. atrata* Reiche.

Aus der Beschreibung ist hervorzuheben, dass die Fühler zehngliedrig sind und der 3-gliedrige Fächer etwas länger als der Stiel ist; der Clypeus ist schwach dreizähnig, die Stirnnaht ist leicht erhaben, der Nahtstreif der Flügeldecken ist hinten stärker vertieft, die Streifen auf denselben sind leicht convex, die Vorderschienen sind zweizähnig. Ueber die Behaarung, sowie über die Beschaffenheit der Hinterschenkel sind keine Angaben gemacht.

Diagnosen zu den Typen der Theil IV p. 81 (Separatum p. 449) aufgestellten neuen Trochalinen Gattungen.

Phyllotrochalus montanus n. sp.

Togo, Misahöhe, E. Baumann 5. IV. 94. Im Museum für Naturkunde in Berlin.

Länge 7,4, Breite 5,3, Dicke 3,6 mill. ♂.

Eiförmig, glänzend rothbraun, unten ein wenig röthlicher. Clypeus kräftig punktirt mit feiner Längslinie, Stirn feiner, weitläuftiger. Halsschild fein punktirt, Hinterecken stumpfwinklig leicht gerundet, die vertiefte Linie neben dem Seitenrande ist wenig kräftig. Flügeldecken mit 5—6 feinen Punktreihen, welche an der Basis nicht kräftiger sind, dicht und fein punktirt Hinterschenkel breit eiförmig gewölbt, sehr fein punktirt; an den Hinterschienen ist die Borstengruppe von der Spitze etwas weiter entfernt als von der anderen Borstengruppe. Brust auf der Mitte feiner und dichter punktirt als an den Seiten. Der 6-blättrige Fächer ist etwas einwärts gebogen, länger als der 4-gliedrige Stiel, dessen drittes Glied schmal länglich-cylindrisch ist.

Microtrochalus bipunctatus n. sp.

Mozambique von Herrn Donckier erhalten; Delagoa Bai in coll. Felsche.

Länge 4, Breite 3,2, Dicke 2,5 mill. ♂♀.

Fast kugelig unten schwarz matt, oben mit gelben Flügeldecken, welche auf der Mitte eine kleine rundliche schwarze Makel tragen, Kopf und Halsschild sind dunkel-grünlich, die Flügeldecken-Naht schmal, der Rand breit schwärzlich, die dunklen Körpertheile mit mattem Seidenschimmer.

Der verengte Clypeus ist vorn deutlich dreizähnig, vorn glänzend glatt bis zu einer abgesetzten Querlinie, von dieser bis zur Nahtlinie dicht punktirt. Stirn und Halsschild sind sehr fein punktirt, das letztere vor dem Schildchen stark nach innen gezogen. Das Schildchen ist klein. Flügeldecken mit 8 deutlichen Punktreihen, deren Punkte kräftiger sind als diejenigen der Zwischenräume, der dunkle Fleck befindet sich auf dem 3. und 4. Zwischenraum. Auf den Hinterschenkeln sind einzelne Borstenpunkte. Auf den Hinterschienen ist die Borstengruppe weiter von der Spitze als von der anderen Gruppe und als diese von der Basis entfernt. Der 5-gliedrige Fächer ist etwas einwärts gebogen, zart, ein klein wenig länger als der Stiel.

Campylotrochalus glabriclypealis n. sp.

Togo, Misahöhe, E. Baumann, 19. IV. 94. Im Museum für Naturkunde in Berlin,

Länge 6, Breite 4,2, Dicke 3,5 mill. ♂.

Dunkel grünlich, stark tomentirt und seidenglänzend nur die vordere Hälfte des Clypeus und die Beine glänzend.

Clypeus vorn leicht gebuchtet und in der Mitte etwas erhaben, so dass der Vorderrand schwach dreizähnig erscheint; bis zur Hälfte der Länge ist der Clypeus glatt, ganz punktfrei, eine Querreihe kräftiger Borstenpunkte grenzt diesen Theil ab, von dieser Borstenreihe bis zur Stirnnaht ist der Clypeus sehr dicht fein runzlig punktirt. Das Halsschild ist sehr fein punktirt, die Hinterecken leicht abgerundet, am Hinterrande vor dem Schildchen etwas vorgezogen. Das Schildchen ist sehr gross. Die fein punktirten Flügeldecken sind so dicht tomentirt, dass die Punktreihen nicht zu erkennen sind, es sind 6 vorhanden, welche etwas deutlicher sind, die übrigen gegen den Seitenrand sind verloschen. Die Segmente an der Seite mit einzelnen Borstenpunkten. Die Hinterschenkel sehr fein punktirt; die erste Borstengruppe der Hinterschienen ist von der Spitze entfernter als von der anderen Gruppe. Das erste Tarsenglied ist deutlich kürzer als das zweite. Der 4-gliedrige Fächer ist nicht länger als der Stiel.

Antitrochalus abyssinicus n. sp.

Abyssinia, Alitiena, in m. S., coll. Thery.

Länge 5, Breite 3,5, Dicke 2,8 mill. ♂.

Tief schwarz matt, seidenglänzend; die Flügeldecken sind ganz schwarz oder dunkel roth-braun mit schmaler schwarzer Naht, schwarzer Basis und breitem schwarzem Seitenrande, auf der Mitte befindet sich ein länglicher schwarzer Streifen, welcher weder die Spitze noch die Basis berührt.

Das Kopfschild ist leicht dreizähnig, vorn bis zur Hälfte glatt, die andere Hälfte bis zur Naht ist sehr dicht runzlig punktirt. Stirn und Halsschild sind fein und dicht punktirt, das letztere auf der Mitte mit leichtem Längseindruck. Die Flügeldecken mit 6—8 groben Punktreihen, welche zur Seite undeutlicher werden, Zwischenräume schmal, leicht gewölbt, fein punktirt, an der Spitze schräg nach innen abgeschnitten. Das Pygidium glatt nur am Rande punktirt. Die Borstengruppen der Hinterschienen gleich weit voneinander und von der Spitze. Der 4-gliedrige Fächer ist kürzer als der zarte Stiel, dessen letztes Glied etwas nach innen ausgezogen ist.

Die Art ist nicht mit *Omaloplia vittata* Guérin identisch, auch nicht mit *Omaloplia analis* Guérin, beide befinden sich im Anhang.

Eine sehr ähnliche Art von Suakin, etwas kleiner, die Flügeldecken tiefer punktirt, der Rand nicht schwarz, nur mit einem schwarzen Wisch auf der Mitte; befindet sich in der Sammlung des Herrn Geheimen Hofrath Prof. Dr. Müller in Jena.

Cyrtotrochalus opacus n. sp.

Trochalus opacus Murray i. litt.

Old Calabar, Angola, in den Sammlungen sehr verbreitet.

Länge 7, Breite 5, Dicke 4 mill. ♂♀.

Eiförmig. dunkel-grünlich, auch bräunlich matt mit starkem Seidenschimmer. Der Clypeus ist breit, nach vorn stark verjüngt, kurz, schwach gerandet, dicht runzlig punktirt. Stirn fein und weitläuftig punktirt. Halsschild fein, etwas weitläuftiger punktirt, an der Basis mit deutlichen Eindrücken jederseits vom Schildchen, die Hinterecken leicht gerundet. Flügeldecken mit 10 deutlichen

Punktreihen, die Zwischenräume sind fein punktirt. Das Pygidium ist bräunlich, kräftig punktirt. Segmente fein punktirt, seitlich etwas deutlicher. Hinterschenkel sehr breit eiförmig, sehr matt und fein punktirt ohne Borstenpunktreihe. Hinterschienen stark verbreitert, die Borstengruppe etwas weiter von der Spitze als von der anderen Gruppe. Der 4-gliedrige Fächer robust, länger als der Stiel. Vorderhüften nur sehr dürftig behaart.

Sphaerotrochalus Böhmi.

Pseudotrochalus Böhmi Quedenfeldt. Entomolog. Nachrichten 1888 p. 195.

Tanganjika-See. Type von Quedenfeldt erhalten.

Länge 6,5, Breite 4,2, Dicke 3,5 mill. ♂♀.

Schwarz, zum Theil matt, oben stark seidenglänzend, die Flügeldecken bunt gezeichnet; roth-braun, die Naht, ein Streifen auf der Mitte, einer neben dem Seitenrand und der Spitze schwarz, die Basis zuweilen mit feiner schwarzer Linie, der Seitenrand selbst ist schmal roth-braun.

Der Clypeus ist schwach dreizähnig, bis zur Hälfte, woselbst eine kielartige Querlinie, glatt, dahinter bis zur Naht, sehr dicht etwas körnig punktirt. Stirn dicht punktirt. Das grosse gewölbte Halsschild ist am Vorder- und Hinterrande in der Mitte vorgezogen, stark schimmernd, fein punktirt mit breit abgerundeten Hinterecken, am Rande deutlich behaart. Die Flügeldecken haben deutliche Punktstreifen mit stärkeren Punkten als auf den Zwischenräumen, die Zeichnung ist ziemlich constant; die Naht ist bis zum ersten Punktstreifen schwarz, der schwarze Seitenrandstreifen umfasst 2 Zwischenräume, der Mittelstreif ist am verschiedensten gebildet, er ist isolirt und von der Breite eines Zwischenraumes, oder er hängt vorn und auch hinten mit dem Seitenrandstreif zusammen und ist breiter. Das gewölbte Pygidium ist kräftig punktirt. Hinterhüften gross, hier und auf den Brustseiten mit einzelnen Haaren Hinterschenkel breit oval, glänzend mit Borstenreihe; Hinterschienen kurz, breit, glänzend, die Borstengruppe von der Spitze deutlich weiter entfernt als von der anderen. Das erste Glied der Hintertarsen ist ein wenig kürzer als das zweite. Die Unterlippe ist flach, vorn sehr schmal abgeplattet. Die Vorderhüften etwas deutlicher behaart Der zierliche 3-gliedrige Fächer ist nicht länger als der 6-gliedrige Stiel. Vorderschienen dreizähnig.

Die *Serica robusta* Bl. Catalogue (1850) p. 79 No. 664 von Caffraria, welche nach meiner Ansicht mit dem *Trochalus obtusus* Fåhr. Ins. Caffrariae (1857) p. 128 No. 824 identisch ist, gehört zu dieser Gattung.

Trochaloserica festiva n. sp.

Dar es Salaam, von Dr. Staudinger und Bang Haas erhalten.

Länge 5, Breite 2,8, Dicke 2,5 mill. ♂.

Die Gattung ist der folgenden (*Holoschiza*) sehr ähnlich; die Vorderschienen sind hier zweizähnig, die Hinterhüften sind nicht verkürzt, behaart und die Episternen sind sehr schmal, die Hinterschenkel sind an der Spitze nicht verbreitert, etwas länglich eiförmig.

Gelb, röthlich gelb, lackartig glänzend, länglich oval. Das vorn plötzlich eingezogene Kopfschild mit vorspringenden Ecken und schwacher gekielter Mitte, bis zum Querkiel fast glatt, dann bis zur Naht dicht runzlig punktirt. Stirn dicht runzlig punktirt. Augen deutlich, die Augenkiele etwa ein Millimeter von einander getrennt. Halsschild dicht punktirt, am Vorderrande in der Mitte etwas vorgezogen, die Seiten fast gerade, nur in der Mitte leicht gerundet. Die Hinterschenkel sind undeutlich, sehr fein punktirt; die Borstengruppen der Hinterschienen gleichweit von einander und von der Spitze. Kinn und Vorderhüften lang behaart. Der 3-gliedrige Fächer ist zart, kaum länger als der 6-gliedrige Stiel.

Holoschiza Lansberge.

Notes from Leyden Museum Vol. VIII. 1886 p. 97.

Die Gattung ist der vorigen sehr ähnlich; Vorderschienen 3-zähnig (der dritte Zahn schwach) Hinterhüften verkürzt, beborstet, Episternen etwas verbreitert, Hinterschenkel kurz eiförmig, an der Spitze am breitesten.

Holoschiza dentilabris Lansbg.

Notes Leyd. Mus. p. 97. No. 26.

Congo: m. S. ex typis.

Länge 4,5, Breite 2,5, Dicke 2,3 mill. ♀.

Länglich-oval, gelbroth, glänzend, der Kopf etwas dunkler. Die Vorderecken des Clypeus sind weniger vorgezogen, die Mitte deutlicher, bis zur Querlinie glatt, dann bis zur Naht dicht fein runzlig punctirt; oberer Augentheil klein, die Augenkiele berühren sich fast. Die Stirn ebenso dicht punktirt zum Scheitel zerstreuter. Halsschild kurz, die Seiten gleichmässig gerundet, mit abgerundeten Hinterecken, die Basis fast gerade, vorn in der Mitte sehr leicht vorgezogen. Die Flügeldecken mit deutlichen Punktstreifen, Zwischenräume feiner punktirt, Epipleuren sehr schmal auslaufend. Pygidium leicht zugespitzt. Segmente mit feinen, deutlichen Borstenreihen. Hinterhüften seitlich mit mehreren Borsten. Hinterschenkel mit feinen

Borstenpunkten, die Borstengruppe der Hinterschienen von der Spitze weiter als von der zweiten Borstengruppe. Brust etwas seidenschimmernd. Das Kinn ist flach; die Abplattung der Unterlippe etwas zurücktretend, hohl, ziemlich ausgedehnt. Das Maxillartaster-Endglied ist schmal cylindrisch. Der 3-blättrige Fächer ist nicht länger, als der 6-gliedrige Stiel.

Holoschiza loangoana n. sp.

Loango; Museum Brüssel (Waelbroeck).

Länge 5, Breite 3,5, Dicke 2,5 mill. ♀.

Gelbröthlich, sehr glänzend, Kopf und Thorax ein wenig röthlicher. Der *H. dentilabris* sehr ähnlich, doch ist hier der Querkiel auf dem Clypeus deutlich erhaben, der Theil dahinter bis zur Naht ist länger, die Punktirung ist sehr ähnlich, das Pygidium ist auf der Mitte glatt, die Unterlippe ist vorn breiter abgeplattet.

Holoschiza nigrobrunnea n. sp.

Congo, von Dr. Staudinger und Bang Haas erhalten.

Länge 4, Breite 2,5, Dicke 2,3 mill. ♂♀.

Gedrängt oval, dunkel braun, mit dunklem Kopf und Halsschild von welchem nur der Seitenrand und der Hinterrand braun bleibt, Schildchen, Naht und Seitenrand der Flügeldecken ebenfalls schwarz. Die Stirn ist nicht runzlig punktirt und weniger dicht, das Halsschild ist kräftiger punktirt, die Flügeldecken deutlicher. Beim Männchen ist das Zähnchen an den Krallen der Vorderfüsse lappenartig erweitert.

Holoschiza gabonensis n. sp.

Gabon; von Dr. Staudinger und Bang Haas erhalten.

Länge 5, Breite 3,2, Dicke 2,8 mill. ♀.

Gelb, etwas matter, weniger glänzend, der *dentilabris* sehr ähnlich, der Querkiel auf dem Clypeus ist deutlich erhaben, der hintere Theil desselben bis zur Stirnnaht ist dicht runzlig punktirt, die Stirn ist dicht aber nicht gerunzelt punktirt. Das Pygidium auf der Mitte sehr stark gewölbt.

Holoschiza abyssinica n. sp.

Abyssinien; in m. S.; coll. Thery.

Länge 5,5, Breite 3, Dicke 2,5 mill. ♂.

Länglich, schwarz mit stärker dreizähnigem Clypeus und welligem Seitenrande desselben, der Querkiel ist deutlich ausgebildet und reicht von einer Seite zur anderen, den Clypeus in zwei Theile theilend von denen der vordere länger ist als der hintere; hierdurch weicht die Art sehr ab. Auch sind die Hinterschienen gestreckter, das erste Tarsenglied ist sehr verkürzt, der hintere Augenkiel verkürzt. Die Stirn ist dicht punktirt; das Halsschild ist kurz mit breit abgerundeten Hinterecken, die Flügeldecken sind deutlich gestreift, fein punktirt. Das Pygidium ist kräftig punktirt, glänzend. Die Hinterschenkel sind weniger breit an der Spitze, mehr gleich breit, kaum punktirt. Die Mittelschienen sind stark behaart, ebenso die Vorderhüften.

Die Fühler sind 10-gliedrig, gelb, der 3-gliedrige zarte Fächer ist etwas länger als der Stiel. Die Vorderschienen sind dreizähnig.

Die Art weicht in den hervorgehobenen Punkten sehr von den *Holoschiza*-Arten ab, bei denen sie vorläufig belassen sein mag. Ich habe diese Art hauptsächlich desswegen hier noch erwähnt, um die Verschiedenheit von *Antitrochalus abyssinicus* darzulegen.

Pseudotrochalus Quedenfeldt.

Berliner Ent. Z. 1884 p. 301.

Als Typen dieser Gattung sind nach Quedenfeldt zu betrachten; *Trochalus chrysomelinus* Gerst. von der Zanzibar-Küste und vom Quango, *Trochalus rufobrunneus* Kolbe, Berliner E. Z. 1883 p. 19 von Chinchoxo, und *Pseudotrochalus aereicollis* Quedf., vom Quango, a. a. O. p. 303, von denen die zweite Art die Merkmale dieser Gattung am besten wiedergiebt.

Trochalus Laporte.

Magasin de Zoologie Cl. IX Pl. 44 (1832); Burmeister IV. 2 p. 158.

Als Type der Gattung ist *Trochalus rotundatus* Laporte a. a. O. vom Senegal zu betrachten.

Aulacoserica.

Fühler 10-gliedrig, Stielglieder vom dritten an länglich cylindrisch Clypeus trochalusartig eingeschnürt, mit glatten Nahtwinkeln an den Augen, diese ohne hinteren Augenkiel. Vorderrand des Halsschildes in der Mitte vorgezogen, Vorderschienen zweizähnig, Mittelbrust zwischen den Mittelhüften eng, trochalusartig; Flügeldecken sericaartig gestreift, Schenkel und Schienen schmal. Krallen fein gespalten, Glänzende, nicht behaarte Arten. Typus der Gattung ist *A. flava*.

Aulacoserica flava sp. n.

Dar es Salaam; von Dr. Staudinger und Bang Haas erhalten.

Länge 5,5, Breite 3,5 mill. ♂.

Der *A. facilis* sehr ähnlich, etwas kleiner, besonders der Fächer kürzer und daran leicht kenntlich. Das trochalusartige Kopfschild ist dicht runzlig punktirt, die Naht ist an den Augen glatt. Das Halsschild und die Flügeldecken sind etwas gewölbter, die letzteren in den Zwischenräumen dicht aber matter punktirt, der Bauch ist stärker eingezogen. Der Euddorn der Hinterschienen ist so lang als das erste Tarsenglied. Die Abplattung der Unterlippe ist wenig deutlich.

Aulacoserica facilis sp. nov.

Kilimandscharo, Dschagga-Land, Madschame; T. Paesler im Berliner Museum für Naturkunde.

Länge 6, Breite 3 mill. ♂.

Gelbbräunlich, glänzend nur sehr schwach seidenschimmernd. Das vorn stark verengte, am Seitenrand vor den Vorderecken eingeschnittene Kopfschild ist hinter dem Vorderrande glatt, dann dicht gerunzelt punktirt, ohne Querleiste, die Stirnnaht ist schwach vor den Augen zu einer glatten Fläche verbreitert, welche hier sehr deutlich auftritt. Die Stirn ist sehr dicht punktirt. Die Halsschildseiten sind sehr schwach gerundet, nach hinten wenig divergirend die Fläche ist fein dicht punktirt, jederseits mit grübchenartigem Eindruck, ohne Borsten am Rande. Das Schildchen ist kurz, zugespitzt. Die Flügeldecken sind in deutlichen Reihen punktirt, die Zwischenräume etwas erhaben, dicht punktirt. Schienen und Schenkel schmal, jene wenig flach, mit 2 seitlichen entfernt stehenden Borstengruppen, der Enddorn nicht ganz so lang wie das erste Tarsenglied, diese sind von abnehmender Länge, schlank, zart. Bauchsegmente, Brust und Hüften ohne Borsten. Das Mesosternum ein klein wenig vortretend. Das Kinn wenig gewölbt, die Unterlippe deutlich abgeplattet. Der Fächer ist sehr lang, etwas gewunden gleichbreit, 3-gliedrig, die Stiel-Glieder sind sehr schlank, besonders 3—5.

Aulacoserica nyansana sp. n.

S.O. Victoria-Nyansa-See; G. A. Fischer im Berliner Museum.

Länge 5,5, Breite 3 mill. ♂.

Ebenfalls der ersten Art sehr ähnlich, sehr glänzend, etwas gelblicher mit röthlicherem Kopf und Thorax.

Das Kopfschild ist an den Seiten nur schwach gekerbt, aber ebenso dicht gerunzelt punktirt, die Augen sind etwas grösser, vortretender. Die Flügeldecken sind deutlich in Reihen punktirt, die Zwischenräume mit ebenfalls deutlichen weniger verschwommenen

Punkten. Die Hinterschienen sehr schlank, die Borsten des Aussenrandes sehr schwach, der Euddorn länger als das erste Tarsenglied, welches hier kürzer als das zweite ist. Der Fächer ist schlank, nur wenig länger als der Stiel. Die Abplattung der Unterlippe ist deutlich.

Aulacoserica Stuhlmanni sp. n.

S. Albert-Edw.-See, Butumbi 7. V. 91. Stuhlmann, im Berliner Museum.

Länge 5,5, Breite 3,5 mill. ♀.

Der *A. nyansana* am ähnlichsten, aber der Kerb am Seitenrand des Clypeus ist hier etwas deutlicher; dass der Kopf und daher die Stirn etwas breiter sind, ist als Geschlechtscharacter auch hier zu betrachten. Auf den Flügeldecken sind die Zwischenräume etwas gewölbter, die Punkte der Streifen treten weniger deutlich auf, die der Zwischenräume sind nicht so scharf. Hierin ist wohl der Hauptunterschied ausgeprägt. Hervorzuheben ist noch, dass der Bauch nicht eingezogen ist (♀). Das erste Tarsenglied ist kürzer als das zweite und der Euddorn der Hinterschiene so lang als das erste Tarsenglied. Die Abplattung der Unterlippe ist deutlich.

Anhang zu den Arten Africa's.

Von den Arten des africanischen Gebietes blieben noch die nachfolgenden hier zu erwähnen:

Serica puberula Fåhr.

Bohemann, Insecta caffrariae II (1857) p. 136.

„Flavo-testacea, metallico micans; capite punctato, lateribus apiceque sinuato, fronte linea transversa insculpta; thorace punctulato, lateribus sinuato, dorso puncto laterali infuscato, utrinque; elytris striatis; sterno convexo, canaliculato. Long. 7, lat. 4 millim.

Habitat juxta fluvium Limpopo.

Caput latitudine baseos parum brevius, antice augustius, lateribus apiceque sinuatum, argute reflexo marginatum, fronte subdeplanata, parcius punctulata, clypeoque inaequali, crebrius et profundius punctato, linea subarcuata disjunctis, totum testaceum, nitidum. Oculi globosi, nigri. Antennae pallidae. Thorax transversus, antice parum angustior, basi subtruncatus, apice leviter subemarginatus, lateribus postice sinuatis, ante medium rotundatoampliatis; supra modice convexus, minus crebre punctulatus, in margine baseos obsolete biimpressus, testaceus, sericeo-micans, ante medium laterum, utrinque puncto fusco notatus, margine laterum ciliato. Scutellum oblongo-triangulare, acuminatum, lateribus punctatum. Elytra fere linearia, basi truncata, apice conjunctim obtuse rotundata, thorace vix latiora at quadruplo longiora, supra convexa, vage inaequaliter punctata, sat distincte striata, ad humeros obsoletius callosa, flavo testacea, metallico-micantia, subopaca, margine laterali ciliato. Pygidium subtriangulare, convexum, remote punctulatum, basi fovea laterali utrinque impressum, concolor. Pectus et abdomen valde convexa, flavo-testacea, hoc laeviusculum, transversim seriato-setulosum, illud punctatum, medio pilosum, sterno canaliculato.

Pedes flavo-testacei, femoribus parce pilosis, tibiis posterioribus spinulosis, anticis bidentatis, dentibus spinulisque infuscatis, coxis anticis insigniter flavo-barbatis."

Nach Fåhraeus, da mir die Art unbekannt blieb und ich dieselbe nicht zu classificiren vermochte. Sie ist gelbbraun und metallisch glänzend, was sehr auffallend ist. Das Pygidium hat jederseits an der Basis ein Grübchen. Die Halsschildseiten sind nach hinten geschweift.

Serica curtula Fåhr.

Bohemann, Ins. caffrariae II p. 137.

„Ovata, picea, metallico-micans, punctulata; clypeo tenuiter marginato, apice sinuato; thorace obsolete carinato; elytris distincte striatis; antennis ferrugineo-piceis. — Long $4^{3}/_{4}$, lat. 3 millim.

Habitat prope fluvium Gariep.

Caput longitudine latius, antrorsum angustatum, lateribus apiceque sinuatum, margine leviter reflexo, supra parum convexum, punctatum. clypeo rugoso, lineola obsoleta, a fronte distincto, piceum, metallico-resplendens. Antennae fusco-ferrugineae vel piceae. Palpi testacei. Thorax basi longitudine duplo latior, antrorsum sensim attenuatus, apice late emarginatus, postice medio leviter rotundato-productus, angulis baseos rectis, apicis acuminatis, supra modice convexus, undique subremote punctulatus, in ipso margine baseos bi-impressus, dorso medio longitudinaliter, plus minusve evidenter, carinulatus, piceus, aeneo-violaceo-resplendens. Scutellum triangulare, punctulatum, concolor. Elytra basi singulatim truncata. ibique thorace nonnihil latiora, aequaliter et levissime rotundato-ampliata, apice rotundata, thorace plus triplo longiora, supra convexa, evidenter punctulato-striata, interstitiis subconvexis, parce et obsoletius punctulatis, nigro-picea, aeneo-violaceo-micantia. Pygidium subconvexum distinctius punctatum, piceo violaceum. Pectus et abdomen valde convexa, nigro-picea, plus minusve metallico-nitentia, hoc tenuius, illud ad latera profundius punctatum, sterno canaliculato. Pedes nigro-picei, femoribus submetallico-tinctis. margine apicis rufescente, tibiis posterioribus spinulosis, anticis bidentatis."

Nach Fåhraeus, da mir die Art nicht bekannt wurde. Auch hier ist der metallische Glanz auffallend, ebenso die auf der Mitte des Thorax befindliche erhabene Längslinie Trotz der langen Beschreibung konnte ich keinen Anhalt für deren systematische Stellung finden.

Serica capensis sp. nov.

Cap; in meiner Sammlung.

Länge 8, Breite 4,6 mill. ♀:

Länglich, braun, matt, auch das Kopfschild, durch den Habitus von den Serica Arten recht abweichend, mit 9-gliedrigen Fühlern und schmalen langen Hinterschienen; sie gehört zu keiner der aufgestellten Gattungen, daher ich sie unter dem früheren Collectivnamen belasse.

Der Kopf ist gross, sehr breit, die Augen wenig in die Stirn ragend. Das Kopfschild ist daher sehr breit, nach vorn deutlich verjüngt, die Seiten gerade, hier und vorn hoch gerandet, sehr dicht und fein punktirt ohne Runzeln, ohne Borsten. Die Stirn fein punktirt. Das Halsschild ist vorn gerade, an den Seiten gleichmäsig gerundet, nach hinten nicht verbreitert, mit breit gerundeten Hinterecken; deutlich gerandetem Hinterrande, schwachen Randborsten. Das Schildchen bis auf die Mittellinie dicht und grob punktirt. Die Flügeldecken sind dicht und gleichmässig punktirt, ohne Punktreihe und Zwischenräume, mit einzelnen schwach angedeuteten Rippen; die Randborsten fein. Das Pygidium breit gerundet, dicht punktirt mit feinem Längseindruck in der Mitte. Die Segmente sind fein punktirt, die Borstenreihen wenig deutlich, der letzte Ring ist seitwärts doppelt so breit als in der Mitte. Die Hinterschenkel sind breit aber kurz eiförmig, gegen die Spitze stark verschmälert mit dichter innerer Borstenreihe, Die Hinterschienen sind schlank, länger als die Schenkel, an der Basis sehr dünn, dann ganz allmählig breiter, die beiden Borstengruppen am Aussenrande stehen in deutlichen Einschnitten, die eine in der Mitte, die untere dicht an der Basis, wie bei Pleophylla. Der Enddorn ist so lang wie das erste Tarsenglied, diese sind kräftig Die Brust ist dünn behaart. Die Mittelhüften sind etwas genähert, aber die Brust ist hier ohne Fortsatz, Die Vorderschienen sind grob zweizähnig. Das 3. und 4. Fühlerglied ist etwas gestreckter als die andern, der Fächer sehr kurz, zierlich. Das Kinn ist kaum gewölbt, die Abplattung der Unterlippe ist gross und convex, eine bisher nur hier beobachtete Eigenthümlichkeit.

Omaloplia antennalis.

Blanchard, Catalogue p. 79 No. 665.

Senegal. Long. 9 millim.

„Breviter ovata, tota fusco-ferruginea; capite fusco-virescenti, clypeo punctato-rugoso, truncato, parum reflexo; antennis testaceis, articulo septimo dilatato, clava stipite fere aequali; prothorace fusco-viridi, impunctato, elytris leviter striatis, undique subtiliter punctatis fusco-ferrugineis, viridi micantibus, sutura virescenti, pedibus ferrugineis, posticis sat compressis." Nach Blanchard.

Ich zweifle nicht, dass diese Art zu den Autoserica gehören wird. Sie blieb mir fremd.

Homaloplia irideomicans.

Fairmaire, Comptes-rendus de la Soc. entom. de Belgique 1884 p. CXXII.

Makdischu. Long. 6 mill.

„Ovata, convexa, fusco-nigra, nitida, elytris leviter irideo-micantibus, rufo-ciliata, capite dense punctato, margine antico reflexo, medio sinuato, prothorace brevi, antice a basi angustato, subtiliter punctato, elytris apice abrupte rotundatis, leviter striatis, striis irregulariter punctulatis, intervallis convexiusculis parce punctatis; subtus, pedibus exceptis, minus nitida, magis fusca, setulis rufis sparsuta." Nach Fairmaire.

Diese Art, von der ich annehme, dass sie nicht zu den Homaloplia-Arten gehört, blieb mir unbekannt. Auch die vorstehende Beschreibung ist nicht geeignet, Aufklärung über die Stellung derselben zu geben. Dennoch glaubte ich, sie hier erwähnen zu sollen.

Omaloplia vittata.

Guérin, Voyage en Abyssinie par Lefebvre Pars. IV Tom. VI 1849 pag. 313 Insectes Pl. 4 fig. 7.

Serica vittata Reiche (ex errore) Münchener Catalog tom. IV p. 1121.

„O. nigra, fere opaca, elytris flavotestaceis, sutura, margine anteriore tribusque vittis nigris. L. 0,075, l. 0,045.

Ovale, d'un noir peu luisant, à reflets soyeux, tête et corselet finement ponctués, ayant quelques poils noirs hérissés peu nombreux, écusson triangulaire, noir. Elytres d'un jaune testacé, avec la suture, trois bandes longitudinales et le bord externe, noirs. Dessous et pattes d'un noir presque mat; fémurs et tibias postérieurs larges et aplatis. D'Abyssinie et du port Natal." Nach Guérin.

Die Abbildung dieser Art zeigt ein stark vergrösssertes Serica-artiges Thier, dessen Kopfschild stark verjüngt und tief ausgebuchtet ist; die Vorderschienen sind dreizähnig dargestellt und die schwärzlichen Rippen gehen nicht bis zur Basis, was mit der Diagnose (margine anteriore tribusque vittis nigris) im Widerspruch steht. Ich habe bei Beschreibung der *Phylloserica vittata* darauf hingewiesen, dass diese beiden Arten nicht identisch mit einander sein können, zu welcher Behauptung jedenfalls eine flüchtige Betrachtung der Flügeldecken-Zeichnung geführt hat.

Eine Wiederauffindung dieser Art hat bisher noch nicht stattgefunden, doch würde die Erkennung derselben keine grosse Schwierigkeiten haben. Sie sondert sich natürlich von den Serica-Arten ab, sowohl durch die dreizähnigen Vorderschienen als durch die Kopfschildbildung, doch ist es nach der Beschreibung Guérin, der einzigen, welche darüber vorliegt, nicht möglich der Art eine bestimmte Stellung zu geben.

Eine kleinere (5 mill.) Art, welche auch mit gestreiften Flügeldecken vorkommt, ebenfalls von Abyssinien, ist bei den Trochalinen als *Antitrochalus abyssinicus* beschrieben worden; es sei dies hier erwähnt um die Verschiedenheit beider zu betonen.

Omaloplia analis Guérin.

Voyage en Abyssinie par Léfebvre 1849 tom VI pag. 314.

Omaloplia soror Burm. IV. 2. p. 179.

Homaloplia soror Catalog Gemminger-Harold IV p. 1123.

Vergleiche in dieser Arbeit: I p. 352 (Sep. p. 8) und IV p. 73 (Sep. p. 441).

„O. nigra fere opaca; elytris flavo testaceis, sutura, margine exteriore duabusque vittis, postice abbreviatis nigro-sericeis, pygidio fulvo. Long. 0,006; Lat. 0,004.

Il ressemble entiérement au précédent (vittata Guérin) pour la forme et l'ensemble de sa coloration; mais les élytres jaunes n'ont sur le disque que deux bandes longitudinales qui n'arrivent pas tout à fait au bord postérieur et dont l'interne, la plus raprochée de la suture, ne touche pas la base de l'élytre. L'extrémité des cuisses et des jambes ainsi que les tarses sont fauves; le bord postérieur des segments de l'abdomen et tout les dessus du pygidium sont fauves. D'Abyssinie et du Sénégal." Nach Guérin.

Die Art blieb mir unbekannt, sie ist an den gestreiften Flügeldecken zu erkennen und soll der *vittata* ähnlich sein. Da nicht eine Andeutung über die wichtige Bildung des Clypeus vorhanden ist, so konnte ich nach dieser ganz mangelhaften Beschreibung die Art nicht classificiren. Es ist möglich, dass sie auf *Holoschiza abyssinica* zu beziehen ist, von der mir jedoch derartig gezeichnete Exemplare nicht vorgekommen sind. Dass sich die Art auch am Senegal vorfinden soll, scheint fraglich und bezieht sich wohl auf die *Serica quadrilineata* Fab.

Die unbeschriebenen Arten des Dejean'schen Catalogue, edit. III (1837) p. 182 sind hier nur zum geringsten Theil berücksichtigt worden, da sie nur als Catalogsnamen zu betrachten sind.

In dem grossen Reisewerk „Stuhlmann, Ost-Africa" Band IV (1897) Coleoptera von Kolbe, befindet sich auf Seite 168 eine Aufzählung der ost-africanischen Serica-Arten, welche ich nach meinem Verzeichniss schon damals aufstellte, noch ehe also die Beschreibung der einzelnen Arten publicirt worden war. Da dies Verzeichniss nur die Namen enthält, so habe ich dasselbe hier nicht berücksichtigt, verweise aber auf die Beschreibungen in dieser Arbeit, welche zu den, im Stulmann'schen Werk erwähnten, im Museum für Naturkunde befindlichen Arten, gehören. Dabei ist zu bemerken, dass der Gattungsname „*Odontoserica*" in „*Stenoserica*" geändert ist.

Uebersicht der Artenzahl der aethiopischen Region.

	Madagascar.	Africa.	Im ganzen Arten.
Emphania	1	—	1
Pleophylla	—	7	7
Hyposerica	30	—	30
Somatoserica . . .	1		1
Sphecoserica . . .	1		1
Comaserica	19		19
Plusioserica . . .	1		1
Plaesioserica . . .	1		1
Charioserica . . .	1		1
Glycyserica . . .	1	—	1
Parthenoserica . .	1	—	1
Autoserica	2	17	19
Glaphyserica . . .	1	—	1
Trachyserica . . .	1		1
Tamnoserica . . .	3		3
Oxyserica . . , .	1		1
Plotopuserica . . .	1		1
Psednoserica . . .	1		1
Eriphoserica . . .	1		1
Heteroserica . . .	1	—	1
Phylloserica . . .	3	—	3
Cyphoserica . . .	—	1	1
Euphoresia . . .	—	35	35
Aphenoserica . . .	—	1	1
Homaloserica . . .	—	1	1
Bilga	—	6	6
Doxocalia	—	1	1
Thrymoserica . . .	—	1	1
Triodonta	1	17	18
Taphraeoserica . .	—	1	1
Stenoserica	—	3	3
Camentoserica . . .	—	1	1
Lepiserica	—	22	22
Conioserica	—	1	1
Neoserica	—	20	20
Mesoserica	—	1	1
Archoserica	—	1	1
Neuroserica . . .	—	1	1
Lamproserica . . .	—	4	4
Philoserica	—	2	2
Nedymoserica . . .	—	1	1
Orthoserica	—	1	1
Coronoserica . . .	—	1	1
unbestimmtes Genus: .	6	11	17
Im Ganzen	79	158	237

Die Trochalinen sind in dieser Tabelle nicht berücksichtigt. Bei der Gattung Triodonta sind die Arten des palaearctischen Gebietes nicht in Anrechnung gebracht.

20. America.

Leider bin ich genöthigt, diesen letzten Abschnitt mit einer persönlichen Bemerkung zu beginnen: aus Gesundheitsrücksichten ist es mir einstweilen nicht gestattet, Untersuchungen, wie die bisherigen, unter Anwendung einer Lupe fortzusetzen, daher es mir nicht möglich ist, diesen Theil zu vollenden und damit das zu erfüllen, was der Titel verspricht. Allein ich hoffe das Fehlende später nachzuholen und ziehe es vor, die Arbeit jetzt zum Abschluss zu bringen.

Das, was noch fehlt, ist ganz unbedeutend zu dem was bisher erschienen ist. Wie ich schon in der Einleitung vor 5 Jahren sagen konnte, ist die ganze amerikanische Region arm an Arten: Aus Nord-America wurden bisher 21 Arten, aus Süd-America 5 Arten beschrieben, im ganzen 26 Arten, welche zu den aus der alten Welt beschriebenen und benannten 626 Arten, in keinem Verhältniss stehen.

Die Mehrzal der amerikanischen Arten bewahren den Serica-Typus vollständig, ihr Fächer ist neun-gliedrig, der Abstand der Mittelhüften ist wenig oder nicht verbreitert, die Hinterschenkel und Schienen sind schmal und wo sie etwas breiter sind, liegt die grösste Breite in der Mitte und nicht an der Spitze, Schenkel und Schienen sind nicht flach gedrückt. Hiervon weichen einige Arten ab. *S. trociformis* Burm. hat stark verkürzte Hinterhüften, eine stark behaarte Unterlippe, ein wenig queres Halsschild, welches in der Mitte der Länge nach tief eingedrückt ist. Die bekannteste aller Arten *S vespertina* hat am Seitenrande des Kopfschildes vorn einen feinen aber deutlichen Einschnitt, wodurch dieselbe sehr leicht kenntlich ist; die tief gestreiften Flügeldecken hat sie mit *sericea*, *iricolor*, *atratula* und *texana* gemeinsam, während bei dieser der Einschnitt schwächer ist, theils verloschen. Die grosse braune *S. fimbriata* hat eine dicht und lang behaarte Brust und Hinterhüften, die Mittelhüften sind entfernt von einander und die Hinterschenkel und Schienen sind verbreitert wodurch sie sich den Autoserica-Arten nähert. Die *S. sericea* ist von Fabricius und anderen nach ihm, für identisch mit unserer *S. holosericea* gehalten worden oder für eine Varietät dieser Art, was für die Aehnlichkeit beider Arten spricht. Alle Arten haben im männlichen Geschlecht einen 3-blättrigen Fächer. Es fehlt mithin an durchgreifenden generischen Merkmalen, so dass auch nur von einer Seite der Versuch einer weiteren Theilung gemacht worden ist, wie aus Folgendem hervorgeht.

Harris schlug im Jahr 1826 (Massachusetts Agricultural Repository vol. X p. 6, note) für die americanischen Serica-Arten, welche noch als „Melolontha" figurirten, und von denen er *vespertina*, *sericea* und *iricolor* namhaft machte, den Gattungsnamen „Stilbolemma" vor, ohne eine Charakterisirung zu geben.

Kirby führte im Jahre 1837 (der Münchener Catalog führt die Jahreszahl 1840 an, ich weiss nicht aus welchem Grunde; die Tafeln sind schon aus dem Jahre 1830) in der Fauna boreali Americana IV p. 128 den Gattungsnamen „Camptorhina" ein, obgleich Mac Leay 1819, Horae Entomologicae Vol. I Parte I Appendix p. 146, den Namen Serica für *Scarabaeus brunnus* Linné, verwendet hatte, was ihm bekannt war. Kirby führt von Camptorhina an, die Maxillen hätten 4 Zähne (Serica 6) ihre Krallen hätten 2 spitze Zähne, während bei Serica der innere abgestumpft sei, und Camptorrhina habe auch den seidenartigen Reif, welcher die Serica gewöhnlich auszeichnet. Was die 10-gliedrigen Fühler betrifft, welche Mac Leay der *S. brunnea* beilegt, so befindet sich derselbe im Irrthum, diese Art hat auch nur 9-gliedrige wie die americanischen Arten. Wenn man hierzu noch den Einschnitt am seitlichen Rande des Kopfschildes zählt, so liegen wohl genügend Merkmale vor, die auf *atracapilla=vespertina* gegründete Gattung, bestehen zu lassen, wenigstens für diese eine Art.

Le Conte dagegen in seiner Synopsis der Melolonthiden der Vereinigten Staaten (Journal Acad. nat sc. Philadelphia 1856. Ser. 2 T. 3 p. 274) nahm keine Rücksicht auf diesen Gattungsbegriff, sondern verwendete jenen Namen nur für eine der beiden Gruppen, in welche er die Arten der Gattung Serica theilte; ich lasse beide hier folgen.

A. Clypeus utrinque acute incisus; corpus haud micans. Camptorhina Kirby.

1. *S. vespertina* Gyll. Schönh. Syn. Ins. App. p. 94.
   atracapilla Kirby. Fauna bor. Am. p. 129 (Beschreibung beifolgend).
2. *S. texana* Le Conte. Journ. Ac. Phil. 1856 p. 274.
3. *S. atratula* Le Conte. Ebenda.
4. *S. serotina* Le Conte. Ebenda p. 275.

B. Clypeus simplex; corpus sericeo-micans. Serica (proper).

5. *S. iricolor* Say. Journ. Ac. Nat. Sc. 3 p. 245.
6. *S. fimbriata* Le Conte. Journ. Ac. Phil. p. 275.
7. *S. tristis* Agassiz. Lake Superior. p. 226.
8. *S. sericea* Illiger. Olivier Uebers. II p. 75.
9. *S. curvata* Le Conte. Journ. Ac. Phil. p. 276.
10. *S. mixta* Le Conte. Ebenda.

11. *S. alternata* Le Conte. Journ. Ac. Phil. p. 276.
12. *S. anthracina* Le Conte. Ebenda.
13. *S. frontalis* Le Conte. Ebenda.
14. *S. robusta* Le Conte. Ebenda.
15. *S. trociformis* Burm. Handb. IV 2 p. 179.

Hierzu kommen noch:

S. aphodiina Billberg, Mém. Ac. Petersb. 1820 p. 386, welche Le Conte nach Burmeister's Vorgang zu *trociformis* stellt.

S. crassata Walker. Natural Vancouver II 1866 p. 323.

S, elongatula Horn, Trans. Am. E. soc. 1870 p. 70.

S. parallela Casey, Contributions Col. N. A. II (1884) p. 176 (Beschreibung beifolgend.)

S. porcula Casey, ebenda p. 177 (Beschr. beifolgend).

S. pilifera Horn, Proced. Calif. Ac. IV. (1894) p. 397.

Diese 21 Arten sind sämmtlich aus Nord-America. Aus Mexico ist bis jetzt keine Serica bekannt geworden. Central-America hat nach Angabe Bates keine Serica; dennoch beschrieb Nonfried 2 Arten aus Honduras, welche sich als ♂ und ♀ einer Art ergaben, deren vor Jahren von mir entworfene Beschreibung hier folgt.

Aus Süd-America beschrieb Blanchard im Catalogue du Muséum (1850) p. 82 folgende 5 Arten:

Serica parvula, S. brasiliensis, S. ferrugata (Bolivia) und *columbica.* Mir ist nur eine Art aus Paraguay bekannt geworden, welche der *ferrugata* Bl. ähnlich, jedoch grösser ist. Noch weiter nach Süden scheinen sie garnicht vorzukommen.

Schliesslich mag noch erwähnt werden, dass das Vorkommen der Serica in Süd-America, auch dem in die Acht erklärten Gistel bekannt war; in Secreta detecta Insectorum (oder Mysterien der Insectenwelt) Epimysteria, 1856 p. 442 erwähnt er aus Brasilien: Sericae M. L. flagrantissimo sole volantes. Die ebenda p. 439 erwähnte *Serica flavimana* Dej. (in fructices Brasiliae; gregatim aestate medio) bezieht sich dagegen auf *Epicaulis flavimana* Dej. Cat. III edit. p. 182, welche nicht zu Serica gehört.

Die Gattung Pseudoserica Guérin, welche auch Bates in Biologia Centr. Amer. Coleopt. Lamell. anführt, hat gar nichts mit Serica zu thun, sondern gehört zu Plectris Serville, Philochlaenia Burmeister.

Es folgen hier die Originalbeschreibungen einiger americanischer Arten, auf welche bereits vorher bei den Arten hingewiesen wurde.

Fauna boreali-americana by Kirby. IV. 1837 p. 128.

β. *Aposterna*[1]) Kirby. Family Sericidae. Sericidans.

LXIX Camptorhina Kirh.

Labrum transverse, emarginate.

Mandibles very short, subtrigonal, curving, without teeth; molary space subtriangular, surface furrowed, the outer margin appearing denticulated from the ridges of the furrows being more elevated there, on the opposite side there appears to be a kind of channel.

Maxillae linear, incurved at the tip and terminating in four stout teeth.

Labium oblong, forming one piece with the mentum; narrowed, subemarginate, and sloping inwards at the apex.

Palpi maxillary, four-pointed, gradually incrassated: first joint very minute, second obconical; third of the lenght of the second, thicker; fourth as long as the second and third together, rather oblong.

Palpi labial, three-jointed, filiform: last joint as long as the two first together.

Antennae nine-jointed; scape much incrassated at the apex; the pedicel less incrassated, spherical-oblong; the two following joints rather filiform; the fifth and sixth shorter and inclining to pateriform; and the three last elongated and forming a rather slender knob.

Body oblong, subcylindrical. Head inserted, subtriangular, with the vertex of the triangle anterior. truncated; nose short, transverse, distinct, reflexed, separated from the postnasus on each side by a cleft; nostrilpiece inflexed, transverse, and nearly vertical; postnasus distinct, depressed, curved; front convex; eyes subhemispherical; canthus septiform; prothorax transverse, with an anterior sinus taken from its whole width to receive the head, posteriorly subrepand: scutellum an isosceles triangle : elytra linear : breast-bones not prominent : medipectus or midbreast elevated : legs thus located :":; tarsi subsetaceous; claws two, very short, incurved, each bifid or bipartite, with the lobes acute : podex only partly covered.

This genus is very nearly related to Serica of W. S. Mac Leay. It differs, however, in the number of teeth that terminate the maxillae, having only four instead of six; in having both the lobes of the claws that arm the tarsi acute, whereas in that genus the inner one is truncated, and in having none of the silky bloom which the species of Serica usually exhibit. Mr. Mac Leay speaks of its

---

[1]) This tribe distinguished by having no prominent prosternum or mesosterum.

antennae beingten-joincted, this, if correct, would furnish another striking distinction, but in S. brunnea, the type of the genus, under a very strong magnifier I can perceive only nine joints, and M. Latreille in this agrees with me.[5])

Camptorhina atracapilla Kirby.

Fauna bor. am. IV. 1837 p. 129 No. 178. (Black-cap Camptorhina).

C. (atracapilla) glabra, subnitida, punctata, sordide brunnea; prothoracis disco capiteque postice, nigris; elytris late sulcatis : sulcis inordinate punctatis.

Black-cap Camptorhina, naked, rather glossy, punctured, of a dirty mahogany colour; with the disk of the prothorax, and posterior part of the head, black; elytra widely furrowed, furrows irregularly punctured. Length of the body 5¼ lines.

Taken in Canada by Dr. Bigsby, and in Nova Scotia by Capt. Hall.

Description.

Body rather glossy, with very few hairs, grossly punctured, of a dull mahogany colour. Antennae and palpi rufous; nose smooth, piceous; afternose piceous, thickly punctured; the rest of the head black, less densely punctured with the vertex impunctured : limb of the prothorax mahogany-coloured; disk of the scutellum smooth : elytra with eight wide shallow furrows, irregularly punctured; the ridges between them impunctured, and obtuse: legs hairy or bristly, tarsi chestnut.

Variety B. Elytra chestnut, paler at the sides. (Nach Kirby.)

Serica elongata.

Nonfried, Deutsche Entom. Zeitschrift 1891 p. 261.

♂ Länge 7, Breite 3,5. Type aus der Sammlung Nonfried's.

Serica uniformis, Nonfr. Deutsche Ent. Z. 1891 p. 260.

♀ Länge 8, Breite 6 mill. Ebendaher.

Honduras.

Das Männchen dieser Art hat ganz den Habitus der Ophthalmoserica-Arten, das Kopfschild ist schmal, die Augen treten weit hervor, der Körper ist schmal, aber der Fächer des neungliedrigen Fühlers ist viel kürzer, wenn auch immerhin noch länger als der Stiel, die Hinterhüften haben die normale Grösse, die Flügeldecken sind kräftig punktirt gestreift. Die Vorderschienen sind zweizähnig.

---

[5]) Crust. Arachn. et Ins. 1, 562 Not. 2.

Gleichmässig braun, matt, opalisirend. Das Kopfschild ist fein gerandet leicht gerunzelt punktirt, die Mitte leicht gewölbt, die Naht ist sehr undeutlich, die Stirn dahinter dicht punktirt. Das Halsschild ist kurz und wenig breit, vorn in der Mitte etwas vorgezogen, die Seiten fast gerade, nach hinten nicht verbreitert mit feinen Randborsten und scharfen Hinterecken, die Fläche dicht punktirt. Das Schildchen ist schmal zugespitzt. Die Flügeldecken sind in den Streifen ziemlich grob und dicht verworren punktirt, die erste Rippe ist breiter als die anderen, alle deutlich erhaben, vor der Spitze alles verflachend; die Flügeldecken überragen das Pygidium beträchtlich. Die Unterseite ist dicht punktirt, auf den Segmenten und an den Seiten der Mittelhüften fehlen die Borstenpunkte. Die Brust ist zwischen den Mittelhüften gewölbt. Die Hinterschenkel sind beim ♂ sehr schmal, beim ♀ etwas an der Basis verbreitert, gegen die Spitze verjüngt. Die Hinterschienen sind schmal, rauh punktirt, aussen mit 2 schwachen Borstengruppen, der Enddorn fast so lang als das erste Tarsenglied, dieses kaum länger als das zweite. Die Fühler sind neungliedrig, der Fächer 3-gliedrig, beim ♂ deutlich länger als der zarte Stiel, beim ♀ sehr kurz, fast knopfförmig. Die Unterlippe ist deutlich abpeplattet.

Ich bin überzeugt, dass beide Arten, trotz des verschiedenen Aussehens, zu einer gehören, der Geschlechtscharakter ist hier sehr stark ausgeprägt und dies muss bei der Beurtheilung berücksichtigt werden. Es sind ausser den bereits hervorgehobenen Characteren des Weibchens noch folgende zu beachten: Die Augen sind klein, es sind daher Stirn und Kopfschild-Basis viel breiter als beim Männchen, das Halsschild ist ein wenig länger mit etwas deutlicher vortretenden Vorderecken und nach hinten etwas breiter werdend. Bei der Type ist der Opalglanz beim ♀ schwächer als beim ♂. — Brsk.

Serica parallela Casey.

Contributions to the Coleopt. of N. A. Part. II 1884 p. 176. (Erschien 1885).

Form sub-cylindrical; sides parallel; color pale yellowish-ferruginous, legs and under surface slightly paler, concolorous; integuments opaque throughout, not iridescent. Head one-half wider than long; occiput very finely sparsely and feebly punctate; clypeus strongly rather finely and not rugulosely punctate; epistomal suture very fine, clearly defined, roundly angulate posteriorly, anterior margin sinuate in the middle and reflexed; eyes very large, convex; last joint of the maxillary palpi three times as long as wide, slightly clavate, rather obtusely acuminate at tip; third joint of the antennae very slightly longer than the fourth, club slightly longer than the remainder; there are near the eye on the upper surface several short setae which sometimes extend in acurved line across the head elong the clypeal suture, and there are also a frew scattered setae on the disk ot the clypeus. Prothorax from above about twice as wide as long; sides very slightly convergent from base to apex, and rather evenly and distinctly arcuate; apex about two-thirds as long as the base, transversely and strongly emarginate, angles acute; base broadly arcuate, feebly sinuate at each side of the middle, angles slightly obtuse and rather strongly rounded; disk glabrous, moderately convex, finely and rather feebly punctate; punctures distant by from two to three times their own widths; lateral margins very narrowly reflexed and having a row of a few long erect setae. Scutellum very flat, much longer than wide, sparsely punctate. Elytra across the humeri slightly wider than the pronotum; sides parallel and nearly straight; together very abruptly and obtusley roundet behind; disk two-thirds longer than wide and three times as long as the pronotum, convex, glabrous; longitudinal costae fine, not punctate, rather feeble, intervals narrower, feebly impressed, finely and irregularly punctate; epipleurae having a row of rather closely placed erect setae. Under surface opaque, finely and feebly punctate, nearly glabrous except on the coxae and laste ventral segment where there is a rather long fine and somewhat conspicuous pubescens. Legs slender, long slender posterior tibial spurs but slightly unequal in length; posterior tarsi very long and slender, each joint having throughout its length beneath two acute unequal carinae, the larger one being finely granulose; first joingt slightly longer than the second; claws rather long, deeply cleft at tip, terminal portion strongly bent, inner tooth robust, having the tip acute and very oblique. Length 8,0—9,1 mm.; width 4,3—4,7 mm.

Atlantic City, New Jersey, 2.

This species can be distinguished from sericea by its smaller size, much paler color, and very large prominent eyes, and also by the shape of the posterior tarsal claw which in slightly shorter, more robust, and with the apical portion finer and prolonged further beyond the inner in sericea. The surface when viewed perpendicularly is not iridescent, but a slight amount may be observed when it is viewed very obliquely. The large eyes referred to above is apparently not a sexual character, as the sexes may be very readily separated by the longer or shorter antennal club, and there is then seen to be no very marked difference in the size of the eye. It may prove a constant character for grouping apart some of the species in this difficult genus, as there is another species represented in my cabinet allied to tristis but having much larger eyes. (Nach Casey.)

Serica porcula Casey.

Contributions of the Coleopt. of N. America. Part II 1884, p. 177. (Erschien 1885).

About twice as long as wide, sub-cylindrical, dark reddish-brown, legs and under surface slightly paler; shining throughout, not iridescent; glabrous above. Head but slightly wider than long; occiput rather sparsely finely and irregularly punctate; clypeus very densely and confluently so, the latter two-thirds wider than long, sides rather strongly convergent anteriorly and strongly arcuate, apical margin strongly sinuate, edges reflexed, scarcely more strongly so anteriorly than along the sides; eyes small, not prominent; last joint of the maxillary palpi equal in length to the first three together; third joint of the antennae scarcely more than two-thirds as long as the fourth, fifth twice as long as the sixth, conical, irregularly hoppershaped. Prothorax twice as wide as long, sides slightly convergent from base to apex and moderately arcuate, straight toward the basal angles which are narrowly rounded; apex slightly more than two-thirds as long as the base, broadly and not strongly emarginate, bottom of the emargination broadly arcuate; base broadly arcuate, very feebly sinuate at each side of the middle; disk moderately convex, polished, finely and somewhat irregularly punctate, narrowly impunctate along the middle. Scutellum as wide as long, triangular, acutely rounded at tip, punctate except broadly along the middle. Elytra at base as wide as the pronotum, widest at two-thirds the length from the base; sides very feebly arcuate; together abruptly and very obtusely rounded behind; disk convex, very slightly more than one-half longer than wide, about three times as long as the pronotum; longitudinal costae very feeble, broadly convex, impunctate, polished, intervals much narrower, finely and very irregularly punctate; punctures round, rather feebly impressed. Under surface somewhat finely, sparsely, and irregularly punctate throughout; legs slender; first joint of the posterior tarsi very slightly longer than se second; claws long an slender, deeply and very narrowly cleft at tip, teeth of about equal length, the outer very fine and acute, straight near the tip, the inner robust, obliquely acuminate at tip. Length 7,0 mm.

Arizona (Morrison), 2.

The usual rows of setae along the lateral edges of the pronotum and elytra are present. The relative length of the third antennal joint may suffice to create a division in the genus. (Nach Casey.)

Nachtrag enthaltend die Originalbeschreibungen einiger Arten der alten Welt.

Die Zahlen vor jeder Art verweisen auf den Theil und die Seite der Arbeit wo die Art zu finden ist, auf welche sich die Beschreibung bezieht.

I. p. 358 bezeichnet den ersten Theil Seite 358; Sep. 14 bezieht sich auf die Seitenzahl des Separatum. In welchem Jahrgang dieser Zeitschrift die Theile der Arbeit erschienen sind, ergiebt sich aus der Vorrede oder aus der Erklärung beim Gattungsregister.

I. p. 358. Sep. p. 14.

Omaloplia polita Gebler.

Nouveaux Mémoires de la Société impériale des naturalistes de Moscon II 1832 p. 52.

„Cylindrica, livida aenea, nitida, pubescens, elytris sulcatis, antennis pedibusque rufo-testaceis. Long 3 lin.; lat 2 lin.

Pilis pallidis brevibus adspersa. Caput obscurius, ruguloso-punctatum; carinula longitudinali inter oculos alteraque transversa inter antennas; clypei margine late reflexo, rotundato, antice sinuato; palpis testaceis; oculis magnis, globosis, nigris. Antennae lamellis 3 maris elongatis. Thorax transversus, antico angustatus, bisinuatus, lateribus obliquis, deflexis, angulis obtusis, postice multo latior, leviter bisinuatus, supra convexus, dense punctatus. Scutellum triangulare, confertim punctatum. Elytra thorace parum latiora et triplo longiora, linearia, apice late rotundata, abdomine breviora; supra valde convexa, humero prominulo, sulcata, sulcis dense, costis sparsim ruguloso-punctatis. Pygidium punctatum, albido-pollinosum. Corpus subtus punctatum, pilis longioribus adspersum, polline subtilissimo certo situ albido-sericeum. Pedes elongati, tibiis anticis bidentatis, ungulis omnibus aequalibus, apice bifidis. Mas. colore obscuriore differt a femina, an constanter? Statura O. brunneae, at nitore, pubescentia, thorace postice latiore etc. facile distinguitur." Nach Gebler.

I. p. 359. Sep. 15.

Serica (Euserica) mecheriensis Pic.

Miscellanea Entomologica VI 1898 p. 97.

„Oblong, convexe, noir de poix plus ou moins obscurée sur la tête et le prothorax, avec les elytres d'un brun roux foncé, pattes brunatres; insecte presque glabre avec quelques longs poils plus ou moint dressés surtout sur l'avant corps. Front fortement, mais éparsément ponctué, cette ponctuation rapprochée sur l'epistome, celui ci sinué en avant; une faible carène frontale entière. Prothorax bombé, à ponctuation forte, irréguliére, plus écarte sur le disque, qui présente en arrière comme une faible carène en partie lisse; il est droit sur les cotés de la base, à peine diminué en avant et présente de chaque coté une impression basale un peu en forme de demi-cercle. Ecusson long, à ponctuation forte et raprochée avec la partie médiane et le bord postérieur imponctues. Elytres relativement courts et larges, irréguliérement striés-ponctués avec les intervalles un peu elevés, à ponctuation forte et grossière, largement et un peu obliquement tronqués à l'extrémité, avec l'angle sutural muni un long poil spiniforme. Dessous du corps noir de poix ou rembruni, à ponctuation forte. Pattes robustes, brunâtres.

Long 6 mill. Algérie; Mecheria dans l'Oranais (Pic.). Trés voisin de S. mutata Gyll., mais forme plus trapue, prothorax à ponctuation plus écartée sur le disque avec quelques longs poils plus ou moins dressés." — Nach Pic.

Ich vermuthe dass dies *Serica pilicollis* Burm. sein wird.

Brsk.

I. p. 362. Sep. 18.

Serica fusca.

Ballion, Bulletin de Moscou XLIII p. 339 (1870).

„Cylindrica, fusca, subnitida; fronte nigro fusca; prothoracis disco nigro-tomentoso; elytris subsulcatis, canopruinosis. Long. 7$^1/_2$—8 mm., lat. 3$^1/_2$—4$^1/_2$ mm.

In Chodshent gefangen." — Nach Ballion.

I, p. 371. Sep. p. 27.

Serica Renardi.

Ballion, Bulletin de Moscou XLIII p. 339 (1870)

„Oblongo-ovata, fusca; capite nitido, crebre punctato, clypeo antice truncato, antennis flavis; prothorace transverso, antice subtruncato, angulis anticis vix prominulis, postice utrinque leviter emarginato; angulis posticis rectis, lateribus subrotundatis, superficie subtiliter vage punctato, cano-pruinoso; elytris ovatis, lateribus leviter rotundatis, sulcatis, interstitiis subconvexis, crebre punctatis, dense nigro-tomentosis; corpore infra nigro-tomentoso, mesosterno villoso, pedibus rufo-brunneis, nitidis. Long. 8$^1/_2$, lat. 4$^3/_4$ mm.

Aus Wladiwostock von H. Marine Lieutenant von Grünwald erhalten." — Nach Ballion.

I. p. 373. Sep. p. 29.

Omaloplia punctatissima.

Faldermann, Fauna entom. Transcaucasica Pars 1 p. 279 t. VIII f. 7 (1835).

„Ovata, supra picea, nitida, obsoletissime pruinosa; thoraco lato, basi utrinque latereque foveolato; elytris valde convexis, sulcatis; interstitiis grosse punctatis.

Longit: 3½ lin Lat. 2¼ lin.

Statura et magnitudine Omaloplia variabilis Fab. sed latior et convexior; thorace clypeoque plerumque magis laevigatis, elytris minus crebre punctatis praecipue differt.

Clypeus planus, anterius attenuatus, apice truncatus, tenue marginatus, reflexus; vertice obsoletissime sed crebre punctato; ante oculos tenue depressus, coriaceus, brunnens. Antennis palpisque testaceis. Thorax transversus, latitudine dimidio brevior; basi truncatus; lateribus rectis, tenue reflexis, apice late sed haud profunde emarginatus, ibique angulis productis acutis; supra convexus confertim sed minute punctatus, nitidus; foveolis duabus in latere, et altera ad basin explanata utrinque. Scutellum elongatum, triangulare, depressum, punctatum, posterius linea longitudinali, et apice ipso laevigatum Elytra thorace latiora, posterius dilatata, ante apicem parum angustata, apice ipso truncata, supra valde convexa vel fornicata vix pruinosa, aequaliter sulcata, costis sat elevatis, rude punctatis, nitidis; margine ante apicem subtiliter utrinque angulata. Corpus subtus coriaceum, pallidins, vage rufopilosum, opacum; ano fulvo; pedibus ferrugineis, nitidis, grosse punctatis, nonnihil rufo-pilosis." — Nach Faldermann.

I. p. 377. Sep. 33.

Serica verticalis.

Fairmaire, Revue d'Entomologie par Fauvel. Tome VII 1888 p. 118. Notes sur les Coléoptères des environs de Pékin.

„Long. 9 mill. — Ovata, convexa, squalide castaneo-rufescens, vage metallescens, parum nitida, capitis dimidia parte basali fusca, antennis palpisque testaceo-castaneis; capite antice parum punctato, sutura clypeali fere obsoleta, margine antico, insuper viso medio paulo elevato; prothorace transverso, antice angustato, angulis posticis obtusis, dorso sat dense punctato, scutello punctato; elytris ovatis, basi truncatis, postice vix sensim ampliatis, apice fere truncatis, extus rotundatis, dorso parum profunde striatis striis sat subtiliter sat dense punctatis, suturali profundiore, intervallis medio rarius, sed ad strias sat dense et sat irregulariter pnnctatis, subtus cum pedibus paulo dilutior, parum nitida, pedibus nitidioribus, coxis abdominisque lateribus dense punctatis. — Pekin (Staudinger). —

J'ai reçu cette insecte sous le nom de *S. orientalis* Motsch., mais il diffère beaucoup de ce dernier par sa form moins courte, sa coloration plus claire, non veloutée, ayant un trés faible reflet bronzé et surtout par la tête qui est faiblement ponctuée en avant avec la suture clypeale peu marquée et la partie verticule d'un brun noir. La coloration rapproche cette espèce de la *S. piceo-rufa*, mais elle est bien moins rougeâtre, plus brillante, un peu teintée de bronzé, la taille est plus faible, les elytres sont plus tronquées et la tête est très-differente. La *S. Renardi*, de la Sibérie orientale, à la tête coloré de même, mais le corps est plus velouté, surtout le corselet dont la ponctuation est presque indistincte, l'ecusson est plus lisse à l'extrémité, les elytres ont des côtes plus distinctes avec les stries plus larges et plus largement ponctuées." Nach Fairmaire.

I. p. 379. Sep. 35.

Serica piceorufa.

Fairmaire, Revue d'Entomologie par Fauvel. Tome VII 1888 p. 118

„Long. 10 mill. — Ovata, valde convexa, tota piceo-rufa, subopaca, velutina, subtilissime irideo-micans; capite antice fere truncato; punctato-rugoso, medio paulo convexo, sutura clypeali transversim recta; antennis paulo dilutioribus, 10-articulatis, 7° intus sat longe producto, prothorace transverso, antice angustato, margine antico late rotundato, lateribus ad angulos antices tantum arcuatis margine postico utrinque levissime late sinuato, angulis rectis, dorso subtiliter laxe punctato, elytris ovatis, medio leviter ampliatis, apice abrupte rotundatis, subtruncatis, sat subtiliter striatis, striis subtiliter punctulatis, intervallis vix convexiusculis. laxe punctatis, ad strias paulo densius, pygidio convexiusculo, sat dense ruguloso punctato, punctis vix impressis, pedibus compressis, tibiis spinosis, anterioribus bidentatis. Pekin (ma collec.)." Nach Fairmaire.

I. p. 384 Sep. p. 40.

Sericaria fuscolineata.

Motschulsky, Reisen im Amurlande v. Schrenck 1860 p. 136
t. IX f. 10.

„Elongata, subcylindrica, nitida, punctatissima, subfusco-testacea;

fronte thoracis medio. lineis elytrorum abdomineque plus minusve infuscatis, capite antice marginato, carinato creberrime postico sparsim punctato; thorace transverso, antice attenuato, grosso-sparsim-punctato, medio longitudinali impresso, angulis anticis acutis prominulis, posticis rectis; scutello triangulari, lateribus crebre punctato; elytris thorace sublatioribus, postice subdilatatis. fortiter sparsim punctatis, punctis frequenter confluentibus, longitudinaliter subsulcatis, interstitiis subconvexis, infuscatis, antennis 9-articulatis, clava in ♀ minuta, triarticulata, in ♂ elongata quinque articulata, articulo primo subabbreviato, oblique-distante.

Long. 3½–4½ lin., 2—2⅓ lin.

Elle a la forme de notre Serica brunnea, mais la surface de son corps et luisante et plus fortement ponctuée, et la singulière construction de la massue des antennes chez les mâles, m'ohlige d'en former un genre nouveau sous le nom, de *Sericania.* Cette massue est deux fois plus allongée que chez la femelle et composée de cinq articles (en lieu de trois), dont les quatres derniers perpendiculaires à l'antenne et presque d'égale Iongueur, et le 5ième de la massue, comptant de la base de I'antenne, moitié plus court et placé obliquement, ce qui le présente comme séparé de la massue et dirigé dans un sens opposé vers la tête. Cette insecte a été pris par M. Schrenck, sur les bords du fl. Amour á Beller, vers le 51° L. b., le 19 Juin, mais j'en possède aussi un ♂ en Daourie, et que j'avais d'abord considéré comme étant la *Serica polita* Gebl. qui est cependant plus petit, et ne présentant pas ces différences génériques, doit rester dans le genre Serica." — Nach Motschulsky.

I. p. 386. Sep. p. 42.

Serica arenicola.

Solsky, Turkestan Coleoptera 1876 p. 394.

„Oblongo ovata, convexa, nitida, pallide testacea, supra glabra, subtus albido-pilosella; femorum tibiarum tarsorumque articulis singulis apice summo fuscis; oculis nigris. Capite ut in praecedenti, apice fortius reflexo, marginato, subsinuato, toto polito; clypeo utrinque late impresso setulisque brevissimis adsperso, medio longitudinaliter carinato, a fronte carinula arcuata distincto; fronte paulo convexa antice in medio breviter longitudinaliter carinata et ad carinulam utrinque impressa. Thorace transverso, Iongitudine duplo latiore, leviter convexo, opaco, obsoletissime punctulato, lateribus fere rectis, ab angulos posticos obtusos antrorsum sensim angustato, ad latera plerumque puncto minuto fusco notato; angulis anticis paulo prominulis obtusis; basi utrinque subsinuato et leviter transversim impresso. Scutello subopaco. Elytris basi thorace vix latioribus, lateribus leviter rotundatis retrorsum paulo dilatatis, tenuissime, parum profunde subpunctatostriatis, striis ante basin in apicem evanescentibus suturali profundiore, interstitiis planis, obsoletissime rugulosis et obsoletissime, disperse punctulatis. Pygidio abdomineque subtilissime disperse punctulatis, hoc minus dense, illo parce breviter pubescente. Subtus convexa, coxis posterioribus pectoreque sat crebre, subtiliter punctatis; pectore, meso et prosterno femoribusque quatuor anterioribus pilis pallidis longioribus hirtis. Tibiis anticis dentibus acutis, apice infuscatis, quatuor posterioribus fusco piceis. ♂ latet.

Long. 7 (thor. $1^4/_5$, elytr. 5) lat. $3^1/_3$ mm. in deserto Kisil-Kum."

I. p. 388. Sep. p. 44.

Trochaloschema ruginota.

Rttr. Wiener E. Z. 1896 p. 186.

„Kopf stark, Clypeus feiner punktirt, dieser concav, in der Mitte beulenförmig gehoben, am Apicalrande nicht deutlich ausgebuchtet, die Clypeallinie kielförmig, gegen die Stirn ebenfalls mit kurzem Kielchen, wodurch ein förmliches, erhabenes Kreuz gebildet wird. Halsschild uneben, sehr grob, dicht und rugos punktirt, die Seiten stark gerundet, die Hinterwinkel nur stumpf angedeutet, sonst abgerundet, die Marginallinie vorn nicht unterbrochen. Schildchen dicht punktirt. Flügeldecken grob, etwas runzlig punktirt, mit deutlichen Längsstreifen, die Zwischenräume flach gewölbt. Pygidium lederartig gerunzelt, spärlich punktirt und spärlich kurz borstig behaart. Hinterbrust nur kurz behaart. Schwarz fast matt, die Tarsen braun, die Beine glänzender. (Fühler fehlen). Long 8 mm. — Alai Gebirge: Buadyl (F. Hauser)". Nach Reitter.

I. p. 388. S. p. 44.

Serica Iris.

Semenow, Horae Soc. Ent. Rossicae t. XXVII (1893) p. 495.

„♀ Breviter ovalis, lata valde convexa, glabra, nigra, opaca, pedibus ad apicem piceis, elytris concinne valdeque irideo-relucentibus. Antennis palpisque piceis, illis 9-articulatis, tenuibus, clava parva stipite paulo breviore, 3-phylla. Palporum maxillarium articulo ultimo elongato, ceteris simul sumptis distincte longiore, apicem versus levissime sensimque incrassato ideoque quasi subclavato. Capite lato, opaco, fronte et praesertim clypeo irregulariter rugoso-punctatis, hoc lateribus longiusque subsinuato, margine sat late reflexo nitidoque obducto, angulis apicalibus obtuse rotundatis; sutura frontali tenui medio retrorsum obtusissime subangulata. Prothorace brevi et lato, valde transverso, haud trapeziformi, lateribus non obliquato, sed medio subdilatato regulariterque usque ad angulos anticos rotundato, apicem versus fortius, basin versus paulo levius angustato, angulis anticis parum prominulis neque acutis, posticis obtusiusculis; disco opaco, aequali, copiose crebreque sat subtiliter punctato; basi media late levissimeque subrotundata. Prothoracis basi cum eadem elytrorum angulum distinctum introrsum directum efficiente. Scutello breviter triangulari. Elytris amplis, ad humeros distincte angustatis ibique thoracis medio etiam paulo angustioribus, dein lateribus subdilatato rotundatis, haud parallelis, praesertim pone medium ampliatis, apice subrecte truncatis, convexis, opacis paulo remotius et fortins quam prothorax regulariter punctatis, tenuiter subobsolete striatis, interstitiis latis fere non convexis. Corpore subtus minus opaco, parve fusco-ciliato; mesosterno antice subverticaliter truncato; abdomine sparsim obsoletissime punctulato. Pedibus validiusculis; coxis mediis modice distantibus, postice latissimis, sat grosse punctatis; tibiis anterioribus dentibus 2 validis extrorsum valde prominulis armatis; tarsis gracilibus omnibus longitudinem tibiarum multo superantibus; unguiculis parvulis, aequalibus, basi denticulo elongato praeditis.

Long. 10, lat. 7 mm.

Bucharia orientalis: Mumynabad provinciae Kulab (Dr. A. Regel VI. 1883). — 2 specimina (♀) in Museo Zool. Acad. Caes. Scient. Petrop.

Haec concinna species jam iis signis, quae in descriptione litteris remotis notata sunt, habituque potius Tenebrionidis quibusdam proprio a congeneribus facile distinguenda est". Nach Semenow.

I p. 398, Sep. 54.

Serica opacifrons.

Fairmaire, Compte-Rendu Belgique 1891 p. CXCV.

„Long. 9 mill. — Praecedenti (ovatula) valde affinis, sed paulo major, paulo latior, obscure castanea, pruinosa-velutina; capite antice nitidissimo, fortiter punctato, margine antico obsolete sinuato· fronte et vertice opacis; prothorace latiore, antice minus angustato, margine postico utrinque obsolete sinuato; elytris apice minus truncatis, dorso vix striatulis, striis haud punctatis, intervallis vix convexiusculis, obsoletissime plicatulis; coxis posticis fortiter punctatis, pedibus compressis, valde nitidis. — Tchang-Yang.

S. verticalis, de Pékin, a le sommet de la tête semblablement coloré, mais la partie antérieure est plus finement ponctuée, avec le bord plus nettement sinué et la coloration générale n'est nullement veloutée." Nach Fairmaire.

I. p. 403. S. p. 59.

Serica ovatula.

Fairmaire, Compte-Rendu Soc. ent. Belgique 1891 p. CXCV.

„Long. 8 mill. — S. brunneae sat similis, sed brevior, magis ovata, rufescens, capite summo similiter fumato, antice rugoso-punctato et valde nitido, sed clypeo medio paulo carinulato et margine antico fere recto, haud sinuato, oculis multo minoribus, prothorace haud distincte punctato, sericeo, lateribus magis rotundatis, scutello latiore, haud sensim punctato, sericeo, elytris brevioribus, medio paulo ampliatis, minus fortiter striatis, striis subtiliter crenulato-punctulatis, postice evidentius intervallis paulo convexiusculis, fere laevibus; subtus subopaca, punctata, pedibus compressis, tibiis posticis latis, compressis, sat brevibus clava triarticulata, funiculo 7-articulato. — Moupin (A. David, coll. du Muséum).

Cet insecte rapelle beaucoup, au premier abord, la *S. brunnea* de nos pays; mais sa forme est plus courte, sa teinte plus rousse, les yeux sont de grosseur ordinaire ainsi que les antennes et les pattes sont courtes et fortement comprimées. La *S. ferruginea*, de Kashmir, paraît bien voisine, au moins par la coloration, mais elle ressemble beaucoup à la variabilis, qui est plus courte." Nach Fairmaire.

I. p. 408. S. p. 64.

Serica detersa.

Erichson; Acta Acad. Caes. Leopold. Carol. Vol. XVI (1834) Suppl. I. p. 239. No. 26.

„S. oblonga, convexa, glabra, testacea, capite thoraceque punctatis; elytris striatis, interstitiis punctatis; femoribus tibiisque posticis validis compressis. Long 3 lin.

Länglich, stark gewölbt, gelblich braun, Kopf und Halsschild mehr röthlich, ohne den bei dieser Gattung gewöhnlichen glänzenden Ueberzug. Der Kopf ist stark aber nicht dicht punktirt, das Kopfschild mit aufgeworfenem, vorn schwach umgebogenem Rande. Die Fühler gelblich. Das Halsschild ungefähr doppelt so breit als lang, stark aber nicht dicht punktirt. Die Flügeldecken wenig breiter als der Halsschild, schwach gestreift, die Streifen im Grunde punktirt, die Zwischenräume etwas gewölbt, mit einer unregelmässigen

Reihe starker Punkte neben jedem Streif, und einzelnen Punkten auf dem Rücken. Die Afterdecke stark, aber nicht dicht punktirt, Die Brust ist an den Seiten stark punktirt. Die Hinterleibsringe mit einer Querreihe hervorragender Punkte. Die Beine von der Farbe des Körpers, die Vorderschienen zweizähnig, die Hinterschenkel und Schienen sehrbreit und stark zusammengedrückt. Vaterland China." Nach Erichson.

I. p. 415. S. p. 71.

Serica impressicollis.

Fairmaire, Compte-Rendu Soc. ent. Belgique 1891 p. CXCVI.

„Long. 7 mill. — Oblongo-ovata, convexa, rufa, modice nitida, interdum fronte et prothoracis maculis 2 discoidalibus fuscis; capite rugosulo, punctato, clypeo antice truncato; prothorace basi elytris haud angustiore, longitudine duplo latiore, antice angustato, lateribus antice cum angulis rotundatis, margine postico fere recto, angulis rectis, dorso sat dense punctato, paulo ante medium sat fortiter impresso, antice breviter sulcatulo; scutello acute triangulari, medio leviter elevato; elytris ovatis, basi truncatis, medio vix sensim ampliatis, dorso costulatis, interstitiis sat latis, dense sat irregulariter punctatis, costulis laevibus, 1ª laxe punctata, costulis et striis apice obliteratis; subtus nitidior, subtiliter punctulata et pubescens, metasterni lateribus infuscatis, pedibus gracilibus. — Kiu-Kiang.

Assez voisine de l'ovatula, mais plus petite et plus étroite, avec le corselet ayant une assez fort impression sur le disque, un peu avant le milieu, et les élytres à côtes bien plus saillantes, à interstices larges, assez densément et assez irregulierement ponctués." Nach Fairmaire.

I. p. 417. S. p. 73.

Serica nigropicta.

Fairmaire, Compte-Rendu, Soc. ent. Belgique 1891 p. CXCVII.

„Long. 6 mill. — Breviter ovata, postice ampliata, convexa, fusco-aenescens, modice nitida, elytris rufis, vitta suturali, post scutellum anchoraeformi expansa, vitta marginali, supra humero, paulo angulata, apice cum suturali conjuncta et macula discoidali nigro, velutinis; capite punctato, inter oculos transversim impresso, margine antico truncatulo, tenuiter reflexo, antennis rufopiceis, clava fusca, prothorace transverso, brevi, lateribus antice rotundato, margine postico medio rotundatim arcuato, dorso sat dense punctato, cupreomicante; scutello punctato; elytris brevibus, apice abrupte rotundatis, parum profunde striatis; striis punctulatis, intervallis convexiusculis, parce punctulatis, stria suturali profundiore; subtus cum pedibus nitidior, punctata, paulo sericans. — Tschang-Yang.

Cette espèce rentre dans le 1er groupe des Serica de Burmeister qui renferme les espèces à corps court et épais, dont plusieurs, propres à l'Asie orientale, présentent une coloration analogue." Nach Fairmaire.

I. 424. S. p. 80.

Serica grisea.

Motschulsky, Bulletin Moscou 1866 I p. 171.

Statura S. brunneae sed brevior. Elongata, parallela, subconvexa, nigra dense griseo pubescens, antennarum basi, tibiis tarsisque brunneis; fronte antice transversim impresso, antennarum clava longiuscula, 3 articulata, thorace transverso, punctulato, elytris thorace paulo latioribns, quadrangulatis, striatis, interstitiis subconvexis, punctatis, tibiis anticis bidentatis. Long. 3 l. lat. $1^3/_4$ l. — Japonia.

I. p. 425. S. p. 81.

Serica boops.

Waterhouse, Transactions Ent. soc. 1875. I. p. 101 t. III f. 3.

„Oblongo-ovata, brunneo testacea, subopaca. Capite piceo-nigro; froute discrete punctulatâ; clypeo ut in Sericâ brunneâ at angulis minus rotundatis; et antennis longioribus, oculis majoribus. Thorace transverso, leviter convexo, longitudine $^1/_3$ latiori, antice capite (oculis inclusis) vix angustiori, postice paulo latiori, margine antico utrinque sinuato, angulis anticis acutis, lateribus vix rotundatis, angulis posticis rectis, disco fusco. Scutello elongato-triangulari, crebre punctato. Elytris basi thoracis latitudinem aequantibus at $3^1/_2$ longioribus, postice paulo ampliatis, leviter convexis, obscure testaceis, distincte striatis, striis crebre irregulariter punctatis, interstitiis convexiusculis, irregulariter nigro-guttatis, parce punctatis, punctis nonnullis brevissime setiferis. Long. $3^3/_4$ lin., lat. 2 lin.

Allied to S. brunnea, but (besides the coloration) distinguished by the larger and more prominent eyes, by the slightly more transverse thorax, which is more sinuated in front, by the scutellum being very distinctly punctured and having the apex less acute, and by the striae of the elytra being composed of a single irregular line of punctures.

Hab. — End of June, on Maiyasan, Hiogo; flying at dusk." — Nach Waterhouse.

I. p. 429. S. p. 85.

Serica orientalis.

Motschulsky, Etudes entomologiques 1857 VI. p. 33.
(Insects du Japon.)

„Obovata, convexa, punctata, opaca, picea, supra nigra, velutina thorace antice angustato, lateribus minus arcuatis, elytris ovatis, striatis, interstitiis alternis leviter elevatis, sparsim punctatis, antennis testaceis. Long. 3½ lin., lat. 2 l.

Cette espèce est extrémement voisin de notre S. holosericea mais elle est un peu plus grande, présente un corps plus élargi postérieurement, un corselet plus trapézoide une ponctuation moins serrée et une surface plus veloutée. Elle se rencontre aussi en Mongolie." — Nach Motschulsky.

II. p. 216. S. p. 106.

Omaloplia rufodorsata.

Fairmaire, Annales Soc. Belg. 1888, p. 19.

„Long. 5 à 5,5 mill. — Ovata, convexa, nigro fuscata, subopaca, elytrorum disco plus minusve late rubro-rufo, aut elytris rubro-rufis, angustissime fusco limbatis postico leviter pruinosis, prothorace interdum basi rufescente, interdum fusco-oenescente, capite antice fere truncato, margine antico medio obtuse angulato, sutura clypeali arcuta, clypeo valde rugoso; prothorace antice angustato, lateribus rotundato, margine postico ante oculos late leviter sinuato, angulis posticis obtusiusculis, dorso sat dense sat fortiter punctato; scutello oblongo, punctato; elytris medio leviter ampliatis, apice abrupte rotundatis, sat late striatis, striis modice impressis, pauló crenulatis, suturam versus et apice profundioribus, intervallis leviter convexis, parum dense punctatis; pygidio punctato, fusco, interdum rufo maculato; subtus opaca, fusca aut picea, pedibus nitidioribus, tibiis tarsisque rufescentibus. Fokien.

Ressemble à la ruricola pour la coloration, bien variable du reste, mais d'une forme bien plus courte avec l'écusson plus étroit, ressemblerait davantage, à l'hirta, mais cette dernière a les élytres fauves avec des côtes plus étroites et mieux marquées." Nach Fairmaire.

II. p. 283. S. p. 173.

Serica nitida.

Candèze, Mém. Liége 1861 p. 348 taf. II f. 4. Separatum: Histoire des Métamorphoses de quelques Coléoptères exotiques; p. 25.

„En ovale un peu élargi en arrière, très-lisse, d'un brun rougeâtre brillant. Front marqué de points innégaux médiocrement denses; derrière le rebord antérieur on en remarque une rangée transversale de cing on six plus gros. Prothorax transversal, faiblement arqué et muni de quelques longs cils sur les côtés, sa surface convexe, finement et éparsément ponctuée. Ecusson triangulaire, marqué de quelques points. Elytres faiblement sillonnées, avec une rangée de points serrés au foud des sillons, les intervalles à peine convexe et marqués de quelques points rares et fins. Dessous rougeâtre, mat. Long. 11—12 mill., larg. 6—7 mill. Ceylan.

Cette espèce appartient aux Serica de la seconde division de M. Burmeister (Handb. IV, part II, p. 171). Les antennes ont neuf articles et la massue quatre feuillets; le premier de ceux ci de moitié plus court que les autres." Nach Candèze.

II. p. 373. S. p. 263.

Homaloplia rufoplagiata.

Fairmaire, Annales de Belgique 1893 p. 305.

Haut Tonkin: Hâ-lang. —

„Long. 4 à 4,5 mill. — Ovata, valde convexa, fusca, subopaca, pruinosa, capite prothoraceque paulo aeneo micantibus, elytris utrinque plaga magna discoidali rufa, saepius medio interrupta; capite antice truncato et paulo reflexo; prothorace brevi, antice angustato, lateribus a basi rotundatis, dorso vix distincte punctulato medio obsolete lineato, basi utrinque late sinuato, angulis sat obtusis; scutello acute triangulari; elytris brevibus, sat late punctulato-striatis, intervallis leviter convexis, haud punctatis; pygidio punctulato, setosulo; subtus magis pruinosa, abdomine picescente, pedibus interdum rufopiceis, pedibus interdum rufo-piceis; antennarum clava sat magna, trilamellata.

Ressemble extrêmement â la Serica cruciata, de Madagascar, qui me paraît une Homaloplia, mais notablement plus grande, moins villeuse, avec l'écusson moins large, les côtes des elytres moins convexes, leur coloration moins miroitante, la bande discoïdale plus larges, plus comprimées." Nach Fairmaire.

III. p. 186. S. p. 320.

Melolontha compressipes.

Wiedemann. Zoologisches Magazin, herausg. von C. R. W. Wiedemann Band II, Stück I. (1823) pag. 91 No. 141.

„Lutescens, capite, thoracis apice, elytrorum limbo aeneo-viridibus, elytris punctato-striatis, certo situ albo-pruinosis. Long. lin. 1 3/4, latit. 1 1/4. ♂ Java.

Von sehr gedrungener Statur. Fühler röthlich braun, Kolbe vierblättrig. Kopf erzgrün in's kupferrothe spielend, Kopfschild breit, ganz, am Vorderrande etwas aufgebogen, glänzender als der Kopf, mit groben Punkten. Halsschild noch einmal so breit als lang, vorn verschmälert, Hinterrand flach geschweift, mitten auf eine schwache Längslinie; Farbe schön, aber nicht glänzend, nur schimmernd erzgrün, an der Wurzel rostgelblich, Naht, Seiten und Spitzenrand schwärzlich erzgrün, der Seitenrand mitten noch einmal so breit grün als an Wurzel und Spitze, Oberfläche mit deutlichen schwach punktirten Streifen. Schildchen erzgrünlich. Afterdecke brennend rostgelb, an den Seiten schwärzlich, Beine tief rostgelblich, Schienen fast röthlichbraun. Schenkel und Schienen, besonders an den hintersten Beinen, sehr zusammengedrückt; Fusswurzeln sehr lang mit zwei gleichen sehr kleinen Klauen. Untere Fläche mehr weniger röthlich braun. In gewisser Richtung erscheint die ganze obere und untere Fläche des Thieres gleichsam weiss bereift. Zur Gattung Omaloplia Mgl. — W." Nach Wiedemann.

III. p. 213. S. p. 347.

Serica fugax.

Erichson; Acta. Acad. Caes. Leopold. Carol. Vol. XVI (1834) Suppl. p. 239 No. 25.

„Serica ovata, convexa, nigra, caesio-sericans; elytris obsoletissime striatis. Long. $2^1/_2$ lin. —

Von der Gestalt der Serica variabilis (holoserica) aber bedeutend kleiner, tiefschwarz mit einem schönen, tiefgrünen Schimmer übergossen, der besonders deutlich auf dem Halsschilde, sehr dunkel dagegen auf den Flügeldecken ist; in gewissen Richtungen grauseiden-schimmernd, der Kopf einzeln punktirt, am Rande aufgeworfen, vorn nicht ausgerandet. Das Halsschild doppelt so breit als lang, in die Queere gewölbt, weitläuftig punktirt, in jedem Punkte ein ganz kleines kurzes weisses Härchen. Die Flügeldecken etwas breiter als das Halsschild, in der Mitte sanft erweitert, gewölbt, auf dieselbe Weise wie das Halsschild punktirt; der Streif neben der Naht besonders hinten deutlich, die übrigen nur in einer gewissen Richtung zu bemerken, die Afterdecke weitläuftig und flach punktirt. Auf der Unterseite sind die Ränder der Hinterleibsringe dunkel rothbraun. Die Beine von der Farbe des Körpers, die Spitze, der Schenkel und die Dornen braunroth.

Vaterland: die Insel Luzon." — Nach Erichson.

IV. p. 66. S. p. 434.

Pleophylla unicolor (Phylloserica).

Vollenhoven Insectes de Madag. 1869 p. 8 pl. I fig. 3.

„Pl. rufo-testacea, capite ac thorace obscurioribus, punctatissima, elytrorum quatuor lineis sub-elevatis. Long. 8 mm. Hab. Nossi-Bè. — Cette espèce se distingue aisément de la seule espèce connue du genre, la Pleophylla fasciatipennis, décrite par Blanchard dans le catalogue du Muséum d'Histoire naturelle de Paris (I. p. 83). Ovale oblong, un peu plus large en arrière. Tête et corselet ponctués, d'un rouge brounâtre luisant; antennes de couleur beaucoup plus claire. Chaperon faiblement rebordé. Yeux noirâtres. En avant de chaque oeil, un peu de côté, sur le front se voit un enfoncement triangulaire. Corselet finement rebordé de long des bords latéraux et postérieur, bordé tout à l'entour d'une rangée de soies rousâtres. Écusson à ponctuation plus fine que le prothorax. Elytres d'un brun rouge jaunâtre, grossiérement ponctuées, rebordées finement le long de la côte et du bord postérieur, à rebord assez large le long de la suture, on remarque sur chaque élytre quatre stries faiblement relevées, n'atteignant point le bord postérieur, et entre celles-ci la faible indication de trois autre stries. Les élytres portent quelque poils roux, principalement vers le bord. Corps en dessous de la mème couleur brun-rouge que le corselet. Prothorax et mésothorax vaguement et faiblement ponctués, mètathorax a ponctuation rude et grossière. Pattes d'un brun rouge luisant, à cuisses postérieures élargies, fortes; et à tarses postérieurs brun.

Décrit d'après un individu unique." Nach Vollenhoven.

IV. p. 67. S. p. 435.

Pleophylla Brenskei (Phylloserica).

Brancsik, Jahrbuch XV des Naturwissenschaftl. Vereines des Trencsiner Comitates 1892 p. 225

„Simillima P. unicolori Vollh. Differt ab illa elytrorum lineis minus elevatis, inter quas lineae secundariae elevatae indistinctissimae observantur; caret serie punctorum majorum ad lineas elevatas et crinibus sat longis in illis; puncta talia majora minus expressa solum ad elevationem marginalem observantur; in margine antico thoracis crinibus nullis institutis.

Die erhabenen Linien auf den Flügeldecken minder deutlich als bei P. unicolor ausgeprägt, ebenso fehlt auf der äusseren Seite der Naht und der primären erhabenen Längslinien die Reihe der mit längeren Haaren besetzten grösseren Punkte; solche, jedoch ohne

Haare, sind undeutlich, nur an der vierten Randlinie zu sehen; die bei P. unicolor sichtbaren längeren Haare am Vorderrande des Halsschildes fehlen bei dieser Art. Sonst wie unicolor. Von dieser Art erhielt ich von Nossibé 4 Stücke." Nach Brancsik.

IV. p. 73. Sep. p. 441.

Omaloplia analis.

Guérin, Voyage en Abyssinie par Léfebvre 1849. Tom. VI p. 314.

„O. nigra fere opaca; elytris flavo-testaceis, sutura, margine exteriore duabusque vittis, postice abbreviatis nigro-sericeis, pygidio fulvo. L. 0,006; l. 0,004.

Il ressemble entièrement au précedent (vittata Guérin) pour la forme et l'ensemble de sa coloration; mais les élytres jaunes n'ont sur le disque que deux bandes longitudinales qui n'arrivent pas tout à fait au bord postérieur et dont l'interne, la plus rapprochée de la suture, ne touche pas la base de l'élytre. L'extrémité des cuisses et des jambes ainsi que les tarses sont fauves; le bord postérieur des segments de l'abdomen et tout le dessus du pygidium sont fauves.

D'Abyssinie et du Sénégal." Nach Guérin.

IV. p. 94. Sep. p. 462.

Trochalus punctum.

Thomson, Archives entomologiques. Tome II. 1858 p. 57.
(Voyage au Gabon.)

„Long. 8 mill.; larg. 5 mill. D'un brun rougeàtre á reflets d'un vert métallique; couvert de fines écailles blanches clair-semées, à l'extremité de chaque élytre, un gros point noir velouté ovoide, convexe. Tête ayant la moitié antérieure rugueusement ponctuée, et le reste très-finement. Prothorax rétréci en avant, á ponctuation peu distincte. Élytres à stries fines bien visibles, avec les intervalles légèrement convexes. Poitrine assez fortement ponctuée." Nach Thomson.

V. p. 213. Sep. p. 491.

Triodonta difformipes.

Fairmaire. Annales de Belgique 1892 p. 146.

„Long. 6 mill. — Ovato-oblonga, convexa, fusca, nitidula, fulvo-pilosa et fulvo-ciliata, elytris, pedibus, ore antennisque fulvo-testaceis, sutura et margine externo anguste infuscatis, capite sat magno, subtiliter rugoso-punctato, antice fere truncato, angulis rotundatis margine antico et lateribus reflexo, sutura clypeali medio transversim recta, utrinque obliqua, leviter elevata; prothorace longitudine vix latiore, antice a medio angustato, margine postico utrinque obsoletissime sinuato, transversim impressiusculo et subtiliter reflexo, angulis posticis fere rectis, anticis valde deflexis, dorso dense sat subtiliter punctato; scutello oblongo-ogivali, punctato; elytris oblongo-ovatis, medio leviter ampliatis, apice abrupte rotundatis, subtruncatis, dorso striatulis striis extus obsoletis, intervallis sat dense sat fortiter punctatis. alternatim paulo, convexis, sutura paulo elevata; pygidio subtiliter punctulato; corpore subtus longius villoso, dense subtiliter asperulo, pedibus 4-posticis elongatis tarsis tibiis fere duplo longioribus, pedibus anterioribus brevioribus, tibiis tridentatis, dente supero valde obtuso, apicali elongato, tarsorum articulo ultimo magno, dilatato, unguibus 2 magnis, incurvis armato, externo majore acutissimo, interno-breviore, apice obtuso. — Akbés.

Cet insecte est plus allongé que ses congénères. La conformation des tarses antérieurs est une exagération de ce que l'on voit chez les ♂ Triodonta. La longueur des tarses intermédiaires et postérieurs est plus curieuse. Le menton forme une plaque arrondie qui cache presque la bouche." Nach Fairmaire.

V. p. 213. Sep. 491.

Triodonta difformipes Fairm. var. *Delagrangei* Pic.

Miscellanea Entomologica VI 1898 p. 97.

„Ovale allongé, entièrement foncé à l'exception des antennes et palpes testacées, des 4 pattes antérieurs plus ou moins roussâtres. Tête à ponctuation forte et rapprochée, munie d'une carène frontale entière; chaperon trés légèrement sinué en avant. Prothorax à ponctuation forte et peu écartée. Ecusson court. Elytres a ponctuation assez forte et stries irréguliéres, celles rapprochées de la suture trés profondes, la 2e légèrement courbée en dehors, Pattes robustes.

♀ Long. 6 mill. Haute Syrie: Monts Amanns (Delagrange in coll. Pic.). Différe de la forme type au moins par la coloration foncée du dessus du corps."

V. p. 214. Sep. p. 492.

Triodonta lineolata.

Brancsik, Soc. hist. nat. Trencsén. Vol. 19—20 (1897) p. 113.

„Ovata, rufo-testacea, crebre punctata, dilute-ochraceo et griseo pubescens; capite trigonali, clypeo antice truncato, medio leviter emarginato, denticulo nullo, utrinque latere impresso, margine reflexo; antennis testaceis; thorace duplo fere latiore quam longiore, antice rotundatim angustato, margine antico late, leviterque emarginato, postico leviter bisinuato, angulis posticis rectis, anticis acuminatis, dorso piceo,lateribus indefinite fusco; elytris distincte striatis, sutura, interstitio 2. 4. elevatioribus, pubeque aliquod pallidiore, dorso rufo-testaceis, lateribus fuscis, longitudine thoracis duplo haud longioribus, pone medium paulo ampliatis, apice obtuse rotundatis; scutello elongate-trigonali; pygidio late triangulari, apice rotundato, pube longiore; pectore abdomineque convexis, sterno longitudinaliter tenue sulcato; pedibus rufis, griseo-ochraceo pubescentibus; femoribus crebre punctatis; pedibus anticis haud validis, femoribus ac tibiis posticis dilatatis, compressis, tibiis anticis tridentatis, posticis spinulosis. Long. 5,5—6, lat. 3,5—4 mm.

Patria: regio fluvii Zambesi apud Boromam.

Diese Art steht der *T. sericans* Fåhr. sehr nahe, unterscheidet sich aber von derselben, durch den Mangel des Zähnchens in der Ausbuchtung des Kopfschildes und durch das längliche Schildchen." Nach Brancsik.

V. p. 214. Sep. p. 492.

Triodonta boromensis.

Brancsik, Soc. hist. nat. Trencsén. Vol. 19—20 (1897) p. 114 tab. IV. fig. 5.

„Elongata, rufo-testacea, crebre punctata, aequaliter haud dense griseo-ochraceo pubescens, margine thoracis ac elytrorum ciliata; capite subtriangulari, clypeo antice emarginato, utrinque impresso, margine reflexo, oculis haud prominulis, antennis testaceis; thorace transverso sesqui latiore quam longiore, basi latissimo sensim angustato, margine antico late emarginato, postico medio rotundatim producto, in sinu pone scutellum impresso, angulis posticis rectis, anticis acutis, productis; elytris thorace duplo longioribus ac paulo latioribus, pone medium levissime ampliatis apice subtruncatis, obsolete striatis, stria suturali impressiore; scutello triangulari; pygidio late triangulari, convexo, apice rotundato; pectore abdomineque convexo, sterno sulco longitudinali obsoleto; pedibus rufis, femoribus crebre punctatis, anterioribus simplicibus, posterioribus dilatatis, compressis, tibiis anticis validis tridentatis, mediis ac posticis extus spinulosis, intus longe pilosis.

Long. 6,5—7,5, lat. 4—4,3 mm.

Patria: regio fluvii Zambesi apud Boromam.

Nach Herrn Brenske steht diese Art der *T. procera* Lansb. vom Congo sehr nahe, ist jedoch kleiner und hat schmälere Hinterschenkel."

Nach Brancsik.

V. p. 214. Sep. p. 492.

Serica aberrans.

Gerstäcker, Archiv f. Naturg. XXX 1867 p. 45. (Beitrag zur Insecten-Fauna von Zanzibar.).

Die Gliederthier Fauna des Sansibar Gebietes 1873 p. 116. (Dieselbe Beschreibung, der zweite Absatz derselben ist deutsch.)

„Ovata, rufo ferruginea, punctata; flavescentipilosa, clypeo bilobo, supra excavato, prothorace basi utrinque profunde impresso, elytris sulcatis et suturam versus subcostatis. Long. 8 mill.

Caput obscure rufum, fortiter rugoso-punctatum, clypeo antrorsum angustato, apice fortiter sinuato, reflexo-marginato, supra utrinque profunde excavato ibique parce subtiliterque punctato. Antennae 10-articulatae, clava triphylla parva, ferruginea. Prothorax trapezoideus, lateribus parum rotundatus, angulis omnibus acuminatis supra gibboso-convexus, crebre punctatus, pilosus, ante scutellum utrinque profunde foveolatus. Scutellum oblongo-triquetrum, confertim punctatum. Coleoptera ovata, retrorsum leviter tantum dilatata, lateribus pone medium evidenter marginata, undique crebre punctata et flavescenti-pilosa, longitudinaliter sulcata, interstitiis alternis disci (suturalis tertio, quinto) ceteris paulo convexioribus. Pygidium gibbum, obtuse triquetrum, punctulatum, pilosum. Tibiae antice fortiter tridentatae; femora postica admodum dilatata, compressa, tibiae tarsique rufo-picei. Specimen unicum ad „Endara" (d. 20. m. Decbr. 1862) captum." Nach Gerstäcker.

V. p. 214. Sep. p. 492.

Homaloplia flavofusca.

Kolbe, Stettiner Entomologische Zeitung 1891 p. 29.

„Sordide flavo-fusca, griseo pilosa, fere nitida, marginibus clypei et pronoti pectoreque testaceis; antennis nigro-fuscis, clava testaceo-flava; clypeo reflexo, apice minime sinuato; prothorace antrorsum e medio attenuato, angulis posticis fere rectis, margine postico bisinuato; elytris pone medium parum ampliatis, convexis, subcostatis, sat dense punctatis; plagis circa scutellum, ad humeros marginesque externos nigris dilutis; tibiis anticis extus tridentatis. Long. corp. 4½ mm. Ugueno Gebirge." Nach Kolbe.

V. p. 214. Sep. p. 492.

Triodonta rufina.

Kolbe, Mittheilungen aus dem Naturhistorischen Museum Hamburg, XIV. 1897 p. 12 t. fig. 5. 5ª.

„Rufo-testacea, albogriseo pubescens, capite fusco, pronoto castaneo-rubro, pectore, abdomine pedibusque castaneis, tibiis tarsisque pedum posticorum atrofuscis; clypeo antice sinuato, medio reflexo, angulis utrinque rotundatis, fronte et clypeo rugoso-punctatis, hoc antice laevi; prothorace antrorsum attenuato, lateribus minime arcuatis; elytris paulo ampliatis, subsulcatis. — Long. corp. 8 mm.

Quilimane (19. Januar 1889).

Arten von Triodonta sind nur vereinzelt aus Ostafrica bekannt. Die von mir in der Stettiner Entom. Zeit. 1891 S. 29 beschriebene Homaloplia flavofusca vom Ugueno-Gebirge gehört auch zu Triodonta." Nach Kolbe.

V. p. 214. Sep. p. 492.

Triodonta molesta.

Péringuey, Transactions South African Phil. Soc. Vol. VI. part II 1892 p. 36.

„Elongato, rufo-testacea, griseo pubescens; clypeo antice sinuato. marginibus reflexis; prothorace brevi, punctulato; elytris elongatis, prothorace convexioribus, striatis interstitiis punctulatis. Long. 8, lat. 5 mm.

Elongated, testaceous red, covered with a short, close greyish pubescens; clypeus sinuated in the midde with the margins reflexed closely punctured, antennae yellowish; prothorax short, convex, punctulated; elytra elongated, very convex, nearly three times as long as the prothorax, striated with the intervals closely punctured; pygidium very pubescent, legs and underside punctulated slightly pubescent, reddish brown with a metallic tinge.

Nothern Ovampoland (Erikson)." Nach Péringuey.

V. p. 214. Sep. p. 492.

Triodonta hovana.

Fairm., Annales Belgique 1897 p. 103.

„Long. 5 mill. — Sat breviter ovata, valde convexa, nigra, nitida; capite dense punctato, antice fere rugoso, fronte linea fere recta transversim signata, clypeo antice late leviter sinuato, lateribus paulo marginato, prothorace transverso, elytris vix angustiore, antice angustato, lateribus rotundato, dorso dense fortiter punctato, basi praesertim asperulo, angulis posticis obtusis; scutello ogivali, rugose punctato; elytris sat brevibus, postice ampliatis, apice valde rotundatis dorse dense punctato-rugosulis, disco vage striatulis, sutura paulo elevata, stria suturali basi et apice magis impressa; pygidio densissime sat subtiliter punctato; subtus minus fortiter punctata, tibiis anticis, fortiter tridentatis, tarsis piceis, posterioribus articulo 1º secundo paulo breviore.

Fianarantsoa (Madagascar); coll. Alluaud.

Ressemble à T. morio, mais plus court, avec le chaperon largement sinué, la ponctuation bien plus forte et les élytres courtes, sans stries distinctes." Nach Fairmaire.

V. p. 219. Sep. p. 497.

Serica zambesina (Stenoserica).

Brancsik, Soc. hist. nat. Trencsén Vol, 19—20 (1897) p. 112.

„Brunnea, opaca, ovata; clypeo grosse subruguloseque, fronte parce subtiliterque punctato, medio leviter carinulatis, clypeo à fronte linea elevata sejuncto, antice levissime sinuato, marginibus reflexiusculis; antennis testaceis; thorace transverso, duplo latiore quam longiore, dense, haud profunde punctato, postice latissimo sensim apicem versus angustato, postice leviter bisinuato, lateribus ciliato, angulis posticis obtusis haud acutis; scutello elongato-triangulari, apice rotundato, rudins punctato; elytris thorace paulo latioribus, convexis, illo $2^1/_2$ longioribus, apicem versus aliquod ampliatis, apice conjunctim late rotundatis, declivibusque, obsolete striatis, denseque punctatis, margine laterali ciliatis; tibiis anticis obtuse tridentatis; pectore nitido, dense punctato; segmentis abdominalibus transversim punctis grossioribus mediatim seriatis; pygidio convexo, nitidulo, trigonali, angulis rotundatis, dense distincteque punctato.

Long. 5—6, lat. 3—4 mm.

Patria: regio fluvii Zambesi apud Boromam." Nach Brancsik.

V. p. 221. Sep. p. 499.

Serica livida.

Bohemann, Öfers. K. Vet.-Akad. Förh. 1860 No. 3 p. 115.

„Oblongo-ovata, convexa, testacea, nitida; capite rufo-testaceo, confertissime punctulato, postice transversim bi-carinato, carina anteriore utrinque abbreviata; prothorace sat crebre, vage, evidentius punctulatis; tibiis anticis extus tridentatis, dente superiore obsoleto, —

Long. $5^1/_2$, lat. 3 millim.

Hab. in vicinitate fluviorum Svakop et Nolagi et prope lacum N'Gami." Nach Bohemann.

VI. p. 460. Sep. p. 542.

Omaloplia vittata.

Guérin, Voyage en Abyssinie par Lefebvre. IV Zoologie. Tome VI (1849) p. 313. Insectes t. 4 fig. 7.

„O. nigra, fere opaca, elytris flavotestaceis, sutura, margine, anteriore tribusque vittis nigris. L. 0,075; l. 0,045. — Ovale, d'un noir peu luisant, à reflets soyeux, tête et corselet finement ponctués, ayant quelques poils noirs hérissés peu nombreux, écusson triangulaire, noir. Élytres d'un jaune testacé avec la suture, trois bandes longitudinales et le bord externe, noirs. Dessous et pattes d'un noir presque mat. Fémures et tibias postérieurs larges et aplatis. D'Abyssinie et du port Natal." Nach Guérin.

VII. p. 13. Sep. p. 557.

Omaloplia atrata.

Reiche, Voyage Ferret et Gallinier en Abyssinie 1847. p. 354.

„Long. 10 mill. (4½ lin.) Lat. 6 mill. (2½ lin.).

Atro picea, subvelutina, infuscata, ovata, tumida. Caput subpunctatum, epistomo grosse rugoso-punctato, margine reflexo, undulato; palpis apice fulvis, antennis fuscis, capitulo griseo. Thorax capite plus duplo latior, latitudine plus dimidio brevior, disco sub lente punctato, lateribus rotundato-undulatis, marginatis, rufo ciliatis, margine anteriore late emarginato, posteriori paulo undulato. Scutellum triangulare, sublente punctatum. Elytra thorace dimidio latiora, substriata, sublente punctulata, margine rufo picco. Pygidium punctulatum. Corpus subtus rufo-piceus, vage punctulatus, pedibus posticis valde compressis. —

D'un noir de poix un peu velonté, terne; ovale, renflé. Tête finement ponctuée, épistome criblè de gros points enfoncées, son bord réfléchi, ondulé; palpes fauves à l'extrémité, antennes brunnes, avec la massue grisâtre, Corselet du double de la largeur de la tête, plus de moitié; moins long que large; le disque finement ponctué, les côtés arrondis, un peu sinués postérieurement, rebordés, garnis en dessous de cils roussâtres, le bord antérieur largement échancré, le posterieur légèrement ondulé - Ecusson triangulaire, finement ponctué, Elytres moitié plus larges que le corselet; à stries à peine visibles, finement ponctuées, leur bord un peu roussâtre. Pygidium ponctué. Dessous du corps brunâtre, vaguement ponctué, pattes postérieures dilatées, trés comprimées." Nach Reiche.

Berichtigungen und Zusätze.

(Es sind die Berichtigungen III p. 231, Sep. p. 365, welche hier nicht wiederholt sind, zu beachten.)

I. p. 349. Sep. p. 5. Chaetoserica gehört nicht hierher, da sie eine asiatische Gattung ist.

I. p. 350. Sep. p. 6. Eine Zusammenstellung der Artenzahl ergiebt jetzt folgendes Resultat:

Die palaearktische Region . . .	mit	84	Arten
Die orientalisch-malayische Region	"	296	"
Nachtrag hierzu	"	9	"
Madagascar	"	79	"
Africa	"	158	"
America	"	26	"
im Ganzen	mit	652	Arten.

I. p. 354. Sep. p. 10. *Serica murina* Gyll.=*Sericide*. *Serica aberrans* Gerst.=*Triodonta*.

I. p. 355. Sep. p. 11. In der Uebersicht der Gattungen: die Vorderschienen sind auch bei einzelnen Arten von Ceylon: *implicata*, *picta*, *splendifica* dreizähnig; ferner schwach dreizähnig bei *umbrina* und *tarsata*.
Neben *Hyposerica* gehört *Philòserica* (Africa).

I. p. 356. Sep. p. 12. Als Zusatz zu 12[1] ist einzuschalten „oder statt der Abplattung, eine dichte Querreihe Borsten" letzteres bei der *borneensis*-Gruppe.

I. p. 357. Sep. p. 13. In der Gattungsbeschreibung ist zu lesen: Die Oberfläche ist meist matt, m e i s t pruinös und m e i s t ohne Behaarung.

I. p. 358. Sep. p. 14. *Serica polita* nach v. Heyden D. E. Z. 1884 p. 290 auch von Chabarofka am Amur.

I. p. 359. Sep. p. 15. Zu *S. pilicollis* gehört die im Nachtrag beschriebene *S. mecheriensis* Pic., wahrscheinlich als Synonym.

I. p. 361. Sep. p. 17. *S. brunnea* ist auch von Tomsk bekannt, ♀ in coll. Branczik.

I. p. 363. Sep. p. 19. Zu *S. mutata* gehört *Ariasi* Muls. als Synonym, bekannt vom Escorial, Cercedilla, Prov. de Madrid, Sa. de Gredos.

I. p. 364. Sep. p. 20. Die als *S. Ariasi* hier beschriebene Art ist nicht diese, sondern eine neue Art, welcher ich den Namen „*Mulsanti*" gebe. Vaterland ist Cuenca.

I. p. 373. Sep. p. 29. *S. punctatissima* ferner noch von: Anatolien, Talysch, Sultanabad, Es-Salt in Palästina, bekannt geworden.

I. p. 406. Sep. p. 65. Auf *sinica* Hope beziehe ich Exemplare von Shanghai, von Thery erhalten.

I. p. 411. Sep. p. 67. Die Beschreibung der *N. silvestris* folgt hier:

Neoserica silvestris n. sp.

Ho-chau; coll. Thery, m. S. — Tring. Museum.

Länge 7, Breite 5 mill. ♂♀.

Ziemlich rundlich, matt, schwarz mit glänzenden Beinen, der Fächer 4-blättrig; der *N obscura* sehr ähnlich.

Das Kopfschild ist deutlich breit, breiter als bei *N. obscura*, dicht runzlig punktirt. Das Halsschild ist vorn nicht vorgezogen, an den Seiten leicht gerundet mit kaum gerundeten Hinterecken, mit leichtem Längseindruck auf der Mitte. Die Flügeldecken sind dicht gestreift. Die Borsten der Segmente sind undeutlich. Die opalisirenden Hinterschenkel sind wenig verbreitert, vor der Spitze leicht ausgerandet, sehr matt punktirt; die Borstenreihe ist ganz undeutlich ohne Eindruck. Die Hinterschienen sind schmal, länger als bei *N. obscura*. Die Unterlippe ist deutlich abgeplattet, die Abplattung grösser als bei *N. obscura*. —

I. p. 423. Sep. p. 79. Zeile 10 von oben; über den Werth oder Unwerth jener Gattungen habe ich mich bis jetzt noch nicht geäussert und werde es auch nicht thun.

II. p. 211. Sep. p. 101. *S. clypeata* von Lang-Song, bedarf keines neuen Namens, da es eine Neoserica ist.

II. p. 246. Sep. p. 136. *A. Calcuttae* ist auch in Indian Museum Notes IV. 4. 1899 p. 176 beschrieben.
Sie wird den Rosen nachtheilig.
A. lugubris ist der *ferrugata* Bl. ähnlich und mit dieser zu vergleichen.

II. p. 248. Sep. p. 138. *A. carinirostris* gehört zur Gattung Cephaloserica.

II. p. 263. Sep. p. 153. *A. atrata*, vergleiche das bei *atrata* Reiche gesagte.

II. p. 278. Sep. p. 168. Neben *fistulosa* gebört „*A. weligamana*", welche in der Stettiner E. Z. 1900 p. 346 als ceylonesische Art von mir beschrieben ist.

II. p. 287. Sep. p. 177. Zu diesem Gebiet tritt die Gattung Cephaloserica hinzu. Die Beschreibung folgt hier.

Gattung Cephaloserica.

Die Brust ist zwischen den Mittelhüften ohne Fortsatz, aber dort sehr stark verbreitert, die Vorderschienen sind zweizähnig, der Fächer dreiblättrig, die Brustmitte mit einer vertieften schmalen Mittellinie, die Krallen an der Spitze gespalten, das Zähnchen ist wenig verbreitert, das Kinn ist dünn behaart; der Clypeus ist breiter als lang, am Vorderrande deutlich dreizähnig, die Hinterschienen an der Spitze ganzrandig, ohne Kerb; die Unterlippe breit flach abgeplattet, Hinterschenkel und Schienen wenig verbreitert. Fühler 10-gliedrig.

Die Gattung steht in der Uebersichtstabelle fälschlich bei denen von Africa IV. p. 79, Sep. p. 447, sie muss zwischen Serica und Autoserica stehen und die bei der letzteren beschriebene *A. carinirostris* (II. p. 248. Sep. p. 138) ist hier besser untergebracht.

II. p. 301. Sep. p. 191. *A. modesta* in *modestula* ändern wegen *modesta* Fairm.

II. p. 319. Sep. p. 209. Hinter *M. darjeelingia* ist folgende Beschreibung einzuschalten:

Microserica simlana sp. nov.

Simla, VII. 96. Mus. Tring; in m. S.

Länge 3,6, Breite 2,5 mill.

Diese Art ist der *M. darjeelingia* sehr ähnlich, sie ist etwas kleiner als diese, die Fühlerfächer und das Halsschild sind etwas kürzer. Die Flügeldecken sind gelb, die Ränder schmal dunkel, der Seitenrand in der Mitte des Randes bis zur Mitte der Fläche mit dunkel grünlich schimmerndem Fleck, der die Naht nicht berührt. Der Fächer 4-blättrig sehr zart.

II. p. 326. Sep. p. 216. *A. significans* in *significabilis* ändern wegen II. p. 249. Sep. p. 139.

II. p. 333 Sep. p. 223. *A. assamensis*, Diognose in Indian Museum Notes Vol. IV. p. 176. pl. XIII fig. 4. — Barlow, ebenda Vol. V. No. I. p. 14. pl. III fig. 1. Die Farbe ist nicht schalgelb sondern „braun". —

II. p. 359. Sep. p. 249. *A. prabangana* Brsk. hinter *staturosa* einzuschalten. Bulletin du Muséum d'histoire naturelle. 1899 No. 8 p. 414. Hier folgt die Beschreibung.

Autoserica prabangana n. sp.

Patria: Louang-Prabang (A. Pavie, 1888). — Long. 11 millim.; lat. 7.5 millim. — ♀. — Unicum.

Ovata, opaca, picea, supra nigro-picea; clypeo lato, antrorsum paulo angustato, margine leviter reflexo, apice glabro, deinde leviter ruguloso-punctato, linea subtilissima a fronte distincto; vertice nonnullis setis instructa. Thorace transverso antrorsum paulo augustiore, margine antico medio haud producto, lateribus medio rotundatis, setosis. angulis anticis acutis, posticis leviter rotundatis, superficie pilis minutissimis ornata. Elytris punctato-striatis, interstitiis subconvexis, disperse punctatis, punctis minutissime piliferis, parum pruinosis, apice truncatis. Pygidio apice parum convexo, paulum angustato. Segmentis abdominalibus fortiter spinosis. Femoribus posticis maxime dilatatis, apice rotundatis, ante apicem leviter sinuatis, punctis setosis robustis. Tibiis posticis latissimis, glabris, anticis latis, bidentatis. Labio, lato, deplanato. Antennis subtiliter decem articulatis, clava parva.

Cette espèce est très voisine de l'*A. staturosa* m. (Berliner Ent. Zeit., 1898, p. 358), de Bangkok, dont elle diffère par l'épistome plus rétréci en avaut, par les élytres moins arrondis au sommet, et par les cuisses moins échancrées à la partie latérale.

II. p. 359. Sep. p. 249. *A. tibialis* ist sp. nov.; auch in coll. Thery.

II. p. 361. Sep. p. 251. *A. picea* ist „*Neoserica*".

II. p. 361. Sep. p. 251. *No. 23* gehört zu *picea*, ein ♂ im Mus. Paris, Patria: Cambodge, Pnom-Penh (A. Pavie 1886). Vergleiche meine Note im Bulletin du Mus. d'hist. naturelle 1899 p. 416, welche hier folgt:

„M. Nonfried n'a connu la ♀ que par un exemplaire unique, en très mauvais état et privé d'antennes. Parmi les spécimens recueillis par M. Pavie se trouve un ♂. Dans ce sexe, la massue antennaire compte quatre feuillets; elle est courbée, et sa longueur surpasse celle de l'ensemble des articles précédents. La massue antennaire de la ♀ est aussi 4 articulée, mais elle est moins longue que l'ensemble des articles précédents.

Par ses antennes, cette espèce appartient au genre *Neoserica*. Le n° 23 de ma collection (loc. cit., p. 361), provenant de Cochinchiue, se rapporte à la même forme, très curieuse par la massue de la ♀.

Les exemplaires examinés ont le pygidium très sensiblement plus étroit vers le sommet que chez le type. C'est la seule différence que j'ai pu constater.

II. p. 366. Sep. p. 256. Hierher: *A. eluctabilis* Brsk. und *A. eclogaria* Brsk. ebenda p. 414 resp. 415, deren Beschreibung hier folgt:

Autoserica eluctabilis. n. sp.

Patria: Combodge, Battambang à Pnom-Penh (A. Pavie, 1886). Long. 6 millim.; lat. 4 millim. ♀. Unicum.

A. Cochinchinae valde affinis, breviter ovata, opaca, rubro-fusca. Clypeo lato, minus angustato, margine leviter reflexo, antice leviter sinuato, subtiliter punctato, in medio ante lineam frontalem glabro acute longitudinaliter carinato. Elytris brevioribus, irregulariter striato-punctatis. Femoribus posticis minus dilatatis, brevioribus. Ceteris ut in *A. Cochinchinae.*

Cette espèce est très voisine de l'*A. Cochinchinae.* Elle n'en diffère que par le clypéus, par les élytres et par certaines particularités de la punctuation. Les caractères donnés ci-dessus la définissent suffisamment.

Autoserica eclogaria n. sp.

Patria: Siam, Chantaboun à Battambang (A. Pavie, 1886). — Long, 6 millim.; lat. 4 millim. ♀.

Ovata, rufo-picea, opaca, subtus sericea, pedibus nitidis. Clypeo angustiore, lateribus fere parallelis, leviter marginato, margine antico medio acute elevato-carinato, dense subtiliter ruguloso punctato. Fronte plana. Thorace antice angustato, lateribus postice rotundatis, angulis posticis rotundatis, margine antico in medio tenuissime producto. Elytris punctato striatis, interstitiis haud convexis, aequaliter dense punctatis Femoribus posticis glabris, parum latis, apice haud dilatatis, punctis nonnullis obscuris, tibiis posticis latis, anticis valde bidentatis. Antennis novem articulatis. clava triphylla, stipite breviore.

Elle se place à côté de l'*A. Cochinchinae*, dont elle diffère par l'épistome très étroit et caréné assez fortement à sa partie antérieure.

Ferner im Bulletin du Muséum d'hist nat. Paris. 1899 No. 8 p. 415 beschrieben:

Autoserica atavana n. sp.

Patria: — Louang-Prabang à Theng (A. Pavie, 1888). — Long. 6,5 millim.; lat 5 millim. — ♂ — Unicum.

Breviter ovata, convexa, picea, opaca. Clypeo lato, antice angustiore, apice obtuso haud sinuato, ruguloso-punctato. Fronte deplanata, subtilins punctata. Thoraco transverso, longitudine duplo latiore, antice parum angustiore. lateribus tenuiter rotundatis, angulis posticis leviter rotundatis, subtiliter punctato. Elytris irregulariter punctato-striatis, interstitiis alternantibus convexis, distincte ac crebre punctatis, subtilissime pilosis. Pygidio convexo, apice angustiore. Femoribus posticis pariter latis, apice haud dilatatis hic rotundato, margine inteiiore sinuato, punctis setosis nullis aut obscuris. Tibiis posticis latis, glabris. Tibiis anticis apice leviter bidentatis. Antennis decem articulatis, clava flava, recta, stipito longiore. Palporum articulo ultimo breviter ovato, acuminato.

Cette espèce ressemble un peu à la *Serica holosericea*, mais elle en est bien distincte par ses jambes, par ses antennes et par le prothorax dont les angles postérieurs ne sont pas arrondis chez la *S. holosericea*. Parmi les espèces asiatiques, elle se rapproche de la Davidis.

II. p. 372. Sep. p. 262.

Hierher: *N. Pavieana* Brsk., ebenda p. 416.

Neoserica Pavieana n. sp.

Patria: — Cambodge, Pnom-Peuh (A. Pavie, 1886). — Long. 7 millim.; lat. 4,2 mill. ♀.

Breviter ovata, brunnea, lurida. Clypeo magno, latitudine parum breviore, antice angustiore, leviter marginato, antice truncato, subtiliter punctato. Fronte subtilissime punctata. Thorace transverso, antice in medio haud producto, lateribus fere rectis, ante medium rotundatis postice vix ampliatis, angulis posticis rectis, subtilissime punctato. Elytris subtiliter striato punctatis, interstitiis planis, sat distincte ac aequaliter punctatis. Pygidio magno, convexo, apice piloso. Segmentis abdominalibus fortiter spinosis. Femoribus posticis ampliatis, leviter ovatis, apice rotundatis, glabris, setarum linea impressa instructis. Tibiis posticis parvis, latis, apice constrictis; tibiis anticis valde bidentatis. Antennis decem articulatis, articulo ultimo minutissimo, flabello parvo.

Elle ressemble par la couleur et la grandeur aux petits exemplaires de *N. lutulosa* et elle appartient au groupe de la *N. apogonoides* m. dont un tableau a été donné p. 381 du Berliner Ent. Zeit., 1898.

II. p. 373. S. p. 263.

Hierher wohl *rufoplagiata* Fairm., deren Beschreibung im Nachtrag, VII. p. 50. Sep. p. 594 steht.

II. p. 376. Sep. p. 266.

A. costigera ist lang 14, breit 8,5 mill.; Patria: Ile Riomo (Singhapoore).

II. p. 381. Sep. p. 271.

Neben *sumatrensis* gehört „*regia*" III. 183. Sep. 317.

II. p. 382. Sep. p. 272.

Neben *rufobrunnea* gehört „*lutea*" III. 200. S. 334.

II. p. 386. Sep. p. 276.

A. sincera: coll. Moffarts ♂♀. Bei dem Männchen ist die Brust dicht behaart, bei den Weibchen nicht.

II. p. 386. Sep. p. 276.

Hinter *A. inimica*: Hierher die folgende Art von Sumatra; Mém. VII Soc. ent. Belgique 1900 p. 142.

Autoserica Weyersi n. sp.

Länge 10—11; Breite 6—6,5 mill. ♀.

Matt, sehr dunkel braun, ohne oder mit schwachem Opalglanz, die Unterlippe ist schwach gewölbt, ohne Abplattung vorn, das Kopfschild mit leichter Erhabenheit, die Hinterecken des Halsschildes sind breiter abgerundet, die Hinterschienen sind stark verbreitert, die Schenkel mit abgerundeter Ecke; dies sind die Merkmale, welche die Art sowohl characterisiren als auch von der sehr ähnlichen *A. inimica* unterscheiden.

Das Kopfschild ist breit mit leicht gerundeten Ecken, matt punktirt mit leichter Erhabenheit, ohne Borstenpunkte, die Tomentirung der Stirn setzt scharf an der Naht ab. Das Halsschild ist kurz, vorn in der Mitte etwas vorgezogen; die Seiten allmählig nach hinten gerundet, die Fläche fein punktirt. Die Flügeldecken sind in Reihen punktirt, die Zwischenräume sind breit, schwach gewölbt, weitläuftig punktirt. Das Pygidium ist zugespitzt. Die Segmente sind stark beborstet. Die Hinterschenkel sind sehr stark verbreitert, mit schwachen einzelnen Borstenpunkten, die Hinterschienen sind glänzender mit zwei kräftigen Borstengruppen. Das Endglied der Maxillartaster ist kurz, spindelförmig.

Es liegen 6 Exemplare vor.

II. p. 389. Sep. p. 279.

A. guttula auch von S.O. Borneo (Wahnes) Mus. Berlin.

II. p. 393. Sep. p. 283.

Für *No. 151* setze ich jetzt den Namen *A. engana*. In meiner Sammlung.

II. p. 401. Sep. p. 291.

Für *No. 163*, *N. Moffartsi* Brsk. Mémoire VII. Soc. ent. Belg. 1900 p. 143. von Sumatra (Paiuan).

Neoserica Moffartsi n. sp.

Länge 7; Breite ♂ 4, ♀ 4,5 mill.

In meiner Serica Arbeit, a. a. O. p. 401 (Separatum 291) mit der No. 163 bezeichnet, nach einem Männchen von Soekaranda.

Die Art ist der *S. squamifera* ähnlich, matt braun, fast sammetartig, die Schuppenhärchen auf den Flügeldecken sind sehr undeutlich, fehlen oder sind nur an den Seiten vorhanden.

Das Kopfschild ist breit, nach vorn verjüngt, schwach gerandet, fein punktirt daher sehr glänzend, mit kleiner, schwacher rundlicher Erhabenheit, Die Stirn ist breit, die Augen sind gross. Das Halsschild ist am Vorderrande in der Mitte nicht vorgezogen, die Seiten sind sehr leicht gerundet, hinten wenig breiter. Die schwach opalisirenden Flügeldecken sind in den Streifen grob punktirt, die Zwischenräume sind schmal. Die Hinterschenkel sind verbreitert, gegen die Spitze ein wenig stärker, matt, seidenartig, ohne Borstenpunktreihe. Die Hinterschienen sind schlank, gleichmässig schmal, wie bei den Microserica, der Enddorn ist deutlich kürzer als das erste sehr verlängerte Tarsenglied. Die ganze Unterseite ist leicht bereift; die Brust auf der Mitte mit ganz unscheinbaren Borsten. Die Unterlippe ist gewölbt, vorn schwach abgeplattet, die Abplattung ist nicht gerandet. Der 4-gliedrige Fächer des Männchen ist sehr zart, schmal und schlank, etwas länger als der Stiel.

Es liegen 4 Weibchen vor, von denen das eine, braunroth gefärbt ist.

III. p. 189. Sep. p. 323.

A. spissa auch von Kinabalu.

III. p. 191. Sep. p. 325.

A. strumina auch von Süd-Ost Borneo im Mus. Berlin.

III. p. 205. Sep. p. 339. Bei *iridescens* ist „Nonfried“ als Autor hinzuzufügen.

III. p. 213. Sep. 347. *M. fugax* „p. 239“.

III. p. 231. Sep. 365. Die Gattungsbeschreibung von *Lasioserica* befindet sich „Sep. p. 199", nicht 200.

III. p. 236. Sep. p. 370.

In der Uebersichtstabelle der Gattungen ist folgende Aenderung vorzunehmen:

9' (*Glycyserica*) scheidet an der Stelle wo es steht ganz aus und tritt in Gegensatz zu 11''' als 11'''' mit der Diagnose:

11'''' Unterlippe ohne Abplattung vorn, Hinterhüften verkürzt, Hinterschenkel schmal, Hinterschienen an der Spitze gerade, Flügeldecken an der Spitze glatt.

11''' erhält den Zusatz: Hinterschienen an der Spitze leicht gekerbt, Flügeldecken an der Spitze wulstig.

III. p. 251. Sep. p. 385.

Hyposerica Klugi variirt in der Färbung der Flügeldecken sehr; dieselben sind schwarz mit einem kleinen Fleck an der Spitze; oder es sind vier grosse Flecke vorhanden, welche wenig Schwarz dazwischen lassen; oder es sind vier kleine Flecke vorhanden, bei welchen viel Schwarz verbleibt. Nachträglich von Sikora erhalten.

IV. p. 41. Sep. p. 409.

Comaserica Mocquerysi, Fairmaire hat zu gleicher Zeit unter dem Namen „*Dissotoxus insignicornis*" eine Art beschrieben, welche ich auf die meinige glaube beziehen zu dürfen. Die Art stammt ebenfalls aus Baie d'Antongil, hat dieselbe Grösse, den characteristischen langen Fächer und wird gleichfalls mit *tesselata* verglichen. Die Art ist in den Annales de France 1899 p. 478 beschrieben (erschien Februar 1900) und würde Priorität haben; dagegen erschien die Diagnosticirung der Gattung *Comaserica* früher (Dez. 1899) als die von *Dissotoxus*.

IV. p. 67. Sep. p. 435.

Pylloserica Brenskei Brancs., auch von Fairmaire beschrieben Ann. France 1899 p. 478 als *Pleophylla*.

IV. p. 71. Sep. p. 439.

Hinter der Beschreibung von *Serica carbonaria* ist „*Serica pallipes* Fairm." Annales de France 1899 p. 477, vorläufig anzufügen, da der Autor sie mit dieser Art vergleicht.

IV. p. 72. Sep. p. 440.

Im dritten Absatz: statt „die übrigen 16" lies „20".

IV. p. 74. Sep. p. 442.

Oben hinter dem zweiten Absatz ist noch einzuschalten: Im Jahre 1892 beschrieb Péringuey 4 Arten von Süd-Africa, und 1896 Lynell 2 Arten von Ost-Africa. Die hier erwähnte *subglobosa* Nonfr. Ent. Nach. 1892 p. 105 von Ubanghi, ist von mir nicht wieder beschrieben worden.

IV. p. 79. Sep. p. 447.

In der Uebersichtstabelle der Gattungen ist folgendes zu berücksichtigen.

Die Gattung *Mesoserica* hat schwach dreizähnige Vorderschienen und ist daher bei der Gruppe d ebenfalls aufzuführen. Hier unterscheidet sie sich von den beiden Gattungen *Stenoserica* und *Camentoserica* durch die dicht bürstenartig behaarte Unterlippe des Männchens. Der Hinterrand der Hinterhüften ist fast gerade, etwas schräg nach vorn gerichtet, der Clypeus hat vor der Stirnnaht einen Querkiel; der Fächer ist in beiden Geschlechtern dreiblättrig.

Die Gattung *Philoserica*, ist bei der Gruppe c aus demselben Grunde zu erwähnen, weil auch hier die Vorderschienen schwach dreizähnig sind. Der Kopf und das Halsschild in der vorderen Hälfte sind behaart, die Flügeldecken sind deutlich farbig gestreift, die Hinterhüften sind sehr gross, nur zwei Segmente bleiben unbedeckt.

Die Gattung *Cephaloserica* VII. p. 62. Sep. 606, scheidet in dieser Uebersichtstabelle ganz aus, da dieselbe zur orientalischen Region gehört und bei den Himalaya-Arten hätte abgehandelt werden müssen. Die Beschreibung der Art wird hier erfolgen, da sie beim Druck übersehen wurde.

Cephaloserica phthisica n. sp.

Dohrn i. litt.

Koo-loo oder Kulu, (Nord-West Hindostan); Carleton, coll. Dohrn., m. S. — ♀.

Länge 7,2, Breite 4,5 mill.

Matt, ganz gelb, nur das Kopfschild und die Füsse etwas röthlicher, unten opalisirend.

Das sehr deutlich, scharf dreizähnige Kopfschild, auf welches die Gattung gegründet ist, hat in der Mitte einen deutlichen Längskiel der sich fast bis zur Naht erstreckt, die Punktirung ist fein mit einzelnen kräftigen Borstenpunkten. Das Halsschild ist stark gewölbt, am Vorderrande nicht vorgezogen, hier und an den schwach gerundeten Seiten ohne lange Borstenhaare. Das Schildchen länglich, spitz. Die Flügeldecken sind ohne Opalglanz, schmal gestreift, in den Furchen dicht punktirt. Das Pygidium ist matt punktirt; die Bauchringe mit ziemlich deutlichen Borstenreihen. Die Hinterschenkel sind wenig verbreitert, gleich breit bis zur Spitze, am Innenrande kaum sichtbar geschweift, sehr matt, an der inneren Seite mit ganz undeutlicher Borstenreihe. Die Hinterschienen mässig verbreitert, in der Mitte am breitesten, glatt, aussen mit 3 Borstengruppen, von denen die an der Basis schwächer ist; die Enddorne schwach, der längere ist kürzer als das erste Tarsenglied. Die Abplattung der Unterlippe ist fast gerundet. Der Fächer des ♀ ist kurz; die Vorderschienen sind grob zweizähnig Der *carinirostris* sehr ähnlich, diese ist robuster, stark opalisirend, von röthlicherer Farbe und mit breiteren Hinterschienen, welche an der Spitze am breitesten sind.

V. p. 214. Sep. p. 492.

T. sansibarica ist nicht als *Serica* beschrieben worden, sondern richtig als *Triodonta*. Der Name „*Serica*" ist hier zu streichen.

Alphabetisches Register der Gattungsnamen.

I.	bezieht sich auf den ersten Theil der Arbeit	1897	p.	345—438.
II.	„ „ „ „ zweiten „ „ „	1898	p.	205—404.
III.	„ „ „ „ dritten „ „ „	1899	p.	161—272.
IV.	„ „ „ „ vierten „ „ „	1900	p.	39—96.
V.	„ „ „ „ fünften „ „ „	1901	p.	187—234.
VI.	„ „ „ „ sechsten „ „ „	1901	p.	431—462.
VII.	„ „ „ „ siebenten „ „ „	1902	p.	1—70.

der Berliner Entomologischen Zeitschrift.

Die erste Zahl hinter der römischen bezieht sich auf die Seitenzahl in den Bänden der Zeitschrift. Die zweite Zahl bezieht sich auf die fortlaufende Seitenzahl des Separatum's.

Alphabetisches Register der Artnamen.

(Die Bedeutung der Zahlen ist vorher bei den Gattungsnamen erklärt.)

Erklärung der Tafel I, fig. 1—20.

1. *Hemiserica nasuta.* Kopf mit Kopfschild.
2. *Ophthalmoserica umbrinella.*
3. *Gastroserica marginalis.*
4. *Periserica picta.* Zeichnung der Flügeldecken.
5. *Autoserica spissa.* Hinterschenkel und Hinterschienen.
6. *Lasioserica nobilis.* *a.* Kopf und Halsschild. *b.* Hinterschienen-Kante.
7. *Chaetoserica cymosa.* *a.* ganze Figur. *b.* der 5-gliedrige Fächer.
8. *Gynaecoserica pellecta.*
9. *Pachyserica rubrobasalis.*
10. *Hyposerica delecta.* Hinterschenkel und Schienen (stark vergrössert).
11. *Comaserica crinita.*
12. *Charioserica striata.*
13. *Plotopuserica darwiniana.* Hinterbein.
14. *Heteroserica paradoxa.* Halsschild nnd Kopf.
15. *Eriphoserica camentoides.* Halsschild und Kopf.
16. *Bilga togoana.* *a.* ganze Figur. *b.* Hinterhüften-Fortsatz zwischen der Basis der Hinterschenkel.
17. *Thrymoserica fabulosa.*
18. *Euphoresia benitoensis.*
19. *Cyphoserica mukengeana.* *a.* ganze Figur. *b.* Hinterhüften-Fortsatz.
20. *Lamproserica salaama.* *a.* ganze Figur. *b.* Kopf vergrössert.

Lepidopteren aus Morea

gesammelt von Herrn Martin Holtz im Jahre 1901

von

Dr. H. Rebel.

(Mit 5 Figuren im Text.)

Im Jahre 1870 hat Dr. O. Staudinger in den Schriften der russischen entomologischen Gesellschaft einen Beitrag zur Lepidopterenfauna Griechenlands publicirt, der noch heute zu den hervorragendsten Leistungen in der faunistischen Literatur Osteuropas zählt. Da seither keine selbstständigen oder nennenswerthen weitern Beiträge für die Fauna dieses Landes bekannt gemacht wurden, und ich mich schon seit einigen Jahren insbesondere mit den faunistischen Verhältnissen der Balkanhalbinsel beschäftige, war mir die Gelegenheit sehr willkommen, die im Vorjahre von Herrn M. Holtz in Morea gemachte Lepidopteren-Ausbeute bearbeiten zu können.

Es sei hier gleich lobend hervorgehoben, dass das Material, welches fast 400 Arten umfasste, vorzüglich conservirt war, und dass Herr Holtz in sehr gewissenhafter Weise sämmtliche Stücke mit genauen Ort und Zeitangaben versehen hatte, was den wissenschaftlichen Werth der Ausbeute selbstverständlich wesentlich erhöhte. Bis auf ganz wenige, allgemein verbreitete Arten, deren Vorkommen H. Holtz blos beobachtete, ohne Belegexemplare mitzunehmen (was im Text stets vermerkt ist), habe ich sämmtliche Arten gesehen und determinirt.

Bevor ich die faunistisch bemerkenswerten Resultate, welche sich aus der Bearbeitung der Ausbeute ergeben, hervorhebe, sollen vorerst kurze Aufzeichnungen des Herrn Holtz, welche über den äusseren Verlauf seiner Reise Nachricht geben, hier mitgetheilt werden. Herr Holtz, der in Begleitung seiner Gattin reiste, schreibt: „Mein Aufenthalt im Peloponnes im Jahre 1901 war folgender: Ich reiste zuerst in den südlichen Peloponnes und hatte vom 28. April bis 21. Juli mein Standquartier in Kambos, einem in den westlichen Vorbergen des Taygetos-Gebirges in c. 300 m Seehöhe gelegenem Orte, von welchem aus ich nachstehende Ausflüge unternahm:

a) nach der etwas höher (c. 600 m) gelegenen Ortschaft Gaitzaes, am 9. Mai, 19. Juni, sowie vom 26.—28. Juni, wo ich bis zur Höhe von 1500 m auf wenig bewaldeten Abhängen sammelte.

b) vom 30. Mai — 6. Juni nach dem in wilde Felsen hineingebauten Dorfe Pigadia (in c. 1000 m Seehöhe), von wo aus ich mich auch für einige Tage nach der Ansiedlung, Rindomo begab und dort bis in die alpine Region (1800 m) vordrang.

c) vom 8—12. Juli in die stark bewaldete und wasserreiche Schlucht Wassiliki Die Reise dahin war nur mit vielen Mühen und unter Mitnahme eines Zeltes ausführbar, trotzdem nahm meine Frau auch daran Theil. Von dem Zeltlager aus bestieg ich am 10. Juli den Grat des Taygetos-Gipfels (Hagios Elias).

d) am 24. und 25. Mai und später noch einmal, am 2. Juli ging ich nach Nision in der messenischen Ebene, im Mündungsgebiete des alten Alpheios gelegen.

e) am 21. Juni begab ich mich nach dem Küstenorte Kardamyli in Laconien.

Gegen Ende Juli verliess ich das Taygetos-Gebiet und reiste über Patras in den nördlichen Peloponnes. Dort sammelte ich vom 27. Juli bis 17. August in der Umgebung der 800 m hoch gelegenen Ortschaft Hagios Vlasis, in herrlicher Umgebung am Fusse des Kalliphoni und wasserreichen Erymanthos-Gebirges gelegen Ich bestieg von dort aus auch am 9. August den Olonós (2200 m), die höchste Erhebung des Erymanthos, und machte bald darauf vom 13. bis 16 August einen Abstecher nach dem Städtchen Kalávryta, um am 15. August den benachbarten Chelmós (2300 m) zu besteigen. Die abwechslungsreiche Umgebung von Kalavryta bewog mich vom 18. August ab in diesem Orte mein Standquartier zu nehmen; leider erkrankte ich aber schon in den ersten Tagen meines dortigen Aufenthaltes an einem hartnäckigen Malariafieber und war erst am 20. September im Stande, meine Heimreise von dort aus anzutreten. In den letzten Wochen meines Aufenthaltes konnte ich somit nicht mehr selbst sammeln, wurde aber nach Kräften von meiner Gattin vertreten, indem sie namentlich ihre Nachtruhe opferte, um den Lichtfang von Insecten zu betreiben".

Soweit die Mittheilungen des Herrn Holtz, dessen vorliegende Ausbeute einen Zuwachs von 80 für die Lepidopterenfauna Griechenlands neuen Arten bringt.

Abgesehen von den wenigen als neu zu beschreibenden Arten und Lokalformen, unter welchen sich als bemerkenswertheste Erscheinung eine sehr characteristische neue Geometride (*Lygris Pelo-*

ponnesiaca m.) befindet, beanspruchen jene Arten des Faunenzuwachses das grösste Interesse, welche durch ihre Entdeckung in Griechenland eine neue West- oder Ostgrenze in ihrer jetztbekannten Verbreitung gefunden haben.

Zur ersteren Gruppe zählen nachstehende Arten, die bisher nur aus Klein-Asien, Syrien, Armenien oder Turkestan bekannt waren, und demgemäss als östliche Formen anzusprechen sind, als *Lycaena Euripilus* Frr., *Lycaena Panagaea* HS. (allerdings in einer eigenen Lokalform: *Taygetica* m.), *Epunda Muscosa* Stgr., *Caradrina Pertinax* Stgr., *Gnophos Mutilata* Stgr., *Salebria Noctivaga* Stgr. und *Nephopteryx Imperialella* Rag.

Diesen Arten stehen andererseits solche gegenuber, für die jetzt Griechenland eine südöstliche Verbreitungsgrenze bildet: *Thaumetopoea Processionea* L., *Chariptera Viridana* Walch., *Sesia Affinis* Stgr., *Heterogynis Penella* Hb, *Metzneria Selaginella* Mn. und *Nothris Declaratella* Stgr. Keine dieser 6 letztgenannten Arten wurde bisher in Klein-Asien entdeckt. Die drei ersten sind allerdings bereits aus Bulgarien oder Rumänien bekannt, *Heterogynis Penella* kommt auch auf den Gebirgen der Hercegovina vor, und *Metzneria Selaginella*, sowie *Nothris Declaratella* (bisher nur aus Corsica und Dalmatien resp. aus Andalusien und Südfrankreich bekannt) entziehen sich zu leicht der Auffindung, als dass ihr Fehlen in Klein-Asien bei der bestehenden Lückenhaftigkeit der Erforschung mit Grund behauptet werden könnte. Wahrscheinlich werden sogar auch *Sesia Affinis* und *Heterogynis Penella* dort noch zu entdecken sein, so dass nur die beiden ersten mit einiger Sicherheit als westliche Typen verbleiben dürften.

Als ursprünglich sibirische Einwanderer, die vielleicht erst von Centraleuropa aus Griechenland erreicht haben, möchte ich *Lycaena Eros* O. (auch aus den Pyrenaeen, dem Apennin, der Hercegovina und dem Caucasus bekannt), *Spilosoma Lubricipeda* L. und *Phragmatoecia Castaneae* Hb. ansehen. Diese Arten wurden ebenfalls bisher nicht in Klein-Asien gefunden und erreichen jetzt eine südliche Grenze in Griechenland.

Das Gleiche ist der Fall mit *Scoparia Murana* Curt. und *Scoparia Laetella* Z., die wie alle Scoparien, jedenfalls zu sehr alten (vielfach praeglacialen) Faunenbestandtheilen gehören, die sich später theilweise zu echten (alpinen) Gebirgsthieren umgebildet haben.

Fast der ganze Rest des Faunenzuwachses, der noch circa 60 Arten umfasst, die sämmtlich schon in Klein-Asien gefunden wurden, muss als orientalisches (oder östlich-mediterranes) Faunenelement angesehen werden, wozu, wie bereits bemerkt, auch die erstgenannte Gruppe von 7 Arten zu rechnen ist.

Da es ausgeschlossen erscheint, dass einzelne dieser östlichen Arten, wie beispielsweise *Lycaena Eurypilus* Frr., etwa durch Weststürme aus Klein-Asien nach Morea verschlagen worden seien, oder dass sie den Landweg über den Isthmus genommen hätten, drängt sich mit aller Macht auch auf diesem Gebiete zoogeographischer Betrachtung die Ueberzeugung auf, dass Griechenland vor nicht allzulanger Zeit in einer directen Landverbindung mit Klein-Asien gestanden haben müsse, wie dies ja auch von Seiten der Geologen durch die Annahme eines erst in jüngerer (postpliocaenen) Zeit erfolgten Landeinbruches, rücksichtlich einer jungen Bildung des aegaeischen Meeres bestätigt wird. Auf diesem nun unterbrochenen Landweg hat Griechenland zweifellos auch den Hauptbestandtheil seiner östlichen Lepidopterenformen erhalten.

Obwohl wir es bei den vorliegenden 80 für die Fauna Griechenlands neuen Arten durchaus nur mit einer zufälligen Gruppe von Arten zu thun haben, die jedes näheren biologischen Zusammenhangs entbehrt, so hat die soeben angestellte kurze Betrachtung über die mutmassliche Einwanderungsrichtung der einzelnen Arten, doch alle jene Hauptfactoren erkennen lassen, die wir auch sonst bei Entstehung der Balkanfauna annehmen können.

Es sind dies vor Allen die an Zahl überwiegenden orientalischen (kleinasiatischen) Formen, welche von den ostmediterranen nicht scharf zu trennen sind, ferner die sibirischen (centraleuropäischen) Elemente und schliesslich die wenig zahlreichen alpinen.

Die numerische Antheilnahme dieser drei Factoren an der Faunenbildung ist selbstverständlich eine lokal sehr verschiedene. Die Zahl endemischer Formen auf der Balkanhalbinsel ist überall eine geringe, verhältnissmässig aber noch am grössten in Griechenland.

Schliesslich gebe ich noch ein Verzeichniss der gebrauchten Abkürzungen:

Chelm. = Chelmos, Gebirge bis 2300 m in der Prov. Achaia (nördl. Mor.).
Gaitz. = Gaitzaes, Ort (c. 600 m) am Taygetos-Gebirge (nördl. Mor.).
Kal. = Kalavryta, Städtchen (c. 800 m) im nördl. Morea.
Kamb. = Kambos, Ort (c. 300 m). in den westlichen Vorbergen des Taygetos.
Kard. = Kardamyli, Küstenort in Laconien (südl. Mor.).
Mand. = Mandinia in Laconien (südl. Mor.).
Nis. = Nision in Messenien (südl Mor.).
Olon. = Berg Olonos (Gipfel 2200 m) im nördl. Morea.

Pigad. = Pigadia, Ort (c. 1000 m) im Taygetos.
Rind. = Rindomo, hochgelegene (c 1800 m) Ansiedlung im Tayg.
Tayg. = Taygetos Gebirge (südl. Mor.), wenn keine bestimmte Höhenangabe genannt ist, sind Lagen zwischen 1500—2100 m zu verstehen.
Tzer. = Tzeria, im Taygetos gelegen.
Vlas. = Hagios Vlasis, c. 800 m hoch gelegene Ortschaft am Fusse des Erymanthos-Gebirges (nördl. Mor.).
Wass. = Wassiliki, 1000—1500 m hoch gelegene Schlucht im Tayg.

Die Fangdaten sind durch arabische und römische Ziffern (Tag und Monat) ausgedrückt.

Die für die Fauna Griechenlands neuen Arten sind durch ein vorgesetztes Sternchen * gekennzeichnet.

Wien, Anfangs März 1902.

Papilionidae.

1. *Papilio Podalirius* L. Gaitz. (Tayg. c. 600 m, 9. V.); Vlas. VII. v. *Zancleus* Z. Mand. u. Kamb. VI. (bis c. 300 m.).
2. *P. Alexanor* Esp. Gaitz. (Tayg. c. 600 m. 9. V.) mehrfach beobachtet, ein kleines ♂ wurde erbeutet mit sehr breiten schwarzen Binden der Vrdfl. und zu Flecken eingeschränkter gelber Randbinde der Hntfl.
3. *P. Machaon* L. v. *Sphyrus* Hb. Kamb. 19. VI.*)
4. *Parnassius Mnemosyne* L. Tayg. (2100 m, 10. VII.) abgeflogen angetroffen.

Pieridae.

5. *Pieris Brassicae* L. Kamb. VI. nur beobachtet.
6. *P. Krueperi* Stgr. v. *Vernalis* Stgr. Pigad VI; nur ein Stück erbeutet.
7. *P. Rapae* L. Die Sommergeneration getroffen in Kal. VII.
8. *P. Ergane* Hg. Tayg. (2100 m, 10. VII.) nur ein ♂ mit sehr grossem grauen Apicalfleck der Vrdfl. erbeutet.

---

*) Herr Holtz hat trotz seines langen Aufenthaltes in Morea nirgends eine Thais-Art beobachtet. Zum mindesten erscheint daher das Vorkommen von *Thais Cerisyi* B., deren Flugzeit überall bis in den Juni reicht, in Morea fast ausgeschlossen. Auch Dr. Staudinger hat niemals diese Art von dort erhalten. Die Angabe „Graec. m." in der neuen Catalogsauflage erfolgte nur auf die bestimmte Angabe „Morea" bei Rühl (Pal. Gr. Schm. p. 88).

9. *P. Daplidice* L. Kamb. V.—VI. beobachtet.
10. *Euchloë Belia* Cr. gen. aest. *Ausonia* Hb. Kamb. 16. V. bis 16. VI.
11. *Leptidia Sinapis* gen. vern. *Lathyri* Hb. Kamb. 1. V.
 „ „ gen. aest. *Diniensis* B. Kamb. 19. VI.
12. *Colias Edusa* F. Ueberall häufig.
14. *C. Aurorina* HS. v. *Heldreichi* Stgr. Herr Holtz erhielt ein Pärchen von einem ansässigen Sammler, welches in den Gebirgen der Provinz Achaia gesammelt worden war, wo die Art zuerst durch Mss. Fountaine entdeckt wurde. Sie war bis dahin nur aus Nordgriechenland (Veluchi, Parnass) bekannt. Abafi-Aigner benannte die bereits von Staudinger (Hor. VII p. 42) erwähnte weisse Form des ♀ als „Fountainei" (Rov. Lap. VIII. p. 31).
14. *Gonepteryx Cleopatra* L. Kamb. und Gaitz. 10.—28. VI. Die ♂ mit sehr ausgedehnter Orangefärbung der Vdfl., die nur einen schmalen citron-gelben Saum freilässt. Ein in Wass. am 12. VII. in c. 1000 m Seehöhe erbeutetes, zwerghaftes ♂ zeigt dieselbe Erscheinung. Die schwefelgelbe Unterseite der Stücke entspricht der Sommergeneration *Italica* Gerb.

Nymphalidae.

Nymphalinae.

15. *Charaxes Jasius* L. Bei Diakophto (Prov. Achaia) am 21. IX. beobachtet.
16. *Limenitis Camilla* Schiff. Kamb. 9. V. erbeutet; Kal. 21. IX. beobachtet.
17. *Pyrameis Atalanta* L. Kal. 28. VIII.
18. *P. Cardui* L. Ueberall angetroffen.
19. *Vanessa Urticae* L. Tayg. 10. VII. nur in einer Höhe zwischen 1500—2000 m.; im Thale fehlend. Ich sah nur ein typisch gezeichnetes, lebhaft gefärbtes ♀ von dort, welches noch nicht der var. *Turcica* zugerechnet werden kann.
20. *V. Polychloros* L. Kal. VIII.
21. *Polygonia Egea* Cr. Gaitz. 17. VI.; Kamb. VII.
22. *Melitaea Didyma* O. Bei Vlas. (29. VII. bis 7. VIII.) in ca. 800 m Seehöhe flog eine in beiden Geschlechtern fast gleich roth gefärbte Form, welche der var. *Dalmatina* Stgr. zuzurechnen ist, obwohl sie, namentlich im männlichen Geschlecht, ein etwas tieferes Colorit zeigt.
23. *M. Trivia* Schiff. Tayg. 1500—2000 m, 10. VII. Ich sah ein typisches ♂ von dort.

24. *Argynnis Lathonia* L. Ueberall, aber nicht besonders häufig.
25. *A. Aglaja* L. Wass. VII., sehr grosse Exemplare.
26. *A. Niobe* L. Flog bei Wass. VII., im Mittelgebirge des Tayg. in c. 1000—1500 m Seehöhe in sehr grossen ♂, mit starker schwarzer Zeichnung der Oberseite, deren Unterseite sehr gut mit der (oberseits jedoch schwach gezeichneten) var. *Orientalis* Alph. übereinstimmt. Die ♀ sind von var. *Eris* Meig. kaum zu unterscheiden.
27. *A. Paphia* L. Wass. VII.; bei Kamb. auch ab. *Immaculata* Bell.
28. *A. Pandora* Schiff. Kal. 21. VIII.

Satyrinae.

29. *Melanargia Larissa* Hg. Kamb. und Gaitz. VI.–VII. ♂♀.
30. *Satyrus Hermione* L. Wass. u. Kal. VIII. bis c. 1500. m ♂♀.
31. *S. Semele* L. Kamb. 27. V. u. Tayg. (c. 1500 m) 26. VI. in sehr dunklen Stücken, ♂♀.
32. *S. Anthelea* Hb. var. *Amalthea* Friv. Chelm. und Wass. VIII. nur ♀.
33. *S. Mamurra* HS. var. *Graeca* Stgr. Nur wenige frische ♂ bei Chelmos in c. 1700 m Seehöhe 15. VIII.
34. *S. Statilinus* var. *Allionia* F. Kal. 12.—24. VIII.
35. *S. Fatua* Frr. Kamb. und Kardamyli (Küste) VIII. Die Stücke erreichen das Ausmass von var. *Sichaea* Ld. (♂ Exp. 56 mm), zeigen aber die Hntfl.-Unterseite weniger weiss marmorirt als syrische *Sichaea*-Stücke.
36. *S. Actaea* Esp. var. *Cordula* F. Wass. 12. VII. in c. 1200 m Seehöhe. Die Stücke stimmen mit solchen aus Bosnien überein.
37. *Pararge Aegeria* L. Kamb. V.—VI.
38. *P. Roxelana* Cr. Kamb. u. Gaitz. V.—VI.
39. *P. Megera* L. Pig. (Tayg.) VI.
40. *P. Maera* L. v. *Adrasta* Hb. Kamb. VII., Gaitz. 26. IX.
41. *Epinephele Jurtina* L. v. *Hispulla* Hb. Kamb. V. und VI.
42. *E. Lycaon* Rott. Kamb., Gaitz., Vlas. VI.—VIII.
43. *E. Ida* Esp. Kamb. VI. häufig.
44. *Coenonympha Pamphilus* L. v. *Marginata* Rühl. Kamb. Ende VI., Kal. 12. VIII. ein grosses ♀ von 31 mm Exp.

Lycaenidae.

45. *Thecla Spini* Schiff. Kamb. 21. V., 10. VI.
46. *T. Ilicis* Esp. Mand. 7. V.—16. VI., und ♀ der ab. *Cerri* Hb. Mand. 23. V. und Kamb. 29. V.

47. *Chrysophanus Thersamon* Esp. Vlas. u. Kal. VIII.—IX.
48. *Ch. Phlaeas* L. gen. aest. *Eleus* F. Pigad. schon. 5. VI. und Vlas. 29. VII.
49. *Ch. Dorilis* Hufn. Vlas. VII
50. *Lampides Boeticus* L. Kamb. VI. und Vlas. (c. 1000 m) 3. VIII.
51. *L. Telicanus* Lang. Kamb. V. ♀.

*52. *Lycaena Eurypilus* Frr. Chelm. in c. 1800 m Seehöhe am 15. VII. ein frisches ♀, welches vollständig mit kleinasiatischen Stücken übereinstimmt. Diese und die folgende Art bilden hochinteressante Bereicherungen der griechischen Tagfalter-Fauna.

*53. *L. Panagaea* HS. v. *Taygetica* nov. var. Tayg. in 2100 m Seehöhe am 10. VII. ein ♂ und zwei ♀♀ erbeutet. Die Stücke weichen beträchtlich von solchen aus Klein-Asien ab, so dass die Aufstellung einer eigenen Lokalform nothwendig erscheint. Die Flügel-Oberseite des ♂ zeigt einen viel schmäleren dunklen Saum als bei der Stammart, welcher auf den Vdfl. nur die Breite von circa 2, auf den Htfl. von 1 mm erreicht. Hierdurch tritt die hellblaue Grundfarbe in viel grösserer Ausdehnung auf, so dass die Oberseite stark an jene von *Lycaena Baton* Brgstr. erinnert. Der Mittelpunkt der Vdfl. besitzt in beiden Geschlechtern eine halbmondförmige Gestalt, und fehlt auf den Htfl. vollständig. Die Aussenhälfte der Fransen ist (wie bei der Stammart) rein weiss.

Das ♀ ist oberseits schwarzgrau mit gegen die Flügelbasis zunehmendem blauen Anflug. Vor dem Saum der Htfl. liegen schwärzliche, hellgerandete Fleckchen, die auch beim ♂ wahrnehmbar sind.

Die Grundfarbe der Flügelunterseite ist grau, ohne den bräunlichen Farbenton, den *Panagaea* fast stets aufweist, die Fleckenanlage kommt aber mit jener von *Panagaea* fast ganz überein, nur fehlen die rothen Randflecken vor dem Analwinkel der Htfl. vollständig.

In letzterem Merkmal stimmt *Taygetica* mit *L. Cytis* Chr. und deren var. *Panaegides* Stgr. aus Nordpersien resp. Central-Asien überein. *Cytis* Chr. weist jedoch in beiden Geschlechtern auf der Oberseite eine sehr charakteristische Reihe schwarzer Aussenflecke auf und zeigt auch im männlichen Geschlecht einen viel schärfer contourirten Saum. *Panaegides* ♂ ist auf der Oberseite noch dunkler als *Panagaea*, also von dem vorwiegend blau gefärbten *Taygetica* ♂ sehr verschieden. Die Unterseite aller *Cytis*-Formen hat einen vorherrschend bräunlichen Farbenton. *Taygetica*, welche eine Spannweite von 20—21 mm besitzt, stellt eine sehr interessante Lokalform in dieser östlichen Artgruppe dar. Eines der beiden ♀ zeigt die Fleckenzeichnung auf der Unterseite der Vdfl. reducirt und asymetrisch angeordnet, so dass auf dem linken Vdfl. von den 5 grossen schwarzen Flecken vor dem Saum nur je ein solcher in Zelle 2 und 4, auf dem rechten Vdfl. aber nur ein einziger, punktförmig gewordener, in Zelle 4 erhalten geblieben ist.

Die drei *Taygetica*-Stücke gelangten in den Besitz des Naturhistorischen Hofmuseums.

54. *Lycaena Baton* Brgstr. Kamb. V, VI.

55. *L. Astrarche* Brgstr. gen. aest. *Calida* Bell. Vlas. 27. VII.

*56. *L. Eros* O. Ein im Tayg. in 2100 m Seehöhe am 10. VII. erbeutetes grosses ♂, von über 30 mm Exp., zeigt eine mit *Eros* ganz übereinstimmende Oberseite. Die Unterseite ist sehr blass mit ganz verloschenen rothen Randflecken der Htfl. und sehr grossen schwarzen Punktaugen, namentlich auf den Vdfl. Das Exemplar kann nur zu *Eros* (und nicht zu *Eroides* Friv.) gezogen werden. Vielleicht bildet *Eros* im Tayg. sogar eine eigene Lokalform, was aber erst bei reicherem Material entschieden werden könnte.

57. L. *Icarus* Rott. Chelm. bis c. 2000 m Höhe, 15. VIII. ab. *Icarinus Scriba* Kamb. 10. VI. mit auffallend brauner Unterseite.

58. *L. Meleager* Esp. Vlas. 1000—13000 m 3. VIII. und Chelm. (c. 1500 m) 15. VIII. Das ♀ nur in der ab. *Steevenii* Tr.

59. *L. Corydon* Poda v. *Apennina* Z. Chelm. 1500 m 15. VIII.

60. *L. Admetus* Esp. Gaitz. VI. typisch; Chelm. 1500 m 15. VIII. mit sehr schwach gezeichneter Unterseite (♂).

61. *L. Semiargus* Rott. v. *Helena* Stgr. Im Tayg. (Rindomo) in c. 1500 m Seehöhe am 4. VI. nur ♂ erbeutet, die zum Theile auch auf der Oberseite der Htfl. gegen den Innenwinkel zu eine rothe Saumbinde zeigen.

62. *L. Cyllarus* Rott. Kamb. V. Die ♂ mit breiter Saumbinde, die ♀ oben ganz dunkel, ohne Spur von Blau, unterseits grau mit deutlichen schwarzen Punktaugen. Die spanngrüne Färbung der Htflbasis ist normal.

63. *Cyaniris Argiolus* L. Vlas. VIII.

Hesperiidae.

64. *Adopaea Lineola* O. Kamb. V.
65. *A. Actaeon* Rott. Kamb. u. Gaitz. V.; Mand. VI.
66. *Augiades Comma* L. v. *Pallida* Stgr. Chelm. und Olon. zwischen 1500—2000 m, 1—15. VIII.
67. *Parnara Nostrodamus* F. Kamb. VI.
68. *Carcharodus Altheae* Hb. Vlas. 30. VII.
69. *Hesperia Proto* Esp. Vlas. 31. VII. in ca. 900 m Seehöhe, ein aberrirendes Stück.
70. *H. Phlomidis* HS. Vlas. 3. VIII.
71. *H. Orbifer* Hb. Kamb. VI. u. VII. ♂♀.
72. *H. Sao* Hb. v. *Eucrate* O. Vlas. u. Kamb. VII.—VIII.
73. *H. Serratulae* Rbr. v. *Major* Stgr. Wass. VII.
74. *H. Alveus* Hb. Vlas. 27. VII. ein typisches ♂, ebendaher auch ein aberratives Stück, welches vielleicht zu *Onopordi* Rbr. gehört.

Sphingidae.

75. *Deilephila Euphorbiae* L. v. *Paralias* Nick. Herr Holtz zog in Kamb. VII. sehr grosse Stücke, bei welchen ein röthlicher Ton der Oberseite in wechselnder Stärke auftritt.

Notodontidae.

67. *Cerura Bifida* Hb. Kard. 21. VI., Kal. IX (Lichtfang).

Thaumetopoeidae.

*77. *Thaumetopoea Processionea* L. Vlas. 17. VIII., ein ♂ durch Lichtfang erbeutet Das Stück ist hell gefärbt. Die Stirnbildung verweist es mit Sicherheit zu dieser Art.

Lymantriidae.

78. *Orgyia Antiqua* L. Kal. VIII.
79. *Ocneria Terebynthi* Frr. Kamb. VI. ♂♀.

Lasiocampidae.

80. *Lasiocampa Trifolii* Esp. v. *Medicaginis* Bkh. Kal. 10.—13 IX ♂ mehrfach an Licht.

Drepanidae.

81. *Cilix Glaucata* Sc Kal. 3. VI. und 22. VIII, bis 13. IX.

Noctuidae.

82. *Acronicta Psi* L Kal. VIII.
83. *A. Rumicis* L Kal. 16. IX.
84. *Agrotis Comes* Hb. Kal. 16. IX. Diese und die folgenden Arten durch Nachtfang erbeutet.

*85. *A. Castanea* Esp. v. *Neglecta* Hb. Kal. IX.
86. *A. Baja* F. Kal. IX.
87. *A. Xanthographa* F. v, *Cohaesa* HS. Kal IX.
88. *A. Puta* Hb. Kal. IX. sehr grosse Stücke, ab. ♀ *Lignosa* God. ebendaher, viel kleiner.
89. *A. Obelisca* Hb. v. *Ruris* Hb. Kal. IX.
90. *A. Segetum* Schiff. Kal. IX.
91. *A. Saucia* Hb. Kal. IX.
92. *A. Crassa* Hb v. *Lata* Tr. Kal. 8.—17. IX.
93. *Mamestra Brassicae* L. Kal. VIII.—IX.
94. *M. Oleracea* L. Wie die vorige.
95. *Bryophila Contristans* Ld. Wass. 9. VII.
96. *B. Ravula* Hb. Kamb. VII., Vlas. VIII. und ab. *Deceptricula* Hb. Kamb VII.
97. *B. Algae* F. v. *Mendacula* Hb. Vlas. VIII., Kal. IX.

*98. *Celaena Matura* Hufn. Kal. 16. IX.
*99 *Luperina Rubella* Dup. Kal. 10 IX. ein ♂, bei welchem das dunkle Mittelfeld der Vdfl. schwärzliche Rippen zeigt

100. *Hadena Solieri* B. Kal. VIII —IX., sehr häufig.
H. Secalis L v. *Nictitans* Esp. Kamb. VI

*101. *Epunda Muscosa* Stgr. Kal. 10.—12. IX ein ganz frisches Pärchen und einige abgeflogene Stücke durch Lichtfang erbeutet. Die Stücke stimmen bis auf das beim ♂ sehr deutlich vorstehende (stumpfe) Palpenendglied vollständig mit Staudinger's Beschreibung. Die Grundfarbe der Vdfl. ist rothbraun. die Makeln derselben sind breit weiss gesäumt, die Randmakel ist viel kleiner als bei *Ep. Lichenea* Hb. Der Unterschied in den männlichen Fühlern beider Arten ist beträchtlich.

102. *Polia Serpentina* Tr Kal 17. IX

*103. *Chariptera Viridana* Walch. Vlas. VIII. ein Exemplar.

104 *Callopistria Latreillei* Dup. Kamb. V., und 18. VII.
105. *Brotolomia Meticulosa* L. Kal. 14. IX.
106. *Sesamia Cretica* Ld Vlas. VIII.; Kal. 6. IX.

*107. *Leucania Punctosa* Tr. Kal. 6.—16. IX.

108. *L. L-album* L. Kal. IX.

109. *L. Vitellina* Hb. Kamb. 30. IV., ein Exemplar todt gefunden (Holtz); Kal. 7. IX.
110. *L. Lythargyria* Esp. Kal. 28. VIII.—17. IX.
111. *Praestilbia Armeniaca* Stgr. Kal. IX., ein ♂.
112. *Caradrina Exigua* Hb. Wass, Vlas., Kal. VIII.—IX.
*113 *C. Pertinax* Stgr. Kal. VIII., in 800 m Seehöhe ein grosses ♂ erbeutet, ganz mit Kleinasiatischen Stücken stimmend.
114 *C. Quadripunctata* F. Kal. IX.
115. *C. Ambigua* F. Kal. 12.—17. IX.
116. *Heliothis Peltigera* Schiff. Kamb. V.
117. *H. Armigera* Hb. Kal IX. in der Grundfarbe der Vdfl. auch hier von olivengrün bis rothbraun variirend.
118. *Acontia Lucida* Hufu. Kamb. V.—VII., Kal. VIII, unter der Stammform auch die ab. *Albicollis* F.
119. *A. Luctuosa* Esp. Vlas 13. VIII., Kal. IX.
120 *Eublemma Suava* Hb. Kamb. VI. ♂♀.
121. *Thalpochares Velox* Hb Kamb. 8. VI.— 20. VII; Kal. 7. IX.
122. *Th. Lacernaria* Hb. Kamb. VI,
123. *Th. Respersa* Hb. Pigad. VI.
*124. *Th. Ragusana* Frr. Kamb. 12. VI.
125. *Th. Communimacula* Hb. Vlas. 6. VIII; Kal. VIII.—7. IX.
126. *Th. Purpurina* Hb. Wass. 8. VII; Kal. 24. VIII.—15. IX.
127. *Th. Ostrina* Hb. v. *Aestivalis* Gn. Kal. IX
128. *Th. Parva* Hb. Kamb. VI. u. VII. häufig.
*129. *Th. Scitula* Rbr. Kamb. VI u VII.; Kal. IX,
130. *Prothymnia Conicephala* Stgr. Kamb. VII. ein typisch gefärbtes ♀.

Ein einzelnes ♂ von Kamb. V (welches in den Besitz des Naturhistorischen Hofmuseums überging) gehört zu der nur nach einem ♀ (mit unrichtigem Kopf) bekannt gemachten var. (?) *Fumicollis* Rghfr.

Es ist bedeutend kleiner und viel dunkler als die weibliche Type aus dem Taurus. Die kurzen Fühler und die dunkelgrau bestäubten Palpen sind wie bei *Conicephala* gebildet. Kopf und Halskragen sind auch wie bei dieser grau, die Schulterdecken wie die Basis der Vdfl. gelblich, der Hinterleib grau. Die Vdfl. haben einen vorwiegend röthlichen Farbenton und eine ziemlich stark ausgedrückte, geschwungene schwärzliche Querlinie, die von 4/5 des Vorder- bis nach 1/2 des Innenrandes zieht, letzteren aber nicht erreicht. Der Saum ist dunkel punktirt, die Fransen am Innenwinkel gelblich. Die Htfl. sind einfarbig dunkelgrau. Die Unterseite der Flügel ist grau, gegen die Ränder dunkler bestäubt. Vdflänge 9, Exp. 18 mm. Die Beschaffenheit der Kopftheile bestätigt die von Dr. Staudinger nach Typenvergleich angenommene Zugehörigkeit zu *Conicephala*.

131. *Emmelia Trabealis* Sc. Kamb. 15. VI.—VII.
132. *Metoponia Vespertalis* Hb. Kamb. 11. VI.
133. *M. Agatha* Stgr. Kamb. V., ein Exemplar.
134. *Abrostola Triplasia* L. Kal. VIII.—IX. „massenhaft" (Holtz).
135. *Plusia Gamma* L. Kal. IX.
136. *P. Ni* Hb. Kal. VIII.
137. *Zethes Insularis* Rbr. Kamb. V.
138. *Leucanitis Stolida* F. Kamb 12. VI; Kal. IX.
139. *Grammodes Algira* L. Kamb V., Kal. 5. IX.
140. *G. Geometrica* F. Nis. 24. V.
141. *Catocala Elocata* Esp. Kal 14. IV.
142. *C. Conversa* Esp. Kamb. u. Gaitz. 8.– 14. VI
143. *C. Eutychea* Tr Kamb. VI.
144. *C. Disjuncta* HG. v *Separata* Frr Kamb. u. Gaitz IX
145. *Apopestes Spectrum* Esp. Kal IX.
146. *A. Cataphenes* Hb. Kamb 8. VI.
*147. *Zanclognatha Tarsicristalis* Hb. Vlas. VIII., Kal. IX.
148. *Herminia Crinalis* Tr. Kamb. 9. VI., Kal. 8. IX.
149. *Hypena Obsitalis* Hb Pigad. VI.
150. *H. Lividalis* Hb. Kal 4.—10. IX.
*151. *Orectis Proboscidata* H.-S Kamb. VI., Kal. IX.

Cymatophoridae.

*152. *Cymatophora Octogesima* Hb. Kal. 22. VIII.

Geometridae.

153. *Eucrostes Indigenata* Vill. Kamb. 7. VI.—20. VII.
154. *E. Herbaria* Hb. Kamb. VII.
155. *E. Beryllaria* Mu, Kamb. VI.—VII.
156. *Nemoria Pulmentaria* Gn. Kamb. VI.—VII.
157. *Acidalia Consanquinaria* Ld. Kamb. u. Gaitz. VI; Vlas. VII.
158. *A. Moniliata* F. Kamb. VI.
159. *A. Dimidiata* Hufu. Kamb. VI.
160. *A. Consolidata* Ld. Vlas, VIII., Kal. IX.
161. *A. Camparia* HS. Kal. 6. IX.

*162. *A. Virgularia* Hb. v. *Australis* Z. Kamb. V, VI; Wass. VII. Die Stücke stimmen zum Theil sehr gut mit Dalmatiner Exemplaren überein. *Canteneraria* B. ist nicht standhaft von *Australis* zu trennen.

163. *A. Subsericeata* Hw. Kal. VIII., IX.

*164. *A. Infirmaria* Rbr. Kamb. VII. Zwei ♀.

165. *A. Obsoletaria* Rbr. Kamb. V.—VII. mehrfach, darunter ein sehr grosses ♀ (18 mm Exp.), welches ich anfänglich für *Ochroleucata* Hb. ansah. Die in den Fransen selbst gelegenen Saumpunkte und der andere Verlauf der Querlinien geben sichere Unterschiede.

166. *A. Incarnaria* HS. Kamb. V.

167. *A. Herbariata* F. Kamb. 10. VI., Kal. IX.

168. *A Elongaria* Rbr. 4.—28. VI.

169. *A. Politata* Hb. Kamb. 15. VI.

170. *A. Filicata* Hb. Kamb. 30. IV.—VI.; Kal. 4.—13. IX.

171. *A. Degeneraria* Hb. Kamb. 25. V.—10. VI., Kal. 3. IX.

172. *A. Rubiginata* Huf. Kal. 24. VIII.—6. IX.

173. *A. Turbidaria* Hb. Kamb. VI; Kal. 24. VIII.—15 IX.

174. *A. Marginepunctata* Goeze. Kamb. V.—VII.; Kal. IX. sehr häufig.

*175. *A. Luridata* Z. Kal. 3.—8. IX. (typisch).

176. *A. Coenosaria* Ld. Kamb. 18. V., ein frisches ♀.

177. *A. Submutata* Tr. Gaitz. VI., ein typisch grosses ♂; von Kamb. und Mand. VI., u. Kal. 4. IX. liegt eine Anzahl auffallend kleiner, weiblicher Stücke mit fast rein weisser Grundfarbe der Flügel vor, welche einen recht verschiedenen Eindruck machen und zu der nicht publicirten Form *Submutulata* (Stgr. i. l.) gehören. Ich halte sie für namensberechtigt.

178. *A. Incanata* L. Kamb. VII.

179. *A. Imitaria* Hb. Kamb. 7. VI.—10. VII., Kal. 21. VIII.—14. IX.

180. *A. Ornata* Sc. 14. VI.—20. VII., Kal. 12. IX.

*181. *Ephyra Albiocellaria* Hb. Kal. IX.

182. *E. Pupillaria* Hb. Kamb. 8.—12. VI., Vlas. VIII., Kal. 1.—12. IX. von letzterer Lokalität auch die ab. *Nolaria* Hb.

183. *Rhodostrophia Calabraria* Z. Kamb. V.

184. *Sterrha Sacraria* L. Kamb. VI., VII., Vlas. VIII., Kal. IX., ein ♀ von Kamb. VI. bildet einen Uebergang zur ab. *Atrifasciaria* Stef.

185. *Lythria Purpuraria* L. Vlas. 29. VII.—2. VIII. helle Stücke der Sommergeneration.

*185. *Lygris Peloponnesiaca* n. sp. ♂♀.

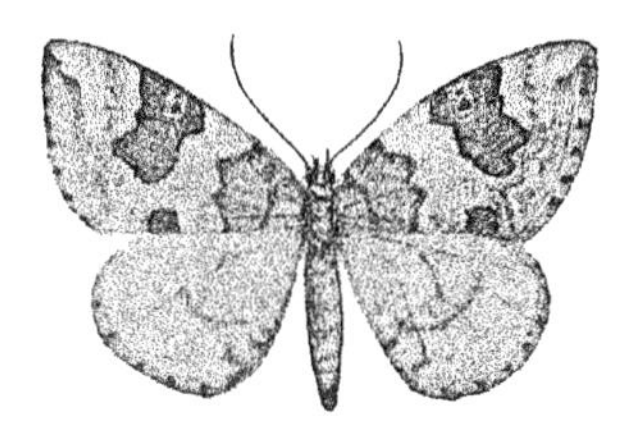

Lygris Peloponnesiaca n. sp. ♀.

Diese neue Art, welche die lichtgelbe Grundfärbung von *Lygris Associata* besitzt, ist durch die dunkelbraune Färbung des Basal- und Mittelfeldes der Vdfl., und durch die breite Unterbrechung des letzteren über dem Innenrande sehr ausgezeichnet.

Der Kopf ist lichtgelblich, die langen Palpen (von doppelter Augendurchmesserlänge) sind aussen gebräunt, das Endglied deutlich abgesetzt. Die hellbräunlichen Fühler mit scharf abstehenden Gliederenden, sind beim ♂ verdickt und kurz bewimpert.

Der Thorax theilt die lichtgelbe Grundfarbe der Vdfl., die Beine sind licht bräunlich, ungezeichnet, jedoch aussen dunkel bestäubt. Das Abdomen ist licht brännlich, dem Gattungscharakter entsprechend beim ♂ mit seitlich abstehender Beschuppung und kurzem Afterbusch.

Die Flügelform ist jener von *Lygris Prunata*, namentlich in der scharfen Spitze der Vdfl., sehr ähnlich. Die Grundfarbe der Vdfl. ist hellgelb. Das breite, dunkelbraune Wurzelfeld macht nach Aussen zwei stumpfe Zacken, ist weiss gesäumt und zeigt auch in seiner Mitte eine helle Theilungslinie, welche gegen den Vorderrand deutlicher auftritt.

Das noch dunkler braun gefärbte Mittelfeld besteht aus einem grossen, weiss gesäumten Vorderrandfleck, welcher am Vorderrande selbt, gegen welchen er beträchtlich erweitert ist, ein lichtgelbes, dunkelgekerntes Fleckchen einschliesst.

Er bildet gegen den Saum und Innenrand zu je einen stumpfen Lappen, wovon der untere zwischen Rippe 2 und 3 endet. Am Innenrand selbst liegt dann noch weit getrennt und mehr basalwärts gerückt, der Rest der Mittelbinde in Form eines niedrig viereckigen, weissgesäumten, dunkelbraunen Fleckes. Die Flügelspitze ist dunkel getheilt und das Saumfeld von da ab dunkler bräunlichgelb. Nach

Innen zu wird es von einer undeutlichen, gezackten hellen Wellenlinie begrenzt. Die lichtgelben Fransen zeigen in ihrer Endhälfte, in der Richtung der Rippenenden, eine auffallende dunkelbraune Fleckung.

Die blass gelbgrauen Hinterflügel zeigen am Innenrand den Beginn mehrerer dunkler Querlinien, wovon aber nur eine nach der Mitte den Flügel wirklich durchzieht, gegen den Vorderrand aber verloschen wird. Ein dunkler Mittelpunkt scheint durch. Die Fransen sind wie jene der Vdfl. gescheckt.

Die gelbbraune Unterseite der Flügel ist mehr oder weniger dunkel bestäubt. Die Vdfl. zeigen daselbst einen dunkelgefleckten Vorderrand, einen schwachen Mittelpunkt, eine den Innenrand nicht erreichende dunkelbraune äussere Querlinie und ein dunkles Saumfeld. Der Büschel am Innenrand des ♂ ist gelbbraun. Die Hinterflügel zeigen einen scharfen Mittelpunkt und die bereits für die Oberseite erwähnte Querlinie, welche hier den Vorderrand erreicht.

Vdfllänge 17—18, Exp. 32—33 mm.

Mir liegen zur Beschreibung 2 ♂ und 1 ♀ vor, welche sämmtlich von Herrn Holtz am 26. Juni 1901 im Taygetos in einer Seehöhe von circa 1200 m aus Gebüsch gescheucht wurden. In der Nähe wuchs Ribes, worauf ich die Raupe vermuthe. Ein Pärchen gelangte in den Besitz des naturhistorischen Hofmuseums in Wien.

Lygris Peloponnesiaca ist schon nach dem eigenthümlich getheilten dunklen Mittelfeld der Vdfl. mit keiner anderen Art zu verwechseln. *Roessleraria* Stgr. aus dem Taurus hat zwar ebenfalls die Mittelbinde auf einen grossen Vorderrandsfleck reducirt, allein das Basalfeld ist hier viel ausgedehnter und reicht am Innenrand bis vor dem Innenwinkel. Sonst hat *Roessleraria* keine nähere Verwandtschaft mit *Peloponnesiaca*. Letztere wird am besten zwischen *Populata* L. und *Associata* Bkh. eingereiht.

187. *Larentia Fulvata* Forst. Gaitz. VI.

*188. *L. Olivata* Bkh. Kal. 15. IX. nur 1 ♀ mit etwas schärfer gezackter äusserer Begrenzung des Mittelfeldes der Vdfl., sonst nicht abweichend.

189. *L. Fluctuata* L. Kamb. VI., Kal. IX.

190. *L. Fluviata* Hb. Vlas. VIII., Kal. VIII.—IX. häufig.

191. *L. Ludificata* Stgr. Ein geflogenes ♀ von Kal. IX. gehört mit Sicherheit dieser auch in Klein-Asien weit verbreiteten Art aus der *Nebulata*-Gruppe an, welche unter dem Namen *Amasina* (Stgr. i. l.) [= *Decipiata* Stgr. Cat. no. 3409a] mehrfach in den Handel kam.

192. *L. Frustrata* Tr., v. *Fulvocinctata* Rbr. Kal. IX.
193. *L. Unicata* Gn. Kamb. 4. V.—7. VI., Pigad. 6. VI.
194. *L. Galiata* Hb. Vlas VIII., Kal. IX. Ein ♀ von letzterer Lokalität zeigt ein erweitertes Mittelfeld der Vdfl. und dunkelgraue Htfl. mit getheilten weisslichen Binden.
195. *L. Bilineata* L. Kal. VIII., Vlas 17. VIII (typisch), v. *Testaceolata* Stgr. Kamb. V.
196. *Tephroclystia Oblongata* Thnbrg. Kamb. V.
*197. *T. Gemellata* Hb. Kal. VIII.—IX., häufig an Licht.
*198. *T. Cuculliaria* Rbl. Kamb. 7. VI., ein ♀ ganz mit einem solchen aus der Hercegovina stimmend.
199. *T. Pumilata* Hb. Kamb. V.—VIII., Kal. IX. Die Stücke sind, wie fast überall im Süden, kleiner und gehören zum Theil der var. *Parvularia* HS. an.
200. *Phibalapteryx Tersata* Hb. Kal. 4.—17. IX.
201. *Abraxas Adustata* Schiff. Vlas. VII.
202. *Numeria Capreolaria* Hb. Pigad. VII. ein gleichmässig dunkel bestäubtes ♀ im Nadelwald.
*203. *Eumera Regina* Stgr. Kal. 10.—12. IX. beide Geschlechter.
*204. *Selenia Lunaria* Schiff. gen. aest. *Delunaria* Hb. Kal. IX. 1 ♂.
*205. *Crocallis Elinquaria* L. Kal. IX.
206. *Opisthograptis Luteolata* L. Kamb. VI., Kal. VIII.—IX.
207. *Nychiodes Lividaria* Hb. Kamb. VII., Kal. 6.—12. IX., ein ♂ von letzterer Lokalität mit starker hellbrauner Einmischung auf Vdfl. und Htfl.
208. *Synopsia Sociaria* Hb. Vlas. VIII.
209. *Boarmia Gemmaria* Brahm. Kamb. 4. V.—15. VI., Kal. 4.—16. IX.
210. *B. Umbraria* Hb. Kamb. 4. V.
*211. *B. Lichenaria* Hufn. Olon. 9. VIII.
*212. *Tephronia Sepiaria* Huf. Kal. 2.—7. IX.
213. *Gnophos Sartata* Tr. Kamb. 7. V.—23. V., Pigad. VI., Kal. IX.
*214. *G. Onustaria* HS. Kal. 7.—11. IX. Calberlas Angaben (Iris III p. 70) treffen gut auf vorliegende Stücke (2 ♂) zu, die eine Spannweite von 22. resp. 26. mm besitzen.
*215. *G. Mutilata* Stgr. Vlas. 29. VII., Kal. 3. und 11. IX.

Ein mir vorliegendes ♂ unterscheidet sich von *Mucidaria* Hb. durch die blos tief gesägten (nicht kammzähnigen) Fühler des ♂, blässere Färbung und ganz zeichnungslose weissgraue Unterseite aller Flügel, wovon nur die Vdfl. einen dunklen Mittelpunkt zeigen.

Der längliche Flügelschnitt, die nur schwach quergeriffte Beschuppung und die im Saumfeld vollständig zeichnungslose Unterseite schiesst jede Verwechslung mit *Variegata* aus. Die männlichen Hinterschienen sind stark aufgetrieben mit 2 Spornpaaren. Exp. 24 mm.

216. *G. Variegata* Dup. Kamb. VI. - VII., Vlas. VIII.—IX.
217. *G. Dolosaria* HS. Kamb. 20. VII.
218. *G. Gruneraria* Stgr. Kamb. 15.—23. V., nur 2 ♂ und 1 ♀ wurden von dieser seltenen Art durch Aufscheuchen auf felsigem Terrain erbeutet.

*219. *Selidosema Ericetaria* Vill. Chelm. 15. VIII., Kal. IX. Die Stücke sind kaum blässer als centraleuropäische. Ein ♂ zeigt eine vollständige, durch den Mittelpunkt gehende Querlinie der Vdfl.

220. *Thamnonoma Wauaria* L. Gaitz. VI.
221. *Scodiona Conspersaria* F. Kal. IX.
222. *Aspilates Ochrearia* Rossi. Kamb VII.

Nolidae.

*223. *Nola Togatulalis* Hb. Kamb. VI, Kal. IX.

224. *N. Chlamitulalis* Hb. Kamb. VI., Kal. IX.

Cymbidae.

*225. *Nycteola Falsalis* HS. Kamb. VI.

226. *Earias Clorana* L. Kal. VIII. -IX.

Syntomidae.

227. *Dysauxes Punctata* F. v. *Famula* Frr. Kal. 24 VIII.—8. IX. Ein ♂ ebendaher besitzt ganz dunkle, fast zeichnungslose Vdfl. und bildet einen Uebergang zur ab. *Servula* Berce.

Arctiidae.

*228. *Spilosoma Lubricipeda* L. Kamb. VI., ein grosses ♂.

229. *Phragmatobia Fuliginosa* L. v. *Fervida* Stgr. Kal. 13.—14. IX.
230. *Arctia Villica* L. v. *Angelica* B. Kamb. V.
231. *Callimorpha Quadripunctaria* Poda. (*Hera* L.) in Uebergängen zur var. *Fulgida* Obth. Kamb. 30. VI. - 5. VII.; Gaitz. VI.; Tzer. VII.
232. *Hipocrita Jacobaeae* L. Nis. 24. V.
233. *Paidia Murina* Hb. Kamb. 24. VI., Vlas. 17. VIII., Kal. 7.—10. IX.
234. *Lithosia Complana* L. Kamb. VII., Kal. 16. IX.

*235. *L. Caniola* Hb. Kamb. 23. V.—15. VI., Kal. 13. IX. kam an letzterer Lokalität zahlreich an's Licht.

Heterogyinidae.

*236. *Heterogynis Penella* Hb. Tayg. in c. 2100 m Seehöhe mehrere ♂ im Fluge erbeutet, welches Vorkommen den östlichsten Fundort dieser Art bildet.

Zygaenidae.

237. *Zygaena Brizae* Esp. Pigad. VI., Kamb. VII., Wass. VII. Normale Stücke mit stark erweiterten rothen Längsbinden der Vdfl., und gewöhnlicher Breite des schwarzen Saumes der Htfl.

238. *Z. Punctum* O. Kamb. 14.–24. VI. in typischen Stücken; ebenda auch Uebergänge zur v. *Dystrepta* F. d. W.

239. *Z. Lonicerae* Scheven. Kamb. VII.

240. *Z. Stoechadis* Bkh. var. *Dubia* Stgr. Kamb. 10. V.—VI.

241. *Z. Ephialtes* L. v. *Medusa* Pall. Wass. 12. VII.

242. *Z. Carniolica* Sc. v. *Graeca* Stgr. Wass. (1500 m) 15. VII.

*243. *Ino Amaura* Stgr. Mand. 23. V. (♂); Gaitz. 26. VI. (♂); Kamb. 19. VI. (♀). Die Stücke stimmen vollständig, namentlich auch in der Fühlerbildung mit einem Originalpärchen der Staudinger'schen *Amaura* von Samarkand. Bei der Unsicherheit, welche vielfach bei der Determinirung der *Ino*-Arten herrscht, und der damit in Zusammenhang stehenden sehr lückenhaften Kenntniss ihrer Verbreitung, verliert das Vorkommen einer bisher nur central-asiatischen Art in Griechenland den anfangs befremdenden Eindruck.

244. *I. Cognata* Rbr. var. *Subsolana* Stgr. Kamb. 23. V., Wass. VII.

Psychidae.

245. *Amicta Lutea* Stgr. Vlas. 5. VIII., Kal. 22. VIII.—8. IX. Die männlichen Falter mehrfach an Licht erbeutet.

Sesiidae.

246. *Sesia Annellata* Z. v. *Oxybeliformis* HS. Kamb. 14. VI., Gaitz. 19. VI., Kal. c. 5. IX. Mir lagen zum Vergleich zwei sehr grosse ♀ (26 mm Exp.) vor, welche sehr gut mit Herrich-Schäffer's Abbildung Fig. 49 *(Doleriformis)* übereinstimmen.

*247. *S. Affinis* Stgr. Kamb. V., ein dunkles ♀.

Cossidae.

*248. *Phragmataecia Castaneae* Hb. Kamb. 14. VI. ein ♂ erbeutet.

Pyralidae.

249. *Galleria Mellonella* L. Kal. VIII.
250. *Lamoria Anella* Schiff. Kamb. VI., VII., Kal. IX.
251. *Crambus Inquinatellus* Schiff. Kal. IX. ♀.
*252. *C. Geniculeus* Hw. Kal. IX.
253. *C. Tristellus* F. Kal. IX.
*254. *C. Mytilellus* Hb. Vlas., Kal. VIII., IX., zahlreiche kleine Exemplare.
255. *C. Craterellus* Sc. v. *Cassentiellus* Z. Nis. V.
256. *C. Pratellus* L. Wass. VII.
257. *Eromene Ocellea* Hw. Kamb. VI. zahlreich.
258. *Ancylolomia Tentaculella* Hb. Kal. IX. ♂♀.
*259. *Epidauria Striogosa* Stgr. Kal. IX. ein ♀.
260. *Ematheudes Punctella* Tr. Kamb. VI.—VII.
261. *Homoeosoma Nimbella* Z. Kamb. VII.
262. *H. Binaevella* Hb. Kamb. VI., Kal. IX.
263. *Ephestia Elutella* Hb. Kamb. VI.
264. *Lydia Lutisignella* Mu. Kamb. VII.
*265. *Heterographis Convexella* Ld. Kamb. VI. ein frisches ♂ ganz mit syrischen Stücken stimmend. Ein blässer gefärbtes ♂ aus Dalmatien (Ragusa Mn.) befindet sich in der Sammlung des Naturhistorischen Hofmuseums.
266. *Oxybia Transversella* Dup. Kamb. VI., Kal. IX.
267. *Psorosa Dahliella* Tr. Kal. VIII.-IX.
268. *Pempelia ? Dilutella* Hb. Kal. IX., ein zweifelhaftes Stück dürfte hierher gehören.
*269. *Euzophera Bigella* Z. Kamb. VI. ein ♂.
*270. *Hypochalcia Ghilianii* Stgr. Tayg. c. 1200 m 25 VI., nur zwei männliche Stücke.
271. *Etiella Zinckenella* Tr. Kamb. VI.—VII.
272. *Bradyrrhoa Confiniella* Z. Kal. IX.
273. *Epischnia Prodromella* Hb. Vlas. VIII., Kal. IX.
274. *Salebria Palumbella* F. Kal. IX.
*275. *S. Noctivaga* Stgr. Kamb VI., zwei Exemplare.
276. *S. Semirubella* Sc. Kal. VIII.-IX., häufig.
*277. *Nephopteryx Gregella* Z. Kal. IX. ein Stück.
*278. *N. Imperialella* Rag. Kal. IX. ein grosses ♀ von 25 mm Exp.
279. *N. Divisella* Dup. Kamb. VI.

280. *Phycita Metzneri* Z. Kamb. VI., sehr häufig an Licht.
*281. *Acrobasis Glaucella* Stgr. Kamb. VI.
282. *A. Consociella* Hb. Kamb. VI., Kal. IX.
283. *Rhodophaea Legatella* Hb. Kamb. VI.
284. *Myelois Cribrella* Hb. Kamb. VI.. Kal. IX.
285. *Endotricha Flammealis* Schiff. Kamb. VI., Vlas. VIII.
*286. *Ulotricha Egregialis* HS. Kamb. VI., mehrere Stücke zum Theil mit sehr dicht schwarzbraun bestäubten Vdfl.
*287. *Hypotia Corticalis* Schiff. Kamb. VII., drei Stücke.
288. *Aglossa Pinquinalis* L. Kamb. Vlas., Kal. VI.—VIII.
289. *Hypsopygia Costalis* F. Vlas.. Kal. VIII.—IX. zahlreich.
290. *Pyralis Farinalis* L. Kal. VIII., IX.
291. *P. Regalis* Schiff. Kamb. VI.
*292. *Herculia Fulvocilialis* Dup. Vlas. VIII. ein ♀.
*293. *H. Incarnatalis* Z. Vlas VIII., ein grosses, helles ♀ dieser seltenen Art.
294. *Actenia Honestalis* Tr. Kal. VIII., ein ♂
*295. *A. Brunnealis* Tr. Vlas. VIII., ein ♀.
296. *Cledeobia Moldavica* Esp. Kamb. V., drei ♂.
297. *Stenia Bruguieralis* Dup. Kamb V., VI., Kal. IX., sehr häufig.
298. *S. Punctalis* Schiff. Kamb. VI., Kal. IX.
299. *Eurrhypara Urticata* L. Kal. VIII.—IX.
300. *Scoparia Ambigualis* Tr. Kamb. V.
301. *S. Pyrenaealis* Dup. Kal. VIII., ein Stück.
*302. *S. Murana* Curt. Tayp. 2100 m. 10. VII., ganz mit alpinen Stücken stimmend.
*303. *S. Laetella* Z. Kamb. V., ein ♂.
304. *S. Frequentella* Stt. Vlas. VIII.
305. *Sylepta Ruralis* Sc. Kamb. VI., Kal. VIII.—IX.
306. *Glyphodes Unionalis* Hb. Kamb. VI., Kal. IX.
307. *Hellula Undalis* F. Kamb. VI. mehrfach.
*308. *Evergestis Caesialis* HS. Vlas. VIII., ein Stück.
309. *E. Serratalis* Stgr. Kal. IX., ein frisches ♂.
310. *E. Infirmalis* Stgr. Kal. IX., ein ♂.
311. *E. Subfuscalis* Stgr. Wass. 11. VII., ein ♂, welches auf den Vdfl. auch noch eine innere, feine, geschwungene Querlinie und einen dunklen Mittelpunkt zeigt.
312. *Nomophila Noctuella* Schiff. Vlas. IX.
313. *Phlygtaenodes Palealis* Schiff Vlas. VIII.
314. *P. Nudalis* Hb. Kamb. VI., VII., Kal. IX.
315. *P. Sticticalis* L. Vlas., Kal. VIII.—IX.
316. *P. Cruentalis* Hb. Kamb. VI.

*317. *Diasemia Ramburialis* Dup. Kal. IX., zwei Stücke.

*318. *Antigastra Catalaunalis* Dup. Kamb. VI., Kal. IX.

319. *Cynaeda Dentalis* Schiff. Kal. IX., zahlreich.

320. *Titanio Pollinalis* Schiff. v. *Guttulalis* HS. Pigad. VI.

321. *T. Phrygialis* Hb. (*Schrankiana* Stgr. Hor. VII. p. 201). Tayg. 2100 m. 10. VII. Mehrere Stücke beiderlei Geschlechts gehören zweifellos dieser auch in den Alpen sehr variablen Art an. Staudinger hatte seinerzeit die bereits von Speyer angegebenen (bei HS. VI. p. 140 mitgetheilten) sicheren Unterscheidungsmerkmale gegen *Schrankiana* Hochenw. nicht beachtet, welche hauptsächlich in den bei *Phrygialis* nur sehr kurz bewimperten (bei *Schrankiana* jedoch mit langen Wimpern besetzten) männlichen Fühlern, so wie in den bei *Phrygialis* lang weissgrau behaarten (bei *Schrankiana* weniger dicht und bräunlich behaarten) Schenkeln und Schienen liegen; auch ist die Flügelunterseite bei *Schrankiana* niemals so dicht blaugrau beschuppt, wie es bei *Phrygialis* fast stets der Fall ist. Die süd-griechischen Stücke weichen von alpinen durch etwas kürzere Flügel (Exp. 18—19 mm) und dunklere Färbung ab, namentlich mangelt den kaum helleren Querbinden der Vdfl. der metallisch blaue Schimmer alpiner Exemplare. Die Htfl. sind hier oberseits tief schwarz (ohne Spur einer hellen Mittelbinde). Die Fransen derselben sind in ihrer Endhälfte rein weiss. Auch die Flügel-Unterseite ist hier sehr dunkel, ein ♀ fast einfarbig schwarzgrau, nur auf den Vdfl. mit einem hellgrauen Vorderrandfleck, der beim ♂ bis in die Flügelmitte reicht und sich auch basalwärts am Vorderrand hinzieht. Die Htfl. sind gegen die Basis mehr oder weniger grau bestäubt. *Phrygialis*-Stücke aus den Hochgebirgen Bosniens und der Hercegovina bilden einen Uebergang zu der griechischen Form, die vielleicht von v. *Nevadalis* Stgr. nicht zu trennen ist.

322. *Metasia Suppandalis* Hb. Vlas. VIII., Kamb. IX.

*323. *Pionea Institalis* Hb. Kamb. VI. mehrfach gezogen.

324. *P. Fimbriatalis* Dup. Kamb. V., nur ein Stück mit stark roth gefärbten Vdfl.

325. *P. Fulvalis* Hb. Kamb. V., VI., Vlas. VII.

326. *P. Ferrugalis* Hb. Vlas. VIII., Kal. IX.

327. *P. Rubiginalis* Hb. Kamb., Vlas., Kal., VI.—IX.

328. *Pyrausta Sambucalis* Schiff. Vlas. VIII., Kal. IX.

329. *P. Repandalis* Schiff. Kamb., Vlas., Kal. VI.—IX.
330. *P. Nubilalis* Hb. Kamb., Nis., Vlas., Kal. VI.—IX., gemein.
331. *P. Diffusalis* Ga. Kamb., Vlas., Kal. VI.—IX.
332. *P. Cespitalis* Schiff. Kamb. VI., Kal. IX., gemein, meist in Uebergängen, aber auch in typischen Stücken der var. *Intermedialis* Dup.
333. *P. Sanguinalis* L. Kamb. V., Kal. IX., an letzterer Lokalität auch in Uebergängen zur var. *Haematalis* Hb.
334. *P. Aurata* Sc. Kamb, Kal. VI.—IX., sehr zahlreich, meist in Uebergängen zur var. *Meridionalis* Stgr.
335. *Tegostoma Comparalis* Hb. Kamb. VII.
336. *Noctuelia Floralis* Hb. Kamb. VII., typisch.

Pterophoridae.

337. *Alucita Spilodactyla* Curt. Kamb. V., in Anzahl.
338. *Pterophorus Monodactylus* L. Kamb. VII., Kal. VIII.

Orneodidae.

339. *Orneodes Desmodactyla* Z. Kamb. V., VI.
340. *O. Cymatodactyla* Z. Kamb. VI., Kal. VIII., IX.

Tortricidae.

341. *Acalla Variegana* Schiff. Kamb, VI.
342. *Cacoecia Podana* Sc. Kal. VIII. IX. Die offenbar einer Sommergeneration angehörenden Stücke sind etwas kleiner und blässer als centraleuropaeische.
343. *C. Unifasciana* Dup. Kamb. V., nur ein ♂.
344. *Tortrix Pronubana* Hb. Kamb. VI., ein ♂.

*345. *Cnephasia Pumicana* Z. v. (?) *Graecana* n. var. Drei männliche Stücke von Kamb. VI., weichen im Habitus kaum von *Incertana* Tr. ab, und zeigen die nächste Verwandtschaft mit Stücke aus Sicilien (Mn. 1858), welche als *Pumicana* Z. in der Sammlung des Naturhist. Hofmuseums stecken. Die Grundfarbe der Vdfl. ist ein schönes Aschgrau, die drei einander parallelen Querbinden sind auffallenderweise stark von gelbbraunen Schuppen durchsetzt, die theilweise die tiefschwarze Begrenzung derselben durchbrechen. Die Htfl. sind dunkel bräunlich grau. Vdfllänge 7—9,5, Exp. 16—18 mm.

Die erwähnten *Pumicana*-Exemplare, die mit Zellers Beschreibung sich gut vereinen lassen, sind viel blässer, mit gelbgrauer Grundfarbe der Vdfl., zeigen aber innerhalb der ganz gleichgestalteten Binden bereits die Andeutungen gelbbrauner Schuppen (die von Zeller in seiner Beschreibung nicht erwähnt werden). Von der *Wahlbomiana*-Gruppe trennt sich *Pumicana* und die eben aufgestellte Form *Graecana* durch die vollständige erste Querbinde der Vdfl. und die nicht gezackte innere Begrenzung der Mittelbinde. Auch erreichen beide nur die Grösse von *Incertana* Tr.

346. *Conchylis Posterana* Z. Kamb. VI.
347. *C. Aleella* Schulze. Gaitz. VI.
*348. *C. Sanguinana* Tr. Kamb. VI.
*349. *C. Purpuratana* HS. Kal. IX., nur ein kleines blasses Stück.
*350. *C. Contractana* Z. Kamb. VI., Kal. VIII.
*351. *Olethreutes Rurestrana* Dup. Kal. VIII.—IX.
*352. *Crocidosema Plebejana* Z. Kamb. VII.
353. *Notocelia Suffusana* Z. Kal. IX.
354. *Epiblema Tripunctana* F. Gaitz. V.
*355. *E. Luctuosana* Dup. (*Cirsiana* Z.). Nis.
*356. *Grapholitha Conformana* Mu. Kamb. IV., ein ♂.
357. *Carpocapsa Pomonella* L. Vlas. u. Kal. VIII.
358. *C. Grossana* Hw. Kamb. VI.
*359. *Ancylis Comptana* Froel. Kal. IX., ein Stück.

Yponomeutidae.

360. *Yponomeuta Malinellus* Z. Kal. VIII., IX.
361. *Y. Cognatellus* Hb. Vlas. VIII.

Plutellidae.

362. *Plutella Maculipennis* Curt. (*Cruciferarum* Z.). Kamb. VI

Gelechiidae.

*363. *Metzneria Aprilella* HS. Kamb. VI., zwei Stücke.
*364. *M. Selaginella* Mu. Kamb. VI., ein Stück.
365. *Gelechia Distinctella* Z. Ein grosses ♀ (Exp. 18 mm) mit lehmgelb gemischte Vdfl. und solchen auffallenden Gegenfleckchen derselben, wurde am 16. VIII. aus einer am Berge Olonos in 2000 m Seehöhe unter Steinen gefundenen Puppe gezogen.
366. *Paltodora Kefersteiniella* Z. Kamb. VI.
*367. *P. Lineatella* Z. Kamb. VI.
368. *Nothris Marginella* F. Kal. IX.
369. *N. Verbascella* Hb. Kal. IX.
*370. *N. Declaratella* Stgr. Kal. IX., ein Exemplar.
*371. *N. Senticella* Stgr. Kamb. IV., ein Exemplar.

372. *Pterolonche Albescens* Z. Kal. IX., ein ♂.
373. *Symmoca Designatella* HS. Kamb. VI., Vlas. VIII., Kal. IX. Die Stücke gehören sämmtlich der var. *Bifasciata* Stgr. an, welche ich auch aus Dalmatien und Klein-Asien kenne. Die doppelte Binde im Saumfeld der Vdfl., wie sie *Designatella* besitzen soll, zeigt kein mir bekanntes Exemplar.
374. *Oegoconia Quadripuncta* Hew. Kamb. VI.
375. *Pleurota Metricella* Z. Kamb. V. u. VI., blasse Stücke.
376. *P. Pungitiella* HS. Kamb. V.
377. *Psecadia Pusiella* Roem. Kal. IX. mehrfach.
378. *P. Bipunctella* F. Vamb., Vlas., Kal. VI.—IX. häufig.
379. *Depressaria Subproquinquella* Stt. Kamb. VI.
380. *D. Thapsiella* Z. Kal. IX., ein Exemplar.
381. *D. spec.* (bei *Pulcherrimella* Stt.). Kal. IX., nur ein Exemplar. Es fehlt der weisse Mittelpunkt der Vdfl., ebenso die Saumstriche etc. Wahrscheinlich eine unbeschriebene Art, die sich jedoch nach einem Exemplar nicht verlässlich diagnosticiren lässt.
382. *Oecophora Oliviella* F. Kamb. V.

Elachistidae.

383. *Scythris spec.* (bei *Parvella* HS.) Kal. IX., ein Stück.
384. *S. Punctivittella* Costa v. *Confluens* Stgr. Kamb. V.
385. *Pyroderces Argyrogrammos* Z. Kamb. VI., Kal. IX., nicht selten.

*386. *Tetanocentria Gelechiella* n. gen. et. n. sp.

Fig. 2. Fig. 3.

Ein einzelnes in Kamb. VI. erbeutetes ♂ gehört einer neuen Elachistidengattung an, die im Geäder gewiss die nächste Verwandtschaft mit *Coleophora* besitzt, andererseits durch ihre Fühler und Sporenbildung der Hinterschienen so beträchtlich abweicht, dass die Aufstellung einer eigenen Gattung nothwendig erscheint, die ich nach dem ausnehmend langen äusseren Mittelsporn der Hinterschiene „*Tetanocentria*" nenne.

Die Fühler mit sehr langem, stark compressen Wurzelglied, dessen innere Schneide (wie bei *Blastobasis* Z.) vorne abstehend lang behaart ist. Die Geissel ist c. $^4/_5$ des Vorderrandes lang, und erscheint gezähnelt, da die Gliederenden, namentlich gegen die Fühlerspitze zu, stark eckig vortreten.

Die glatte Beschuppung des Kopfes ist anliegend, hinten am Scheitel getheilt und nur dort abstehend. Das Gesicht fällt schräg ab, die Augen sind gross und vortretend. Der (eingerollte) Saugrüssel scheint sehr kurz zu sein. Die Labialpalpen sind glatt beschuppt von *Gelechiden*-Habitus (annähernd wie in der Gattung *Xystophora* Hein.) d. h. sichelförmig, aber nur vorgestreckt. Ihr Mittelglied hat circa den doppelten Augendurchmesser als Länge, das spitze Endglied über $^1/_2$ des Mittelgliedes (Fig. 3a).

Der Thorax ziemlich robust, die kurzen Beine glatt beschuppt, nur die Hinterschienen kurz und schütter behaart.*) Letztere besitzen bei $^1/_2$ ihrer Länge ein kräftiges Sporenpaar, dessen äusserer Sporn ausnehmend lang ist, und die Hälfte der Schienenlänge erreicht. Auch das äussere Sporenpaar ist sehr kräftig, erreicht aber nicht die Länge des inneren Mittelsporen (Fig. 3b). Das Abdomen breit und sehr stark depress, mit kurzem getheilten und seitlich abstehenden Analbusch.

Die Vdfl. gestreckt mit scharfer Spitze, welche jedoch in unversehrtem Zustande durch die Fransen vollständig gerundet erscheint. Die Htfl. lancettlich, sehr schmal, nicht einmal von $^1/_2$ der Vdflbreite.

Das Geäder wurde mir trotz oftmaliger Aufhellung der Type (welche darunter schon stark gelitten hat) doch nicht in allen sein Details (namentlich nicht im Innerandstheil der Vdfl.) vollständig klar, so dass die beigegebene Skizze desselben (Fig. 2) voraussichtlich in Zukunft, wenn mehr Material zur Verfügung steht, noch einer Correctur bedürfen wird.

Im Vdfl. (Fig. 2a) dürfte Rippe 1b gegen die Spitze gegabelt sein, 4 und 5 fehlen, 6 und 7 entspringen aus einem Punkt und umfassen die Flügelspitze, 8 fehlt, Rippe 11 ist besonders stark entwickelt, 12 ist kurz.

Auf den Htfl. (Fig. 2) fehlt eine geschlossene Mittelzelle, nur vier in den Saum mündende Aeste, welche den Rippen 2, 3, 5 und 6 entsprechen dürften, sind deutlich.

Trotz der nahen Beziehungen des Geäders zur Gattung *Coleophora* findet die neue Gattung vielleicht doch am besten ihren Platz

---

*) In der Skizze ist die Schienenbehaarung absichtlich weggelassen.

bei den *Momphinen*, zwischen *Batrachedra* und *Pyroderces.* Mit den algerischen Gattungen *Ischnophanes* Meyr. und *Calycobathra* Meyr. liegt keine nähere Verwandschaft vor.

Was die Färbung anbelangt, so ist die Kopfbeschuppung gelblich, die Fühler sind einfarbig braungrau, die Palpen dunkel, nur das Endglied an der Basis und an der Spitze hell gelblich. Der Thorax ist wie die Grundfarbe der Vdfl. grau, die Beine aussen braunstaubig, innen gelblich. DieVordertarsen geschwärzt, die Behaarung der Hinterschienen gelblich. Das auffallend gebildete Abdomen ist staubgrau.

Die grauen Vdfl. sind zeichnungslos braungrau und nur gleichmässig dunkel bestäubt, was der schwach glänzenden Fläche ein ähnliches Aussehen, wie von *Xystophora Pulveratella* HS. verleiht. Die langen Fransen sind wie die Fläche fast bis an ihr Ende mit dunklen Schuppen durchsetzt. Die Htfl. bräunlichgrau mit gleichfarbigen Fransen, welche am Innenwinkel c. 2½ der Flügelbreite in ihrer Länge erreichen. Vdfl. 6, Exp. 12 mm. Die Type befindet sich im Naturhistorischen Hofmuseum in Wien.

*387. *Stagmathophora Serratella* Tr. Kal. VIII.—IX.

388. *Coleophora Alcyonipennella* Koll. Kal. VIII.—IX.

Tineidae.

389. *Hapsifera Luridella* Z. Kamb. VI.

390. *Monopis Ferruginella* Hb. Kal. VIII.

391. *M. Rusticella* Hb. Kal. IX.

*392. *Tinea Quercicolella* HS. Kal. IX., zwei sehr scharf gezeichnete männliche Exemplare.

*393. *Tinea Holtzi* n. sp. ♂.

Ein einzelnes frisches ♂ von Kamb. VII., gehört einer sehr characteristischen kleinen Art an, welche äussere Aehnlichkeit mit *Tin. Nigripunctella* Hw. besitzt, sich aber sofort durch kürzere Fühlerbildung, weissgraue Htfl. und ockergelben Hinterleib unterscheiden lässt.

Die Kopfhaare sind rostgelb, nur am Scheitel etwas verdunkelt. die Augen schwarz. Die bräunlichgrauen, mässig starken Fühler reichen bis ¾ des Vorderrandes. Der Thorax ist lehmgelb, die Beine sind, wie das Abdomen, ockergelblich.

Die Grundfarbe der schmalen Vdfl., welche einen schwächer gebogenen Vorderrand als *Nigripunctella* besitzen, ist lehmgelblich, ihre reiche Bindenzeichnung schwärzlichgrau. Letztere besteht aus je einer Querbinde bis ¼, vor ½ und bei ¾. Uberdies findet sich eine fleckartige Verdunkelung nahe der Flügelbasis und eine solche in Form eines Doppelfleckes im Mittelraum zwischen den beiden äusseren Binden. Auch der Saum ist noch längs der Fransenbasis schwärzlich verdunkelt. Die Fransen selbst sind lehmgelblich. Die Unterseite der Vdfl. ist bräunlich, jene der Htfl. weisslich. Vdfl. 4., Exp. 8. mill.

Ich benenne diese interessante Art nach ihrem Entdecker. Sie wird am besten bei *Tin. Pustulatella* Z. eingereiht, die allerdings eine ganz andere Bindenzeichnung der Vdfl. besitzt. Die Type befindet sich im Naturhistorischen Hofmuseum in Wien.

394. *T. Fuscipunctella* Hw. Kamb. VI.

395. *T. Pellionella* L. Kamb. VI., Kal. IX.

396. *Tineola Crassicornella* Z. Kal. IX. Drei Exemplare.

Micropterygidae.

*397. *Micropteryx Idae* n. sp. ♂.

Nahe verwandt mit *Aruncella* Sc., die Kopfhaare jedoch schwärzlichbraun, die Fühler etwas dünner, über 1/2 des Vorderrandes reichend, die Beine braun, gelblich glänzend. Die spitzen, gefurchten, goldigbraunen Vdfl. zeigen nahe der dunkelbraunen Flügelbasis einen viereckigen, scharf begrenzten, grüngoldigen Innenrandsfleck, der nur bis zur Falte reicht, also breiter als hoch ist. Sonst fehlt jede Zeichnung. Die dunkelbraunen Htfl., mit schwachem Purpurschimmer, glänzen gegen die Spitze etwas goldig Vdfllänge 2,8 mm.

Nur 2 theilweise gut erhaltene ♂ von Kamb. V., wo sie auf einem blühenden Euphorbiabusch gefangen wurden. Nach einem Wunsche von Herrn Holtz nach seiner Gattin und Sammelgenossin benannt. Die Typen befinden sich im Naturhist. Hofmuseum in Wien.

Beiträge zur Kenntnis der Orthopterenfauna Griechenlands

von *Dr. Franz Werner* in Wien.

(Mit 2 Figuren im Text.)

Die nachfolgend angeführten Arten sind grossentheils von Herrn Martin Holtz und von mir im Jahre 1901 gesammelt worden; eine kleine Anzahl wurde von Herrn Dr. Carl Grafen Attems im Vorjahre erbeutet und mir freundlichst überlassen. Die Ausbeute von Herrn Holtz stammt aus den Peloponnes (Mai bis August)*), die meinige aus verschiedenen Theilen Griechenlands (April), die von Graf Attems grösstentheils von Lutraki bei Korinth (Mai, Juni). Wie bei der bisher noch immer recht ungenügenden Erforschung des Peloponnes zu erwarten war, haben sich unter den 57 gesammelten Arten einige für ganz Griechenland neue und eine überhaupt noch unbeschriebene gefunden, die theilweise in thiergeographischer Beziehung Interesse erwecken dürften. Die Reihenfolge der Aufzählung ist nach Brunner von Wattenwyl „Prodromus der europäischen Orthopteren, Leipzig 1882)."

I. Dermaptera.

Anisolabis maritima Bon.

Ich fand 2 ♂ und 2 ♀ unter Steinen am Rande der Lagune Koutavos bei Argostoli (Insel Cephalonia). Die Thiere schienen der Feuchtigkeit nicht abhold zu sein, da der Boden unter den Steinen sehr sumpfig war und manche von ben Steinen direct im Wasser lagen.

Forficula auricularia L.

Von Herrn Holtz bei Kambos, H. Vlasis und Kalavryta gesammelt.

---

*) Die Lage der Fundorte und andere Daten sind schon von Herrn Dr. Rebel in der Bearbeitung der Holtz'schen Lepidopteren-Ausbeute gegeben worden, wesshalb ich auf diese Arbeit verweisen kann.

**Ectobia livida* Fab.

Eine Larve von Herrn Holtz gleichfalls bei Kambos gefunden (V.). Von Brunner aus Griechenland nicht erwähnt.

II. Orthoptera genuina.

1. Blattodea.

Aphlebia marginata Schreb.

Von Herrn Holtz bei Kambos gefunden (V., VI.)

Loboptera decipiens Germ.

Von Herrn Holtz wie vorige Art bei Kambos gefunden (V., VI.).

2. Mantodea.

Mantis religiosa L.

Larven dieser Art sammelte Herr Graf Attems bei Lutraki.

**Fischeri baetica* Sauss.

Auch von dieser Art wurden vom Grafen Attems mehrere Larven von Lutraki mitgebracht. Von Brunner für Griechenland nicht erwähnt.

**Geomantis larvoides* Pantel.

Diese Mantide, die bisher nur aus Spanien bekannt war, fand ich zuerst 1900 bei Constantinopel und Brussa und 1901 auf dem Hymettos bei Athen (17. IV.). Trotz der grossen Aehnlichkeit mit *Fischeria*-Larven, der die Art wohl neben ihrer Kleinheit und Unansehnlichkeit ihre bisherige Unbekanntheit verdankt, lässt sie sich schon durch das kurze Pronotum und auffallend lange Abdomen leicht erkennen; erwachsene *Geomantis* sind von gleichgrossen *Fischeria*-Larven schon durch das absolute Fehlen jeder Spur von Flügelansätzen sofort zu unterscheiden Zwei sehr schöne erwachsene Exemplare fand Herr Holtz bei Kambos im Taygetos (13. VI.) und Kardamyli (21. VI.).

Ameles abjecta Cyrillo.

Wurde von Herrn Holtz in 3 ♀♀ Exemplaren und einigen Larven bei Kambos gefangen. Im Leben grün; eines der Exemplare lässt die grüne Färbung noch sehr schön erkennen. Wird wie die nächstfolgende

Ameles decolor Charp.

die ebenfalls von Herrn Holtz bei Kambos (V., VI) aber auch bei Kalavryta (IX) gefangen wurde, (aber nur ♂♂, braune und grüne,) von Brunner aus dem Peloponnes nicht erwähnt.

Ameles Heldreichi Br.

Ich fand 3 Larven an verschiedenen Stellen der Umgebung von Argostoli (Insel Cephalonia), darunter eine grüne, welche Färbung bei dieser Art bisher noch nicht bekannt war, ebenso wie der Fundort: Cephalonia neu für die Art ist. Bei Athen (Hymettos) fand ich diese Mantide am 17. IV. 1901 in grossen Larven und erwachsenen Exemplaren beiderlei Geschlechtes, so dass sie neben *Empusa fasciata* zu den am frühesten entwickelten Mantiden gehört.

Empusa fasciata Brullé.

Grosse ♀ Larven mit Flügelansätzen fand ich bei Patras und Tripolita in Arkadien. Herr Holtz sammelte die Art in mehreren schönen Exemplaren bei Kambos im Taygetos (Anfangs Mai).

3. Phasmodea.

Bacillus gallicus Charp.

Ein ♀ wurde von Herrn Holtz am 1. Juni bei Kambos im Taygetos gefangen.

4. Acriodea.

**Tryxalis unguiculata* Ramb.

Von dieser prächtigen Art brachte H. Holtz Exemplare von Kambos (V., VI.) heim. Brunner erwähnt sie von Griechenland nicht.

**Stenebothrus nigromaculatus* H-S.

Ein ♂ vom Taygetos (2000 m) 10. VII. (leg. Holtz). Von Brunner aus Griechenland nicht erwähnt.

**Stenobothrus miniatus* Charp.

Wurde von Holtz auf dem Chelmos 1500 m hoch gefunden (15. August). Von Brunner aus Griechenland nicht erwähnt.

Stenobothrus rufipes Zett.

Kambos, Taygetos VI. (Holtz), Patras, Phaleron bei Athen, Lycabettos bei Athen, Kalamata, IV. (Werner).

Die Holtz'schen Exemplare, 2 ♂♂, sind oberseits fast schwarz; bei den meinigen ist der Kopf, das Pronotum zwischen den Kielen und der Rücken der Flügeldecken hell (grün, ockergelb; bis gelblichweiss).

**Stenobothrus haemorrhoidalis* Charp.

♂ von Kalavryta (24. VIII.) und Kambos (1. VI.); ♀ von Hagios Vlasis 29. VII. (Holtz). Von Brunner aus Griechenland nicht angegeben.

Stenobothrus bicolor Charp.

Diese häufigste der südeuropäischen *Stenobothrus*-Arten wurde von Holtz bei Hagios Vlasis, Kalavryta, Kambos, Pigadia, im Taygetos (bis zu 2000 m) und auf dem Chelmos (in 1500 m Höhe) gefunden. Ich sammelte sie bei Olympia.

var. Brunneri n.

Unterscheidet sich durch die abgekürzten Flügeldecken vom Typus und wurde von Brunner vom Amur erwähnt (p. 121). In Griechenland bewohnt sie die höheren Theile des Peloponnes (H. Vlasis 800—1300 m; Chelmos 1500 m; Olonos und Taygetos 2000 m).

**Stenobothrus dorsatus* Zett.

Von Holtz bei Kalavryta (VIII) und Hagios Vlasis (VII., VIII) gefunden, zeigt Anklänge sowohl zu *St. elegans* wie zu *St. pulvinatus*, sodass manche Exemplare wirklich schwer zu identificiren sind. Flügeldecken des ♀ fast ausnahmslos mit weissem Längsstreifen. Bei zwei ♀♀ ist die Oberseite des Kopfes, des Pronotum zwischen den Kielen und die Flügeldecken schön grün, die Seiten des Pronotums gelbbraun. Von Brunner aus Griechenland nicht erwähnt.

Stenobothrus parallelus Zett.

3 ♂♂ von Kalavryta (Holtz).

Stauronotus maroccanus Thunbg.

Von H. Holtz bei Kambos und H. Vlasis gefangen (3. VIII).

Stethophyma turcomanum Fisch. d. W.

Ich fing eine kleine Larve bei Tripolitsa in Arkadien. H. Holtz sammelte sie in schönen Exemplaren bei Kambos (V., VI.).

Stethophyma labiatum Brullé.

Bei Athen (Hymettos) am 17. IV. schon ein vollständig erwachsenes ♂ gefangen. Herr Holtz sammelte 1 ♂ und 1 ♀ bei Kambos 21. IV.), Herr Graf Attems ein ♀ bei Lutraki. Südlich von Athen anscheinend vorher noch nicht gefunden.

Epacromia strepens Latr.

Einer der häufigsten Acridier des südöstlichen Mittelmeergebietes. Von mir auf Corfu, Santa Maura und Cephalonia, auf dem Hymettos, bei Phaleron, Patras, von Holtz bei Kambos (V., VI.) und H. Vlasis gefangen. Schon im März vollständig entwickelt.

Acrotylus patruelis Sturm.

Nicht selten am Meeresstrand bei Phaleron, in Gesellschaft von

Pyrgomorpha grylloides und *Cicindela littoralis.* Ausserdem bei Kalamata und von Holtz bei Kambos gefangen; aus Morea von Brunner nicht angegeben.

Oedipoda miniata Pall.

Von Herrn Grafen Attems bei Lutraki und von Herrn Holtz bei Kambos und Gaitsaes (VI) Kalavryta und H. Vlasis (VIII) gefangen. In Griechenland anscheinend seltener als im Norden der Balkanhalbinsel und durch die nachfolgende Art ersetzt, von der die griechischen Stücke übrigens sehr schwer zu unterscheiden sind, da sie mit der Flügelzeichnung der *miniata* die Flügelfärbung von *gratiosa* in allen Uebergängen zu *miniata* und den deutlichen Pronotumkiel der *gratiosa* verbinden.

Oedipodia gratiosa Serv.

Lutraki (leg. Attems).

Oedipoda coerulescens L.

H. Vlasis und Kalavryta (VIII) und Kambos (VI.) (leg. Holtz)

Oedaleus nigrofasciatus De Geer.

Lutraki (leg. Attems) Kardamyli (21. VI), Hagios Vlasis (VII). Kalavryta (VIII.) (leg. Holtz).

Pachytylus danicus L.

Ich fand diese Art nicht selten auf den Hügeln der Umgebung von Patras, in Gesellschaft des *Acridium aegyptium* L. Herr Holtz fing sie bei Kambos, Kardamyli (V., VI.) Kalavryta (IX.).

Glyphanes obtusus Fieb.

Die Larven dieser Art fand ich in ausserordentlicher Menge auf dem Hymettos bei Athen (17. IV.). Sie waren sehr variabel in der Färbung und trefflich dem Boden angepasst. Herr Graf Attems erbeutete 2 Pärchen bei Lutraki.

Pyrgomorpha grylloides Latr.

Häufig von mir bei Patras, Phaleron bei Athen und bei Kalamata gefangen.

Acridium aegyptium L.

Ueberall häufig: Corfu, Santa Maura, Ithaka, Cephalonia, Patras, Sparta, Ladhá im Taygetos (leg. Werner). Kambos (IV.—VI.), (leg. Holtz).

Caloptenus italicus L.

H. Vlasis, Kalavryta (VIII) und Kambos (VII.) leg. Holtz.

Platyphyma giornae Rossi.

Patras (leg. Werner); H. Vlasis und Kambos (leg. Holtz).

Tettix subulatus L.

Argostoli, Cephalonia (leg. Werner).

Tettix depressus Bris.

Corfu (leg. Werner).

Paratettix meridionalis Ramb.

Kambos (V.), Gaitzaés (VI.), Kalavryta (VIII.) (leg. Holtz).

5. Locustodea.

Callimenus oniscus Charp.

Ich fand zwei Larven bei Tripolitsa in Arkadien. Herr Graf Attems brachte ein ♀ von Mykenae mit (6. VI.). Die beiden erwachsenen Thieren hellgelben Längsstreifen des Abdomens sind bei den Larven ebenso wie Pronotum und Kopf graubraun. Die Art war bisher südlich von Athen noch nicht nachgewiesen.

Poecilimon propinquus Br.

Von dieser prächtigen Art sammelte ich zahlreiche Exemplare auf dem Hymettos bei Athen (19. IV.) und zwar neben Larven auch schon sehr viele vollkommen entwickelte und ausgefärbte Exemplare. Das Abdomen ist bei den erwachsenen Exemplaren an den Seiten grün, oben aber mit drei schwarzen, an den Hinterrändern der Segmente leiterförmig quer verbundenen Längsbinden, zwischen welchen die Grundfarbe weiss erscheint.

**Poecilimon holtzi* n. sp.

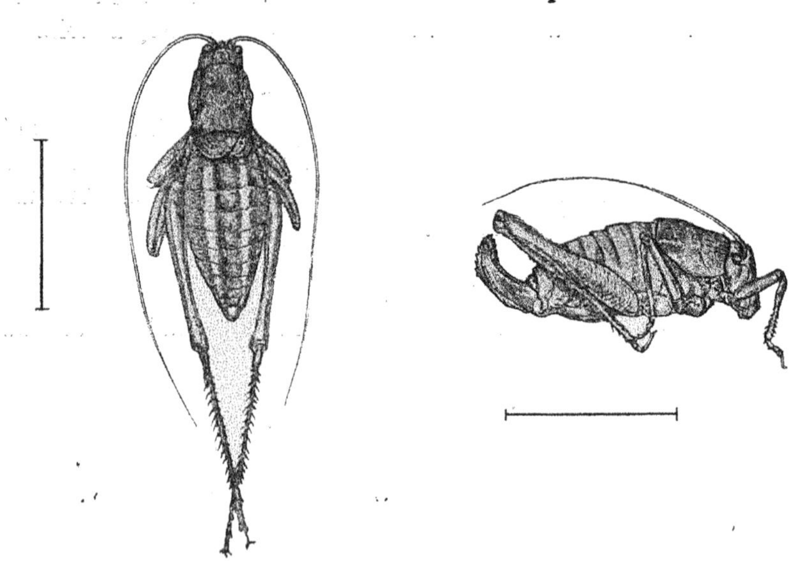

Viridis. Fastigium verticis compressum, late sulcatum, cum fastigio frontis contiguum. Antennae unicolores aut indistincte rufescente-annulatae. Pronotum convexum, utrinque linea albida ornatum, lobis deflexis margine posteriore subrecto. Elytra flavescentia, in ♂ pronoto haud obtecta, in ♂ margine posteriore tantum libero. Pedes unicolores. Abdomen supra vittis duabus albescentibus ornatum (♂) aut unicolor (♀ et varietas); his vittis interdum (♂) indistinctius in pronotum continuatis, inter lineis albidis lateralibus decurrentibus. Cerci ♂ apice breviter incurvi, simpliciter mucronati, lamina subgenitali paulo longiores. Lamina subgenitalis ♂ elongata, medio distincte carinata, apice truncata aut leviter emarginata. Ovipositor latus, subrectus, apice incurvus, fortiter serrato-crenatus. ♂♀.

	♂.	♀.
Longitudo corporis	21 mm	20 mm.
„ pronoti	6 „	7 „
„ elytrorum	3 „	1 „
„ ovipositoris	— „	10 „
Longitudo femorum posticorum	17 „	18 „

Varietas: Testacea, fere unicolor, segmentis abdominalibus basi nigris.

Habitat: Kambos, Taygetos (V.) (leg. Holtz).

Acrometopa Servillea Brullé.

Lutraki, ein ♀ (leg. Attems), 8 ♂♂ von Kambos (V. VI.); Kalavryta (VIII) (leg. Holtz).

Tylopsis liliifolia Fab.

Nision (2. VII.) und Kalavryta (VIII, IX) (leg. Holtz).

Locusta viridissima L.

Kambos (20. VII) (♀); ♂ bei 1500 m im Taygetos 26. VI. (leg. Holtz).

Drymadusa spectabilis Stein.

Kambos (2 ♂, 1 ♀) leg. Holtz (VI. VII) Diese grösste und schöuste Decticide Europas wird von Brunner im „Prodromus" nur für den Parnass angegeben, wurde aber seither von ihm selbst auf Cerigo gefunden, welche beide Fundorte nur durch die Auffindung im Taygetos verbunden sind.

**Drymadusa limbata* Br.

Von dieser bisher nur aus Kleinasien und Syrien bekannten

Art sammelte Herr Holtz mehrere Larven bei Kambos (VI).

Rhacocleis discrepans Fieb.

Nur ein einziges Exemplar von Kambos (leg. Holtz).

Platycleis affinis Tiel.

Lutraki, ♂♀ (leg. Attems) 5 ♂♂ 2 ♀♀ Kalavryta (VIII., IX), Chelmos (15. VIII., 1500 m) (leg. Holtz).

Platycleis intermedia Serv.

Kambos, ♂♀ (leg. Holtz) (VI.). Merkwürdig ist, dass die in Kleinasien so artenreich vertretene Gattung Thamnotrizon auf dem griechischen Festlande nur sehr wenige, in Morea speciell eine einzige, gar nicht häufige Art (*Th. femoratus*) zählt.

Saga vittata Fisch. de W.

Lutraki, ♂♀, 8. VI. (leg. Attems).

Saga serrata Fab.

Tripolitza in Arkadien, 2 Larven (leg. Werner).

Dolichopoda palpata Sulz.

Corfu, ein ♂, 26. IV. (leg. Attems).

6. Gryllodea.

Oecanthus pellucens Scop.

Kalavryta (leg. Holtz).

Gryllus bimaculatus de Geer,

Phaleron, Meeresstrand (leg. Werner) 1 ♀ (V.), Kambos, 1 ♀ Vlasis (VIII.) leg. Holtz).

Gryllus desertus Pall.

Corfu, 1 ♂ Larve (leg. Werner).

Gryllus burdigalensis Latr. var. *Cerisyi* Lerv.

Kambos (leg. Holtz) 1 ♀ (VII.).

Varietäten und Aberrationen von Papilio podalirius L.

Uebersicht über die Variabilität dieser Species.

Von *Oskar Schultz.*

(Mit Tafel II).

In folgendem werden die Querbinden bei normalen Stücken wie folgt bezeichnet:

No. 1 ist das hart an der Basis des Vorderflügels liegende, als Binde betrachtete, kleine schwarze Wurzelfeld.

No. 2 ist die folgende, meist mit No. 1 zusammengeflossene kurze Binde.

No. 3 ist das breite, den Hinterrand erreichende Querband.

No. 4 folgt klein und keilförmig in der Zelle.

No. 5/6 ist die, oft am Vorderrand noch deutlich getrennte, die Zelle abschliessende und bis zum Hinterrand reichende Doppel-Binde im diskalen Flügelteil.

No. 7 ist die nächste kurze, ausserhalb der Zelle liegende Binde, welche etwa bis zur vorderen Mediana reicht.

No. 8/9 ist die meist zusammengeflossene submarginale Keilbinde.

No. 10. ist die schwarze Aussenrandbinde.

Nur in selteneren Fällen tritt zwischen Querbinde No. 4 und 5/6 noch ein weiterer Querstreifen No. 4ª auf.

Aberrative Exemplare, welche durch Temperatur-Experimente erzielt worden sind, sind in dieser Arbeit nicht berücksichtigt worden.

Die Bezeichnungen der Zeitformen sind dem Lepidopt. Katalog von Staudinger-Rebel 3. Aufl. entsprechend gewählt, es bedeutet:

Gen. vern. (Generatio vernalis) = Frühjahrsform.

Gen. aest. (Generatio aestivalis) = Sommerform.

I. Varietäten und Zeitformen.

1. Papilio podalirius gen. aest. *zanclaeus* Zell.

Zeller, Isis (Encyclopaed. Zeitschrift) Leipzig 1847 p. 213. Calberla, Iris p. 121 1884. Minà-Palumbo e Failla-

Tedaldi, Natur. Sicil. 1889 p. 20. Eimer, Artbild. Schmetterlinge 1889 p. 72. Rühl Grossschm. p. 80; Bromilow, Entomolog. 1893 p. 347; Caradja Iris VI 1894 p. 169. Rothschild in den Novitates Zoologicae London Vol. II. 1895 p. 404.

Zweite Generation in Südeuropa.

Grundfarbe nur wenig blasser als bei der Stammform; Hinterleib namentlich beim ♀ stark weiss bestäubt (mit zwei schwarzen Längslinien).

Stirnhaare kurz. Vorderflügel breiter als bei der Stammform. Binde 10 und Binde 8/9 verschmälern sich nach dem Innenrande zu weniger als bei der Stammform. Binde 5/6 nicht in gerader Linie den Innenrand erreichend, sondern wurzelwärts schwach gebogen.

Hinterflügel mit längeren Schwänzen als bei der Stammform; die Schwanzenden breiter weiss. Stirn kurz behaart wie gen. aest. *Lotteri* Aust.).

Fluggebiet: Haute-Garonne, Riviera. [in der röm. Campagna, in Toskana, auf Sicilien (Palermo, Messina als Sommerform), in Griechenland, im Kaukasus, in Kleinasien. In Mitteleuropa Uebergänge zu *Zanclaeus* Z.

2. *Pap. pod.* var. *Feisthameli* Dup.

Duponchel, Histoire naturelle des Lépidoptères, Supplement Tome I p. 7 Taf. I Fig. 1 1832. Herrich-Schäffer, Schmett. Eur. I f. 414—416; Levaillant, Ann. Soc. Ent. Fr. 1848 p. 407; Lucas ib. Bull. 1850 p. 83; Lederer, Verb. z. b. Ges. Wien. p. 27. 1852; Rambur, Lep. de l'Andalousie p. 59 n. 1 1858; Felder, Verb. z. b. Ges. Wien 1864 p. 303 n. 208 u. p. 348 n. 113. Graslin, Ann. Soc. Ent. Fr. 1863 p. 331; Allard, Ann. Soc. Ent. Fr. 1867 p. 312; Staudinger, Ent. Mo. Mag. 1880 p. 181; Oberthür, Ann. Soc. Ent. Fr. 1886 p. 165; Elwes, Tr. Ent. Soc. Lond 1887 p. 389; Seriziat, Cat. Lep. Coll. p. 2 n. 1; Voigt. Stett. Ent. Ztg. 1890 p. 22; Staudinger, Iris V. 1892 p. 277; Rühl, Grosschm. p. 80 u. 693; Caradja, Iris VI 1894 p. 169; Eimer, Artb. und Verwandtschaft bei Schmetterlingen I p. 69; Rothschild, Nov. Zool. II p. 404.

Grundfarbe sehr hell, weisslich. Die gelbere Färbung der Stammform ist nur am Vorderrande und Aussenrand der Vorderflügel manchmal bemerkbar, ebenso am Innenwinkel der Hinterflügel.

Auf der Grundfarbe treten die Querbinden tiefer schwarz und schärfer begrenzt hervor, sämmtliche Binden sind einfach. Auffallend ist die Verbreiterung der Binde 7, welche Eigenschaft indessen diese Varietät mit der gen. aest. *Lotteri* Aust. teilt.

Hinterflügel: Die blauen Randmonde gewöhnlich weniger intensiv als bei der Stammform; ihr Saum schwach rosenrot gefärbt. Der schwarze Saum am Vorderrande breiter als bei der Stammform. Die orangegelbe Einfassung des Auges ist aussen meist bedeutend breiter als innen, bisweilen auch an Breite fast gleichförmig. Die Basalstreifen (Binde 1/2) kräftig entwickelt und schwarz bestäubt. Mittelstreifen stets ohne Gelb. Leib in beiden Geschlechtern oben schwarz mit nur einer breiten schwarzen seitlichen Längslinie; die schwarzen Seitenstreifen am Hinterleib fehlen häufig.

Ein Exemplar dieser Art (♂) befindet sich in meiner Sammlung, welches in folgendem von dieser Beschreibung abweicht. Das Afterauge der Hinterflügel ist dunkelblau, stark schwarz umrandet; von einer orangefarbenen Umgrenzung desselben fehlt jede Spur. Ausserdem tritt zwischen Querbinde 4 und 5/6 bei diesem Exemplar noch ein deutlicher Querstreifen No. 4a auf (siehe weiter unten ab. *undecimlineatus* Eim.). Die Provenienz des qu. Stückes ist mir leider nicht bekannt.

Ein anderes aberrierendes Exemplar (♂) der var. *Feisthameli* Dup. aus der Sammlung des Herrn Carl Frings in Bonn beschreibt derselbe wie folgt: Zeichnung sehr breit und tiefschwarz. Binde 8/9 und. 10 nach dem Innenrande zu zusammenfliessend, sodass die helle Saumbinde teilweise fehlt. Binde 5/6 und 7 zeigen ebenfalls Neigung zum Zusammenfliessen. Dies Exemplar stammt aus Spanien (Frühjahrsform).

Als Fluggebiet der var. *Feisthameli* Dup. kommen in Betracht: Südfrankreich (Ost- und Westpyrenäen; hier II. Generation), Spanien (Andalusien, Valenzia, Katalonien, Barcelona), Portugal (Algarbien). — Nordwestafrika (Algerien; Prov. Algier, Constantine, Oran; Tunis und Marokko; hier als I. Gen.). — Kaukasus — Mittelasien (Smyrna, Ephesus).

3. *Papilio pod.* gen. vern. *Miegii* Thierry-Mieg.

Thierry-Mieg, Le Naturaliste Paris 1889 XI p. 74; 187; Rühl, Grossschmetterlinge p. 87 und Nachtrag; Caradja, Iris VI p. 169 (1894); Rothschild, Nov. Zool. II p. 401 (ab. *miegii* Mieg).

Diese Form steht in der Mitte zwischen der Stammform und

der var. *Feisthameli* Dup. I. Generation in den Ostpyrenäen (II. Gen. var. *Feisthameli* Dup.)

Kleiner als die var. *Feisthameli* Dup. Grundfarbe beim ♂ stets weiss, beim ♀ fast immer blassgelb.

Unterscheidet sich leicht von der var. *Feisthameli* Dup.: Durch die ganz schwarze Innenrandsbinde der Hinterflügeloberseite. Bei der var. *Feisthameli* Dup. wird dieselbe in ihrer ganzen Länge von der Mitte an durch ein mehr oder minder breites weisses Band getrennt; bei *Miegii* Thierry-Mieg ♂ fehlt dieses Band; bei *Miegii* ♀ kommt bisweilen eine Spur dieses weissen Bandes in Form einer kaum sichtbaren weissen Linie zum Vorschein.

Schwänze der Hinterflügel nur kurz. Fluggebiet: Südöstliches Frankreich; Ostpyrenäen; Katalonien.

4. *Papilio pod.* gen. aest. *Lotteri* Aust.

Austaut, Petites Nouvelles Entomologiques 1879 p. 304, 293; Oberthür, Et. d'Ent. IV p. 64 sub n. 163; Baker, Ent. Mo. Mag. XXII 1886 p. 250; Latteri (ex errore); Eimer, Artbildung u. Verwandtschaft bei den Schmetterlingen I p. 72 Abbild. Taf. I fig. 4; Rühl, Grossschm. p. 8, 693; Rothschild, Nov. Zool. II p. 405.

Bedeutend grösser als die var. *Feisthameli* Dup.

Grundfarbe: weisslich mit 8 scharf begrenzten Querbinden (Binde 5/6 und 8/9 zu je einer verschmolzen). Ausser durch die Grösse leicht durch folgende Merkmale von der var. *Feisthameli* Dup. zu unterscheiden:

1. Hinterleib oben fast weiss mit nur einer schmalen schwarzen Seitenlinie.
2. Die rotgelbe Afteraugenfleckbinde der Hinterflügel sehr schmaler Streifen, nur wenig nach aussen verbreitert.
3. Halbmondflecke der Hinterfl. schöner blau.
4. Hinterflügel am Aussenrande stark gezackt, Saum derselben nicht ganz so dunkel
5. Stirn mit kurzen Haaren.

Der Stammform gegenüber zeigt sich — abgesehen von anderem Flügelschnitt und Grössendifferenz — bei *Lotteri* Aust. Binde 7 mehr verbreitert (wie bei der var. *Feisthameli* Dup.); Leib weisslich bestäubt; Schwänze der Hinterflügel länger, mit mehr Weiss. Stirn kurz behaart.

Fluggebiet: Nordafrika (Algerien, II. Generation von var. *Feisthameli* Dup.).

5. *Pap. pod.* var. *virgatus* Butl.

Butler, Proceed Zool. Soc. 1865 p. 430 und 431. Abbildung Taf. 25 fig. 1; Eimer l c. p. 74; Rühl, Grossschm. p. 80; Rothschild, Novitates zoologicae H p. 405.

Nach Butler eine besondere Art. Bedeutend kleiner als die Stammform.

Grundfarbe blass, weisslich mit gelblichem Vorderrand der Vorderflügel.

Hinterleib schwärzlich mit einer Längslinie zu beiden Seiten.

Unterscheidet sich leicht von den übrigen Formen:

1. Die Hinterflügel sind schmaler und mehr zugespitzt als bei allen andern Formen.
2. Die Basalstreifen (Binde 1 u. 2) der Hinterflugel noch schwächer als bei *smyrnensis* Eim.
3. Die orangefarbene Begrenzung des Afteraugenfleckes schmaler als bei den vorstehenden Varietäten.

Das Schwarz des vorderen Teiles des Aussenrandes der Hinterflügel ist auf die zwei schmalen Randbinden beschränkt.

Schwänze der Hinterflügel: verhältnismässig lang.

Flüggebiet: Von Butler zuerst bei Damaskus gefunden, überhaupt in Syrien. (? I. Gen. zu *smyrnensis* Eim.).

6. *Papilio pod.* gen. aest. *smyrnensis* Eim.

Eimer, Artbildung und Verwandtschaft bei Schmetterlingen Jena I p. 94. Abbildung.

Die grösste aller Segelfalter-Varietäten, noch grösser als *Lotteri* Aust., mit den längsten Schwänzen.

Grundfarbe: weissgelb oder lichtgelb; nie so gelb wie bei der Stammform. Vorderrand der Vorderflügel gelber wie die übrige Flügelfläche. Stets ist die Schwanzecke der Hinterflügel nach vorn bis zum Aussenrande des Orangegelb der Afteraugenzeichnung auffallend schwefelgelb.

Oberseite des Leibes von hinten nach vorn und zu beiden Seiten weiss bis weisslichgelb bestäubt. Die obere schwarze Seitenlinie fehlt. Mit kurzen Stirnhaaren.

Auf den ersten Blick von anderen Varietäten zu unterscheiden:

1. Binde 8/9 sehr verkürzt, nur bis zum ersten oder zweiten Medianaderast reichend; Binde 5/6 ebenfalls verkürzt, wenig gespalten, bis zur Submedianader verlaufend.
2. Basalstreifen (Binde 1 und 2) der Hinterflügel nur sehr schwach angedeutet, zum Teil verschwunden. Ebenso fehlt das sie begrenzende Schwarz oberhalb der orangefarbenen After-Augen-

Fleckung entweder völlig oder ist nur sehr schwach vorhanden.

Der orangegelbe Fleck der Hinterflügel ist nicht schmal, sondern besonders breit und bildet eine quergelagerte Binde. Die blauen Halbmonde des Hinterflügelrandes sehr gross und glänzend blau; ebenso der blaue Kern des Afterauges sehr schön ausgeprägt.

Schwänze sehr lang; deren Enden breiter weiss als bei der Stammform.

Fluggebiet: In Kleinasien (Smyrna) als Sommerform.

7. *Pap. pod.* var. *podalirinus* Obth.

Oberthür, Études d'Entomologie XIII 1890 p. 37. Taf. 9 Figur 99 (Abbildung); Leech, Butterfliess from China, Japan and Corea, London Part. H p. 519; Rothschild Nov. Zool. H p. 405.

Vorderflügel dunkler, mit breiterer schwarzer Streifenzeichnung. Diese Form unterscheidet sich nach Leech vom Typus dadurch, dass alle dunklen Querstreifen der Vorderflügel breiter sind und mehr zusammenhängen; das Mittelfeld der Vorderflügel dunkel bestäubt. Zwischen den schwarzen Mittelstreifen der Hinterflügel ein hellrötliches Band; der Fleck über dem Analauge von derselben Färbung.

Fluggebiet: West-China (Tse-ku; Ta-tsien-lu), sehr selten; wahrscheinlich häufiger im eigentlichen Thibet (nach Rothschild).

II. Aberrationen.

1. *Papilio pod.* ab. *undecimlineatus* Eim.

Eimer, Artbildung und Verwandtschaft bei den Schmettterlingen Jena I p. 41 Taf. I Figur 3 (Abbildung). Rühl, Grossschmetterl. p. 80. 693; Rothschild, Novitates Zoologicae II p. 404.

Zwischen Querbinde 4 und 5/6 tritt bei dieser Aberration ein deutlicher Querstreifen No 4[a] auf, welcher von der Medianader bis zum Vorderrand reicht. Gilt Binde 5/6, sowie 8/9 als doppelte Binde (aus je 2 Binden zusammengeflossen), so zeigt diese Aberration 11 Querbinden; daher die Bezeichnung: ab. *undecimlineatus.*

Die Binden treten bei dieser Aberration oft deutlich d. h. scharf gegen die Grundfarbe abgegrenzt auf. Nicht selten indessen zeigen auch Exemplare von ab. *undecimlineatus* Eim. ausser anderen Unterschieden verschwommene Zeichnung. Mehrere Stücke aus meiner Sammlung zeigen diese Eigentümlichkeit in höchst characteristischer Weise.

Bei diesen ist insbesondere Binde 7 der Vorderflügel undeutlich und verschwommen; ferner ist Binde 3 sehr breit bis zur Mittelader angelegt, von da an nach dem Innenrande zu sich stark verdünnend. Binde 4 ist Binde 3 auffallend genähert. Binde 8/9 und Binde 10 sind nur in ihrem oberen Teile deutlich, sonst zusammengeflossen. Binde 8 und 9, sowie Binde 5 und 6 sind oft durch mehr oder minder gelbe Bestäubung getrennt, besondes bei weiblichen Exemplaren. Die Adern der Flügel sind dunkler als beim typischen *Podalirius.*

Auf den Hinterflügeln zeigen diese Exemplare auffallend starke, schon am Vorderrande beginnende schwarze Saumbestäubung, auf welcher sich die blauen Mondflecke nur schwach markieren. Das Analauge der Hinterflügel zeigt nur einzelne Spuren blauer Bestäubung (auch das hierhergehörige Exemplar aus der Gubener Ent. Zeitschr. XI 1897 p. 64).

Als Uebergänge zur ab. *undecimlineatus* Eim müssen gelten diejenigen Exemplare, welche die characteristische Querbinde 4ª nur punktförmig aufweisen, sowie diejenigen, welche zwar zwischen Binde 4 und 5/6 eine strichförmige Verdunkelung aufzeigen, ohne dass diese jedoch den Vorderrand des Vorderflügels erreicht.

H. Stichel beschreibt in der Insectenbörse 18. Jahrgang No. 12. p. 93, auch Berl. Ent. Z. v. 47 Sb. p. 3—5 Fig. 1—3)*), mehrere solche in der Anlage und Ausdehnung der Binden variable Uebergänge zur ab. *undecimlineatus* Eim. wie folgt: (aus dem Harz, gezogen).

1. Die im Mittelfeld aberrativ auftretende Binde 4ª nur schwach. Binde 5 und 6, die in der Regel zusammenfliessen, sind deutlich getrennt, ihre Fortsetzung nach dem Innenrand nicht in der Verlängerung von 5, sondern unterhalb Mediana 3 deutlich nach aussen gerückt zwischen 5 und 6. Mittelbinde der Hinterflügel im oberen Teil deutlich ziegelrot ausgefüllt; im Analauge der Hinterflügel nur einzelne Spuren blauer Bestäubung, rotes Colorit breit und intensiv, blaue Randmonde reduciert.

2. ♂. Schwarze Bestäubung ungewiss begrenzt, schattenhaft. Binde 3 breit, entsendet einen schattierten Ausläufer aus dem Winkel von Mediana 1 nach aussen. Derselbe verbindet sich in schwacher Schattierung bogenförmig nach oben mit der aberrativ auftretenden Binde 4ª, Binde 5 und 6 verschwommen, endigen bei der Mediannader, so dass deren Fortsetzung nach dem Innenrand deutlich abgetrennt ist. Diese beginnt unterhalb Mediana 3. Binde 7 ist breit

*) Die Nummer-Bezeichnungen der Binden sind den im vorliegenden Artikel gewählten entsprechend umgeändert.

und schattenhaft und reicht bis Mediana 2, läuft also neben der Verlängerung der Binde 5 und 6 einher und ist leicht mit ihr verbunden. Hinterflügel wie die des vorigen; die rötliche Füllung der Mittelbinde reicht bis zum Analauge In dem reducierten schwarzen Teil des After-Augenfleckes oberseits keine Spur von Blau; Gesammteindruck: Matte Farbenentwicklung und Neigung zur Melanose.

3. ♂. Dem vorigen ähnlich. Die aberrativ auftretende Binde 4a ist deutlicher. Verlängerung von Binde 7 über Mediana hinaus nur schattenhaft. Binde 8/9 mit Binde 10 auf 2 Drittel der Länge verschwommen. Mittelbinde der Hinterflügel ohne rötliche Füllung, sonst wie das vorige Stück.

4 ♂. Dem vorigen ähnlich, aber mit intensiverer schwarzer Bestäubung, namentlich die verflossenen Binden 8/9 und 10 sehr breit und dunkel, alle drei deutlich bis zum Innenwinkel. Binde 5 und 6 deutlich getrennt. Die blauen Randmonde der Hinterflügel stehen sehr schmal und scharf begrenzt in breitem, intensiv schwarzen Saume.

Fundorte der ab *undecimlineatus* Eim.: Wohl überall selten unter der Stammform z. B. Böhmen, Oesterreich-Schlesien, Bayern, Preussisch Schlesien, Harz, sächsiche Schweiz, Württemberg (Tübingen), seltener an der Riviera, häufiger in den Karpathen und im nördlichen Afrika.

2. *Papilio pod.* ab. *galenus* Schultz.

Seltene Abart.

Binde 3 sehr breit, reicht nur von dem Vorderrande bis zur Mediana und verschwindet dann völlig.

Hinterflügelsaum nicht breiter schwarz, als bei typischen Exemplaren. Mittelstreifen der Hinterflügel verkürzt, nur bis oder nicht weit über die Mediaua hinaus reichend, schmal und ohne rote Füllung.

Uebergänge zeigen Binde 3 in gleicher Weise entwickelt, die Fortsetzung derselben über die Mediana hinaus bis zum Innenrand nur sehr schmal und schattenartig.

Ein Trausitus zur ab. *galenus* wird von H. Stichel in der Insectenbörse 18 Jahrgang No. 12 p. 93 unter No. 5 (auch Berl. Ent. Z. v. 47 Sb. (p. 5 fig. 4) beschrieben: Weibliches Exemplar. Die Bindenzeichnung hält sich in normalem Ton, ist aber sehr reduciert. Binde 3 ist deutlich bis zur Mediana, darüber hinaus bis zur Submediana nur angedeutet. Binde 5 und 6 unter der Mediana unterbrochen Die Verlängerung ist abgesetzt und nach aussen gerückt. Mittelbinde der Hinterflügel verkürzt, reicht nur bis zur Mediana, ist schmal und ohne rote Füllung Der schwarze Teil des Analauges ohne Blau. Der schwarze Saum schmal, ebenso die blauen Randmonde.

Ich erzog ein Exemplar der ab. *galenus* und zwei Uebergänge dazu aus Puppen, die aus Oesterreich stammten Das von Stichel beschriebene Exemplar (trans.) stammt aus dem Harz.

3. Papilio pod. ab. *spoliatus* Schultz.

Tafel H fig. 1.

Diese Abart fällt sofort dadurch auf, dass Querstreifen No. 4 (ebenso wie Querstreifen 4[a]) völlig fehlt. Zwischen Binde 3 und 5/6 ein breites gelbes Feld

Ein prächtiges Exemplar dieser Aberration liegt mir vor aus der Sammlung des Herrn A Pilz (Heinrichau): Die Querstreifen der Vorderflügel sind breit ausgeprägt, mit stark dunkler (ohne gelber) Bestäubung. Die Hinterflügel am Saume breit schwarz bestäubt. Die rote Einfassung des Afteraugenflecks stark ausgeprägt. Der Leib weiss bestäubt.

Ein sehr kleines weibliches Exemplar aus der Sammlung des Herrn C. Frings-Bonn (aus Carlsbad stammend) bildet den Uebergang zur ab. *spoliatus.* Binde 4 ist hier nur eben angedeutet. Binde 8/9 ist zusammengeflossen, übermässig breit; ebenso Binde 3 am Vorderrande auffallend breit, aber deutlich nur bis zur Mediana reichend, von dort ab nur durch schwache Bestäubung angedeutet. Hinterleib oben schwarz, ohne weisse Bestäubung. Die Zeichnung ist tiefschwarz, jedoch unscharf gegen die helle weisslichgelbe Grundfarbe abgesetzt.

4. Papilio pod. ab. *punctatus* Schultz,

Tafel H fig. 2.

Der vorigen Abart ähnlich

Querstreifen No. 4 fehlt hier nicht völlig; sondern ist am Vorderrande der Vorderflügel als grosser kreisrunder Fleck vorhanden.

Hinterflügel schmal schwarz am Saume; Mittelstreifen bei einem Exemplar rot ausgefüllt; bei einem anderen auffallend stark entwickelt, breit schwarz angelegt und sich nach dem Analauge verdünnend (beide Expl. aus der Coll. Pilz, Heinrichau)

Ein weiteres Exemplar der ab *punctatus* aus der Coll. Frings, Bonn,: Kleines ♀. Binden der Vorderflügel breit, aber verwaschen. Binde 4 nur aus einem rundlichen Flecken bestehend, am Vorderrande ausgelaufen. Hinterflügel kurz und auffällig abgerundet. Plauen (Voigtl.). 1 Exemplar in coll. Stichel, Berlin, ♂ der Abbildung entsprechend, unbekannter Herkunft.

5. *Papilio pod.* ab. *reductus* Schultz.
Tafel II fig. 3.

Alle schwarze Zeichnung ist überaus stark reduciert. Die Querbinden auf den Vorder- und Hinterflügeln sind nur am Vorderrand deutlich vorhanden, verschwinden in der Nähe der Mediana völlig oder lösen sich von da ab in ganz dünne dunkle Bestäubung auf, welche den Innenrand nicht erreicht.

1 Exemplar aus der Coll. Frings — Bonn. Die Binden der Vorderflügel nur am Vorderrande deutlich vorhanden, von der Mitte des Flügels ab undeutlich bestäubt, ohne den Innenrand zu erreichen. Nur Binde 10 normal. Binde 7 sehr schmal, Binde 3 sowie 8/9 stark mit gelben Schuppen untermischt. Auf den Hinterflügeln ist die Mittelbinde nur eben angedeutet. Randzeichnung der Hinterflügel etwas eingeschränkter wie normal. Die gelbliche Grundfarbe wie bei typischen Exemplaren von *Pap. podalirius* L. Die reducierte schwarze Färbung matt, fast grauschwarz. — Starkes weibliches Exemplar, im Mai 1897 in Schlesien gezogen.

Ein weiteres Exemplar aus der Coll. Pilz — Heinrichau: Binde 5/6 sind breit angelegt, gelb ausgefüllt; setzen sich aber nur in dünner Bestäubung weiter fort und erreichen bei weitem nicht den Innenrand. Keilbinde 8/9 stark gelb bestäubt, scharf getrennt; Binde 8 nur bis zur Mediana reichend; Binde 9 weiter, wenn auch nicht bis zum Innenrand. Der helle Raum zwischen Binde 9 und 10 sehr breit und deutlich. Mittelstreifen der Hinterflügel nur etwa bis zur Mitte des Flügels reichend. Mondflecke auf den Hinterflügeln sehr stark lichtblau glänzend. Afterauge lichtblau, breit rot umrandet. Grundfarbe weisslich gelb, nach dem Aussenrande zu dunkler gelb, besonders auf den Hinterflügeln.

Ein Exemplar der ab. *reductus* Schultz befindet sich in meiner Sammlung.

Die ab. *reductus* ist die hellste aller Podalirius-Aberrationen. Sie ist die der ab. *Schultzii* Bathke (siehe nachstehend!) entgegengesetzte Aberrationsrichtung und tritt höchst selten unter der Stammform auf.

6. *Papilio pod.* ab. *Schultzii* Bathke.
Tafel II fig. 6.

Bathke, Entom. Zeitschrift Iris, Dresden 1900 p. 332.

Die dunkelste aller bekannten Podalirius-Aberrationen, wohl die extremste Form dieser Aberrationsrichtung.

Alle Flügel stark verdunkelt. Vorderflügel: Ein breites dunkles

Feld längs des Vorderrandes. Binde 5/6 ist oberseits nicht erkennbar (unterseits schwach gelb ausgefüllt), nur Binde 4 tritt nach beiden Seiten lichter begrenzt, auf dem ohnehin düsteren Grunde noch dunkler hervor. Die Fortsetzung von Binde 5/6 fliesst nicht mit Binde 7 zusammen, sondern fliesst aus dem dunklen Vorderrandsfelde heraus in gerader Linie bis zum Innenrand. Hauptader stark schwarz bestäubt im Mittelfelde. Binde 8/9 schwarz, ohne weisse Bestäubung. Binde 8/9 und Binde 10 (erstere erreichen den Innenrand) zusammengeflossen; nur in ihrem obersten Drittel ist noch die Trennung erkennbar; bisweilen nach dem Innenrande zu mit einzelnen zerstreuten gelblichen Schuppen. Binde 1 und 2 breit zusammengeflossen. Die Flügeladern stark schwarz bestäubt, mehr hervortretend als bei der Stammform.

Hinterflügel: Basalstreifen und Mittelstreifen breit schwarz. Analauge nicht in 2 Flecken aufgelöst. Saum hier noch breiter schwarz, als bei den beiden nachstehenden Abarten. Die breite dunkle Bestäubung beginnt bereits am Vorderrand. Der Leib verdunkelt.

Zwei hierhergehörige Exemplare aus seiner Sammlung beschreibt mir Herr Carl Frings in folgender Weise:

a. ♂ Vorderflügel: Binde 8/9 und 10 fast ganz zusammengeflossen, sodass nur am Vorderrande die helle Saumlinie erhalten ist. Binde 7 nach dem Aussenrande hin stark ausgeflossen, verbindet sich in der Flügelmitte mit Binde 8/9. Ebenso fliesst in der Mitte des Flügels Binde 6 mit 7 zusammen. Binde 4 sehr verbreitert.

Hinterflügel mit starker schwarzer Bestäubung am Innen- und Aussenrande, Augenflecke schwarz, ohne Blau.

Zwischen Binde 4 und 5 stellt sich (wie bei ab. *undecimlineatus* Eim.) eine weitere Binde ein.

Alle schwarze Zeichnung sehr stark ausgesprochen. Leib fast ganz verdunkelt.

b. ♂. Grösser als das vorige Exemplar. Entspricht vollkommen demselben; nur sind die Binden in etwas anderer Weise zusammengeflossen. Binde 8/9 und 10 sind nahezu vollkommen mit einander verbunden; nur einige gelbe Schuppen erinnern an die lichte Saumlinie. No. 5/6 und 7 ist ein schwarzes Feld, welches aber mit 8/9 nicht in Verbindung steht. Mittelbinde der Hinterflügel übermässig breit. Alle Zeichnung tief sammetschwarz.

In Württemberg und Schlesien (Umgegend Sagans) im Freien gefangen; in Wiesbaden und Wien gezogen.

Uebergänge zu dieser extremen Form bilden die Abarten *nebuloso-maculatus* Sandb. und *nigrescens* Eim.

7. *Papilio pod.* ab. *nebulosomaculatus* Sandb.
Tafel II fig. 5.

Sandberger, Jahrbücher des Vereins für Naturkunde im Herzogtum Nassau, 11. Heft 1856. S. 97 (mit Abbildung).

Nicht so dunkel wie die ab. *Schultzii* Bathke.

Vorderflügel: Mit breitem dunklem Felde am Vorderrande der Vorderflügel. Binde 3 bis 7 sind zusammengeflossen; jedoch Binde 4 (diese sehr klein) und Binde 5/6 licht umgrenzt und sich deutlich abhebend. Binde 5/6 ist deutlich unterbrochen; der untere Teil derselben fliesst mit Fleck 7 zusammen. Beide zusammen bilden einen stark gebrochenen Querstreifen vom Vorder- bis zum Innenrande. Hauptader im Mittelfelde schwarz bestäubt. Binde 8/9 weiss bestäubt. Die helle Saumlinie zwischen Binde 8/9 und 10 deutlich erkennbar bis zum Innenrande. Binde 1 und 2 breit zusammengeflossen.

Hinterflügel: Analstreifen und Mittelstreifen breit schwarz, der letztere verschwommen. Afterauge schwarz, ohne Blau, in 2 Flecken getrennt. Saum mit verdüsterten Augenflecken und schwarzer, schmalerer Bestäubung, welche den Vorderrand bei weitem nicht erreicht.

Bei Weilburg (Hessen) gefangen.

8. *Papilio pod.* ab. *nigrescens* Eim.
Tafel II fig. 4.

Eimer, Artbildung und Verwandtschaft bei Schmetterlingen Jena I p. 82 Abbildung.

Noch heller als die ab. *nebuloso-maculatus* Sandb., jedoch dunkler als der typische *Podalirius* L.

Sämmtliche Querbinden auf der Oberseite „wie mit Tinte gemalt und auffallend roh und unfertig". Vorderer Teil von Binde 5/6 klexartig, in der Mitte noch eine Spur von Trennungslinie zeigend. Binde 7 sehr schmal, scharf, nahe 5/6 herangerückt oder damit verbunden. Binde 4 sehr kräftig, ausserordentlich vergrössert. (Bisweilen ein nach hinten zugespitztes Dreieck mit vorderer sehr breiter Grundlinie darstellend, dessen Seiten sehr unbestimmt begrenzt sind.) Binde 1 und Binde 2 fast zu einem breiten Bande verschmolzen. Binde 8/9 ereicht nicht den Innenrand und fliesst in ihrem unteren Teile mit Binde 10 zusammen.

Zwei Exemplare wurden in Tübingen erzogen. Zwei Falter, die aus Bonn a. Rh. stammten und Prof. Eimer vorlagen, zeigten annähernd dieselben Eigenschaften.

Aus analogen Erscheinungen bei Aberrationen anderer Arten können wir schliessen, dass die Formen ab. *nigrescens* Eim., ab. *nebuloso-maculatus* Sandb., ab. *Schultzii* Bathke ein und derselben Aberrationsrichtung unterworfen sind. Ihnen allen ist gemeinsam das Breiterwerden der schwarzen Zeichnung (besonders am Vorderrande) bezw. das Zusammenfliessen der Querstreifen: eine Eigenschaft, welche dem Falter im Ganzen je nach Ausprägung ein mehr oder minder verdüstertes Aussehen verleiht. Als bis jetzt bekannt gewordene extreme Entwicklungsform dieser Aberrationsrichtung kommt die ab *Schultzii* Bathke in Betracht. Die ersten Anfänge und Andeutungen dieser aberrativen Bildungen glaube ich bei jenen dunklen Formen suchen zu sollen, wie sie bereits gelegentlich der Beschreibung der ab. *undecimlineatus* Eim. (siehe dort) in dieser Arbeit erwähnt und beschrieben worden sind. Manche dieser Exemplare kommen der ab. *nigrescens* Eim., was die Intensivität und die Ausdehnung der schwarzen Färbung betrifft, bereits sehr nahe.*)

Bei *Papilio machaon* L. tritt eine analoge aberrative Form auf, die ab. *nigrofasciatus* Rothke, auch bei dieser ist Binde 8/9 und 10 zusammengeflossen, sodass die dazwischenliegenden gelben Mondflecke verschwinden. Die Costalflecken verbreitern sich ebenfalls und können teilweise zusammenfliessen.

Zum Schluss beschreibe ich noch einige aberrative Einzelexemplare von *Papilio podalirius* L., ohne dieselben zu benennen:

a ♀. Sehr schönes grosses Stück. Auf den Hinterflügeln zieht sich die rotgelbe Bestäubung des Mittelstreifens in breiter Ausdehnug vom Vorderrande bis zum Analauge. Analauge und Saum-Mondflecke schön lichtblau glänzend und gross (Coll. Schultz).

b. ♂. Auffallend breite, tiefschwarze Zeichnungen auf allen Flügeln. Das Rot der Hinterflügel-Mittelbinde dehnt sich auch auf Zelle II (vom Vorderrande gezählt) aus. Hinterflügel sehr lang geschwänzt. Innenrand derselben breit schwarz. Aus den Carpathen (Collection Frings).

---

*) Die von de Sélys aufgestellte Form var. *diluta* ist eine monströse Bildung und kann daher keinen Varietäten-Namen beanspruchen. (Ann. Soc. Ent. Belg. 1831 p. 4).

c. Kleines Exemplar. Vorderflügel: Schwarze Querstreifen intensiv, aber auffallend schmal. Querbinde 5/6 abgesetzt und am Vorderrande schwach weiss ausgefüllt; die Fortsetzung den Innenrand erreichend.

Hinterflügel: Anal- und Mittelstreifen sehr schwarz, das Analauge schwarz, ohne blaue Färbung und ohne rotgelbe Begrenzung.

Unterseits: Alle Streifen der Unterseite sehr stark ausgeprägt; Stelle zwischen dem Analauge und dem schwarzen Saum stark schwärzlich bestäubt. Von einer rotgelben Umgrenzung des Analauges keine Spur; das After-Auge in der Mitte schwach bläulich bestäubt.

(Coll. Pilz).

d. Assymmetrisch gezeichnetes Stück. Binde 7 auf dem rechten Vorderflügel etwa doppelt so breit wie auf dem linken und bedeutend breiter als der sie aussen begrenzende gelbe Streifen der Grundfärbung.

(Coll. Pfitzner, Sprottau).

e. ♀, sehr grosses Exemplar. Binde 5/6 der Vorderflügel breit gelb ausgefüllt, dann auffallend breit unterbrochen. Ihre Fortsetzung nach dem Innenrand zu nicht in ihrer Verlängerung, sondern ganz nach aussen gerückt unter Binde 7. Die Fortsetzung selbst bildet ein Dreieck, dessen Grundlinie halb so lang ist wie die beiden anderen Seiten; Grundlinie auffallend breit (Coll. Schultz).

f—g. Sehr interessantes Exemplar. Vorderflügel ganz durchsichtig; gelblich weisse Bestäubung geschwunden. Die schwarze Bindenzeichnung stark hervortretend.

Hinterflügel am Saume stark schwarz bestäubt. Analauge blau, schwarz umrandet; jedoch ohne rotgelbe Begrenzung (Coll. Pilz).

Ein ähnliches Exemplar, welches sich durch dünne Beschuppung der Flügel auszeichnet, in meiner Sammlung.

h. Querbinde No. 5/6 besonders stark entwickelt, breit länglich, ganz schwarz ohne gelbliche Ausfüllung, von der Mediana ab sich allmählich verdünnend bis zum Innenrande. Auf den Hinterflügeln macht sich schwarze Bestäubung nur in der Nähe der Schwanzenden bemerkbar; der Saum der Hinterflügel also sehr hell (Coll. Pilz).

i. Auffallend kleines Exemplar. Vorderflügel: Binde 4 stark punktförmig; Binde 5/6 am Vorderrande ebenfalls punktförmig; dann in breitem Streifen, der sich nach dem Innenrande verdünnt, verlaufend.

Hinterflügel: Mit stark schwarzer Bestäubung am Saum. Mittelstreifen am Vorderrande deutlich, nach dem Innenrande zu undeutlicher verlaufend. Schwänze der Hinterflügel sehr kurz (Coll. Pilz).

k. Ziemlich kleines ♂, Mai 1898 in Schlesien gezogen. Binden 8/9 nicht zusammengeflossen, sondern durch ein breites gelbes Band, das sich unscharf gegen die Binden absetzt, getrennt. Nur die schwarz bestäubten Adern deuten die normale Verschmelzung der Binden an. Ebenso sind die Binden 5/6 bis zur Mediana durch einen gelben Streifen, der den Vorderrand nicht vollkommen erreicht, getrennt (Coll. Frings, Bonn).

Erklärung der Tafel II.

Aberrationen von *Papilio podalirius* L.

Fig. 1. *Pap. pod.* ab. *spoliatus* Schultz.
„ 2. „ „ „ *punctatus* Schultz.
„ 3. „ „ „ *reductus* Schultz.
„ 4. „ „ „ *nigrescens* Eimer.
„ 5. „ „ „ *nebuloso-maculatus* Sandb. (trans. ad. ab. *Schultzii* Bathke).
„ 6. „ „ „ *Schultzii* Bathke.

Phygoscotus, nov. nom. gen. e fam. coleopt.

Von

W. A. Schulz, Busch bei Paderborn.

Der Name der bekannten exotischen Coleopteren- (Tenebrioniden-) Gattung *Spheniscus* Kirby, begründet im Jahre 1818, verlangt nach den heutigen zoologischen Nomenclaturgesetzen eine Aenderung, da er bereits lange vorher (1760) von Brisson für eine antarctische Vogelgattung vergeben war.

In anbetracht, dass die Käfer, um welche es sich hier handelt, ihren Familiennamen Lügen strafen, insofern als sie keineswegs eine nächtliche oder verborgene Lebensweise führen, vielmehr das helle Tageslicht lieben, worauf auch schon ihr im allgemeinen buntes Farbenkleid hindeutet, mögen sie hinfort unter der generischen Bezeichnung **Phygoscotus** (von *φεύγειν*, fliehen und *ὁ σκότος*, die Finsternis) geführt werden.

Lepidopterologische Notizen.

Von Dr. med. *P. Speiser*, Bischofsburg (Ostpreussen).

1. Bekanntlich sind die beiden Generationen, in denen *Chrysophanus phlaeas* L. erscheint, nur selten ganz gleich gefärbt, vielmehr unterscheidet sich die Mehrzahl der Stücke der zweiten, im Herbst fliegenden Generation, wenn das Jahr nur einigermassen warm war, durch eine mehr oder weniger starke Verdunkelung der Grundfarbe von den typisch gefärbten Stücken, wie sie die Frühjahrsgeneration bietet. Weismann hat seinerzeit in seinen „Neuen Versuchen zum Saisondimorphismus" noch besonders auf diese dunkleren Sommertiere und ihre Bedeutung als vermittelnder Uebergang zur Mittelmeerform, die schon von Fabricius als var. *eleus* abgetrennt wurde, hingewiesen. Vielfach werden auch in Sammlungen und faunistischen Uebersichten besonders hochgradig verdunkelte Sommerstücke direkt als var. *eleus* F. bezeichnet. Dies ist jedoch nicht richtig insofern, als sich var. *eleus* F. noch durch die sehr deutlichen Schwänzchen an den Hinterflügeln auszeichnet. Solche typischen Stücke der Varietät sind bei uns im nördlichen Deutschland sehr selten, sie kommen aber immerhin vereinzelt vor. Sehr häufig dagegen sind die vorher characterisierten verdunkelten Uebergangsformen. Fuchs hat sich daher für berechtigt gehalten, diesen dunklen Herbststücken ohne das Schwänzchen einen eigenen Namen als var. *transiens* zu geben.*) An sich ist diese Namengebung ja sehr zweckmässig, nur hat Fuchs übersehen, dass die Form schon einen Namen trägt. Sie wurde schon 1896 von Tutt als ab. *suffusa* benannt**), mit der kurzen aber deutlichen Charakterisierung „ground colour copperred suffused with black". Vorläufig muss also die Herbstgeneration in ihren dunklen Stücken als *Chrysophanus phlaeas* L. ab. *suffusa* Tutt.

*) Fuchs, Macrolepidopteren der Loreley-Gegend und verwandte Formen. 6. Besprechung in: Jahr. Nassauisch. Ver. f. Naturkunde, 52. Jahrgg. 1899 p. 117—158.

**) J. W. Tutt, British Butterflies. London 1896.

bezeichnet werden. Vielleicht aber ist auch die var. *turanica* Rühl nichts anderes als unsere Form, dann müsste Tutt's Name diesem weichen. Tutt selber charakterisiert sie als „a form intermediate between the type and eleus F.", was auch schliesslich auf seine *suffusa* passt; auch der neue Catalog von Staudinger und Rebel charakterisiert *turanica* Rühl als zu *eleus* F. gehörig mit der Bemerkung „transitus". Leider kenne ich nun *turanica* Rühl noch nicht aus eigener Anschauung. Wenn aber Tutt das Vorhandensein dieser Varietät unter eigenem Namen kannte, hätte er wohl nicht den Namen *suffusa* vorschlagen dürfen, wenn er nicht die Ueberzeugung von der Verschiedenheit beider Formen gehabt hätte. Vorläufig also bleibt es bei:

Chrysophanus phlaeas L. ab. *suffusa* Tutt (=*transiens* Fuchs).

2. H. Gauckler bringt im laufenden Jahrgang von Kranchers „Entomologischem Jahrbuch"*) einen Aufsatz über „*Agrotis comes* und Aberrationen", der wohl auf Vollständigkeit der Zusammenstellung gar keinen Anspruch erhebt. Nichts destoweniger wird auch eine „neue" Aberration beschrieben mit dem Namen „*comes* ab. *niger* Gkler". Zunächst lässt sich „*niger*" als Name in der als feminin zu betrachtenden Gattung *Agrotis* in keiner Weise rechtfertigen, der Name müsste in jedem Falle „*nigra*" gebildet worden sein. Zweitens aber giebt es schon eine *Agrotis comes* Hb. ab. *nigra* Tutt.**), sodass also Gaucklers Namengebung doppelt verfehlt ist. Es ist, möchte ich sagen, dem Geschmack der einzelnen überlassen, ob sie die so sehr weitgehende Zersplitterung der Namen, wie sie Tutt, wie so vielfach, auch bei *A. comes* Hb. einführt, mitmachen wollen oder nicht. Im letzteren Falle würde das von Gauckler beschriebene Stück samt ab. *nigra* Tutt und auch der var. *nigrescens* Tutt unter die ab. *curtisii* Newm. fallen; im ersteren Falle hätten wir drei Stufen der melanistischen Variation, *curtisii* Newm., *nigrescens* Tutt, *nigra* Tutt, und um nicht Exemplare, sondern je Summen von Exemplaren zu benennen, ist es wohl das beste, für Gaucklers Stück, das sich etwa zwischen *nigrescens* Tutt und *nigra* Tutt einreihen würde, nicht noch einen neuen Namen zu schaffen, sondern es zu ab. *nigra* zu stellen. Interessant ist dabei das Vorkommen dieser sonst nur aus Schottland bekannten Form in Baden.

---

*) Kalender für alle Insektensammler. XI Jahrgg. 1902 p. 193—196.

**) The British Noctuae. Vol. II. 1892 p. 97 u. 98.

3. A. Reichenow hat sich kürzlich in seinen „Ornithologischen Monatsberichten" über Begriff und Benennung von Subspecies ausgelassen*), und wenn man sich dem Resultat, zu dem diese Ausführungen gelangen, auch nicht ganz in der vorgeschlagenen Weise anschliessen kann, so möchte man doch mit ihm einstimmen in den Ausruf, so geht das nicht weiter, unsere jetzige Methode führt zu keinem erquicklichen Resultat! Reichenow zieht dort gegen die Zusammenfassung von verschiedenwertigen Art- resp. Unterartbegriffen als (anscheinend, der Schreibweise nach) gleichberechtigte Abteilungen einer „Formengruppe" zu Felde; ich möchte hier an einem Beispiel zeigen, wohin wir mit zu weit gehender Haarspalterei und Namenserteilung kommen. Die schöne Linné'sche binäre Nomenklatur ist ja schon ein überwundener Standpunkt, und man hat sich schon daran gewöhnt, eine trinäre zu gebrauchen, obgleich das z. B. bei allerlei Tieren, wo die Gattung ebenso heisst wie Species und Subspecies schon an die Echolalie der Irren erinnert (z. B. der deutsche Mauersegler *Apus apus apus* L.!). Aber dabei bleibt es noch nicht stehen, unsere Nomenklatur wird schon jetzt stellenweise quaternär und es scheint noch weiter gehen zu sollen. Wir haben schon unter *Chrysophanus virgaureae* L. var. *estonica* Huene wiederum 3 Untervarietäten, *typus*, ab. *apicepunctata* Huene und ab. *albopunctata* Huene**). Das geht doch nicht! Das führt schliesslich dahin, dass jedes Exemplar, das nicht genau einem andern gleicht, und genau einander gleichende Exemplare giebt es eben unter keiner Species irgend welcher Tierklasse, an seinen Gattungs-, Untergattungs-, Species-, Subspecies- und Varietätennamen noch einen Subvarietät- und Aberrationsnamen erhält, macht zusammen sieben! Es ist ja richtig, zur leichteren Verständigung über ein zu erwähnendes Tier ist ein Name ganz schön, und man kann daher nichts dagegen einwenden, wenn eine constant immer wiederkehrende Form mit eigenem Namen unterschieden wird, auch wenn sie mit der andern so promiscue vorkommt, dass Eier derselben Brut teils die Form x, teils y ergeben. Dass in dieser letzteren Beziehung, nämlich in Zuchtversuchen in Hinsicht auf Variabilität (und Vererbung) noch viel zu wenig gethan und noch unendlich viel zu arbeiten sei, darauf habe ich an anderer Stelle hingewiesen. An dieser andern Stelle***)

---

*) Bd. IX. 1901 No. 10 p. 145 ff.

**) F. v. Hoyningen-Huene. Einige neue und verkannte Formen estländischer Lepidopteren. — Stettiner Entomolog. Ztg. 62. Bd. 1901 p. 154—159.

***) Die beiden Formen der *Plusia chrysitis* L. — Kranchers Entomologisches Jahrbuch XI 1902 p. 186—192.

sprach ich über die Trennung unserer *Plusia chrysitis* L. in zwei Formen. Während der kleine Aufsatz im Druck war, ist nun aber in dieser Zeitschrift noch eine „neue" Form derselben benannt worden*). Teilten Tutt und Schultz die zu beobachtenden Exemplare nach der Zeichnung in zwei Gruppen, so unterscheidet v. Hoyningen-Huene nach der Färbung. Wie sollen wir andern uns nun dazu stellen? Ganz überflüssig kann man die Trennung nicht einmal nennen, da man bei phylogenetischen Betrachtungen wohl oder übel eine der beiden Formen, wenn wir zunächst die verschiedene Zeichnung in Betracht ziehen, als die ältere, ursprüngliche, die Art mit anderen, Vorfahrenformen, verknüpfende wird erklären müssen. Ob das mit der Färbung ebenso geht, darüber steht unserer noch so sehr geringen Erkenntniss mindestens kein definitiv verneinendes Urteil zu, und wir müssen nun die benannten Formen schon als benannt hinnehmen. Wir stehen da vor der Alternative, entweder eine quaternäre Nomenclatur einzuführen und die einzelnen möglichen Variationen folgendermassen zu benennen:

1. *Plusia chrysitis* L. (typus).
2. *Plusia chrysitis* L. (typus) subvar. *aurea* Huene.
3. *Plusia chrysitis* L. var. *iuncta* Tutt. (typus).
4. *Plusia chrysitis* L. var. *iuncta* Tutt subvar. *aurea* Huene.

Dabei ist zu bemerken, dass kürzlich Stiles, eine Autorität in Nomenclatursachen, es als unzweckmässig bezeichnet hat, die typische Form einfach mit „typus" oder „typica" zu benennen**). Wir würden dann No. 1 und 2 oben etwa zu schreiben haben:

1. *Plusia chrysitis* L. var. *chrysitis* L.
2. *Plusia chrysitis* L. var. *chrysitis* L. subvar. *aurea* Huene.

Das wäre also quaternäre Nomenclatur. Schön und zweckmässig erscheint das nicht. Ich halte es für das einzig Richtige, bei der trinären Nomenclatur als äusserster Grenze zu bleiben, und wir müssen uns nun über die Abgrenzung der einzelnen Formen einigen. Ich habe mich mit Freiherrn von Hoyningen-Huene dahin verständigt, dass der Name var. *aurea* Huene der Form mit unter

---

*) F. v. Hoyningen-Huene. Aberrationen einiger estländischer Eulen und Spanner. Berl Ent Ztschr. Bd. 46 1901 p. 186—192.

**) C. W. Stiles. A discussion of certain Questions of Nomenclature, as applied to Parasites. — Zool. Jahrbüch. Abt. f. Syst. XV 1901 p. 157—208.

einander verbundenen goldfarbenen Binden bleiben soll, weil das als Beispiel am genauesten angeführte Stück aus Esthland eben dieser Form angehörte; sie ist übrigens schon 1724 vorzüglich abgebildet auf tab. 71 bei E. Albin „A natural history of English insects etc.". Für die messinggrünen Stücke mit unter einander verbundenen Binden bleibt dann der Name var. *iuncta* Tutt. Wie sollen wir uns nun bei den Stücken mit getrennten Binden verhalten? Da halte ich es für notwendig, gleich hier auch da diese Teilung vorzunehmen in goldfarbene und messingfarbene. Dass Linnés Beschreibung unzweifelhaft die messinggrüne Form characterisiert, ist ganz klar, und sowohl Tutt*) wie ich**) haben darauf hingewiesen, dass die ab. *disiuncta* Schultz mit der typischen Zeichnungsform identisch ist. Ich könnte mich hier darauf berufen, dass Schultz in der Characterisierung seiner neuen Form***) gerade auch eine Beschreibung citiert, wo die Binden messinggrün genannt werden, und nichts von goldfarbenen Binden sagt, demgemäss ab. *disiuncta* Schultz als strikt synonym zur typischen *chrysitis* L. erklären und für die Form mit goldfarbenen, getrennten Binden noch einen „neuen" Namen schaffen. Damit würde aber meines Erachtens niemand ein Dienst geleistet, nur die Wissenschaft noch mit einem Namen mehr beschwert, und ich schlage daher vor, für diese goldfarbene Form den Namen *disiuncta* Schultz als eigenen Aberrationsnamen einzuführen. Wenn ich hier noch kurz bemerke, dass die var. *nadeja* Obth. als nach Grösse, Flügelschnitt, Grundfarbe und Vaterland doch zu wesentlich abweichend ganz ausser Betracht fällt, so ergiebt sich folgende analytische Uebersicht:

Plusia chrysitis L.

1′ Die metallfarbene Flügelzeichnung besteht aus zwei ganz getrennt bleibenden Querbinden.

2′ Diese Zeichnung ist messinggelb, ins Grünliche schillernd
chrysitis L. (typus).

2, Diese Zeichnung ist glänzend goldgelb . ab. *disiuncta* Schultz.

1, Die metallfarbenen Querbinden sind mindestens durch eine feine strichförmige, häufig durch eine breite metallfarbene Brücke verbunden.

---

*) in: Illustr. Zeitschr. f. Entomol. (Neudamm) 5. Bd. 1900 p. 383.

**) l. c. in: Kranchers Entomolog. Jahrbuch 1902.

***) O. Schultz. Einige Noctuen-Aberrationen etc. in: Illustr. Zeitschr. f. Entomol. (Neudamm) 5. Bd. 1900 p. 349

2'' Die beschriebene Zeichnung messinggelb, grünlich schillernd ab. *iuncta* Tutt.

2,, Die Zeichnung ist glänzend goldgelb . . . ab. *aurea* Huene.

4. Im I. Teil von Staudinger und Rebels „Catalog der Lepidopteren des palaearktischen Faunengebietes" 1901 finden wir p. 154 noch ein Genus *Centropus* Chr. verzeichnet. Dasselbe wurde 1889 von Cristoph*) für *Xylina scripturosa* Ev. neu aufgestellt und damals auch die schon 1887 beschriebene *Epimecia argillacea* Chr. dazu gezogen. Letztere ist, wie wir unter den Addenda des genannten Cataloges erfahren, identisch mit *Pseudoligia similiaria* Mén. *Centropus scripturosus* (Ev.) muss aber auch anders benannt werden, indem der Gattungsname *Centropus* bereits 1811 von Illiger an einen Kuckuksvogel, *C. aegyptius* vergeben ist**). Demnach ändere ich den Namen und nenne die Gattung

Scythocentropus n. nom.,

da ihre einzige Species *S. scripturosus* (Ev.) die Steppen östlich des Kaspischen Meeres bis nach Kuldscha hin bewohnt, ein Gebiet, dessen Bewohner zu den Scythi der Alten in weiterem Sinne mit gehörten.

5. Ebenso kann der Gattungsname *Milichia* Snell., den Snellen 1899 an Stelle des praeoccupierten Namens *Phalakra* Stgr. setzte, nicht erhalten bleiben, vielmehr muss die Gattung nochmals umgetauft werden. Schon 1830 ist nämlich „*Milichia*" von Meigen unter den Dipteren vergeben***). Ich ändere demnach den Namen in

Dysmilichia n. nom.

Einzige Art dieser Gattung ist das als *Perigea gemella* Leach beschriebene kleine Eulchen aus dem nordöstlichen Asien.

6. Vor Kurzem beschrieb W. Warren eine Anzahl afrikanischer Schmetterlinge****) und stellte dabei unter den um *Ennomos* Tr. gruppierten Geometriden eine neue Gattung *Acanthoscelis* auf.

---

*) Lepidoptera aus dem Achal-Tekke-Gebiete. Vierter Teil, in: Mém. sur les Lépidoptères, Romanoff, Vol. V 1889 (p. 30).

**) C. Illiger. Prodromus systematis mammalium et avium etc. Berolini 1811 p. 205.

***) J. W. Meigen. Systematische Beschreibg. d. bekannt. europ. zweifl. Insekten VI 1830 p. 131.

****) Drepanulidae, Thyrididae, Epiplemidae and Geometridae from the Aethiopian Region. Novitates Zoologicae Vol. VIII No. 3 vom 5. 10. 1901 p. 202—217.

Dieser Name ist aber bereits unter den Coleopteren vergeben. Latreille führte schon 1825 den allerdings in dem betreffenden Werke*) französisch geschriebenen Namen „Acanthoscéle" für *Scarites ruficornis* Fabr. vom Kap ein, ohne weiter eine Diagnose zu geben. Letzteres geschah noch in demselben Jahre durch Dejean**), welcher den Namen nun auch griechisch *Acanthoscelis* schreibt, und es muss demnach der Name der neuen, von Warren aufgestellten Gattung geändert werden. Ich bringe dafür

Xanthisthisa nov. nom.

(ξανθισθεῖσα, von ξανθίζειν gelb färben)

entlehnt von der Allgemeinfärbung des Schmetterlings, in Vorschlag. Die einzige Art, von Dr. Ansorge im Februar 1899 in einem ♂ Stück im Innern von Britisch Ostafrika gefangen, ist die neu beschriebene *X. tarsispina* Warren.

7. Auch der Name *Aspidoptera*, mit dem T. P. Lucas***) eine auf zwei novae species, *A. navigata* Luc. und *A. ambiens* Luc. aus Queensland begründete Gattung der Monocteniiden belegt, ist bereits vergeben, und zwar durch Coquillett in der Familie der Strebliden (*Diptera pupipara*)****. Demnach muss auch dieser jüngere Name geändert werden und ich bringe dafür

Tetraspidoptera n. nom.

in Vorschlag, indem die berechtigte Gattung *Aspidoptera* Coqu. eben nur zwei (rudimentäre) Flügel besitzt.

8. Zu den im Staudinger-Rebelschen Catalog aufgeführten Synonymen zu *Boarmia crepuscularia* Hb. ab. *defessaria* Frr., nämlich ab. *delamerensis* White, ab. *nigra* Th.-Mieg. und ab. *schillei* Klem., muss noch ein weiteres hinzugefügt werden, nämlich var. *tristis* Riesen. Diese Form wurde nach zwei Exemplaren 1897 beschrieben†), deren eines ich neulich mit der von Freyer gegebenen

---

*) Familles naturelles de Règne animal etc. — Paris 1825.

**) Spécies général des Coléoptères de la collection de M. le Comte Dejean. Tom. I. Paris 1825 (p. 402).

***) New species of Queensland Lepidoptera. Proc. Roy. Soc. Queensland XV p. 137–161.

****) New genera and species of Nycteribiidae and Hippoboscidae. Canad. Entom. XXXI 1899 No. 11 p. 333—336. — vgl auch: P. Speiser. Ueber die Art der Fortpflanzung bei den Strebliden, nebst synonymischen Bemerkungen. Zool. Anz. XXIII 1900 No. 610 v. 19 3. 1900 p. 153—154.

†) Zur Lepidopteren-Fauna der Provinzen Ost- und Westpreussen. Stettin. Ent. Ztg. 58 1897 p. 314—324.

Abbildung*) vergleichen konnte, wofür ich Herrn Oberstleutnant Riesen hiermit ergebensten Dank aussprechen möchte. Nach dieser Vergleichung gehört *B. cr. ab. tristis* Riesen zweifellos zu Freyers Form, welche sich zwar der *B. bistortata* Goeze (= *biundularia* Bkh.) in der Zeichnung sehr nähert, aber doch im Grundton der Färbung etwas abweicht.

9. In Ergänzung zu Reuttis glänzender „Uebersicht der Lepidopterenfauna des Grossherzogtums Baden"**) sei hier darauf hingewiesen, dass bei *Deiopeia pulchella* L. unter den angrenzenden Ländern, in denen die Art bisher gefunden wurde, ausser der Schweiz, Elsass, Pfalz und Nassau auch Württemberg zu nennen war. Nach einer Notiz von F. Müller***) wurde nämlich ein Stück dieser Art in der Nähe von Stuttgart gefangen und später der Sammlung des dortigen Naturalien-Kabinets einverleibt.

10. Wenn A. Pagenstecher 1900†) auf ein kleines Tierchen, welches „offenbar eine Uebergangsform von den Tineen zu den Pterophoriden" bildet, eine neue Gattung *Synaphia* begründet, so übersieht er dabei, dass auch dieser Name schon vergeben ist. M. Perty benannte 1851 so eine Infusoriengattung aus der Gruppe der Volvocinen ††). Als neuen Namen für diese Gattung bringe ich in Vorschlag:

Pteropygme n. nom.

(πυγμή die Faust, also die nicht in Finger gespaltene Hand)
Die einzige Art der Gattung ist die von Pagenstecher l. c. neu beschriebene *P. pyrrha* von den Shortlands-Inseln (Salomons-Insel-Gruppe).

11. Noch einen letzten Gattungsnamen muss ich ändern, nämlich den von Staudinger 1870 aufgestellten†††) Namen *Oxypteron*.

---

*) C. F. Freyer. Neuere Beiträge zur Schmetterlingskunde VI. Augsburg 1852 pag. 46 tab. 510.

**) II. Ausgabe, herausgeg. von A. Spuler. Verhandl. Naturw. Ver. Karlsruhe XII 1899.

***) Entomolog. Nachricht. IV 1878 p. 300.

†) Die Lepidopteren-Fauna des Bismarckarchipels II. Teil Nachtfalter. — Zoologica XII Bd. 1900 29. Heft p. 238.

††) M. Perty, System der Infusorien, Mitt. naturf. Ges. in Bern 1852. p. 66 (ohne Diagnose) und M. P. Zur Kenntniss kleinster Lebensformen, nach Bau, Funktionen und Systematik, etc. Bern 1852 4⁰, p. 177.

†††) Beschreibung neuer Lepidopteren des europäischen Faunengebiets (Schluss). — Berlin. Entom. Zeitschr. 14. Jahrgg. p. 273—330.

Da nach § 4 der Regeln für die wissenschaftliche Benennung der Tiere*) „etymologisch gleich abgeleitete und nur in der Schreibweise von einander abweichende Namen als gleich gelten", ist dieser Name durch die von Leach 1817 begründete Gattung *Oxypterum* praeoccupiert, wenn auch letzterer Name, wie ich vor einiger Zeit nachgewiesen habe**), seinerseits als Synonym zu der von v. Olfers aufgestellten Gattung *Crataerhina* fällt. Muss demnach der Name geändert werden, so benenne ich die Gattung fortan

Gynoxypteron n. nom.

da bei der einzigen Art, *G. impar* Stgr. aus Süd-Russland, das ♀ die auffallend spitzen Flügel hat.

---

*) Zusammengestellt von der Deutschen Zoologischen Gesellschaft Leipzig 1894.

**) P. Speiser. Studien über Hippobosciden I. — Ann. Mus. Civ. Genova, ser. 2a, Vol. XX 1900 p. 553—562.

Einiges über die Arten der Gattung Eccoptocnemis Krtz.

Von

J. Moser, Hauptmann a. D.

Herr R. Oberthür war so liebenswürdig, mir von seinem grossen Material der Gattung *Eccoptocnemis* Krtz. einen Theil zur Ansicht zu senden, woraus ich Folgendes ersehen habe:

Ecc. concolor Hope ist zu *Thoreyi* Schaum zu ziehen, wie es im Katalog von Gemminger und Harold geschehen ist, und nicht zu *Barthi* Harold, wie es Prof. Schoch in seinem Katalog gethan hat, wohl auf Grund einer Abhandlung des Herrn Dr. Kraatz in der deutschen entom. Zeitschrift 1891. Westwood sagt in der Arcan. Ent. I. p. 72 von *concolor:* tarsis 4 anticis nigris. Dies ist bei *Thoreyi* der Fall, während bei *Barthi* Vorder- und Mitteltarsen grün sind. Das mir von Herrn R. Oberthür eingesandte Exemplar der *Ecc. Thoreyi*, welches aus der Thorey'schen Sammlung stammt, hat schwarzbraune Vorder- und Mitteltarsen und sind dieselben in der Abbildung in den Ann. Fr. 1844 t 10 f. 2 wohl fälschlich grün dargestellt. In den Ann. Fr. 1849 p. 244 giebt Schaum übrigens selbst der Ansicht Ausdruck, dass beide Arten synonym sind.

Herr R. Oberthür sandte mir auch die typischen Exemplare der *Ecc. Barthi* aus der Harold'schen Sammlung. Dieser Art ist die gelbe Behaarung der Innenseite der Mittel- und Hinterschienen eigenthümlich. Da ich von Herrn Donckier die *Ecc. Donckieri* Schoch erhalten habe, so konnte ich feststellen, dass diese Art synonym mit *Barthi* ist. Die Färbung der *Ecc. Barthi* ist sehr variabel. Unter den eingesandten Exemplaren befanden sich dunkelgrüne, olivengrüne, gelbgrüne und röthliche Stücke. Die Art kommt auch am Tanganika See vor und zeichnen sich die Exemplare von dieser Lokalität durch rothe Epipleuren und dunkler gefärbte Naht der Flügeldecken aus.

Ein mit dem Namen *Ecc. latipes* versehenes Exemplar aus der Bates'schen Sammlung stimmt mit *Ecc. superba* überein. Da Bates in seiner Beschreibung der *latipes* diese Art nicht mit *superba* vergleicht, so ist wohl anzunehmen, dass er letztere Art nicht gekannt hat und beide synonym sind.

Eine *Ecc. magnifica* Krtz., welche Schoch in seinem Katalog anführt, ist nicht beschrieben. Prof. Schoch giebt unter diesem Namen in den Mittheilungen der schweiz. entom. Gesellschaft Band 8 Heft 8 p. 367 eine Beschreibung der *Ecc.* v. *seminigra* Quedenfeldt.

Die Arten der Gattung *Eccoptocnemis* lassen sich folgendermassen unterscheiden:

1. Halsschild braun, Schildchen braun oder schwarz *reluceus* Bates
   „ und Schildchen schwarz . . . . . „ var. *seminigra* Quedenfeldt
   „ „ „ grün 2
2. Vorder- und Mitteltarsen schwarz . . . . . *Thoreyi* Schaum (= *concolor* Hope)
   „ „ „ grün 3
3. Hinterschienen innen gelb behaart . . . . . *Barthi* Harold (= *Donckieri* Schoch)
   „ „ nicht gelb behaart 4
4. Brustfortsatz nicht breiter als lang . . . . . . *superba* Gerst. (= *latipes* Bates)
   „ viel breiter als lang . . . . *Kolbei* n. sp.

Eccoptocnemis Kolbei.

Viridis, aureo-micans, punctulata; clypeo quadrato, emarginato; antennis piceis; pygidio transversim-striolato; processu mesosternali valde dilatato.

Mas: *Femoribus posticis dilatatis, ante apicem dente acuto armatis; tibiis anticis bidentatis, tibiis posticis arcuatis, intus emarginatis, extus haud dentatis; abdomine longitudinaliter impresso.*

Fem: *Femoribus posticis haud dentatis; tibiis anticis tridentatis, tibiis posticis haud arcuatis, extus uno dente armatis, intus nigro-pilosis.*

Long. 34—37,5 mm.

Patria: Kamerun (Bakossi, Bangwe).

Der *Ecc. superba* Gerst. in Gestalt und Färbung ähnlich, aber etwas grösser. Die ganze Oberseite ist äusserst fein runzlig und ausserdem zerstreut punktirt. Ueber der Mitte der Scheibe der Flügeldecken befinden sich ähnlich wie bei *Barthi* zwei, scheinbar eine Längsrippe einfassende Punktreihen. Während bei *superba* der Brustfortsatz nicht breiter als lang ist, ist derselbe bei *Kolbei* stark verbreitert. Beim ♂ sind Mittel- und Hinterschienen gebogen. Die letzteren haben in der oberen Hälfte innerhalb zwei kleine Zähne, während die untere Hälfte auf der Innenseite eine ausgerandete Verstärkung zeigt. Beim ♀ sind Mittel- und Hinterschienen gerade und auf der Aussenseite mit einem Zahn versehen, welcher beim ♂ fehlt. Die Hinterschienen des ♀ sind innen schwarz bewimpert und haben auf der Innenseite weder Zähne noch eine Verstärkung.

Diese Art, welche ich Herrn Prof. Kolbe gewidmet habe, befindet sich im Berliner zoologischen Museum (♂ ♀), in der Sammlung des Herrn R. Oberthür (♀) und in meiner Sammlung (♂).

Betrachtungen über Ch. Oberthür's Etudes d'Entomologie vol. 21 und über die Synonymie von Papilio (Heliconius) erato Linné.

Von *H. Stichel*, Berlin.

Die Gattung *Heliconius* ist in jüngster Zeit durch H. Riffarth's Monographie in Berlin Ent. Z. v. 45 u. 46 in ein gewisses Interessenstadium getreten, welches durch Ch. Oberthür's Etudes 21 „Observations sur la variation des Heliconia vesta et thelxiopa" eine Beleuchtung erfährt, die zu einer näheren Betrachtung der Dinge nötigt. Der durchaus sachlichen und auf einem eingehenden Studium an der Hand seiner eigenen, umfangreichen Specialsammlung und reichlichen fremden zur Verfügung gewesenen Materials gegründeten Arbeit Riffarth's steht ein Konglomerat von Phrasen in erwähnten „Etudes" gegenüber, welches sich mit dem „Problem" der Aberration zweier Heliconier beschäftigt und in dem Verfasser die Ansicht vertritt, dass diejenigen Publikationen auf naturwissenschaftlichem, speciell lepidopterologischen Gebiete wertlos seien, welche nicht von guten Abbildungen begleitet sind. Das Absurde dieser Ansicht muss ohne weiteres einleuchten und wenn auch die Beschreibungen und Diagnosen etlicher Autoren zu wünschen übrig lassen, so darf das Kind doch nicht mit dem Bade ausgegeschüttet werden! — Abgesehen von technischen Schwierigkeiten würde ohnedies die Durchführung dieses Gedankens auf materielle Schranken stossen, deren Ueberwindung durch Zeit und Geld einfach unmöglich wäre. Nicht zu leugnen ist, dass gute Illustrationen das Verständnis der Beschreibung wesentlich erleichtern, deswegen bleibt aber letztere, in verständliche und erschöpfende Form gekleidet, die Hauptsache, sonst würden wir ein Bilderbuch der Natur schaffen, an dem unsere ABC-Schützen ihre Freude haben, das aber für den denkenden und geistig arbeitenden Forscher entbehrlich, unter Umständen sogar untauglich sein kann, denn es giebt Charactere in der Natur, zu deren Wiedergabe Pinsel und Farbe versagt und die nur durch das Wort festgelegt werden können.

Die Worte Oberthür's (l. c. p. 10): „Les descriptions sans „figures sont, comme je l'ai maintes fois écrit au cours de mes „Etudes, plutôt un obstacle qu'un aide à l'avancement de la Science. „Elles ne méritent pas la perte de temps que leur lecture entraîne, puisqu'elles ne peuvent permettre à personne de sortir „de l'à peu prés, qui laisse place à tous les doutes et à toutes les „incertitudes. pp." glaube ich, richten sich selbst und es bedarf keines Kommentars. Man habe alle Achtung vor den langjährigen Erfahrungen, die der Autor wie er l. c. p. 10 hervorhebt, im Verkehr mit bedeutenden Entomologen und aus seiner eigenen Thätigkeit gesammelt hat, ob diese aber genügen, den Wert einer Arbeit ohne Illustrationen, wie die des Herrn Riffarth, auf den Nullpunkt zu setzen, erscheint mir doch sehr zweifelhaft.

Verfasser schreibt weiter (l. c. p. 10): „Hélàs, Mr. Riffarth „s'est bien gardé de publier aucune figure! Dès lors, quelle utilité „reélle peut-on tirer te son travail qui paraît cependant conscien-„cieuse et soigné? Quel service sérieuse et durable en résultera „t-il pour la Science?" — Diese vernichtende Kritik geschieht — man merke wohl — anscheinend ohne das Oberthür die Arbeit gelesen hat, das geht aus dem ersten Nachsatz hervor, der doch wenigstens die Möglichkeit einer Gewissenhaftigkeit und Sorgfalt der Arbeit einräumt. Verfasser hat sich also wegen des Zeitverlustes oder aus anderem Grunde in die Riffarth'sche Monographie gar nicht vertieft; wenn dies aber geschehen wäre, so würde ihm sein „Problem" zu lösen nicht schwer geworden sein, wenigstens in der Hauptsache, und beantwortet sich jetzt seine Frage, welchen Wert Riffarth's Arbeit für die Wissenschaft hat, ganz von selbst, nämlich zum mindesten den, die Irrtümer und Unrichtigkeiten in Ch. Oberthür's Etudes 21 aufklären zu können. — Oberthuere, si tacuisses, philosophus mansisses!

Ich will hier für Herrn Riffarth keine Lanze einlegen und überlasse ich es natürlich diesem selbst, in dem wenig glücklichen Text und in den zu den vorzüglichen Bildern gegebenen Erklärungen zu korrigieren, was not thut, muss aber einige Punkte berühren, die die Allgemeinheit angehen:

1. Die für die Gattung gewählte Schreibweise „*Heliconia*" ist nicht die richtige. Es muss heissen „*Heleconius*", siehe: P. A.

Latreille, Histoire naturelle générale et particulière des Crustacés et des Insects (1805) vol. 15 p. 108. Typus: *Heliconius anthioca* (= *antiochus*) Linné. Erst 1819 in: Enc. Méth. v. 9 p. 10 hat Latreille die Endung **a** augewendet, diese spätere Aenderung ist nach den „wissenschaftlichen Regeln" ungiltig. Felder's Einwand (Wien. ent. Monschr. v. 6 p. 79, Fussnote), dass der Name *Heliconia* schon für eine Pflanzengattung vergeben und deswegen die Schmetterlingsgattung besser mit *Heliconius* zu bezeichnen wäre, ist hierbei ohne Einfluss.

2. Wie Oberthür (l. c. p. 12) auch recht vermutet, gehören die beiden einfachsten Formen der parallelen Variationsreihen seiner *Heliconia vesta* und *thelxiope* zwei verschiedenen Arten an, deren Unterschiede von Riffarth zur Genüge gekennzeichnet sind, die sich im Bilde gar nicht oder nur unzureichend wiedergeben lassen, aber doch so durchschlagender Natur sind, dass beide Formen sogar ganz verschiedenen Gruppen zugeteilt werden mussten, ebenso wie die daraus resultierenden Variationsreihen. Es sind dies:

a. *Heliconius melpomene* L. Riffarth (Gruppe I) l. c. v. 46 p. 88 (Separ. p. 64) ud folg. Ch. Oberthur, l. c. t. 4 f. 37.

b. Eine Form von *H. callycopis* Cram., die Riffarth *viculata* genannt hat. Riffarth (Gruppe II) l. c. v. 46 p. 158 (Separ. p. 134). Ch. Oberthur, l. c. t. 1 f. 1.

Letztere Form steht durch alle Uebergänge in unmittelbarem Zusammenhange mit *H. phyllis* Fab. und ist keineswegs, wie wohl allseitig angenommen wurde und noch wird, eine Varietät von *melpomene.* Die Verwandtschaft von *callycopis* und *phyllis* einerseits und die specifische Trennung von *callycopis* und *melpomene* andererseits wird auch durch die Untersuchung der Genitalien bestätigt: z. vergl. vorliegendes Heft, Sitzungsberichte p. (12) u. (18).

Die vom Verfasser l. c p. 13 ferner erwähnten *Melpomene*-Formen aus Neu Granada (jetzt richtig: Columbien), Venezuela und Panama gehören wiederum anderen ähnlichen, aber specifisch getrennten Arten oder Formen derselben an, insbesondere: *euryas* Bsd., *hydara* Hew., *guarica* Reak. — *Melpomene* kommt in diesen Gegenden nicht vor und erklärt sich hieraus leicht, dass die vermeintliche *Melpomene* Oberthür's dort nicht in gleicher Weise variiert wie in Brasilien, Guyana etc.

3. Verfasser wendet trinäre Nomenklatur an (mit Bindestrichen). Es ist nicht zu ersehen, ob diese Bezeichnung für Art, Unter- oder Abart gelten soll, und wo die Grenzen liegen. Sei dem jedoch, wie

es wolle, der Regel nach muss bei solcher Nomenklatur derjenige Name den Anfang machen, welcher der älteste ist, er gilt als Bezeichnung der Art. Hiernach würden alle zu „*thelxiope*" gezählten Formen auf *H. melpomene* L. als Arteneinheit und nicht auf ersteren Namen zu beziehen gewesen sein. Die Ableitung der anderen Formenreihe von „*vesta*" ist richtig, weil Cramer diese früher als *callycopis* beschrieben hat, aber — wir kommen jetzt zu dem Kardinalpunkt —

4. der von Ch. Oberthür gewählte Name „*vesta*" für die gedachte Form ist nicht der richtige, sondern diese repräsentiert den echten *Papilio erato* L. und deshalb müssen alle Formen dieser Variationsreihe zu *Hel. erato* i. spec. gezogen werden. *Hel. erato* typicus wird auf t. 3. f. 28 als *H. vesta* abgebildet. Die Identificierung des wahren *Pap. erato* Linnaei ist schwierig, weil Linné eine Abbildung in Clerck, Icones t. 40 f. 2 citiert, welche nicht auf die Beschreibung passt. Wir stehen hier vor einer jener Fragen, um deren Lösung sich Aurivillius in Svenska Ak. Handl. v. 19 p. 47 (1882), Recensio critica Lepidopterorum Musei Ludovicae Ulricae quae descripsit Carolus A. Linné, in dankenswerter Weise verdient gemacht hat. Die reichen Erfahrungen Oberthür's scheinen ihn auch hier im Stich gelassen zu haben, weil diese wichtige Publikation gänzlich unbeachtet oder unbekannt geblieben ist.

Wenn ich aus der bereits festgestellten Sachlage das Resumé vorweg nehme, so ist der Fall der, dass das Bild Clercks nach einer Art angefertigt worden ist, die nicht der Type von Linné's Beschreibung entspricht und mit einem falschen, für letztere gewählten Namen versehen ist. Wir können natürlich diese Verwechselung des Coloristen nicht als Ursache anerkennen, die sehr klare Diagnose mit ihrem Namen auf ein falsches Tier anzuwenden und die Irrtümer anderer Autoren zu übernehmen und folgern daraus, dass die von Ch. Oberthür als einzig wahr empfohlene Characteristik der Art im Bilde auch recht unangenehm versagen kann. Die Entwickelung ist nun folgende:

1. Diagnose in Syst. nat. X p. 467 u. 54 (1758) „*Erato.* P. H. alis oblongis integerrimis atris primoribus flavomaculatis basi rubris posticis rubro-striatis".

Diese Diagnose könnte sich allenfalls auf beide gedachte Formen anwenden lassen, die Worte „primoribus-flavomaculatis" schliessen jedoch den Begriff einer geteilten Fleckung, d. h. einer Fleckengruppe in sich wie sie bei der Clerck'chen Figur nicht vorhanden ist, und dies wird bestätigt in der

2. Diagnose: Mus. Lud. Ulr. p. 231 n. 50 (1764).

„Alis oblongis etc., wie Diagnose 1;

„Corpus tertiae seu quartae magnitudinis, figura P. „apollinis, nigricans.

„Antennae nigrae.

„Alae omnes concolores, atrae, oblongae, obtusae, inte- „gerrimae.

„Primores basi rubrae. disco maculis flavis, circiter 10, „parvis, ovatis, sparsis.

„Postici striatae, longitudinaliter striis 7, rubris, basi „coëuntibus".

Diese Beschreibung ist so deutlich, dass eine Anwendung auf das Clerck'sche Bild ganz ausgeschlossen ist. Eine Zeichnung wie dort zu sehen, wird, nach dem Beispiel analoger Fälle z. B. bei dem gleichgezeichneten *P. ricini* L., l. c. n. 40, von Linné mit „fascia" bezeichnet (fasciis duabus flavis)". Wenn sich nun auch die citierte Diagnose auf etliche jetzt bekannte Formen anwenden lassen würde, so kann man diesen Umstand natürlich nicht auf Linnés Zeit übertragen und fällt die Wahl eben nur auf die einfachste und verbreitetste, von Cramer als *vesta* bezeichnete Form. Schon Möschler hat in: Verb. Ges. Wien v. 26. p. 312 (1877) richtig aber unter unzutreffendender Begründung die Synonymie beider Namen behauptet, nämlich mit Hinweis darauf, dass in Syst. nat. ed. 13 *Pap. vesta* Cr. unter *Pap. erato* von Linné selbst synonymisch aufgeführt wird. Dies ist deswegen ohne Beweiskraft, weil Linné bereits 1778 gestorben und jene, unter seinem Namen von Gmelin publicierte Ausgabe 13 erst nach 1788, also ohne Mitwirkung Linné's geschrieben ist. *Papilio (Heliconius) erato* Clerck ist die rote Form des *Pap. (Hel.) doris* Linné, die von Hübner *Nereis delila* getauft ist und dieser Name ist der giltige.

Sowohl Riffarth wie auch der verstorbene Dr. Staudinger haben diese Feststellungen leider übersehen und ist namentlich durch die händlerische Thätigkeit des letzteren eine irrige Ansicht über *Hel. erato* oder auch *mars* allgemein verbreitet und so tief eingewurzelt, dass es schwer fallen wird, der allgemeinen Konfusion Herr zu werden.

Ein ausgiebiges Synonymie-Verzeichnis hat Aurivillius (l. c.) für beide Formen gegeben und erspare ich mir mit Rücksicht hierauf eine Wiederholung, zur schnellen Orientierung rekapituliere ich aber kurz:

Heliconius erato (Linne) = *Pap. vesta* Cram. Pap. exot. v. 2 p. 33 t. 119 f. A, figura typica, Hel. phyllis vesta Riffarth l. c. p. 162 (sep. p. 138), Hel. vesta Oberthur l. c. t. 3. f. 28. *Hel. vesta* Stgr. Exot. Schmett. p. 78 und Lepidopt. Liste No. 45.

Heliconius doris delila (Hübner) = *Pap. erato* Clerck Icon. t. 40 f. 1 (No. 5) figura typica, Hel. erato Riffarth, l. c. p. 129 (sep. p. 105), Hel. mars Staudinger Exot. Schmett. v. 1 t. 32. *Hel. erato verus* Stdgr. Lepidopteren Liste No. 45.

Berlin, im Juli 1902.

Litteratur.

Dr. Carl Rothe. Vollständiges Verzeichnis der Schmetterlinge Oesterreich-Ungarns, Deutschlands und der Schweiz nebst Angabe der Flugzeit, der Nährpflanzen und der Entwicklungszeit der Raupen. 2. Auflage. Wien 1902. 8°, Verlag A. Pichlers Wittwe u. Sohn, Preis broch. 2 Kron. 50 Hell. Dieses Verzeichnis lehnt sich an den im vorigen Jahre erschienenen Lepidopteren-Katalog von Staudinger und Rebel (3. Auflage) an. Es zählt, unter Ausscheidung der übrigen zum palaearctischen Gebiet gerechneten Tiere, die Schmetterlinge der in dem Titel genannten mitteleuropäischen Länder, die Grossschmetterlinge vollständig, Kleinschmetterlinge mit Weglassung seltener Arten, oder solcher mit beschränktem Wohngebiet, auf, giebt jeder Gattung und Art eine laufende Zahl und setzt daneben in Klammern auch die Nummer des Staudinger-Rebel'schen Kataloges. In einem Anhang an den 1. Teil, die Grossschmetterlinge behandelnd, sind auch die wichtigsten Seidenspinner (exot. Saturniiden) aufgezählt, weil solche häufig von einheimischen Sammlern gezüchtet und in die Sammlung gesteckt werden. Ein für Gross- und Kleinschmetterlinge getrennt angelegtes Register erleichtert die Auffindung einer gesuchten Art.

Da der Zusammenstellung des Verzeichnisses die neueste Nomenklatur zu Grunde gelegt ist, bildet es gewissermassen für den Sammler einheimischer Schmetterlinge im engeren Bereich seiner Interessen einen Ersatz für den grossen Staudinger-Rebel-Katalog und empfiehlt sich seine Benutzung zunächst zur Anlage oder Umordnung der Sammlung nach den neuesten systematischen Grundsätzen namentlich für solche Sammler, welchen der erwähnte Katalog schwer oder gar nicht zugänglich ist. Ueberdies aber giebt das Verzeichnis, wie schon aus dem Titel ersichtlich, Aufschlüsse über Flugzeit des Falters, über Erscheinungszeit und Futterpflanze der Raupe, wodurch es in doppelter Beziehung als ein willkommenes Handbuch zu betrachten ist. Der wohlfeile Preis wird dazu beitragen, ihm den verdienten Eingang in die Kreise der heimischen Schmetterlingssammler zu verschaffen. St.

A. Schmid's Raupenkalender, herausgegeben vom Naturwissenschaftlichen Verein in Regensburg, 1899. E. Stahl's Verlag Nachf., Breslau. 8^{0}, 275 Seiten. Preis 4 Mk., geb. 5 Mk. Neue Auflage des Regensburger Raupenkalenders aus Heft III der Berichte des naturwiss. Vereins zu Regensburg (1892). Der Kalender enthält die reichen Erfahrungen über die Regensburger Lepidopteren Fauna welche der unermüdliche Verfasser während eines Menschenalters gesammelt und im 83. Lebensjahre in der 1. Auflage veröffentlicht hat. Die neue Ausgabe hat A. Schmid leider nicht mehr erlebt, da er im nahezu vollendeten 90. Lebensjahre verstorben ist. Die Anlage des Raupenkalenders ist monatsweise erfolgt, dergestalt, dass zunächst die in Betracht kommenden Pflanzenarten, geordnet nach den älteren Verzeichnissen der Flora Ratiboneusis von Fürnrohr u. Singer, aufgezählt und bei jeder Art die an derselben in dem betreffenden Monat lebenden Raupen unter kurzer aber ausreichender Beschreibung der Lebensweise genannt werden. Jedem Monat folgt ein Namen-Register der Pflanzen, nachdem auch die aussergewöhnlichen Wohnstätten, Vogel-, Insecten-Nester, Wollstoffe, Unrath etc., berücktichtigt worden sind. Nomenklatur der Schmetterlinge ist die im 1871er Lepidopteren Katalog von Staudinger gebräuchliche.

Dieses Werkchen hat natürlich nicht bloss beschränkten Wert für die Regensburger Schmetterlingssammler, sondern für alle Lepidopterologen und Lepidopterophilen Mittel- und Süd-Deutschlands und verdient namentlich wegen der biologischen Notizen, welche die Auffindung der Raupe oder die Identificierung des aufgefundenen Tieres wesentlich erleichtern, allgemeine Beachtung und Verbreitung. Als Nachschlagebuch und wertvoller Ratgeber auf Sammelausflügen kann der Raupenkalender nur angelegentlichst empfohlen werden.

St.

Berliner

Entomologische Zeitschrift

(1875—1880: Deutsche Entomologische Zeitschrift).

Herausgegeben

von dem

Entomologischen Verein zu Berlin.

unter Redaction von

H. Stichel.

Siebenundvierzigster Band (1902).

III—IV. Heft: (III—VII) 155—302.

Mit 3 Tafeln und 6 Textfiguren.

Anlage: Nachtrag I zum Bücherverzeichnis.

Ausgegeben Ende Januar 1903.

Preis für Nichtmitglieder 18 Mark.

Berlin 1902.

In Commission bei R. Friedländer & Sohn.

Carlstrasse 11.

e die Zeitschrift betreff. Briefe und Manuscripte, Anzeigen für den Umschlag
d an Herrn H. Stichel, Schöneberg bei Berlin, Feurigstr. 46, zu richten.

Inhalt des dritten und vierten Heftes des siebenundvierzig... Bandes (1902) der Berliner Entomologischen Zeitschrift.

Die Adressen der geschäftsführenden Vorstandsmitglieder befinden sich auf Seite 3 des Umschlages.

Eine neue arktische Gelechia-Art.

Von

Embr. Strand, (Kristiania).

In Saltdalen in Nordland (Norwegen) wurde am 7. August 1881 von Herrn W. M. Schöyen eine *Gelechia* gefangen, die dem Entdecker unbekannt war und desshalb zu Dr. Wocke gesandt wurde. Aber auch Herrn Wocke war das Thierchen unbekannt; nachdem er es Dr. Staudinger zur Untersuchung vorgelegt hatte, returnirte er es mit einem Zettelchen, worauf er geschrieben hatte: „Gelechia mihi ignota. Staudinger hält es für *holosericella* H.-S., die aber bleich gelbbraun ist". Seitdem ist das Stück im Zoologischen Museum zu Kristiania unbeachtet stehengeblieben. Um die Entomologen auf diese Art aufmerksam zu machen gebe ich hiermit eine Beschreibung davon, indem ich sie mit dem Namen *Gelechia Norvegiae* Strand bezeichne.

Die Art steht der von Heinemann als *cognatella* beschriebenen Form von *holosericella* H. S. am nächsten, unterscheidet sich jedoch davon in mehreren Punkten, so dass sie sicherlich als eine davon distincte Art wird gehalten werden müssen. *Holosericella* kommt übrigens nur in den Alpen vor; da aber bekanntlich die Alpen und die arktische Region viele Thierformen gemein haben, ist aus dem Vorkommen kein Beweis für die Artrechte der nordischen Form herauszufinden.

Gelechia Norvegiae Strand n. sp. Vorderflügel dunkel braungrau, violett-gelblich schimmernd, mit drei unbestimmten, schwärzlichen, kaum bleich angelegten Punkten im Mittelraume; ein hinterer Querstreif ist nur durch einen verwaschenen Wisch am Vorderrande und einen ebensolchen, kleineren, kaum wahrzunehmenden am Innenrande (Innenwinkel) angedeutet; die Hinterflügel mit flacher Rundung, weisslich grau; die Palpen braungrau, aussen ein wenig dunkler bestäubt, das Mittelglied der Palpen kurz beschuppt. Flügelspannung 18 mm.

Die Vorderflügel von der Mitte an allmählich verschmälert; die Fläche glatt, gleichmässig dunkel bestäubt, braungrau mit violettlicbem und gelblichem Schimmer, in der Mitte nicht oder kaum aufgehellt; die Punkte gross, aber nicht scharf, sondern sehr undeutlich; die beiden ersten ziemlich lang gezogen und schräg. Der Querstreif nur durch zwei hellgraue Gegenflecke angedeutet, wovon der Vorderrandfleck der grösste ist, aber nicht scharf begrenzt; der Innenrandfleck ist schwer bemerkbar, höchst undeutlich. Der Saum unbezeichnet, die Franzen grau, am Ende kaum lichter, in der Wurzelhälfte dunkel bestäubt. Die Spitze der Flügel nicht dunkler als die übrige Fläche. Die Hinterflügel flach gerundet, unter der Spitze schwach eingezogen, weisslich grau, glänzend, nicht durchscheinend; die Franzen ganz einfarbig ohne Theilungslinie, gelblich schimmernd, so lang oder kaum so lang als die Hinterflügel breit. Die Hinterflügel $1^1/_4$ so breit als die Vorderflügel. Die Palpen braungrau, das Mittelglied an der Innenseite am hellsten ohne dunklere Flecke, das Endglied ganz einfarbig braun, ungefähr so lang als das Mittelglied. Die Fühler ungeringelt, dunkelbraun, die Vorderbeine dunkel braungrau, die Fussglieder in der Spitze schmal weiss geringelt, die Hinterbeine heller, alle Beine an der Lichtseite am dunkelsten Kopf, Thorax und Hinterleib wie die Vorderflügel gefärbt, das Gesicht heller, Thorax deutlich violett schimmernd. Abdomen anscheinend glanzlos, Afterhaare gelblich grau.

Nochmals Ch. Oberthür's Etudes d'Entomologie, vol. 21.

Von *H. Riffarth*, Berlin.

In den Etudes d'Entomologie, vol. 21, welche die Variation der beiden Heliconii *thelxiope* Hübn. und *erato* L. (*vesta* Cram.) behandeln, wird vom Verfasser, Herrn Oberthür, die beschreibende Entomologie und auch meine 1900 herausgegebene Publikation „Die Gattung Heliconius Latr." in einer Weise angegriffen, die einer Erörterung meinerseits nothwendig erscheinen lässt. In der letzten Nummer der Berliner Entomolog. Zeitschrift p. 147 ist mir Herr Stichel bereits mit einer sehr sachgemässen Beleuchtung des Textes zuvorgekommen, sodass ich mich nur darauf beschränken will, einige mir wichtig erscheinende und speziell meine Arbeit betreffende Ergänzungen dazu zu geben und in der Hauptsache die Benennung der einzelnen Figuren richtig zu stellen.

Auf pag. 9 (Anmerkung (*)) vertritt Oberthür die Ansicht, dass *contiguus* Weym. und *timareta* Hew. gute Arten seien und nichts mit *melpomene* L. resp. *thelxiope* Hübn. zu thun hätten und zwar hinsichtlich der Verschiedenheit der Htfl.-Strahlen von *contiguus* und *thelxiope*. Verfasser hat dabei übersehen, dass die Form dieser Strahlen ausserordentlich variirt, so sind z. B. in seiner fig. 48 die Strahlen beinahe so breit wie bei der fig. typ. von *contiguus* (Stüb. Reis. S. Am. t. 2 f. 6 1890), während bei einzelnen von meinen 20 *contiguus*-Stücken sie genau mit den feinen mit Nagelkopf versehenen Strahlen der typ. *thelxiope* übereinstimmen[1]). Auch besitze ich Stücke, bei welchen die rothe Basis der Htfl. durch schwache Bestäubung angedeutet ist, und zwei andere Stücke zeigen die rothe Basalzeichnung sowohl auf den Vdfln. als auf den Htfln. voll ausgebildet und zwar in derselben Weise wie die var. *penelope* Stgr. Diese Stücke sind von mir in Gatt. Helic. I Sep. p. 19 *richardi* benannt worden

[1]) aberr. *virgata* Stichel.

Sowohl diese, wie die von Hewitson abgebildete *timareta*, die nur den gelben *contiguus*-Fleck der Vdfl. (der übrigens genau mit dem von *penelope* identisch ist) hat, sonst aber ganz schwarzbraun ist, wurde von Haensch zusammen mit *contiguus* gefangen und hält derselbe diese 3 Formen ebenfalls für zueinander gehörende Aberrationen. Wenn davon die eine Form in Uebergängen zu *thelxiope*-Formen gefunden wurde, so wird man die beiden anderen Formen wohl ebenfalls mit Recht als Subspec. bezw. Aberration zu *thelxiope* ziehen können. Die Zusammengehörigkeit beweisen auch die übereinstimmenden Gruppenmerkmale, welche mich noch niemals im Stiche gelassen haben.

In ähnlicher Weise verhält sich *erato* L. (*vesta* Cram.) und *demeter* Stgr. zu *phyllis* Fabr., welche Formen vom Verfasser ebenfalls nicht als zusammengehörig anerkannt werden. Hätte Herr Oberthür die nachfolgend aufgeführten 3 Formen, die er doch wahrscheinlich kennen muss und wovon die erste abgebildet ist, daraufhin genauer untersucht, so würde er an der Zusammengehörigkeit von *erato* und *phyllis* wohl kaum gezweifelt haben.

Anacreon Gr. Sm. u. Kirby. Rhop. Exot. I. Hel. p. 3 t. 1 fig. 5 (1890) steht in der Mitte zwischen *erato* und *phyllis*, sie hat die Zeichnungen beider Formen vereinigt Diese auffallende Form, die immer wieder die Bewunderung der Entomologen erregt, hat auf der Mitte der Vdfl., da wo bei *erato* die gelbe Fleckengruppe sich befindet, einen rothen Fleck, der dem von *phyllis* in der Form absolut entspricht. Die Htfl. zeigen die characteristische gelbe *phyllis*-Binde und es sind sogar auf der Unterseite derselben im Vorderwinkel die der *phyllis* eigenen gelben Fleckchen vorhanden. Ausserdem haben beide Flügel noch genau dieselben rothen Zeichnungen (Basalzeichnung der Vdfl. und Strahlenzeichnung der Htfl.) wie sie *erato* var. *venustus* Salv. hat.

Bei *ottonis* Riff. (Gatt. Hel. No. 285 ist die Vdfl.-Binde wie bei *phyllis* geformt, aber schwefelgelb. Die sonstigen Zeichnungen sind die der *anacreon*.

Bei *sanguineus* Stgr. Iris VII p. 66/67 (1894) ist der rothe Fleck der Vdfl. bei einigen Stücken der Staudinger'schen Sammlung ganz präcise als *phyllis*-Fleck ausgebildet, die gelbe Htfl.-Binde fehlt aber, sonst ist die Zeichnung wie bei *venustus* Salv. Sie stellt also eine *anacreon* dar, welcher die gelbe *phyllis*-Binde auf den Htfln. fehlt.

Diesen 3 Formen schliesst sich noch *artifex* Stichel, *anactorie* Doubl. Hew. und eine grössere Zahl Uebergangsstücke an, die in verschiedenen Sammlungen zerstreut sind. Die Oberthür'schen Fig. 107 und 128 gehören ebenfalls dazu. Die schwefelgelben Fleckchen auf den Htfln. derselben sind weiter nichts, als Spuren der gelben *phyllis*-Binde.

Was nun die Zugehörigkeit von *demeter* Stgr. zu *erato* L. (*vesta* Cram.) anbelangt, so verweise ich hier auf p. 141 Gatt. Hel. Sep., wo ich die in der Staudinger'schen und in meiner Sammlung befindlichen Uebergangsstücke zwischen *erato* var. *estrella* Bates und *erato* ab. *emma* Riff. bereits erwähnte. Sowohl die um die gelbe Vdfl.-Binde liegende gelblichgraue Bestäubung, wie auch die mehr oder weniger zusammen geflossenen rothgelben Htfl.-Strahlen, als auch die der *demeter* eigenen weisslichen Saumfleckchen der Htfl.-Unterseite variiren in allen Stadien zwischen diesen 3 Formen.

Ich will gewiss Herrn Oberthür nicht abstreiten, dass er grosses Material zur Verfügung hatte, was ja auch seine Abbildungen beweisen. Jedoch glaube ich annehmen zu dürfen, dass dieses Material noch nicht gross genug war, oder dass es Verfasser nicht gelungen ist, die Uebergangsstücke als solche zu erkennen und die richtige Reihenfolge aufzufinden. Wie ich aus eigener Erfahrung weiss, ist dieses nicht so einfach, ich habe mehrere Jahre zur Aufstellung der Reihenfolge, die in meiner Publikationen niedergelegt ist, nothwendig gehabt.

Was den Satz auf pag. 10 1. Zeile „Hélas! M. Riffarth s'est bien gardé, de publier aucune figure" anbelangt, so kann ich nicht umhin zu bemerken, dass die in demselben ausgesprochene Behauptung sehr unvorsichtig ist. Ich habe meiner Arbeit mit Absicht keine Abbildungen beigegeben, erstens, um keine Verwechslung hervorzurufen, was beim Bestimmen nach Abbildungen so ähnlicher Formen wie *melpomene* und *viculata* sehr leicht passiren kann und Herrn Oberthür thatsächlich passirt ist (vergl. untensteh. Verzeichnis mit den Oberthür'schen Benennungen) und zweitens wollte ich das Werk so billig wie möglich gestalten, um es Jedermann zugänglich zu machen. Aus diesem Grunde habe ich die Arbeit auch auf eigene Kosten der Berliner Entomol. Zeitschrift beigelegt. Einen pekuniären Nutzen wollte ich nicht daraus ziehen. Zu dem sind die feinen Unterscheidungs-Merkmale, die den beiden Gruppen von *melpomene* und *erato* eigen sind und wodurch sich oft nur allein die Zugehörigkeit zu der einen oder anderen Gruppe feststellen lässt, bildlich überhaupt nicht wiederzugeben. Sie können nur durch gewissenhafte Beschreibung und vom Leser nur durch fleissiges Studium der Beschreibungen erkannt werden.

Als ich seinerzeit mit den Vorarbeiten für meine Publikation beschäftigt war, habe ich nach den Weymer'schen Beschreibungen der sehr schwierigen *silvana*-Gruppe Iris (1893) mehr richtige Bestimmungen machen können wie nach seinen Abbildungen, trotzdem letztere gewiss nicht schlecht sind. Es stellte sich diese Thatsache später beim Vergleich mit den wirklichen Typen heraus. Die Abbildungen haben eben meistens den Fehler, dass ihnen der Character fehlt. Aus diesem Grunde sind auch einzelne Figuren von Oberthür nicht mit Sicherheit zu identificiren, andere und zwar ziemlich viele kann nur das jahrelang geübte Auge des Specialisten mit Sicherheit erkennen.

Nichtsdestoweniger spreche ich auch als Fachmann im graphischen Gewerbe Herrn Oberthür meine Hochachtung aus zu der prächtigen Ausstattung seiner Etudes und zu der tadellosen Reproduktion der einzelnen Figuren. Was ich allenfalls an letzteren auszusetzen habe ist nur das, dass die feineren Merkmale nicht genügend berücksichtigt sind. Z. B. ist bei den *erato*-Formen auf Pl. 9 der Vorderrand der Htfl. ebenso hell colorirt, wie bei den *melpomene*-Formen. Bei Fig. 131 ist die Körperzeichnung ganz falsch, die der *xanthocles*-Gruppe eigenthümlichen intensiv gelb gefärbten Gliedeinschnitte fehlen vollständig. Fig. 131 und 132 gehören überhaupt nicht in das Werk hinein, da sie weder mit *erato* noch mit *thelxiope* in irgend welchen Beziehungen stehen.

Unverständlich ist es mir, warum Verfasser so viele kaum variable Stücke in mehreren Exemplaren abbilden liess. Die Uebersichtlichkeit wird dadurch sicher nicht erhöht. Ich vermisse ausser anderen unter den Abbildungen die auf Seite 8 und 9 der Etudes erwähnten *amor* Stgr., *pluto* Stgr. und *cybelina* Stgr. Diese sind doch in Stgr. Ex. Schm. und Iris 1896 abgebildet, müssten also nach den Oberthür'schen Grundsätzen wissenschaftliche Giltigkeit haben. Auch ist die systematische Reihenfolge durchaus nicht immer eingehalten. (Vergl. untenst. Liste).

Von bis jetzt bekannten Formen fehlen in den Etudes unter den Abbildungen folgende:

a) aus der *melpomene*-Gruppe

karschi Riff.
mirabilis Riff.
unimaculata Hew.
amor Stgr.
richardi Riff.

contiguus Weym.
timareta Hew.
pluto Stgr.
erebia Riff.
amandus Gr. Sm. u. Kirby.

b) aus der *erato*-Gruppe (*phyllis*-Gruppe Riff. Gatt. Hel.).
magnifica Riff.
elimaea Erichs.
amalfreda Riff.
cybelina Stgr.
emma Riff.
demeter Stgr.
buqueti Nöldn.
sanguineus Stgr.
anacreon Gr. Sm. u. Kirby.
ottonis Riff.
artifex Stich.
phyllis Fabr
phyllidis Gr. Sm. u. Kirby
amatus Stgr.

Nachfolgend führe ich die Oberthür'schen Figuren sämmtlich der Reihe nach mit der richtigen Bestimmung auf:

Pl. 1.

Fig. 1 *erato* **viculata** Riff. (typ.)
" 2 " do. mit Neigung zu **callycopis** Cram. ?
" 3, 4 " **callycopis** Cram (typ.)
" 5, 6 " **callista** Riff. (typ.)
" 7 " **corallii** Butl. (typ.)
" 8 " **andremona** Cram. ab. mit reduzirter rother Basis der Vdfl. u. reduz. Strahlen d. Htfl.
" 9 " **andremona** Cram. (typ.)
" 10, " 11, " 12 do. mit Neigung zu **erato** L.

Pl. 2.

Fig. 13 *erato* **andremona** var. mit sehr breiten rothen Zeichnungen, analog *erato* var. *amazona* Stgr. vom unteren Amazonas.

" 14, 15 " **udalrica** Cram. (typ.)

" 16 zwischen **udalrica** Cram. u. **andremona** Cram.

" 17, 18 " **udalrica** Cram.

" 19, 20 " zwischen **erythraea** Cram. u. **udalrica** Cram.

" 21, 22 " **udalrica** Cram.

" 23 " wie No. 19 u. 20.

Pl. 3.

" 24, 25 " **erythraea** Cram. (typ.)

" 26 " **tellus** Obth. (Bdv. i. coll.) nov. subsp. Ist eine Form von *erythraea*, bei welcher der Bindenfleck der Vdfl. schwefelgelb wird.

" 27 " **erato** L. ab. Die gelbe Fleckengruppe der Vdfl. neigt in der Form zu der von *callycopis* Cram.

" 28 " **erato** L, (typ.) (*vesta* Cram.)

" 29 " **amazona** Stgr. (typ.)

" 30 " **leda** Stgr. var. Die rothen Zeichnungen entsprechen der *erato* var. *amazona* Stgr. vom unteren Amazonas.

" 31, 32, 33 " **erato** L. ab. Die gelbe Fleckengruppe der Vdfl. ist schwarz bestäubt.

" 34 " **leda** Stgr. (typ.)

" 35 " nov. subspec. ich nenne sie: **oberthüri**.

Oberthüri ist eine Form von *erato* bei der die gelbe Fleckengruppe der Vdfl. bis auf kleine Theile im oberen Ende der Mittelzelle und am Vorderrande zwischen Costa und Subcosta 1 und 2 verschwunden ist. Ausserhalb der Mittelzelle und der Costaläste sind also keine gelben Flecke oder höchstens ganz schwache Spuren davon vorhanden. Die Basis der Vdfl. und die Strahlenzeichnung der Htfl. sind roth und in der Farbe und Zeichnung dem Typus von *erato* entsprechend.

Sie ist gleich hinter *leda* Stgr. einzureihen.

Hab: Guyane francaise (Oberth.); Berg en Dal, Sur. (Juli v. Michaelis gef.).

2 · ♀♀ Typ. Coll. Riff.; fig. typ. Oberth. Etudes d'Ent. 21 pl. 3. f. 35.

Fig. 36 *erato* **erato** L. ab. (*xanthoceras* Ch. Obth.). Die gelbe Vdfl.-Fleckengruppe ist gegen den Vorderrand schwächer. Die Angabe von Oberthür, dass die Fühlerspitzen gelb sind, ist nicht von Belang, da dies bei kleineren etwas verkümmerten *erato*-Stücken öfters vorkommt. Ich halte diese Abart nicht für so wichtig, dass sie einen Namen verdient.

Pl. 4.

Fig.		
Fig. 37, „ 38, „ 39	*melpomene*	**melpomene** L. (typ.)
„ 40	„	do. ab. mit Neigung zu **lucinda** Riff.
„ 41	*erato*	**viculata** Riff. (typ.)
„ 42	*melpomene*	scheint **atrosecta** Riff. zu sein?
„ 43	„	**melpomene** L.
„ 44, „ 45	*erato*	**callycopis** Cram.
„ 46	*melpomene*	**melpomenides** Riff.
„ 47	„	wie No. 40.
„ 48	„	**atrosecta** Riff.

Pl. 5.

Fig.		
„ 49	„	zwischen **melpomene** L und **melpomenides** Riff.
„ 50	„	**melpomenides** Riff.
„ 51, „ 52	„	**lucinda** Riff.
„ 53	*erato*	**dryope** Riff. (typ.)
„ 54, „ 55, „ 56	*melpomene*	**lucia** Cram.
„ 57, „ 58	„	**melanippe** Riff.
„ 59	„	wie 51 u. 52.
„ 60	„	**diana** Riff. (typ.)

Pl. 6.

Fig.		
„ 61	„	**diana** Riff. (typ.)

Fig. 62 *melpomene* zwischen **diana** Riff u. **deinia** Möschl.
„ 63 „ wie No. 60 und 61.
„ 64 }
„ 65 } „ **deinia** Möschl. (typ.)
„ 66 }
„ 67 } „ zwischen **deinia** Möschl und **faustina** Stgr.
„ 68 }
„ 69 } „ **faustina** Stgr.
„ 70 „ **eulalia** Riff.
„ 71 „ zwischen **eulalia** Riff. und **cybele** Cram.
„ 72 „ wie No. 70.

Pl. 7.

„ 73 *melpomene* zwischen **eulalia** Riff. und **faustina** Stgr.
„ 74 }
„ 75 } „ wie No. 68 und 69.
„ 76 }
„ 77 } „ **cybele** Cram.
„ 78 „ zwischen **faustina** Stgr. und **funebris** Möschl.
„ 79 }
„ 80 } „ **funebris** Möschl. (79 und 81 typ.)
„ 81 }
„ 82 „ **aglaopeia** Stgr.
„ 83 }
„ 84 } „ zwischen **thelxiope** Hübn. und **aglaope** Feld.

Pl. 8.

„ 85 }
„ 86 } „ **thelxiopeia** Stgr. mit Neigung zu **aglaopeia** Stgr.
„ 87 „ **thelxiopeia** Stgr. (typ.)
„ 88 }
„ 89 } „ **thelxiope** Hühn. (typ.)
„ 90 „ **thelxiopeia** Stgr. ab. mit Neigung zu **vicina** Mén.
„ 91 „ **vicina** Mén. (der Lokalität nach als Aberration).
„ 92 „ **rufolimbatus** Butl.
„ 93 „ **augusta** Riff. (typ.)
„ 94 }
„ 95 } „ ab, mit sehr breiter Vdflbinde.
„ 96 „ **augusta** Riff.

Pl. 9.

„ 97 „ zwischen **aglaopeia** Stgr. und **tyche** Bates.
„ 98 „ **hippolyte** Bates (fast typ.)

Fig. 99 *melpomene* zwischen **hippolyte** Bates und **tyche** Bates.
„ 100 }
„ 101 } „ **tyche** Bates (typ.)
„ 102 *erato* scheint **amphitrite** Riff. zu sein?
„ 103 *melpomene* nicht sicher zu erkennen, vielleicht **aphrodyte** Stgr.
„ 104 „ zwischen **timareta** Hew. und **pluto** Stgr.
„ 105 *erato* **anactorie** Doubl.-Hew.
„ 106 *melpomene* **penelopeia** Stgr.
„ 107 *erato* **venustus** Salv. mit Spuren der gelben *phyllis* Htfl.-Binde.
„ 108 *melpomene* **penelope** Stgr.

Pl. 10.

„ 109 *erato* **venustus** Salv. (typ.)
„ 110 *melpomene* wie No. 108.
„ 111 „ **penelamanda** Stgr.
„ 112 „ **margarita** Riff. (typ.)
„ 113 }
„ 114 } „ **aglaope** Feld.
„ 115 „ zwischen **aglaope** Feld und **vicina** Mén. mit Neigung zu *bari* Oberth. (ab. nov mit Spuren von gelben Apicalflecken auf den Vdfln.).
„ 116 „ **vicina** Mén. (typ.)
„ 117 *erato* **lativitta** Butl.
„ 118 *melpomene* wie 113 und 114.
„ 119 }
„ 120 } *erato* **estrella** Bates (typ.)

Pl. 11.

„ 121 *melpomene* **elevatus** Nöldn.?
„ 122 }
„ 123 } „ **aglaope** Feld.
„ 124 }
„ 125 } *erato* **estrella** Bates
„ 126 **etylus** Salv. (typ.)
„ 127 „ wie 124 und 125.
„ 128 **estrella** Bates ab. mit Spuren des gelben *phyllis*-Htfl.-Binde.
„ 129 }
„ 130 } *melpomene* **bari** Obth. nov. subsp.

Bari ist eine mir bisher unbekannt gebliebene, sehr charakteristische Form und dürfte wohl hinter *elevatus* Nöldner einzureihen sein, die ich zu *aglaope* eingezogen hatte, jetzt jedoch als Lokalrasse dazu anerkenne. Das gelbe Fleckchen im Analwinkel der Vdfl., welches *elevatus* hat, scheint den Anfang der grösseren Analflecken von *bari* zu bilden. Die schwefelgelben Apicalflecke, die *bari* auf den Vdfln. zeigt deuten auf eine ferne Verwandtschaft der *thelxiope* Formen mit der *silvana* Gruppe hin. (Es sind dies nicht die einzigen Merkmale, die Zeichnungsanlage von *thelxiope* hat in ihrem Charakter sehr viel Aehnlichkeit mit der *silvana*-Gruppe, es würde aber zu weit führen, dies hier auseinanderzusetzen). Im Uebrigen stimmt die Zeichnung von *bari* in der Anlage mit *thelxiope* überein.

Fig. 131 *xanthocles* **vala** Stgr. (**caternaulti** Obth.)
„ 132 *aoede* **astydamia** Erichs. (**emmelina** Obth.).

Verzeichnis der in Tonkin, Annam und Siam gesammelten Papilioniden und Besprechung verwandter Formen.

Von

H. Fruhstorfer.

Troides.

Troides helena cerberus Feld.

In meiner Sammlung befindet sich nur 1 ♂♀; ein ♀ sandte ich an das Tring Museum.

Das mir vorliegende ♂ ist etwas grösser als ♂♂ aus Sikkim, Assam, Perak, Sumatra, Nias und Borneo und ist auf den Htflgl. breiter schwarz umsäumt.

Der anale und subanale schwarze Fleck reicht ungewöhnlich tief in die gelb hyaline Flügelzone hinein und zwischen U D C und M 1 ist ein freistehender schwarzer Punkt eingebettet.

Der gelbe Fleck am Costalsaum der Htflgl. ist normal lang und ebenso breit wie in der Mehrzahl der Sunda-Exemplare

Unterseite: Auf den Vdflgl. sind die Zellwand und die Rippen breit grauweiss bestrahlt.

Der schwarze Analsaum ist ungewöhnlich breit und stösst an M 3 an, was bei keinem der ♂♂ aus anderen Gebieten vorkommt.

Das ♀ gehört der hellen Form an mit deutlicher U Zeichnung im Apex der Vdflglzelle und ausgedehnter weisslicher Rippenbestrahlung.

Die Htflgl. zeigen eine complete Reihe von schwarzen, spitzen Submarginalflecken, welche sich den Marginalhelmflecken nähern, ohne mit ihnen zusammenzufliessen.

♂♀ aus Than-Moi, Juni-Juli 1900.

Troides aeacus Feld.

Hiervon fing ich beim Verlassen des Mau-Son Gebirges auf etwa 2000′ Höhe ein prächtiges grosses ♀ mit breiter weissgrauer Umrandung der Vdflglzelle und durchsichtiger nur ganz dünn schwarz beschuppter Adnervalsstreifung.

Der Hinterleib des ♀ ist oben tief schwarz mit blauem Glanz und nicht graugelb wie in einem ♀ aus Siam (im Januar gefangen), und grauschwarz wie in 2 ♀♀ aus Malacca.

Htflgl.: Die gelben Flecken auf dem Costalsaum sind kleiner, die Zelle ist breiter schwarz umzogen, die discalen und marginalen Flecken sind grösser und länger als in Sikkim ♀♀, ziemlich weit getrennt und der Raum zwischen ihnen dicht schwarz beschuppt. Die discalen schwarzen Flecken, besonders die analen sind sehr spitz, besonders wenn wir die Tonkin ♀♀ mit solchen von Siam und Malacca vergleichen.

Der gelbe Fleck jenseits der Zelle am Innensaum ist fast verschwunden und differiert dadurch das Mau-San ♀ recht erheblich von 2 ♀♀ aus Siam und 2 ♀♀ aus Malacca, welche eine sehr breite ultracellulare, anale gelbe Fleckung zeigen.

Das schmale schwarze Band zwischen M 3 und SM gewinnt dadurch an Ausdehnung.

Mau-Son, 2000′ Mai 1900.

Ein zweites ♀ von *aeacus* glaube ich an das Tring-Museum gesandt zu haben. Jedenfalls sind 4—5 *Troides* alles, was ich in 6 Monaten in Tonkin erbeuten konnte. Ich sah zwar später im Aug. und Sept. auf meinen Ritten durch die Urwälder an den Confluenten des weissen Flusses noch mehrere „Ornithopteren" ihre Kreise ziehen oder Blüten besuchen, aber dies alles spricht doch für die Armut Tonkins an *Troides*. Es mag ja sein, dass ich zu ungünstiger Jahreszeit das Land besuchte und dass vielleicht im April—Mai an waldreichen Stellen des Landes diese Falter häufig auftreten. aber die Ornithopteren dominieren in Hinterindien nicht in dem Maasse wie auf den Sunda-Inseln, wo sie stellenweise durch ihr pompöses und zahlreiches Erscheinen das Landschaftsbild beleben und verschönern.

Immerhin war ich glücklicher als Herr Janet aus Paris, der mir bei einem Besuch in Berlin erzählte, dass er während seines 2½ jährigen Aufenthaltes in den verschiedenen Gegenden Tonkins nur 1 *Troides* ♂ gefangen habe.

Weniger selten als in Tonkin finden sich *Troides* in Annam, wo freilich auch 2 Monate verflossen, ehe ich den ersten *aeacus* in der Nähe von Qui-Nhon im südlichen Teil des Landes zu sehen bekam. (15. Januar 1900)

Erst später auf einer Inlandsreise von Nha-Trang nach Phan-Rang, Ende Januar, traf ich in einer Niederung, die von hohen bewaldeten Felsdomen umgrenzt war, in einiger Anzahl *aecus*, und sah besonders ♀♀ fliegen.

Daraus schon schloss ich, dass ich etwas zu spät nach Annam

gekommen war. Der October wäre vielleicht die richtige Jahreszeit gewesen, dann regnet es in diesem Teil des Landes, und Vogelflügler lieben den Regen.

Einzelne Exemplare finden sich freilich während des ganzen Jahres, besonders auch, wenn in den dürren Monaten gelegentlich einmal Niederschläge erfolgen.

Nach einem solchen erhaschte ich ein Jahr später selbst in der Hauptstadt von Cambodja in Pnom-Pen, im Dezember, ein frisch ausgekommenes, allerdings sehr kleines ♂ und im Januar 1901 im Innern von Siam einige ♂♂ und ein vereinzeltes ♀.

Es ergeben sich folgende Flugzeiten:

Tonkin		Annam
Mai (♀) Aug.—Sept. (♀)		Januar ♂, Februar ♀♀.
Cambodja	Bangkok	Mittelsiam
Dezember ♂	Januar ♂	Januar ♀

Papilio.

Hector-Gruppe.

aristolochiae F. f. typ.

In Tonkin verhältnismässig selten. Nur wenige Stücke erbeutet. Die Art liebt mehr das Flachland, und fand sich allenthalben in Annam, so bei Touranne und im Innern am Phuc-Son und Thu-Bon Fluss im Dez. und Januar und in südl. Strichen, besonders bei Xom-Gom.

Tonkin *aristolochiae* zeichnen sich durch lange weisse ultracellulare Streifen aus, während Annam Stücke in der Regel kleiner sind, und von schmälerer Flügelform und weniger breit angelegte Streifen haben.

Aber die Süd-Annamiten bekommen ein besonders zierliches Aussehen durch das Auftreten von intensiv roten Flecken am Innenrand der Hinterflgl.; manchmal sind sogar die Discalstreifen rot umgrenzt und in 2 Exempl. ist selbst der Zellfleck rot beschuppt. Ob das Auftreten der Rotfärbung eine Folge der Trockenzeit sein mag? 1 ♀ aus Tonkin, Chiem-Hoa, August Sept. und aus Xom-Gom, Februar, ein 2. aus Touranne, Januar, sind graubraun mit 4 grossen ultracellularen Streifen und verblassten rötlichen Submarginallunulen, welche von der Unterseite durchscheinen. Ein Tonkin ♀ von April, Mai aus dem Mauson Gebirge hat nur 3 ultracellure weisse Flecken.

Die Form *diphilus*, welche in Süd-Indien häufig ist auch von mir bei Calcutta im Mai beobachtet wurde, und in meiner Sammlung von Malacca vertreten ist, scheint in

Hinterindien nicht vorzukommen, auch nicht in Siam, dessen *aristolochiae* die breitetsten und reinsten weissen Discalflecken der Htflgl. aufweisen. Fluggebiet: Das ganze von mir bereiste Tonkin von der chinesischen Grenze bis an den Roten Fluss. Häufig in Mittel-Annam, bei Touranne im Novemb., Phuc-Son am Thu-Bon Fluss im Nov. Dez, Qui-Nhon im Januar, dann in Süd-Annam bei Xom-Gom im Februar. Angkor, Siam Dezembr. Bangkok, Januar. Muok-Lek, Februar, Mittel-Siam.

13 von 25 ♂♂ aus Xom-Gom gehören zur

ab. *ceylonica* Moore

weil sie einen weissen „patch" am Zellende haben, welcher sehr in der Grösse abweicht, manchmal nur als ein Punkt auftritt, gelegentlich einen schwarz eingeschnittenen Halbmond bildet, aber nie die Ausdehnung wie in echten *ceylonica* ♂♂ aus Ceylon erreicht.

Nox-Gruppe.

P. aidoneus Doubl. (*erioleuca* Obthr.).

Von Than-Moi. ♂♂ von solchen aus Sikkim nicht zu unterscheiden, die ♀♀ zeigen alle an der Submediana der Vdflgl. einen hellen Wischfleck.

Nur wenige Exemplare gefangen.

P. varuna astorion Westwood.

Tonkin ♂ von solchen aus Sikkim nicht zu unterscheiden. Ein Than-Moi ♀ hat etwas schmälere und dunkler braune Flügel und ein abgeflogenes ♀ von Phuc-Son etwas breiter schwarze Internervalsstreifen.

Mau-Son, auf ca. 3000' April, Mai 1900. Than-Moi, Tonkin Phuc-Son, Nov. Dez. Annam.

Latreilli-Gruppe.

P. crassipes Obthr.

1 ♂ von Than-Moi. Das ♀ ist in der Soc. Entom. 1. Nov. 1901 wie folgt beschrieben.

Papilio crassipes ♀

P. crassipes Obthr. Et. d'Ent. XVII. p. 2, t. 47. 38, 38a (♂) Rothschild Rev. Pap. p. 262, 1895.

Das bisher unbekannte ♀ von *crassipes* von dem Oberthür eine höchst genaue Abbildung des ♂ in seinen Etudes 1893 bekannt gab, hat dieselbe aschgraue Färbung wie der ♂ und ist von diesem nur durch die rundlicheren Flügel und die breiten roten Marginalflecken der Hinterflügel-Unterseite und einen kleinen roten Punkt verschieden.

♀ Vorderflügellänge 62 mm. Than-Moi, 1000'.

P. alcinous mausonensis Fruhst.

Soc. Entom. 1. Novemb. 1901.

2 ♂♂ und 1 ♀.

Der ♂ nähert sich *alcinous confusus* Rotsch., das ♀ aber wunderbarer Weise mehr *loochooanus* Rothsch.

Nächst verwandt *alcinous confusus* Rothsch., mit dem er das gleichartig entwickelte Duftfeld in der Abdominalfalte der Hinterflgl. gemeinsam hat, das braun und mit schwarzem, glänzendem Wollhaar besetzt ist.

Vdflgl. wie Htflgl. sind aber schmäler und länger und dadurch erinnert *mausonensis* etwas an *impediens* Rothsch.

Kopf und Hals sind weniger rot behaart als in *confusus*, die roten Submarginal Lunules der Htflgl.-Unterseite schimmern zwar schwarz durch, wiederholen sich aber nicht auf der Oberseite.

Diese Lunules sind auch kürzer und breiter. Das ♀ hat breiter rundliche Flügel und erinnert in der Färbung an *P. alcinous loochooanus* Rothsch., von denen es aber durch schmälere rote Hinterflglfleckung absticht.

♂ Vdflgllänge 61 mm. ♀ 70 mm.

Than-Moi, Juni—Juli 1900, 1000'; Mau-Son Gebirge, Nord-Tonkin.

P. philoxenus Gray.

Von mir auf dem Plateau von Lang-Bian in Süd-Annam auf etwa 5000' Höhe, Februar 1900, beobachtet und zwar in einer sehr kleinen Form die sonst Rothschild ab. d 2 entspricht.

Oberthür erwähnt *philoxenus* und ab. *darasada* auch von Tonkin. *Philoxenus* Gray ist die Trockenzeit, *dasarada* Moore die Regenzeitform dieser Papilios.

Annam Stücke gehören der „*dry season*" Form an.

Machaon - Gruppe.

P. demoleus L. = *P. epius* Obthr. Etudes d'Entom. p. 14, 1893.

In der typischen Form in Tonkin nirgends selten ohne aber jemals so häufig aufzutreten wie in Ceylon oder die Lokalform *pictus* Fruhst. auf den kleinen Sunda-Inseln.

Tonkin *demoleus* sind in der Regel grösser als solche aus Sikkim und Assam.

Than-Moi, Chiem-Hoa. Neben rein gelben kommen auch rotbraun gefleckte ♀♀ vor.

In Annam fliegt

demoleus f. temp. annamiticus Fruhst.

welche als Repräsentant des *demoleus malayanus* Wall. angesehen werden kann, aber eine noch breitere Discalbinde aufweist, die selbst bei meinem schmalbändrigsten Annam-Exempl. noch weiter ist als beim breitbindigsten ♂ von der malay. Halbinsel.

Auch sind die Zellflecke und die übrigen Vdflgl. Makeln grösser als in *erithonius* und *malayanus* und stehen deshalb dichter zusammen.

Annamiticus möchte ich jetzt nicht mehr als Subspecies auffassen, (vide Iris 1901 p. 271), sondern als eine extreme Trockenzeitform, weil die Discalbinde bei den im Februar, (also in der vorgeschrittenen Trockenzeit), in Süd-Annam gefangenen Exempl. viel breiter angelegt ist als in einem ♂ und 4 ♀♀ aus Phuc-Son, Mittel-Annam, die im Nov. Dez. (also am Ende der Regenzeit) erbeutet wurden.

Diese Phuc-Son Exempl. und Stücke von Siam, Muok-Lek, 1000', Februar 1900 und Tenasserim halten die Mitte zwischen *malayanus* und *annamiticus* und mögen auch als *demoleus malayanus* Wall. diese Liste bereichern helfen.

Helenus-Gruppe.

P. noblei Nicéville.

Papilio noblei Nicéville, Journ. As. Soc. Beng. p. 287 n. 19. t. 13 f. 2 (1888) (Karen Hills, Burma); Semper Philipp., Tagfalt. p. 275, sub. n. 400 (1892) Haase, Untersuch. üb. Mim. p. 40 (1893) ♂.

Papilio henricus Oberthür. Et. d'Ent. XVI. p. 3. t. 4, f. 39 (1893) (Mouong-Mong, Tonkin) ♂.

Papilio noblei Rothsch. Revis. East. Pap. 1895 p. 284 ♂.

Papilio noblei de Nicéville. J. B. N. H. S. Vol. XII. p. 335 Katha, Ob. Birma, Taungu, Tenass. (März) ♂.

Papilio noblei Fruhst. Iris 1901. II p. 268/269 ♀.

Dieser eigentümliche Falter der *P. demolion* Cr. in Tonkin vertritt, hat seinen nächsten Verwandten in *P. antonio* Hew. von Mindanao und kommt durch ihn ein philippinischer Zug in die Tonkin Fauna. *Noblei* ist weit verbreitet, von Oberthür aus Muong-Mu, Süd-Tonkin an der Grenze der Laosstaaten als *henricus* erwähnt, aber schon 5 Jahre früher von de Nicéville als *noblei* aus den Karen-Hills in Ober-Tenasserim beschrieben.

Neben etwa 12 ♂♂ fing ich in Mitteltonkin auch 3 ♀♀.

Abgesehen von dem etwas rundlichen Flügelschnitt unterscheiden sich die ♀♀ in nichts Erheblichem von den ♂♂.

Auf der Oberseite der Hinterflügel ist die Analozelle gelblich, statt rotorange und unterseits ist eine submarginale Binde von gelben Mondflecken stets deutlich vorhanden, während sie bei manchen ♂♂ nur angedeutet ist.

Die Type von *noblei* ♂ sah ich am Phayre Museum in Rangoon wo sie allmählich verkommt, wenn sie nicht gleich so vielen anderen seltenen Faltern an diesem vernachlässigten Museum schon jetzt den Anthrenen zum Opfer gefallen ist.

In Tonkin beobachtete ich *noblei* bei Chiem-Hoa am Song-Gam, einem Confluenten des Weissen Flusses.

Die ♂♂ besuchen entweder die Blüten der Lantanen oder setzen sich auf nassen Sand von Bachufern, die ♀♀ fand ich nur auf Lantanusblüten. Die Schmetterlinge sind sehr scheu und kehren einmal verjagt erst nach langer Abwesenheit, manchmal erst nach einer Stunde, an den Abflugsort zurück.

Die Schuppen, besonders auf den Vdflgl., sitzen sehr lose, so dass es schwer ist, reine Exemplare zu fangen und nach Europa zu bringen.

Chiem-Hoa, Aug. Sept. 1900.

In Annam dürfte

P. demolion Cramer.

fliegen, ich beobachtetete ihn jedoch nicht dort, wohl aber in Siam bei Muok-Lek, Februar 1901 auf ca. 1000′.

Häufig im ganzen Gebiet ist

Pap. helenus L.

in der typischen indischen Form, die ♂♂ nur mit einer Analocelle, die ♀♀ mit 4 Mondflecken auf der Htflgl.-Oberseite.

Am kleinsten ist ein ♀ von Annam mit nur 99 mm Spannweite gegen ♀♀ aus Tonkin mit 130 mm.

Chiem-Hoa, Tonkin. Phuc-Son, Xom-Gom, Annam.

Die ♂♂ stellen sich gern am nassen Sand ein, wo sie ebenso wie *noblei* und häufig in dessen Gesellschaft saugen, während die ♀♀ ausschliesslich Lantanus besuchen.

Nephelus-Gruppe.

P. chaon Westwood.

In Tonkin und Siam der häufigste Papilio. Die ♂ wechseln sehr in der Grösse. Mein kleinster ♂ von Chiem-Hoa hat nur 51 mm Vdflgllänge, der grösste 71 mm.

Eines meiner ♀ zeigt im Analwinkel aller Vdflgl. einen gelblichen Fleck. Irgend welche Differenzen zwischen *chaon* aus Sikkim und Tonkin sind aber nicht zu constatieren.

Tonkin. Mittel-Siam. In Annam nicht beobachtet.

Memnon-Gruppe.

P. memnon agenor L.

In dem halben Jahr das ich in Tonkin verbringen konnte, kam auch diese Art nicht zur vollen Entwicklung.

Es mag sein, dass ich auch hierfür zu spät oder zu früh eintraf, andererseits scheinen die abnormen Witterungsverhältnisse von 1900 die Erscheinungsweise vieler Tonkin *Papilio* beeinflusst zu haben.

Die Regen setzten sehr spät und dann nicht in genügendem Masse ein, erst Mitte Juli, während sie im Mai erwartet werden und endeten bereits Mitte August, statt wie üblich, Mitte Oktober.

Von *agenor* lassen sich 2 Zeitformen unterscheiden, eine kleinere, mit deutlich und breit schwarz umrandeten Htflgl. und eine solche mit grösserer Flügelspannweite und etwas heller blauen Adnerval-Streifen.

Die ♂♂ der kleinen Trockenzeitform haben einen roten Basalfleck der Vdflgl, der in Exemplaren von Siam am kräftigsten entwickelt ist.

Die ♀♀ waren ungewöhnlich selten, ich glaube kaum, dass mir mehr wie 5 od. 6 zur Beute fielen.

Neben typischen ungeschwänzten *agenor* L. ♀ mit breiten weissen Htflgln., fing ich noch 2 geschwänzte ♀ Formen die ab. *distantianus* Rothsch. in Phuc-Son und Tonkin und eine dieser nahestehende Aberr. mit nur kleinem weissen Zellfleck der Htflgl., drei deutl. und einem obsoleten weissl. Discalfleck. ♂♀ Regenzeitform, Chiem-Hoa. ♂ Trockenzeitform, Xom-Gom, ♂♂ Siam, Jan.-Febr.

P. protenor Cram.

Von diesem weit verbreiteten *Pap.* fing ich fast ebensoviel ♀♀ wie ♂♂. Die ♂ wie ♀ wechseln stets in der Grösse, variieren aber sonst nicht und sind durch nichts von ♀ aus Sikkim zu unterscheiden; sie sind aber dunkler und dichter, sowie ausgedehnter blau bestäubt, als das einzige ♀ von Szechuan in meiner Sammlung.

Vdflgllänge eines Than-Moi ♂ 50 mm. ♂ Phuc-Son 74 mm, von Chiem-Hoa 76 mm.

Polytes-Gruppe.

P. polytes L.

Ueber diese Art lässt sich nur sagen, dass sie ungewöhnlich selten war und die ♀♀ im Gebiete wenig wechseln. Die meisten sind typisch und zeigen einen grossen weissen Zellfleck der Htflgl. und 4 circumcellulare weisse Makeln.

Bei einem ♀ ist der Intracellularfleck nach oben rot bestäubt und der unterste ultracellulare Fleck ist strichförmig und steht in einem blass fleischrotem Feld.

Einem ♀ fehlen die sonst in allen Tonkin und Annam Stücken auftretenden roten Submarginalpunkte, mit Aussnahme der beiden oberen, welche sehr reduziert sind; die weissen Makeln sind rein und gross, so dass gerade diese Form im Flug die täuschenste Achulichkeit mit pharmakophagen *P. aristolochiae* zeigt. Ich schrieb unterm 17. Novemb. 1899 in mein Tagebuch (p 203).

Hoch über der Erde kam zitternden Fluges ein *Papilio* angesegelt, den ich zuerst für *aristolochiae* hielt, der sich aber als ein *polytes* ♀ herausstellte. Diese schützende Aehnlichkeit im Fluge perfectionirt die Schutzfärbung ganz auffallend, während die ♂♂ unstäten Fluges herumtaumelten oder seglerartig schnell ankamen.

In Than-Moi wurden 2 ♂ ähnliche ♀♀ erbeutet.

ab. *virilis* Röb.

Dunkle ♀♀, d. h. solche ohne cellulares od. ultracellulares Weiss, wie sie in Borneo häufig in Lombok vorherrschend vorkommen oder solche mit nach Art der ab. *romulus* aufgehellte Vdflgl. konnte nicht beobachten.

Castor-Gruppe.

P. castor Westw.

Bei Than-Moi fing ich 4 Exempl. von *castor*, die vielleicht einer neuen Subspec. angehören, die ich aber ohne Kenntnis des ♀ nicht benennen möchte.

Die Grundfarbe der Exempl. ist satter schwarz als selbst bei den frischesten mir erst vor 4 Wochen zugegangenen *castor* ♂♂ aus Sikkim, die Flügel sind viel dünner braun goldig beschuppt.

Die crêmefarbenen Discalflecken der Htflgl. sind schmäler, der oberste verhältnismässig klein. der vierte schmal und bereits in einzelne weisse Häubchen aufgelöst, wie dies auch bei Assam-Stücken vorkommt.

Die Vdflgl.-Unterseite ist nur am Marginalrande weiss punktiert und auf den Htflgl. zeigen sich nur 3 kleine Submarginalpunkte nahe dem Apex.

Auch sind die Discalflecken schmäler als auf der Oberseite.

P. castor neigt jedenfalls zu Veränderungen. Ein kleines ♂ aus Sikkim ist oberseits reich und dicht goldbraun beschuppt. Die Htflgl. zeigen normale crêmefarbene Discalflecken, welche unterseits aber schon auf die Hälfte reduziert sind.

Beide Flügelpaare sind aber sonst ohne weisses Pünktchen.

Ist dies vielleicht eine Trockenzeitform? Andere ♂♂ zeigen dagegen unterseits einen grossen weissen Punkt am Zellende, eine complete Serie marginaler und submarginaler Punkte auf den Vdflgl. und eine Discalreihe von 7 weissen Flecken und eine complete Serie von 7 Submarginal Lunules und ausserdem noch 2 subanale weisse Fleckchen.

1 ♂ hat ausserdem oberseits noch einen crêmefarbenen Wischfleck am Zellapex der Htflgl.

Diese reich weiss ornamentierten Exempl. sind im Juni 1901 bei Darjeeling, also in der Regenzeit gefangen.

Than-Moi, Tonkin.

P. mahadeva Moore.

Diese Species hat anscheinend in Siam den günstigsten Boden zu ihrer Entwickelung gefunden, denn *mahadeva* gehört dort in der Trockenzeit zu den häufigsten Schmetterlingen. Viele hunderte wurden von mir und meinen Jägern im Januar und Februar gefangen.

In Birma scheint *mahadeva* schon selten zu sein, Rothschild kannte nur 2 Exempl. aus Ober-Tenasserim, und in Annam fing ich auch nur 1 ♀ das ich als *mahadeva phanrangensis* in der Soc. Ent. XVI, 1901 beschreiben konnte.

Phanrangensis ♀ ist kleiner als *mahadeva* ♀ aus Siam und von rundlicheren Flügelschnitt.

Vdflgl.: Der weissliche Punkt am Apex sehr reduziert, vor dem Analwinkel steht eine submarginale Reihe von 4 weissen Punkten.

Htflgl. Die crêmefarbenen Sabmarginal-Mondfleckchen sind sehr kräftig entwickelt, doppelt so breit als in *mahadeva*, dagegen ist die innerste Reihe weisslicher Flecken, welche in *mahadeva* drei bis viermal breiter ist als die Möndchen in *phanrangensis*, beinahe verschwunden.

Fundorte:

mahadeva Moore, Hinlap Januar 1901. Muok-Lek Februar 1901 auf 1000′ Höhe. Toungo, Tenasserim Mai 1901.

phanrangensis, Xom-Gom, Süd-Annam Februar 1900.

Mahadeva hält sich gerne am feuchten Sand der Flussufer auf, kommt aber auch häufig an den ausgegossenen Unrat unter oder neben den Hütten der Eingeborenen.

Mahadeva sitzt stets mit gefalteten Flügeln und kehrt aufgescheucht ohne langes Zögern wieder an den Abflugsort zurück und ist ein sehr schwacher Flieger, der sich stets in der Nähe des Erdbodens hält.

P. mahadeva ist über das südasiatische Gebiet in nachstehender Weise verbreitet:

mahadeva Moore. Ober-Tenasserim (Fruhstorfer leg.), Ober-Birma, Siam, Shan-Staten (Rothschild), Mittel-Siam, West-Siam (Fruhstorfer leg.).

mahadeva selangoranus Fruhst. Selangore, Malay. Halbinsel.
mahadeva phanrangensis Fruhst. Süd-Annam.
mahadeva hamela Crowley. P. Z. S. 1900 p. 509—510 t. XXXV, f. 3. 1900. Insel Hainan.

Agestor-Gruppe.

P. slateri tavoyanus Butl.

Oberthür empfing 1 ♂ aus Tonkin, Butlers Type ist von Tavoy, Tenasserim; de Nicéville erhielt ein ♂ von dem Sammler Moti-Ram aus Ponsekai an der birmesisch-siamesischen Grenze; Rothschild kannte 5 ♂♂ von den Shan-Staaten und ich selbst fing 3 ♂♂ in Mittelsiam und ist es ziemlich wahrscheinlich dass die Art auch in Annam fliegt.

Tavoyanus combiniert die Charactere von *slateri* Hew. mit jenen von *slateri perses* de Nicéville, in dem er von ersterem die blaue Vorder-, von letzterem die weisse Htflglstreifung angenommen hat.

1 ♂ hat nur 5 obsolete violette Querstriche und einen kleinen Zellfleck und deckt sich mit Oberthürs Figur seiner *marginata* von Ober-Tonkin.

Ein 3. ♂ weist 6 deutlich blaue Querstriche auf und hat 2 grosse und einen mittleren kleinen Fleck vor dem Zellende und harmoniert mit Marshals Figur seines *P. clarae.*

Die Htflgl. sind bei allen 3 ♂♂ unter sich gleichförmig weisslich gestreift.

2 ♂♂ Hinlap, Januar.

1 ♂ Muok-Lek, Februar auf 1000′.

Tavoyanus fliegt sehr langsam und hat in seinen Bewegungen eine so grosse Aehnlichkeit mit Euploeen, dass ich ihn stets so lange für eine *Euploea* hielt, bis ich ihn getötet hatte und seine Flügel öffnen und betrachten konnte.

Tavoyanus gehört anscheinend zu jenen interessanten Faltern, welche nur eine Generation haben, und mit der ersten Frühjahrsbrut der übrigen Papilio's zusammen erscheinen um dann wieder für ein volles Jahr zu verschwinden.

Die nächsten Verwandten des *tavyoanus* lassen sich in nachstehender Uebersicht verteilen als:

slateri slateri Hew. Sikkim ♂ ♀ ♀, Assam 6 ♂ ♂, in Collect. Fruhstorfer.

Die ♂♂ aberrieren auf den Vdflgln. ähnlich wie *tavoyanus* und besitze ich solche mit 1 blauen Apialfleck in der Zelle neben ♂♂ mit 3, ja selbst 4 Makeln und mit 8 oder 9 Submarginalstrichen.

Bei 2 ♂♂ aus Assam sind auf der Unterseite der Htflgl. die weisslichen Submarginalstreifen verschwunden, eine Aberration, welche ich als „ab. **jaintinus**" bezeichne.

slateri tavoyanus

= *clarae* Marsh. *marginata* Oberthür. Tenasserim, Shan-States (Rothschild) Ober-Tonkin (Oberthür) Mittel-Siam (Fruhstorfer).

slateri perses Nicéville. Sumatra, 1 ♂ Collect. Fruhst· de Nicévilles Figur zeigt einen ♂ mit monströs ausgebuchteten Htflgln.

slateri perses ab. *petra* Nicéville. Sumatra, Montes Battak.

slateri sticheli Teteus. Perak (Collect. Fruhstorfer). Differiert von *petra* durch die ausgedehnteren weissen Flecken und das Vorhandensein von 2 grösseren weissen Makeln im Analwinkel der Vdflgl. zwischen M 3 und SM und ein wenig längeren Strigae der Htflgl.

slateri sticheli ab. *persoides* Fruhst.

Verhält sich zu *sticheli* wie *perses* zu *petra* und unterscheidet sich von *perses* durch etwas grösseres Flügelmass und um vieles längere, breitere und reiner weisse Adnervalstrigae der Htflgl.-Unterseite. Perak, 1 ♂ in Coll. Fruhst.

slateri hewitsoni Westw.

Rothsch. Rev. p. 363 ♂. 4 ♂♂ in Coll. Fruhst.

Herr Bang-Haas sandte mir unlängst das bisher unbeschriebene ♀ des *P. hewitsoni* Westw., welches sich vom ♂ in folgender Weise unterscheidet:

Marginalsaum der Flügel etwas heller, auf der Htflgl.-Oberseite scheinen die Strigae der Unterseite durch. Alle Flügel sind etwas breiter und erscheinen dadurch rundlicher.

♀ Vdflgl. 60 mm; von 2 ♂♂ 56 mm.

Patria: Kina-Balu, Nord-Borneo.

slateri hewitsoni ab. *persides* Fruhst

Von derselben Firma empfing ich dann noch 2 ♂♂, welche etwas kleiner sind als de Nicéville's Figur von *perses* und auf der Htflgl.-Oberseite kürzere weisse Strigae zeigen. Auf der Htflgl.-Unterseite sind diese Streifen gleichfalls kürzer, schärfer abgesetzt und reiner weiss.

Diese Aberration mag ab. *persides* heissen.

Patria: Kina-Balu, Nord-Borneo.

Demnach haben die auch sonst faunistisch ziemlich gleichförmigen Gebiete: Sumatra, Borneo und die Malayische Halbinsel je 2 *hewitsoni* Formen.

Sumatra	Malay. Halbinsel	Borneo
perses u. *petra*	*persoides* u. *sticheli*	*hewitsoni* u. *persides*

In Java, das ja auch sonst ärmer an Papilioniden ist, fehlt die *epycides*-Gruppe vollständig.

Clytia-Gruppe.

P. clytia L.

In Tonkin fanden sich *P. clytia* und seine Verwandten nur äusserst selten, und in Annam hatte ich die günstigste Zeit auch versäumt. Desto reicher entschädigte mich aber Siam für diesen Ausfall.

Im mittleren Teil dieses wenig durchforschten Landes begann *clytia* von Mitte Februar ab zu fliegen und war es mir dann in kurzer Zeit vergönnt, nach und nach fast sämmtliche bekannten Aberrationen an einer Lokalität zu fangen.

Tonkin und Annam *clytia* nähern sich der aus Tenasserim bekannten dunkelbraunen normalen Form *panope*, denen die Mehrzahl angehört

Die ab. *onpape* Moore. mit sehr hellem breit weissbezogenen Apex fing ich in Tonkin überhaupt nicht, wohl aber in Annam.

Ein Exemplar aus Than-Moi passt am besten zur

ab. *saturatior* Moore.

Die *panope* in Tonkin fing ich auf Blüten, zum Teil in Gärten des Städtchens Lang-Son und in Than Moi auf Hibiscus. Lantana ist (für den Entomologen) leider sehr selten in Tonkin, wenngleich sich die Wegebauer und Landwirte über deren Nichtvorhandensein kaum beschweren werden, denn für diese bedeutet der sich rasch vermehrende Strauch nur ein unausrottbares Unkraut.

In Annam beobachtete ich *clytia* nur auf nassem Sand, und ebenso in Siam, wo ich sie ausschliesslich am Ufer des Muok-Lek Flusses fing und zwar stellenweise dicht vor den Hütten der Siamesen, besonders an den Stellen auf welchen sich durch Waschen und Wasserholen schlammige Pfützen gebildet hatten.

Mit Hülfe meines Dieners begoss ich diese Plätze im Laufe des Tages mit Wasser und machte sie durch Zuthaten von Zucker und Urin noch zugkräftiger.

In der Aufzählung der von mir erbeuteten Formen folge ich Rothschilds meisterhafter Uebersicht.

clytia L. ab. *casyapa* Moore.

Von mir in Darjeeling nur im Juni beobachtet während mir aus den Monaten März-April durch Möllers Sammler eine grössere Serie zuging.

ab. *papone* Westw.

1 ♂ aus Xom-Gom, Süd-Annam, mit sehr spitzen bis an die Zelle reichenden hell crêmefarbenen Discalflecken der Htflgl. und weissen intranervalen Marginalflecken auf den Vdflgl.

Dann ca. 15 Exempl. aus Muok-Lek, Siam in allen Abstufungen von fast tiefschwarzen Vdflgl. bis zu solchen mit blauem Schimmer uud einem prächtigen Uebergang zur ab. *janus* Fruhst., d h. also mit schwarzen blauschillernden Vdflgl. deren Aussensaum allmählich in ein helles Braun übergeht und Spuren einer submarginalen Reihe weisslicher Fleckchen.

Einige ♂♂ zeigen marginale weisse Flecken, ein ♂ schon eine Spur einer schrägen subapicalen Punktreihe auf den Vdflgl.

Bei mehreren Stücken reichen die discalen weisslichen Dreiecke der Htflgl., wie im Xom-Gom ♂ bis an die Zelle, bei 2 ♂♂ sind sie aber reduziert und in 2 deutliche Reihen aufgelöst.

Verschiedene Stücke sind mit einem prächtigen gelben Marginalsaum auf der Htflgl.-Unterseite dekoriert. *Papone* ♀ besitze schon seit 10 Jahren, dass mir ein Franzose mit dem Fundort Annam übergab Es gehört zu den ♂♂ mit zwei deutlich abgesetzten discalen Fleckenreihen auf den Htflgl. und hat oberseits keine Spur von gelben Marginalflecken.

ab. *dissimilis* L.

Diese Form war und blieb im ganzen Gebiet sehr selten. In meiner Sammlung befinden sich 3 sehr helle ♂♂ aus Xom-Gom (Februar) und Than-Moi (Juni-Juli) 3 ziemlich dunkle ♀ von Chiem-Hoa (Aug. Sept) 1 dunkles ♀ aus Phuc-Son, Annam (Nov. Dez.) und 3 ♂ aus Muok-Lek vom Februar, welche die Mitte halten zwischen den am hellsten weiss gezeichneten Than-Moi ♂ und den dunklen Stücken von Chiem-Hoa. Fast schwarze ♂ und ♀ wie ich sie aus Sikkim (März-April) besitze, fanden sich im Indochinesischen Gebiet jedoch nicht.

Die weitaus grösste Zahl der Exempl. aus Annam und Siam gehört zu

clytia panope L.

von welcher alle möglichen denkbaren Abweichungen vorkommen. Die Mehrzahl unterscheidet sich von *clytia* durch die verkürzten Pfeile der Htflgl., welche manchmal so weit reduziert sind, dass sie nur noch in der Form von kleinen Halbmonden erscheinen.

Zahlreiche ♀♀ gehören zur

ab. *onpape* Moore

welche eine besonders täuschende mimetische Form der *Euploea godarti* bildet

Uebergänge von *panope* 'zu *onpape* bilden Exempl. mit hellem Apex der Vdflgl. und nur einer submarginalen Halbmöndchen Reihe der Htflgl.

Bei 2 ♂♂ werden die Fleckenreihen der Vdflgl. obsolet, 1 ♂ hat einen breiten gelben Marginalbezug der Htflgl. und erinnert dadurch an *flavolimbatus* Obth. von den Andamanen.

Hervorzuheben wären dann noch ausserordentllich kleine Exemplare von Xom-Gom, Februar mit gering entwickelter Zeichnung. ♀♀ waren selten.

Als Neuheit kann ich eine Aberration einführen, über welche ich in den Sitzungsberichten des Berl. Ent. Vereins bereits fm November 1901 sprach (siehe Insektenbörse vom 26. Dezbr. 1901) und als ab. **janus** Fruhst. benannte.

Davon fing ich etwa 15 Exemplare die alle darin übereinstimmen, dass auf den Vdflgl. die submarginale grau- oder gelblich weisse Fleckenreihe eine zum Teil tiefschwarze Farbe angenommen hat. Dadurch heben sich diese Flecken deutlich und scharf von der fahlbraunen Grundfarbe ab.

Bei einem ♂ aus Annam und 2 aus Siam ist der ganze Apex schwarz beschuppt, wodurch diese Falter das Aussehen bekommen als wäre die Flügelspitze beschmiert oder lange in Oel getaucht worden.

Die Htflgl.-Binden dieser Aberration sind meistens reduziert, bei einem ♂ bereits angedunkelt graubraun.

Janus macht ganz den Eindruck einer eigenen Art, aber es sind auch wieder Uebergänge vorhanden zu *panope* in der Weise, dass ein Teil der schwarzen Vdflglflecken entweder weiss gekernt od. schon weisslich umrandet wird. Ein ♂ hat braune Vdflgl. mit obsoleter Schwarzfleckung, ein anderes einen schwarz beschuppten Apex, aber bereits eine deutliche, grau weisse Submarginal Fleckenreihe.

Dies alles spricht wieder von Neuem für die proteusartige Verwandlungsfähigkeit der *clytia*-Formen, die an Mannigfaltigkeit nur noch von der *memnon*-Gruppe durch das Auftreten geschwänzter ♀♀ überboten wird.

Interessant ist auch das Verhalten der *Papilio clytia*. Wenn die Falter mit zusammengefalteten Flügeln auf dem nassen Sand od. dem Erdboden sitzen, sind sie sehr leicht von gleichfarbigen und gleichgrossen Euploeen zu unterscheiden. Sowie die Papilio's aber zu fliegen beginnen, lässt sich selbst das geübteste Auge stets wieder von neuem täuschen und war es mir immer erst möglich *P. dissimilis* von *Danais limniace* zu unterscheiden, wenn ich sie im Netz mit den Fingern befühlen konnte.

Wir hatten in unserem Gebiet also mit folgenden Formen zu thun:

Tonkin.

P. clytia panope L. Langson, Mai, Chiem-Hoa, Aug. Sept.
P. do. ab. *saturatus* Moore Than-Moi, Juni-Juli.
P. do. ab. *dissimilis* L. Im ganzen Gebiet, Juni-Septbr.

Annam.

P. clytia panope L. Phuc-Son, Nov.-Dez., Xom-Gom, Februar, Dran, Februar 3000'.
do. ab. *janus* Fruhst. Xom-Gom, Februar,
P. clytia ab. *papone* Westwood. Xom-Gom, Februar.
do. ab. *dissimilis* L. Phuc-Son, Nov.-Dez. Xom-Gom, Februar.

Siam.

P. clytia ab. *papone* Westw.
do. ab. *dissimilis* L.
P. clytia panope L. Häufig.
do. ab. *onpape* Moore. Häufig.
} Muok-Lek, 1000' Januar-Februar.

P. clytia ab. *janus* Fruhst. Selten. Muok-Lek 1000'. Jan.-Febr.

P. paradoxus telearchus Hew.

Nur 1 ♂ von Chiem-Hoa.

Der prächtige Falter zog über dem Wasserspiegel seine Kreise und hielt ich ihn zuerst für eine Euploea, bis mir seine mehr stossweise Flugart auffiel, als ich ihm dann selbst ins Wasser springend, nacheilte, verschwand er spurlos.

Erst einen Tag später fing ihn mein Jäger „Blaujacke" verletzte jedoch das sonst reine und frische Exemplar beim Toddrücken etwas an der Flügelwurzel.

Das Exemplar nähert sich einem ♂ aus Assam, von dem es nur durch etwas grössere weisse Suhmarginaltupfen und etwas breitere und mehr violett schimmernde Discalflecken abweicht. Der blaue Fleck am Zellapex ist etwas spitzer und kleiner als in einem Assam und einem Tenasserim ♂.

Der Doppelfleck zwischen M 3 und SM hält die Mitte zwischen Assam und Tanasserim ♂.

Die Htflgl. sind tiefschwarz, breit weiss gesäumt und zeigen 3 kleine aber rein weisse Costal-Pünktchen.

Unterseite: Die Vdflgl.-Punktierung wie im Assam ♂, auf den Htflgl. sind jedoch die Möndchen etwas kräftiger angelegt.

Chiem-Hoa, Aug.-Sept.

Viel abweichender von Assam *telearchus* ist das citierte Tenasserim ♂, mit violettem, statt blauem Schimmer auf den Vdflgl., was bei *P. paradoxus* Fruhst. von Java auch gelegentlich vorkommt.

Die Grundfarbe der Htflgl. ist braun anstatt schwarz, ebenso ist die Unterseite aller Flügel durchweg lichter braun als in Assam ♂♂.

Vielleicht ist das Tenasserim ♀ auch von Assam ♀♀ zu unterscheiden, so dass dem glücklichen Finder desselben wahrscheinlich die Constatierung einer Subspecies möglich sein wird.

Sammler, welche sich länger im Flachland von Tonkin aufhalten, werden dort wohl noch *P caunus danisepa* Butl. oder einen Verwandten entdecken. Ich selbst besitze davon nur 2 ♂♂ aus Assam.

Elephenor-Gruppe.

Pap. doddsi Janet.

Papilio doddsi Janet. Bull. Soc. Ent. France 1896, p. 186. 215. Tonkin.

Papilio doddsi de Nicéville J. A. S. Beng. p. 566 f. 30, plate IV, 1897. South Shan States; Crowley, P. Z.-S. 1900, p. 510 Hainan ♂

Papilio megéi Oberthür. Ann. Soc. Franc. p. 268, 26. Juli 1899. ♂.

P. doddsi Fruhst. Iris 1901, II p. 269/270. ♀.

Doddsi ist vermutlich der Tonkin Repräsentant von *elephenor* aus Assam, und wurde neuerdings von Crowley auch für die Insel Hainan nachgewiesen.

Die ♂ variieren unter sich etwas in der Grösse, und in der Ausdehnung der Htflgl.-Spitzen, die sich bei den meisten Exempl. kaum sichtbar abheben, bei einem ♂ aber bereits einen deutlichen Schwanz bilden. Im Colorit bleiben sich die ♂♂ fast alle gleich, nur ist die Zelle der Vdflgl.-Unterseite bald mehr bald weniger intensiv weiss gestreift, aber Farbennuancen wie sie bei *bianor* und *ganesa* in allen Abstufungen zwischen grün und blau vorkommen, suchen wir vergeblich bei *doddsi*.

Auch die filzigen Sexualstreifen der Vdflgl. bleiben ziemlich unverändert, sie sind alle lang und schmal, und bilden niemals einen zusammenhängenden Duftfleck wie dies in *bianor* von Tonkin die Regel und nicht die Ausnahme ist.

Ausser etwa 12 ♂♂ fing ich auch das bisher unbekannte ♀, welches reichlich grösser ist als die ♂♂ und 82 mm Vdflglspannung aufweist gegen 72—74 mm der ♂♂.

Die Flügel sind weniger dicht grün beschuppt und deshalb heller und durchscheinender als beim ♂.

Auf dem Costalteil der Htflgl. fällt die grüne Bestäubung fast gänzlich fort, die schwarze Grundfarbe kommt mehr zur Geltung und entsteht dadurch eine geheimnisvolle dunkelblaue schillernde Region, welche dem ♀ einen besonderen Reiz verleiht.

Ausserdem ist das Analauge grösser, breiter rot umzogen und neben ihm tritt noch ein zweiter roter Halbmondfleck auf.

Die schwarzen Marginalflecken sind auch etwas mehr verbreitert als beim ♂.

Auf der Htflgl.-Unterseite sind die roten Submarginalmonde ausgedehnter, ihr violetter Kern aber obsoleter als bei den ♂♂.

P. doddsi traf ich häufig in Gemeinschaft mit *P. noblei* und *P. bianor* am nassen Sand eines Flussufers saugen. *Doddsi* ist zwar sehr scheu, aber er kehrte, einmal verjagt gerne wieder zum Abflugsort zurück.

Aber während sich *noblei* nur an ganz einsamen Pfützen uud Waldbächen einstellt, liebt *doddsi* förmlich die Nähe menschlicher Wohnungen. Er hält sich sogar mit Vorliebe vor und unter den Hütten der Eingeborenen auf weggegossenen Unrat auf.

Doddsi sitzt stets mit geschlossenen Flügeln. Während seines kreisenden, schwebenden Fluges bietet er durch die Vornehmheit seiner Bewegungen einen prächtigen Anblick.

Chiem-Hoa, August-September.

Bianor-Gruppe.

P. bianor gladiator Fruhst.

Iris II, p. 370/371. 1901.

Fliegt zu gleicher Zeit und an denselben Stellen wie *P. doddsi*, meidet aber die Nähe der Menschen.

Ich glaubte der Tonkin Race einen besonderen Namen beilegen zu dürfen, weil sie durchweg stattlicheren und farbensatteren Habitus zeigt, als chinesische *bianor*.

Die abwechselnd blau od. grün schillernde Region der Htflgl. ist viel ausgedehnter als in süd-chines. Exemplaren, auch sind die Schwänze besonders bei den ♀♀ um vieles breiter.

Exempl. mit einfarbiger, blauer Costal-Region der Htflgl. sind vorherrschend. Es wurden aber auch Stücke erbeutet mit grossen grünen Costal- und Marginalmonden und solche, bei denen die dunkelblaue Zone nach aussen von einer hellgrünen intensiv schillernden und glänzenden Region abgegrenzt werden. Solche Stücke kommen *P. ganesa* sehr nahe und mehr noch ein ♂, das vielleicht einen Nachzügler der Frühjahrsgeneration vorstellt und auf den Vdflgl. mit einer hellgrünen Umsäumung der Duftstreifen geschmückt ist.

Hellgrüne Schuppen ziehen sich ähnlich wie in *ganesa* bis nach dem Vdflgl.-Apex.

Die Htflgl. tragen einen leuchtenden, hellgrünen, sehr breiten Costalfleck, zusammenhängende grüne Submarginalmonde und der Schwanz ist ebenfalls heller und reichlicher grün bestäubt als in typischen *bianor*.

Bei einigen ♂♂ erscheinen rot violette Submarginalmöndchen.

Die ♀♀ sind besonders auf den Vdflgl. dunkler als China ♀♀ von *bianor*, die rötlichen Htflgllunules aber schmäler.

Chiem-Hoa, Mittel-Tonkin. Aug.-Sept. 1900.

P. polyctor triumphator Fruhst.

Soc. Ent. pag. 66, 1. August 1902.

Gemeinsam mit *gladiator* Fruhst. fliegen im Herbst, wenn auch ausserordentlich selten *P. ganesa.* Es gelang mir davon nur 2 ♂♂ zu erbeuten, die einer dunklen Race angebören und sich eng an solche aus Assam anschliessen.

Stücke aus Tonkin und Assam bilden zusammen eine geografische Form, welche sich durch ihr grösseres Flügelmass und dunklere Grundfarbe resp. Beschuppung, von zahlreichen ♂♂ aller Jahreszeiten aus Sikkim abheben.

Der Irisfleck der Htflgl. ist schmäler, und dunkler blau als in Sikkim *ganesa*, die Lunules der Htflgl. sind reduzierter, auch scheint der blaue, quadratische Fleck am Costalrand beständig kleiner zu sein. In der Soc. Entom. l. c. benannte ich diese Race als *triumphator*.

Morphologisch steht *ganesa* dem *bianor* sehr nahe und lässt sich von diesem nur durch die stets schmäleren Sexual-Adnerval-streifen der Vdflgl. abtrennen.

Bei meinem Tonkin ♂ sind diese Duftstreifen ausserordentlich verringert und fehlen, an der Submediane sowohl, wie zwischen M 3 und SM.

Chiem-Hoa, Aug.-Septbr. 1900.

Am Museum in Bangkok fiel mir ein ♂ auf, den Dr. Haase in Ost-Siam, Chentaboon gesammelt hat, der sich durch grüne

Umrandung der Sexualflecken auszeichnet, und wohl der Trockenzeit angehört.

Ich selbst konnte *ganesa* in Siam nicht beobachten.

Paris-Gruppe.

P. paris L.

Diese schöne Art war und blieb in Tonkin während meines Besuches verhältnissmässig selten. Kaum 20—30 Exempl. fielen mir zur Beute.

Paris ist über ganz Tonkin verbreitet und nähern sich meinen Exempl., jenen der Regenzeit von Assam. Die Vdflglängsbinde ist unter 10 Stücken bei 7 ausgeprägt vorhanden.

Auf den Htflgl. zeigt sich eine Neigung zur Bildung einer zweiten grünen Binde, welche unterhalb dem Analauge bis an den Innenrand reicht.

Paris fand sich am Ufersand ein, auch häufig an Lantanusblüten, die das ♀ ausschliesslich besucht.

Mau-Son Gebirge, April-Mai }
Than-Moi, Mai-Juni } Tonkin
Chiem-Hoa, Aug.-Septbr. }
Phuc-Son, Novemb.-Dezemb. — Annam.

Viel häufiger fand sich *paris* in Siam, am Muok-Lek Fluss, im Waldschatten an einer Stelle, welcher durch badende Siamesen stets von Neuem wieder mit Wasser bespritzt wurde, wo die ♂♂ eng aneinander gedrängt sassen. Aufgescheucht zieht *paris* einige Kreise und verbirgt sich dann im Strauchwerk um nach kurzer Abwesenheit wieder zu seinem geliebten Nass zurückzukehren.

Die Siamstücke gehören alle der Trockenzeitform an, sind bedeutend kleiner und heller grüngoldig bestäubt.

Siam: Muok-Lek auf ca. 1000′ Höhe. Januar-Februar 1901.

Es sei mir hier gestattet das Indo-Chinesische Gebiet zu verlassen und zur *paris*-Gruppe gehörige Verwandte von den grossen Sunda-Inseln in den Bereich der Betrachtungen zu ziehen.

Rothschild verteilt die *paris*-Formen der Sunda-Inseln in folgender Weise:

arguna Horsf. Ost-Java
„ *karna* Feld. West-Java,
„ „ ab. *gedeensis* Fruhst. West-Java,
„ *karnata* Rothsch. Borneo,
prillwitzi Fruhst. West-Java.

arjuna Horsf. Ost Java.
arjuna karna Feld. West-Java.
arjuna karna ab *gedeensis* Fruhst. West-Java.
arjuna karnata Rothsch. Borneo.
prillwitzi Fruhst. W.-Java.

Gedeensis soll demnach nichts weiter sein als eine individuelle Aberration von *karna* Feld. und nach den Rothschildschen Angaben von *arjuna* nur durch die Abwesenheit der Vdflgl.-Binde abweichen.

Rothschild besass, als er seine Revision schrieb, nur ungenügendes Material aus der Gruppe, denn sonst wäre ihm aufgefallen, dass *gedeensis* nicht nur im ganzen gebirgigen West-Java fliegt, sondern auch bis aufs Pünktchen übereinstimmend auf den Bergen Sumatras vorkommt, und somit eine bereits consolidierte selbstständige und leicht zu trennende Subspecies des auf Mittel-Java beschränkten wirklichen *arjuna* Horsf. vorstellt.

Karna dagegen ist sowohl in Java wie in Sumatra die weitaus seltenere Form. Ich beobachtete *karna* nur am Gede. Es ist aber wahrscheinlich, dass er sich bei genauem Zusehen auch in anderen Teilen der grossen Insel noch findet, denn sowohl der äusserste Osten, die Provinz Banjuwangi, wie auch der Westen sind ja entomologisch fast noch eine terra incognita. Was wir von dort kennen, sind gelegentliche Funde von Forschungsreisenden; um sich jedoch ein erschöpfendes Bild von der Fauna machen zu können, ist es nötig, monatelang in einer Gegend zu sammeln und besonders von Eingeborenen tausende von Exemplaren fangen zu lassen. In dieser glücklichen Lage, war ich selbst in Java nur in der Umgebung von Sukabumi, oder besser gesagt, an den Abhängen des Gede-Vulkans und im Tengger-Gebirge. Alle übrigen Residentschaften sind aber weder von anderen Reisenden noch von mir ausreichend durchforscht. Auf Gede nun fliegt *gedeensis* häufig, sogar sehr häufig. Während der zwei Jahre die ich in jenem herrlichen Gebiete verlebte, gingen 2—3000 Exemplare davon durch meine Hände.

Die Stücke variiren unter sich herzlich wenig und nicht entfernt in dem Masse wie der verwandte *P. paris*, von dem wir eine kleine, reich goldbeschuppte, auf den Vdflgln mit einer hellgrünen Binde durchzogene Frühjahrsform kennen, (mit grossen runden geschlossenen **roten** Analocellen auf der Htflgl-Unterseite), neben grossen Regenzeitformen in allen Abstufungen mit und ohne Vdflgl-Binde und nach unten offenen **violetten** Analocellen

Von *paris* aus Sikkim liessen sich dann ohne viel Schwierigkeiten noch die Assam- und Tonkin *paris* abtrennen, die im allgemeinen grösser und dunkler grün gefärbt sind, aber reduzierter und weniger irisierende Htflgl-Flecken zeigen.

Alles was ich hiergegen an Abweichungen bei *gedeensis* selbst im Laufe von drei Jahren feststellen konnte, ist folgendes:

„Die Exemplare variiren in der Spannweite von 50 - 63 mm. Zwerge mit 50 mm sind aber äusserst selten. Die überwiegende Menge zeigt 60 mm.

Bei einigen Stücken reicht der Discalfleck der Htflgl. nur bis an die Zelle, bei einigen dringt er in den Zellapex ein, wird jedoch in der Zelle nie breiter als 1—2 mm.

Der grüne Costalfleck der Hinterflgl. wechselt leichthin in der Breite; ebenso ist die violette Umsäumung der roten Submarginal-Halbmonde etwas veränderlich in der Intensität.

Auf den Vdflgln. ist manchmal eine leise Spur von den Resten einer grünen Längsbinde zu sehen."

Diese Längsbinde fehlt im ostjavanischen *arjuna* niemals, ist dort breit und hebt sich scharf abgegrenzt von der dunkleren Flügelgrundfarbe ab.

Auch der Irisfleck von *arjuna* ist stets breiter, heller, intensiver glänzend und die Flügelunterseite ist braun, niemals schwarz. Die submarginale Binde ist schmäler, stets gelblich und niemals weiss wie in *gedeensis*.

(Siehe auch meine Figur, Stett. Ent. Ztg. 1894, t 3. fig. 1.)

Von *gedeensis* fing ein Javane nur einen ganz ausgefallenen Sporn, welchen ich in den Ent. Nachr. 1893 p. 226 als nov. spec. *prillwitzi* beschrieb.

Diese Beschreibung war mein Erstlingswerk.

Heute habe ich meine Ansicht über den specifischen Wert dieses Pap. geändert, den ich nunmehr für eine allerdings wunderbare Aberration halte — worauf besonders die verbreiteten Submarginalflecke der Htflgl.-Unterseite schliessen lassen (vide meine Abbildung in der Iris 1898 t. II f. 1).

Diese Ansicht wird noch gestützt durch die Tatsache, dass niemals wieder ein zweiter *prillwitzi* zum Vorschein gekommen ist — soviel Mühe sich meine Sammler auch gegeben haben.

Gedeensis dagegen fliegt das ganze Jahr, von Höhen über 1000′ an — und fand ich ihn auf allen westjavanischen Bergen, besonders den Vulkanmauern, welche das Plateau von Bandong umrahmen und auf dem Hochplateau vou Pengalengan, wo er sogar in die Dörfer kommt um an Blumen zu saugen, oder sich auf nasse Stellen zu setzen.

Karna jedoch ist auf Java immer selten; er fliegt zwar auch während des ganzen Jahres, aber nur im Gebirge und auf derselben Höhe und stets in Gemeinschaft mit *gedeensis*.

Er unterscheidet sich durch dass an *tamilana* Moore erinnernde grosse Flügelausmass, ca. 65 mm — aber mehr noch durch die stets vergrösserte Analocelle der Htflgl.-Unterseite. Auf der Htflgl.-Unterseite sind die roten Submarginal Monde etwas verschmälert und das Violett gewinnt dafür an Ausdehnung.

Der Irisfleck der Htflgl.-Oberseite ist stets von der Zelle abgerückt, nach oben zu schärfer abgeschnitten, d. h. er verläuft fast gradlinig und verschmälert sich rascher nach dem Analwinkel zu.

Die subanale grüne Binde ist stets breiter als in *gedeënsis* aber weniger entwickelt als in *karnata* von Borneo.

Karna findet sich auch in Sumatra und zwar neben *gedeensis*, während ein Ausläufer davon, *karnata* Rothsch in Borneo isoliert vorkommt. Vielleicht findet sich aber in den bisher undurchforschten Bergstrecken Borneos auch noch ein Doppelgänger in einer *arjuna* Lokalrace.

Und nun noch einige historische Notizen zur typischen *arjuna* Horsf.

Rothschild zieht wegen der deutlichen Vdflbinde hierzu meinen *tenggerensis* als Synonym. In der That zeigt Horsf. Abbldg. bereits Spuren einer goldigen Längsbinde der Vorderfl. Diese ist jedoch kaum ein Drittel so breit als in meinen sämmtlichen Exemplaren von Ostjava und der Unterschied wird auch in die Augen springen, wenn meine Abbildung Stett. Entom. Zeitung t. 3 f. 1 1894 damit verglichen wird. Neuerdings stellte ich auch Recherchen an nach Horsfield's Type. Am British Museum, das die Erbschaft des früheren Museums der East India Company angetreten hat und eigentlich nur die Fortsetzung dieses Museums vorstellt, aus dem es heraus gewachsen ist, findet sich ein Exemplar, das noch von Horsfield herrührt und auch ziemlich mit seiner Figur harmoniert. Die Vorderflügelbinde ist sehr dünn, also auch nicht so prominent wie auf meiner Tafel. Die Heimat des Exemplares ist Mittel-Java, Umgebung von Surakarta. Wenngleich nun dieses Stück das einzige ist, welches von Horsfield herrührt, so wäre es doch gewagt, gerade dieses Exemplar als Type zu bezeichnen, denn die alten Autoren nahmen es mit ihren Typen nicht sehr genau. So ist von Hewitson bekannt, dass er häufig seine Typen verbrannte, wenn er später ein besseres Exemplar seiner vermeintlichen ersten Art erwerben konnte.

Aber diesen Sommer besuchte ich Herrn Charles Oberthür in Rennes, welcher mir aus dem reichen Schatze seiner Erinnerungen unter anderem erzählte, dass Boisduval regen Tauschverkehr mit Horsfield unterhielt, und dass sich in Boisduval's nachgelassener Sammlung ein *arjuna* Horsf. befindet, den Boisduval von Horsfield seiner Zeit empfangen hatte. Dieses alte Horsfield'sche Original ist nun congruent dem Stücke am British Museum, und stammt, der Etiquette nach, gleichfalls aus Mittel-Java. Nun stehen beide Horsfield'sche Exemplare zwischen solchen aus Ostjava (*tenggerensis* m.) und jenen aus West-Java (*gedeensis* m.), sodass kaum daran zu zweifeln ist, dass sie wirklich aus dem centralen Teil der Insel stammen. Der *arjuna* Horsfield bildet also gewissermassen das „missing link" zwischen der Ost- und West-Javaform, was der geographischen Lage nach, auch ganz natürlich ist.

Die Species *arjuna* zerfällt demnach auf Java selbst in folgende drei Glieder oder Ausläufer.

arjuna tenggerensis aus dem Osten.
arjuna arjuna aus dem centralen Teil.
arjuna geedensis aus den Westgebirgen.

Tabellarisch haben wir es also mit folgenden *paris*-Racen zu thun:

paris L.	Sikkim { Frühjahrsform / Sommerform.
paris subspec.	Assam, Tonkin, Annam, Siam, Hainan (?).
paris subspec.	Malay. Halbinsel.
paris tamilana Moore	Süd-Indien. (Coll. Fruhstorfer.)
paris chinensis Rothsch	China. (Regenzeitform in Coll. Fruhstorfer.)
arjuna tenggerensis Fruhst.	Ost-Java.
arjuna arjuna Horsfield	Mittel-Java.
arjuna gedeensis Fruhst.	Im gebirgigen West-Java und auf den Battakbergen Sumatras.
arjuna gedeensis ab. *prillwitzi* Fruhst.	Mons-Gedé.
karna Feld.	West-Java, Mons-Gedé 4—5000'.
karna discordia de Nicéville	Montes-Battak (Sumatra).
karna karnata Rothsch.	4 ♂♂ 2 ♀♀ aus Nord-Borneo (Coll. Fruhst.)

Payeni-Gruppe.

P. payeni langsonensis Fruhst.

(Soc. Ent. No. 12, 15. September 1901.)

Von dieser eigentümlichen Art fing ich eine gut characterisierte Subspecies, welche durch ihre dunkle Flügelumrahmung auffällt.

Verglichen mit dem dunkelsten von ca. 12 Assam-♂♂ unterscheidet sich *langsonensis* durch den tiefschwarzen, breit angelegten Costalsaum der Vdflgl. und die rundlicheren gelblichen Apicalflecken.

Die in allen *evan* ♂♂ rotbraun angelaufene Zelle ist dunkelbraun beschuppt.

Htflgl. Der Marginalsaum ist nach innen schärfer abgegrenzt, die Makeln unterhalb der Zelle sind fast verschwunden und nur noch durch obsolete, schwarz beschuppte dreieckige Wische angedeutet.

Der Basalteil aller Flügel ist bleicher gelb, dagegen der Kopf und Thorax dunkler beschuppt.

Die Zeichnung der Flügelunterseite ist einfacher als in *evan* und die Umrahmung wieder breiter, auch ist der Apex der Vdfl. an der Spitze nicht gelblich, sondern braun bezogen.

Die discalen und cellularen Makeln aller Flügel sind kleiner und schmäler, ebenso ist die transcellulare Silberbinde kaum noch angedeutet.

Abgesehen von diesen Unterschieden im Colorit und der Zeichnung bekommt *langsonensis* ein anderes Aussehen durch den stumpferen Apex der Vdflgl. und die viel kürzeren und breiteren tiefschwarzen Schwänze, welche keine rote Spitze zeigen.

♂ Vdflgllänge 63 mm.

Nur 2 ♂♂ gefangen bei Than-Moi, Juni — Juli. 1 ♂ im Museum Tring, ein zweites in meiner Sammlung.

Das ♀ dürfte allenfalls *P. payeni brunei* m. ähnlich sehen.

Von *brunei* besitze seit vielen Jahren ein ♀, das Waterstradt am Kina-Balu gefangen und mir in Copenhagen übergeben hat. Es differiert von *evan* ♀♀ aus Assam in folgenden Punkten:

Der Apicalsaum der Vdflgl. ist dunkler rotbraun, breiter und deshalb näher an die Zelle gerückt.

Eine in *evan* nur angedeutete schwarze Submarginalbinde tritt breit und kräftig entwickelt auf und ist nach aussen scharf begrenzt. Die anale rotbraune Region ist trotzdem viel breiter und geht in einer deutlichen Binde nach oben zu bis an U D C

Die Zelle ist ähnlich wie in *langsonensis* ♂ dunkler bestäubt, aber rotbraun und nicht schwärzlich, jedenfalls in ihrer gesammten Ausdehnung dunkler getönt als das Assam ♀, aber viel heller als bei den *brunei* ♂♂.

Die Htflgl. sind von einer sehr breiten intensiv schwarzen Binde durchzogen, die submarginalen rotorangefarbenen Flecken mehr entwickelt und statt 4 analen zeigt sich eine Reihe von 5 grossen postdiscalen Makeln.

Der Marginalsaum ist viel ausgedehnter.

Die Schwänze sind breiter als in *evan*, dunkler umrandet.

Vdflgl. Die Unterseite ist breiter und dunkler braunrot umzogen. In der Zelle befindet sich eine zusammenhängende Querbinde, welche sowohl in *evan* wie in *payeni* in einzelne Flecke aufgelöst ist.

Durch die Vdflgl. geht ausserdem noch eine dünne schwarze discale Längsbinde.

Htflg. Die braunen Zeichnungen sind schmäler aber intensiver, die discale Silberbinde dagegen breiter.

Die 3 subbasalen braunroten Längsstriche verlaufen geradliniger und sind ebenfalls schmäler.

♀ Vdflgllänge 68 mm.

Patria: Kina-Balu, Nord-Borneo.

P. payeni Boisd. ♀

Von diesem ausserordentlich seltenen *Papilio* beschrieb ich ein, dem Museum in Brüssel gehöriges ♀ in den Ent. Nachr. 1894 p. 301. Später empfing ich durch einen Sammler in Java selbst ein ♀, so dass ich es jetzt auch mit dem mir inzwischen zugegangenen *brunei* ♀ wie folgt vergleichen kann.

Es ist kleiner als *brunei* ♀ und hält in der Färbung ungefähr die Mitte zwischen *evan* und *brunei*; hat mit letzteren den dunklen Vdflgl. Anflug, mit *evan* eine schmälere schwarze Discalbinde der Htflgl. gemeinsam.

Die Unterseite ist jedoch heller und zeichnungsärmer als in *evan* und alle Striche, Bänder und Tupfen sind dünner und kleiner. Auch die Silberbinde ist fast nur auf den Analwinkel beschränkt.

Die Schwänze ähneln *evan*, sind aber dünner und kürzer.

Die subbasalen Längsstriche stehen nicht dicht untereinander wie in *brunei*, sondern sind gebogen, aber kaum 1/2 so breit als in *evan*.

Vdflgllänge 62 mm.

Mons Gede, W.-Java, auf 4000′ Höhe.

Die verwandten Formen lassen sich in folgender Weise aufreihen:

1. *P. payeni* Boisd.

   Anscheinend auf West-Java beschränkt. 5 ♂ 1 ♀ Mons-Gede in Coll. Fruhstorfer.

   ♂ Vdflgl. 54—58 mm.

2. *payeni brunei* Fruhst.

   4 ♂ 1 ♀ vom Kina-Balu 2 ♂♂ von Sumatra, Montes-Battak (in Coll. Fruhst.)

   Sumatra ♂♂ sind etwas kleiner als Borneo ♂♂.

   Die Silberfleckung der Htflgl. besonders in der Zelle

reduziert. ♂ 57—59 mm. Borneo ♂ 60—62 mm ♀ type 68 mm. Vdflgllänge.

3. *payeni evan* Doubl. Assam.
Zahlreiche ♂♂, u. ♀♀ in Collection Fruhstorfer.
Neuerdings wurde *evan* auch in Tenasserim entdeckt. (Dannat Ranges, März; vide de Nicéville I. B. N. H. S. p. 335, 1899).

4. **evan evanides** nov. subspec. Patria: Sikkim.
(*P. evan* Rothsch. Rov. Pap. p. 401. 1895.)

Eine Beschreibung dieser Form hat Rothsch. l. c. bereits gegeben, in dem er sagt: A specimen in my collection labelled „*P. evan* ♂ Assam" is of the size of *P. payeni;* above it agrees best with *evan*, below with *payeni.* The locality „Assam" may be erroneous; I got the specimen from a French dealer.

Ausserdem seien noch folgende Unterschiede vermerkt: Umsäumung der Vdflgl. heller braun. Die Querflecken in der Zelle kleiner.

Die schwarze Binde der Htflgl. nur halb so breit. Die innere Reihe gelblicher Flecken deutlicher, auch die Submarginalflecken grösser und beinah eine zusammenhängende Binde bildend.

Der schwarze Zellfleck ist um vieles kleiner.

Unterseite: Der Marginalsaum der Vdflgl. ist nur etwas dunkler als die Grundfarbe Sämmtliche submarginalen und discalen Flecken sind nicht nur um vieles kleiner, sondern auch heller als in *evan.*

Die Schwänze sind ebenfalls lichter braun getönt und viel schmäler.

♂ Vdflgllänge 63 mm.

Von *payeni* differiert *evanides* durch die hellere Grundfarbe der Unterseite und die etwas kräftiger hervortretende Braunfleckung.

Die vorstehende Beschreibung von *evanides* ist basiert auf ein ♂ aus Sikkim, welches mir ein lieber Bekannter von Darjeeling aus zusandte.

Die genaue Flugzeit ist mir unbekannt, der Falter wurde mir aber mit mehreren 1000 anderen Schmetterlingen und zwar typischen Regenzeitformen geschickt.

Es ist also wahrscheinlich, dass *evanides* in der Regenzeit, vielleicht August-September gefangen wurde.

Evan, der in Sikkim so ungemein selten ist, dürfte bei Darjeeling stets nur in der kleinen *evanides*-Form auftreten.

In Assam, wo *evan* häufig ist, lassen sich aber zwei Zeitformen unterscheiden:

Assam ♂♂ der Trockenzeit sind kleiner, heller und schmäler

braun gebändert. Der Zellfleck der Htflgl. ist ebenso wie in *evanides* sehr reduziert.

♀. Die gelben Submarginalbinden beider Flügel verbreitern sich, während die schwarzbraunen sich verschmälern Auf den Htflgl. verschwindet der Zellfleck entweder vollkommen oder ist nur schwach angedeutet.

Die Grundfarbe der Flügel ist heller, auch die Schwänze sind gelb, anstatt rotbraun wie in der Regenzeitform.

Die Unterseite der Trockenzeitform der ♀♀ hat wegen der verblassten und reduzierten Binden viel mehr Aehnlichkeit mit *payeni* ♀ aus Java als mit dem Regenzeit *evan* ♀ aus Assam.

Exempl. der dry seasonform kommen seltener nach Europa, weil in der kühlen Trockenzeit die Eingeborenen nicht gerne auf die Schmetterlingsjagd gehen, weil dann Schmetterlinge seltener sind und auch weniger Arten vorkommen.

5. *evan langsonensis* Fruhstorfer. Nord-Tonkin

6. *gyas* Westw. Assam 3 ♂♂, 3 ♀♀, Coll. Fruhstorfer.

   Tenasserim, Mooleyit Berge, 6000', Februar.

   1 ♂ aus Oberbirma in meiner Sammlung zeigt verloschenere gelbe Punkte der Vdflgl. Oberseite. Die Submarginalbinde fällt fast ganz aus und contrastiert dadurch noch mehr als Assam ♂♂ von

7. *gyas lachinus* Fruhstorfer, Sikkim

   (Iris 1901, II p. 292./293).

   Differiert von Assam *gyas* durch sehr verbreiterte gelbe Tupfen und die oben breit gelb angeflogene Discalbinde der Vdflgl.

   2 ♂♂, Juni-Juli 1902 aus Darjeeling, in Sammlung Fruhst.

   1 ♀ von Lachin Lachong 8—16000'. Sommer 1894 durch die Freundlichkeit des Herrn Oberthür empfangen.

   Rothschild erwähnt auch noch „Bhutan," Juli-Sept., als Fluggebiet.

8. *hercules* Blanchard.

   1 ♂ aus Tsien-Tsuen, Yunnan in Coll. Fruhstorfer.

Antiphates-Gruppe.

P. antiphates Cramer.

Diese bisher nur von Ost-China bekannte Form ist in Tonkin zwar ziemlich selten und fand sich im ganzen Gebiet, von Mau-Son an der chinesischen Grenze angefangen, bis an den roten Fluss. Die ersten

Exemplare sah ich im April fliegen, die letzten im August und September.

Auch *antiphates* gehört zu den Papilio's, welche sich gern an feuchte oder verunreinigte Stellen auf die Erde oder an Flussufer setzen.

Antiphates ist in Tonkin seltener als in Siam, wo ich in kurzer Zeit über 100 Exempl. fangen konnte.

Der echte *antiphates* der nur in China und Tonkin verkommt differiert von allen seinen Lokalrassen durch seine bedeutende Grösse, so hat z. B. ein Tonkin ♀ 58 mm. Vdflgl.-Spannweite, während das grösste Java ♀ nur 53 mm aufweist, und durch den intensiv und breiter angelegten schwarz grauen Bezug der analen Region der Htflgl.

In 16 mir noch vorliegenden Exempl. reicht die basale cellulare Binde bis an den Innenrand der Vdflgl. verläuft manchmal, besonders beim ♀ geradlinig d. h. ohne sich nach unten zu verschmälern, wird aber bei 7 ♂♂ nach unten allmählich dünner und spitzer.

Bei einem ♂ reicht sie nur bis S M.

Die subbasale Binde reicht beim ♀ und einem ♂ bis an S M. nähert sich ihr bei manchen ♂♂, geht aber auch bei einigen sogar über die S M hinaus, während bei anderen ♂♂ die Zelle nur wenig überschritten wird.

Am regelmässigsten verläuft die 3. Cellularbinde, welche aber auch gelegentlich in der Mitte verschmälert erscheint.

Recht veränderlich hingegen ist der oberste cellulare Querstreifen, welcher in 10 ♂♂ in sehr ungleicher Breite die Zellwand erreicht, in anderen als spitzes Dreieck nur bis zur Zellmitte oder wenig darüber hinaus geht.

In einem ♂ ist er sogar asymetrisch, denn er bildet auf dem linken Flügel einen fast 4-eckigen Fleck, auf dem rechten Flügel dagegen ein spitzes Dreieck.

Die submarginale Längsbinde ist in 10 ♂♂ mit dem schwarzen Marginalsaum zusammengeflossen und auch bei den ♀♀.!

Die caudale, schwarz bestäubte Region der Htfl. wechselt etwas in der Ausdehnung, wird aber nie so schmal wie in Exemplaren aus Annam.

Der schwarze subanale Fleck ist stets breit und scharf abgegrenzt.

Die Schwänze des ♂ tragen weisse, jene des ♀ gelbe Ciliae.

Auf dem Abdomen des ♀ befindet sich eine schwarze Dorsallinie.

Auf der Htflgl.-Unterseite wechselt die submarginale hell orangegelbe Zone sehr an Ausdehnung, auch sind sämmtliche schwarze Tupfen und Kreise von sehr verschiedener Grösse.

In Südannam fing ich Stücke, welche sich in nichts von solchen aus Sikkim, Assam und Tenasserim unterscheiden und zu

antiphates pompilius F.
resp. der ab. *continentalis* Eimer

gehören, also wahrscheinlich eine Trockenzeitform bilden.

Submarginal- und Marginalbinde der Vdflgl. sind bei einem ♂ zusammengeflossen. Die cellularen Binden neigen weniger zu Veränderungen.

Xom-Gom, Februar 1900.

Bei einem *antiphates* ♂ aus Phuc-Son sind die beiden äusseren Vdflglbinden zusammengeflossen und die caudale Region der Htflgl. hält in der Ausdehnung der Graubeschuppung die Mitte zwischen *antiphates antiphates* und *antiph. continentalis.*

Auf den Vdflgln. aber geht keine der basalen oder cellularen Binden über die Zellwand hinaus.

Die Htflgl.-Unterseite ist abweichend durch die obsolete orange Region und die fast verschwundene schwarze Submarginalfleckung.

Ueber die übrigen *antiphates*-Verwandten muss ich mir folgende Bemerkung gestatten und auf einen Irrtum Rothschild's hinweisen.

In Rev. East. Pap. bemerkt Rothschild ganz richtig, dass sich die Fabricius'sche Diagnose „canda atra apice albo" häufiger in Java Exemplaren als in solchen aus Continental-Indien und „Malay Asia" findet, für welche meistens „canda nigra margine albo" gilt.

Dieser Bemerkung pflichte ich nicht nur einschränkend, sondern unbedingt bei, nicht aber der weiteren Ausführung Rothschild's, dass Java *antiphates* unmöglich von solchen der anderen Gebiete getrennt werden können.

Kein einziger der vielen von mir zum Vergleich auf grosse Torfplatten gesteckten *antiphates* aus allen in Frage kommenden Gebieten hat eine so intensiv schwarze caudale Htflglzone wie Javanen, Palawan Stücke ausgenommen, welche aber zu einer schon durch den breiten Marginalsaum der Htflgl. separierten, besonderen Race *(decolor)* angehören.

Dieses Merkmal zeigen sogar die ♀♀, welche nur wenig heller als die Java ♂♂ aussehen, sich von einem Sumatra ♀, einem *antiphanes* ♀ und Tonkin *antiphates* ♀ sofort durch das Fehlen gelber Schwanzschuppen unterscheiden.

Borneo und Sumatra *antiphates* bilden eine weitere Race, die sich durch innig verschmolzene Marginal- und Submarginalbinden der Vdflgl.-Oberseite, durch viel breitere gelb gesäumte Schwänze von der continentalen Form auszeichnen.

Somit glaube ich berechtigt zu sein folgende Neuordnung der *antiphates* Racen aufzustellen:

antiphates antiphates Cramer.
Ost-China, Tonkin, Hainan (?)

antiphates pompilius F. = ab. *continentalis* Eimer.
Central-Indien, Assam, Sikkim, Burma, Shan-States, (Rothschild). Sikkim, Assam, Tenasserim, Mittel-Siam, Mittel- und Süd-Annam, in Coll. Fruhstorfer

In Sikkim macht sich der Einfluss des Jahreszeit geltend. Die Frühjahrs *pompilius* (März-April) haben eine schmale schwarze caudale Region auf der Htflgl.-Oberseite und viel weiss auf der Htflgl.-Unterseite.

Stücke vom Juni-Juli dagegen sind unten reichlich orange und tragen oben eine breitere schwarze Zone.

Die Frühjahrs- resp. Trockenzeitform ist auch etwas kleiner. 1 ♀ in Coll. Fruhst.

antiphates pompilius ab. *nebulosus* Butler.
Sikkim.

antiphates antiphanes nom. nov. für
antiphates ceylonicus Eimer 1889.

Der Name *ceylonicus* ist 1881 bereits für eine *aristolochiae* Aberration vergriffen und könnte nur bestehen bleiben, wenn die *antiphates*-Gruppe in ein neues Pap. Genus eingereiht würde. Ein ♀ in meiner Sammlung unterscheidet sich von allen anderen dadurch, dass die basale und subbasale cellulare Binde bis an den Innenrand der Vdflgl. stösst und die caudale Region der Vdflgl. fast ohne schwarze Schuppen ist, wie dies ähnlich nur in einem ♀ aus Kalao constatieren kann.

♀ Nord-Ceylon, Juni 1889. H. Fruhstorfer leg. Die Süd-Indien-Form gehört wahrscheinlich auch hierher.

antiphates alcibiades F.
6 ♂, 1 ♀ West-Java bis zu 2000′ Höhe. 1 ♀ Ost-Java auf 1500′ Höhe, (H. Fruhstorfer leg.).

Ob Sumbawa, Lombok *antiphates* auch noch zu *alcibiades* gehören, vermag ich nicht zu entscheiden, weil ich keine Exempl. von dort besitze.

antiphates kalaoensis Rothschild ♂.
(*antiphates kalaoensis* Fruhst. ♀, Soc. Entom. 1. Novbr. 1901. Kalao, Coll. Fruhstorfer).

♀. Deckt sich vollkommen mit Rothschild's vorzüglicher Beschreibung dieser blassen und mit wenig schwarz ausgestatteten Subspecies und ist durch das fast gänzliche Fehlen schwarzer Schuppen in der Analregion der Htflgl. ausgezeichnet

Abdomen ähnlich wie in 3 *alcibiades* ♀♀, aus Java und einem *itamputi* Butl. ♀ oberseits breit schwarz gestreift. Dadurch unterscheidet es sich von einem wahrscheinlich typischen, echten *antiphates* Cramer ♀ aus Nord-Tonkin, das nur eine schmale schwarze Dorsallinie trägt und auch sonst durch sehr verbreitete Bestäubung der Analzone der Hinterflügel auffällt.

antiphates itamputi Butler.

Ausser den oben genannten Unterschieden noch unterseits gekennzeichnet durch ausserordentlich intensive und breite, orange Submarginal-Zeichnungen, welche stets punct-, niemals strichförmig erscheinen.

Zu *itamputi* gehören Perak, Sumatra, Nord- und Süd-Borneo Exemplare in meiner Sammlung und wohl auch jene von Natuna und Banguey, welche Rothschild unter *alcibiades* vereinigte, also kurz:

Patria: Malay. Halbinsel, Borneo, Sumatra, Natuna? Banguey?

antiphates antiphonus nov subspec.

Hat die eng vereinigten Marginalbinden der Vdflgl. gemeinsam mit *itamputi*, steht jedoch in der schmäleren Schwanzform in der Mitte zwischen Java *alcibiades* und *itamputi*.

Die subanale Binde schwarzer Strichflecken der Htflgl ist breiter als in allen anderen Lokalracen und die caudale Region ist zwar weniger intensiv schwarz als in *alcibiades*, aber viel breiter als in Java ♂ und *itamputi*. ♂

Die Htflgl. Unterseite ist dann noch gekennzeichnet durch sehr kräftige submarginale Längsstrichflecken, welche besonders mit den Punktreihen von *itamputi* contrastieren.

Patria: Nias.

antiphates decolor Staudinger

Palawan, (Januar, 1898 W. Doherty leg. in Coll. Fruhstorfer.) Simbang River, NW. Borneo, März (Rothschild.) Banguey, wo er (teste Rothschild) neben *itamputi* fliegt.

antiphates euphratoides Eimer. Camiguin de Mindanao, Mindanao.

♀ ab. **tigris** Semper. S. O. Mindanao.

antiphates domaranus nom. nov.

für Sempers Form D, Lep. Phil. p 285, A 48, f 4 ♂ 5 ♀.

Eine ausgezeichnete Localform, welche durch die dunkle Caudalregion noch mehr an *alcibiades* von Java erinnert, als es *decolor* thut. Von *decolor* ist *domaranus* leicht abzutrennen durch die schmäleren schwarzen Marginal- u. Submarginalbinden der Vdflgl. und die intensivere, schwarze Umrahmung der Htflgl.

Patria: Insel Domaran, östl. von Palawan.

antiphates euphrates Feld. Luzon (♂ in Coll. Fruhst.)

antiphates atratus Rothsch. Mindoro, Bohol.

antiphates epaminondas Oberthür Andamanen. 1 ♂ Coll. Fruhst.

antiphates ornatus Rothsch. Halmaheira

androcles Boisd.

1 ♂ Samanga, Süd-Celebes Novbr. 1895. differiert von 2 ♂♂ aus Toli-Toli. Novbr. Dez. 1895 durch einen kleinen schwarzen Fleck unter der Costale in der Vdflglzelle und breitere schwarze Discalflecken der Htflgl.

1 ♂ aus Gorontalo, mehrere aus Menado, Nord-Celebes in Coll. Fruhst.

dorcus de Haan. 1 ♂ Gorontalo, Nord-Celebes in Coll. Fruhstorfer.

Agetes-Gruppe.

P. agetes Westw.

Dieser zierliche Papilio war sehr selten. Ich fing ihn nur in Annam. Oberthür erwähnt ihn von Tonkin, wo ich die Art leider nicht zu sehen bekam. Meine Süd-Annam Exemplare benannte ich als

agetes tenuilineatus nov. subspec.

(Soc. Entom. 15. Septbr. 1901.)

bin aber jetzt nicht recht sicher, ob die Annamform wirklich eine, auf der Htflgl.-Unterseite schmäler gestreifte und mit weniger Rot ornamentierte Subspecies bildet, oder vielleicht nur eine Trockenzeitform vorstellt.

Fundort: Süd-Annam, Xom-Gom, Februar 1900.

Von *agetes* und Verwandten sind in meiner Sammlung vereinigt:

agetes Westw. Sikkim, Assam (4 ♂♂), Oberbirma (1 ♂).

agetes forma tempor? tenuilineatus Fruhst.

Tenasserim (Trockenzeit 2 ♂♂) Annam (1 ♂, ein zweites ♂ im Museum Tring). Shan States (Rothschild), Hainan (Coll. Fruhstorfer).

agetes insularis Stdgr. Sumatra, Montes Battak.

agetes kinabaluensis Tetens u. Fruhst. 1 ♂ Type in meiner Sammlg. Kina-Balu, Nord-Borneo Waterstradt leg.

agetes iponus Fruhst. (Soc. Ent. 1902 p. 57—58) Perak.

stratiotes Grose Smith. Kina Balu, Nord-Borneo, Waterstradt leg. 6 ♂♂.

Agetes gehört zu der grossen Gruppe Papilio's, welche sich mit gefalteten Flügeln auf nassen Sand der Flussufer setzen, um dort gierig zu saugen.

Wie immer da, wo ein Papilio nur spärlich auftritt. war *agetes* auch in Annam sehr scheu und verlor ich über 1 Stunde um mir 2 Exempl. zu sichern, weil sie sich trotz meiner vorsichtigen Annäherung wiederholt entfernten, bis ich endlich in ausgegossenem Harn ein Mittel fand, sie zu längerem Sitzenbleiben zu verleiten.

Aristeus-Gruppe.

P. aristeus hermocrates Feld

Von Oberthür aus Tonkin erwähnt. Von mir aber weder in Tonkin noch in Annam beobachtet, dagegen in grossen Mengen in Siam erbeutet.

Die Falter variiren in der Grösse von 30 mm bis 36 u. 37 mm Vdfgllänge, und in der Breite der schwarzen wie auch der weissen Flügelbinden. Es giebt wohl kaum 2 Exempl. die sich völlig gleichen und jedwede Zeichnung unterliegt kleinen Abweichungen.

Auf der Oberseite lassen sich bei Siam Exempl. folgende Verschiedenheiten constatieren:

Vdflgl. Die weisse Submarginalbinde setzt sich aus sehr dünnen geraden Strichen zusammen, welche sich häufig verbreitern und manchmal halbmondförmig ausgebogen erscheinen.

Die kurze weisse subapicale Binde jenseits des Apex der Vdflgl. reicht manchmal bis an die untere Zellwand und setzt sich dann aus 4 Makeln zusammen, doch kommen auch Exempl. mit nur 2 oder 3 Flecken vor.

Die weissen Querbinden in der Zelle sind mehr oder weniger gekrümmt und bei einem ♂ aus Hinlap vereinigen sich die beiden oberen. Die weisse Medianbinde wechselt in der Breite von 3—7 mm.

Die schwarzen Längsbinden der Vdflgl. verändern gleichfalls in der Breite und beeinflussen dadurch naturgemäss die weissen Bänder. Aehnlich wie bei *antiphates* stehen sie getrennt. Die zweite und dritte Binde von der Flügelbasis an gezählt, vereinigen sich häufig.

Die dritte Binde überragt meistens die Zellwand und entsendet in die weisse Medianbinde noch einen mehr oder weniger grossen Punkt.

Htflgl. Sowohl die weissen wie schwarzen Längsbinden wechseln an Ausdehnung und verlaufen selten gradlinig, sondern sind häufig stark ausgebuchtet.

Die subanale resp. caudale Region empfängt durch eine ausgedehnte weissgraue Bestäubung ein zierliches Aussehen.

Die Farbe der weissen Binden wechselt zwischen reinem milchigen Weiss und gelblichem Grün.

Unterseite: Die braune Grundfarbe der Vdflgl. hält sich zwischen hellen und dunklen Kaffeebraun. Exempl. mit dunklem Marginalsaum sind jedoch selten.

Auf den Htflgl. verändert sich die rote Medianbinde nur leichthin, bei 2 Exempl. aus Kanburi ist sie ganz verblasst.

Die schwarzen und weissen Submarginal Lunules ändern nur wenig in Gestalt und Ausdehnung.

Fundorte: Hinlap, Januar 1901.
Muok-Lek, Februar 1901. } Mittel-Siam 1000'
Kanburi März, April 1901. West-Siam

P. nomius swinhoei Moore.

Diese Localrace fand sich ziemlich häufig in Siam. Meine Exemplare weisen alle jene Unterschiede von *nomius* auf, welche Rothschild in seiner Papilio Revision p. 422 in scharfsinniger Weise bereits hervorgehoben hat.

Die weissen Punkte der Submarginalbinde der Vdflgl sind ovaler und auf den Htflgln. ist oberseits der schwarze Marginalsaum breiter als in *nomius*, ferner ist die schwarze Caudalregion entweder garnicht, oder nur ganz schwach weiss bestäubt.

Auf der Htflgl. Unterseite ist die schwarze Umsäumung der Praecostalbindchen stets deutlich vorhanden und dann möchte ich als für alle meine Siam-Exemplare geltend, noch hervorheben, dass sich auf der Innenseite der stets hell braungelben (in *nomius* aber dunkelbraunen) Submarginalbinde eine, den ganzen Htflgln. durchziehende schwarze Begrenzung findet, welches in *nomius* nur im Analwinkel auftritt.

Rothschild erwähnt nicht, ob seine 18 Birma Exempl., (welche wahrscheinlich Gelegenheit zu seiner vorzüglichen Auseinandersetzung der Verschiedenheit zwischen *nomius* und *swinhoei* gegeben haben), wirklich identisch sind mit dem 1 ♂ das ihm damals aus Hainan vorgelegen hat. Jedenfalls decken sich Mittel-Siam Stücke in all den oben angegebenen Hauptmerkmalen mit seinen Angaben.

Ganz abweichend verhalten sich dagegen 2 Exemplare aus West-Siam, von denen ich noch nicht weiss, ob sie vielleicht eine Regenzeitform von *swinhoei* vorstellen oder einer besonderen Subspecies angehören. Einstweilen benenne ich die Form als

nomius form. temp. *pernomius* ?

und vermute, dass *P. nomius* Elwes et de Nicéville, J. As. Soc. Beng. p. 437, 1886 aus Ponsekai, Tenasserim, (das nur eine Tagereise von meinem Fangplatze am Meklong Fluss liegt,) damit identisch sein könnten.

2 Expl. von *pernomius* sind mit 32 mm anstatt 37 mm, kleiner als *swinhoei* und combiniren die Charactere von *swinhoei* mit *hermocrates* in der Art, dass die Vdflgl. mit ersteren, die Htflgl. mit letzteren fast übereinstimmen.

Bei *peronomius* ist nämlich die basale Längsbinde der Htflgl.-Unterseite ebenso schmal wie in *hermocrates* und noch dunkler braun, anstatt gelblich und breit wie in *nomius*. Die rote Medianbinde ist ebenfalls analog wie in *hermocrates*, also schmäler als in *nomius*. Die Submarginalbinde erinnert aber in der ausgeprägten schwarzen inneren Umgrenzung wieder an *swinhoei*, nur verläuft dieser schwarze Innensaum unregelmässiger.

Oberthür erwähnt *nomius* (*swinhoei*) auch von Tonkin, wo ich ihn selbst nicht beobachtet habe. Die übrigen Fangplätze sind nach meiner Sammlung und den Angaben Rothschilds.

nomius Esper. Central Provinz, Bengalen (Rothsch.), Nord-Ceylon, Juni 1899. H. Fruhst. leg., Karwar Ang. 1897 Sikkim (März-April).

nomius swinhoei Moore. Hainan, Tonkin, Burma (Rothschild), Muok-Lek, 1000′ Februar 1901, Mittel Siam; Xom-Gom, Febr. 1900, in Süd-Annam, Tenasserim (Coll. Fruhst.)

nomius forma tempor. ? *pernomius* Fruhst.
Meklong Fluss, Siames. hirmes. Grenze, April 1901. Shan-States, in Coll. Fruhst.
3 od. 4 ♂♂ befinden sich im Museum Tring.

Eurypylus-Gruppe.

Die Systematik der *eurypylus* Verwandten war recht verwirrt, bis endlich Rothschild in seiner bahnbrechenden Monographie eine Uebersicht der beschriebenen Formen gab, und *P. evemon*, den Kirby noch als Varietät von *jason* Esper ansah, wieder zur Art erhob. Rothschild vereinigte aber immerhin auch noch zwei scharf getrennte Species unter seinem *eurypylus* L, ein Versehen das umsomehr zu entschuldigen ist, als R. sich erst eine Barrikade von Irrtümern und Verwechselungen (oder zu weitgehender und unbegründete Zersplittterung der thatsächlich vorhandenen Unterarten seitens früherer Autoren) hinwegräumen musste.

Auf Grund des durch Rothschild-Jordan geschaffenen bibliographischen und historischen Fonds, und gestützt auf die Beobachtungen meiner letzten Ost-Asien Reise, bin ich nun in die Lage versetzt nachzuweisen, dass im ganzen indochinesischen Gebiet und auf vielen Sunda-Inseln zwei *eurypylus*-Verwandte parallel nebeneinander vorkommen. Es sind dies einerseits die Ausläufer des *P. eurypylus* L., und andererseits die Verzweigungen einer Species, die Esper als *jason* zuerst festgelegt hat.

In Tonkin, Malacca und auf den grossen Sunda-Inseln tritt dann noch als dritte Art *P. evemon* Boisd. hinzu.

Die *eurypylus* Reihe ist dadurch characterisiert, dass bei allen Lokalformen der **schwarze Subbasal-** resp. **Costalstreifen** mit der **schwarzen Binde zusammenfliesst,** welche auf der Htflgl.-Unterseite am Abdominalsaum entlang zieht.

Bei der *jason* Reihe sind diese **Binden** stets **getrennt.**

Bei den *evemon* Verwandten sind die Binden zwar auch vereinigt, aber *evemon* ist durch den **schmalen** Streifen von Dufthaaren in der Analfalte leicht abzutrennen, der in *eurypylus* und *jason* als **breiter**, gelber Fleck die ganze Mitte der Analrinne ausfüllt.

In Süd-Asien ergeben sich also folgende Gruppen:

A. Duftschuppenfleck der Htflgl.-Annalrinne breit, dunkelgelb und quer über das ganze Analfeld gelagert.
   a. Dufthaare der Htflgloberseite rein weiss,
      eurypylus acheron Moore
   b. Dufthaare lang, grau oder gelblich weiss
      jason axion Feld.

B. Duftschuppenfleck lang und schmal, hellgelb. Dufthaare kurz.
   evemon Boisd.

Gruppe A. Eurypylus-Reihe.

a. **P. eurypylus acheron** Moore.

P. acheron Moore. Ann. H. N. History XVI, p. 120, 1885 N. E. Beng.

P. eurypylus axion ab. *acheron* Rothsch.

Ich glaube nicht irre zu gehen, wenn ich Moore's Beschreibung auf die Trockenzeitform jenes häufigen Papilios beziehe, der das ganze nördliche Indien — von Sikkim an bis Tonkin — bewohnt. Moore vergleicht zwar *acheron* zuerst mit *axion* Feld. und *telephus* Felder und später mit *evemon*, sodass es, ohne die Type zu sehen, schwer wäre auszumitteln, welcher der drei Arten *acheron* angehört. Die Bemerkung: „with the red lunules situated outside the cell between the lower subcostal and radial vein" passt aber nur auf

Exemplare wie sie mir in grossen Reihen aus Sikkim (März-April) und in 1 Exemplar aus Kanburi, Siam (April, also der „dry season") vorliegen. Die Regenzeitform dieses gemeinen Papilios ist trotz des Wustes der schon vorhandenen Synonyme noch ohne Namen geblieben und mag fortab als form. temp. **cheronus** geführt werden

In Tonkin fand ich nur

P. eurypylus acheron forma pluv. *cheronus.*

Er war nicht häufig und traf ich ihn im Flachland bei Chiem-Hoa, Aug. Sept. Es sind nur 3 Exemplare in meiner Sammlung, und 3—4 hat das Museum in Tring empfangen. Dies ist mein ganzer Erlös. Zu günstigerer Jahreszeit und an geeigneten Lokalitäten wird er aber auch in Tonkin gemein sein.

Tonkin-Exemplare unterscheiden sich in nichts von solchen aus Sikkim.

In Siam fandèn sich beide Zeitformen,
die Regenform: acheron cheronus
bei Hinlap im Januar,
die Trockenform: acheron acheron
bei Kanburi, April.

Gruppe A. **Jason-Reihe.**

b. **P. jason axion** Feld.
= *P. eurypylus* Hbn. nec. L., Regenzeitform,
= *P. axion* Feld. (nom nov. loco *eurypylus* Hb.).
= *P. jason evemonides* Hour. Malacca.
= *P. doson* Butl. Manipur.
= *P. telephus* Distant. Malacca
-- *P. eurypylus axion* Rothsch.

Tonkin Stücke sind nicht zu unterscheiden von Regenzeit specimen aus Sikkim und Assam, auch mein Tonkin ♀ ist nicht abweichend von einem Juni ♀ aus Sikkim.

Tonkin ♂♂ haben eine Vorderflügellänge von 50 mm, solche aus Annam nur 40 mm. Exemplare aus Siam gleichen ♂♂ aus Malacca und halten die Mitte zwischen Tonkin und Annam Stücken. Ein ♂ aus Annam und 1 ♂ aus Siam tragen gelbe, anstatt roter Subanalflecke der Htflgl.-Unterseite.

Fundorte:	Than Moi, Juni, Juli Chiem-Hoa, Aug., Sept.	Tonkin
	Xom-Gom, Febr.	Annam
	Hinlap, Jan. Kanburi, April	Siam

Wie aus den vorhergehenden Zeilen ersichtlich, hat sich von *P. eurypylus acheron* im Flachlande von Siam schon eine Trockenzeitform entwickelt.

Die *axion* aus Siam und Annam, wenngleich in der Trockenzeit gefangen zeigen aber, abgesehen von ihrer übrigens auch nur relativen Kleinheit, keinen Saisondimorphismus. Ganz anders verhalten sich Exemplare aus Sikkim, die im März und April im Teesta u. Rangit Valley gefangen sind und mehrere ♂♂ aus den Khasia Hills in Assam. Bei ihnen sind die Submarginalflecke der Flügelunterseite bedeutend grösser und die Medianbinden heller silberglänzend und breiter. Es scheint also, dass sich mit **der Trockenzeit** auch ein **montanes** Klima vereinigen muss, um **ausgesprochenen Saisondimorphismus** bei diesen Papilios zu erzeugen.

Die „dry seasonform" kann fortab mit *P. jason axion* form. temp. **nivepictus** bezeichnet werden, weil sie auch noch ohne Namen geblieben ist.

In Siam war *axion* sehr gemein und fand sich an feuchten Stellen längs der Flussufer zu vielen Hunderten ein. Es wäre ein Leichtes gewesen gegen 1000 an einem Tage zu fangen, aber wenngleich ich vielleicht 1500—2000 ♂♂ eintragen liess, fand sich unter ihnen kein ♀!

Gruppe B. **Evemon-Reihe**

P. evemon albociliatus Fruhst.

Soc. Ent. 1891, No. 105—117.

Ein Papilio aus der *evemon*-Gruppe, den ich in Central-Tonkin bei Chiem-Hoa an einem Confluenten des weissen Flusses fing, zählt zu den interessantesten Entdeckungen meiner Reise in dem entomologisch bisher wenig studierten Lande. Oberflächlich betrachtet, ist der neue Papilio ein Mittelglied zwischen *eurypylus axion* Feld. und *evemon* Boisd. Mit *evemon* hat er die dünnen, manchmal verschwindenden Striche in der Vorderflgl.-Zelle gemeinsam und auf der Unterseite der Hinterflgl. die Vereinigung des schwarzen Costalstriemens mit dem langen schwarzen Band längs dem Abdominalrand. An *axion* erinnert dagegen die breite Silberfleckung der Flügelunterseite und das Auftreten eines schmalen roten Querstriches auf dem eben erwähnten schwarzen Costalbändchen. Durch diesen roten Strich gemahnt *albociliatus* auch an *eurypylides* Stdgr. von Lombok und Sumbawa und *meyeri* Hopfr. von Celebes. Morphologisch schliesst sich *albociliatus* am intimsten *evemon* an, mit dem er das weisse, silbrig beschuppte Feld in der Abdominalrinne gemeinsam hat und den nur schmalen Streifen hell gelblicher Schuppen an der äusseren Abdominalfalte. Die Aussenfalte ist lang und rein

14*

weiss behaart. In *P. axion* dagegen, den ich auch in Tonkin fing, ist das ganze Duftfeld mit breiten, dicht und dunkelgelb filzigen Riechhaaren belegt, die bis an die schwarze Subanalbinde heranreichen, während die äussere Falte lang und gelb behaart ist. Letzteres gilt auch für *P. meyeri* und *P. eurypylides*, welche durch die feine Zellstrichelung sich weit mehr *evemon* als *eurypylus* nähern, aber wegen des breit gelb beschuppten Haarfilzes morphologisch doch zu *eurypylus* gestellt werden müssen. *Albociliatus* ist sonst grösser als *evemon*, hat helleren Ton der grünen Oberseite-Binden und die silberweisse Fleckung der Flügelunterseite ist viel entwickelter. Auch das ♀ ist erheblich stattlicher als *evemon* ♀ von Java, und mit länglichen statt viereckigen oder runden gelbgrünen Makeln in der Vorderflügelzelle. ♂ Vorderflügellänge 50 mm, ♀ 45 mm, Patria: Chiem-Hoa, Tonkin, Flugzeit: Aug.-September.

Zu vorstehender Beschreibung, in der auch einige Druckfehler des Originals corrigirt sind, ist noch zu bemerken, dass *albociliatus* durch das Erscheinen eines schmalen, roten Querstriches am Costalbändchen der Htflgl.-Unterseite und durch das Auftreten eines dritten transcellularen Flecks jenseits der Apex der Vdflgl. ein Bindeglied zwischen *eurypylus* und *evemon* bildet, allerdings nur soweit die Zeichnung in Betracht kommt.

Auf der schwarzen Analbinde der Htflgl. Unterseite findet sich bei 3 ♂♂ und dem ♀ ein siberweisser Strich, der weder bei *acheron* noch *axion* zu beobachten ist, wohl aber bei *bathycloides* ♂♂ von Perak und Palawan!

P. evemon war bisher nur von den Sunda-Inseln nnd Perak bekannt. Es ist sehr wahrscheinlich, dass er sich auch in Annam, im nördlichen Siam und in den Shanstaten finden wird. Vielleicht steckt er schon unerkannt in alten Sammlungen.

Von *Pap. evemon* haben wir jetzt drei Lokalrassen, die sich wie folgt verteilen:

evemon Boisd von Ost- und West-Java, Deli, N. O. Sumatra, N. u. S. Borneo, Quellgebiet des Mahakam Flusses in Central-Borneo, Natuna Inseln, Perak in Coll. Fruhstorfer.

Das von mir Soc. Entom. l. c. beschriebene ♀ differiert, abgesehen von den breiteren Flügeln, vom ♂ nur durch den bleicheren gelblichen Farbenton der grünen Medianbinde und grössere und rundliche Vdflgl.-Zellflecken. (Mons Gede 4000′ 1896 Fruhstorfer leg.);

evemon igneolus Fruhst. Insel Nias;

albociliatus Fruhst. Central-Tonkin.

Bathycles-Reihe.

Analfalte ohne Duftschuppenfilzfleck; nur an der Basis der Rinne ein Büschel kurzer gelber Dufthaare.

P. bathycles chiron Wallace.

Die Art war nicht häufig und fing ich kaum mehr als 12 ♂♂. Die Tonkin-Exemplare übertreffen mit 57 mm mein grösstes Exemplar aus Sikkim, dass nur 55 mm Vdflgl. aufweisst.

Die schwarzen Längsbinden der Htflgl.-Unterseite sind kräftiger angelegt, ebenso die dunkelorangefarbenen Subanalflecken.

Flugort: Chiem Hoa, Aug. September 1900.

Nur Regenzeitform.

1 ♂ aus Xom Gom Annam ist bedeutend kleiner und hat eine dünner gestreifte Htfgl.-Unserseite sowie verblasste, reduzierte Subanalflecken und gehört der Trockenzeitform an.

Ueber den Saisondimorphismus von *chiron* vide meine Notizen in der Iris p. 345—346, 1901.

Bei der Besprechung von *chironides* Honrath beging ich aber dasselbe Versehen wie Rothschild in seiner Revision p. 430, indem ich nach der Tafel annahm, dass Honrath (B. E. Z 1884) Exemplare ohne gelben Costalpunkt als *chironides* benannt habe.

Jetzt las ich auch den Text nach und finde, dass Honrath gerade das Gegenteil betont; denn er sagt p. 397 ausdrücklich:

„Auf der Unterseite scheint bei *Chironides* an der Vorderrandsader der orangegelben Flecken gewöhnlich stärker entwickelt zu sein, wie bei *Chiron*; bei beiden Formen fehlt derselbe manchmal ganz."

Honrath's Figur 4 t. X. bezieht sich auf ein grosses ♂ der Regenzeit, das von normalen Stücken der Regenzeit nur insofern abweicht als der transcellulare Silberpunkt vor dem Zellapex der Htflgl. fehlt. Dieses Merkmal ist aber ebensowenig constant als das Vorhandensein oder Fehlen des gelben Costalflecks. Honrath's *chironides* ist übrigens eine ganz willkürliche Schöpfung, weil dieser Autor einfach die Trockenzeitform des Papilio als typische *chiron* Wall. auffasste, ohne diese seine Meinung irgendwie zu begründen. Es ist mir auch nicht gelungen in London Wallace's Typen zu ermitteln und wird sich dies auch kaum noch ermöglichen lassen.

Wallace, Trans. Linn. Soc. 1865 p. 66 giebt das ungeheuerliche Mass $3^1/_3$ inches, während mein grösstes ♂ nur $2^2/_3$" hat.

Der Name *chironides* ist aber nun einmal vorhanden und wird man deshalb an dem schon in der Iris gegebenen Schema festhalten dürfen und *chiron* und seine Verbreitung so darstellen:

P. bathycles chiron Wall. f. temp. *chironides* Hour. Sikkim, Mai, Juni, Juli; Assam (ohne Datum); Tonkin, August- September (in coll. Fruhstorfer); Shan-States (?) Rothschild.

bathycles chiron f. temp. chiron Wall. Sikkim, März-April. Assam (ohne Datum); Süd-Annam, Februar 1900, in coll. Fruhstorfer; 1 ♀ aus Sikkim hat breitere Flecken und Binden als der ♂ und eine fahlbraune, anstatt schwarze Grundfarbe.

In Westjava und zwar nur am Gede auf 4000′ fand sich *bathycles* Zink. und *bathycles bathycloides* Honrath ist von Perak, Deli, Sumatra, Nord-Borneo und Palawan. (Januar 94, A. Everett leg.) in meiner Sammlung.

Zum Schluss gebe noch eine Uebersicht der bisher bekannt gewordenen *eurypylus* und *jason* Subspecies:

eurypylus eurypylus L.
Amboina, Ceram, Batjan (♂♂♀), Halmaheira. 4 ♂♂ aus Buru mit etwas breiteren Medianbinden als Ceram- und Batjan-Exemplare (Coll. Fruhstorfer), Ternate (Rothschild).

eurypylus extensus Rothsch.
Neu-Irland und N. Britanien.

eurypylus lycaonides Rothschild.
Waigeu, Fergusson (Rothschild) Holl. u. Deutsch N. Guinea in coll. Fruhstorfer.

eurypylus lycaon Feld.
Davon besitze 2 Zeitformen ♂♀ form pluv. und ♂♀ form. sicc. Letztere mit nur einem kleinen, schwarzen Pünktchen vor dem Zellapex der Htflgl.-Unterseite, erwähnt auch Rothsch. p. 431.

eurypylus sallastius Staudgr.
P. eurypylus var. *sallastius* Pagenstecher Wiesbaden 1896. Sumbawa 6 ♂♂, 1 ♂ Tanah Djampea. Dez. 1895, 1 ♂. Kalao Dez. 1895 leg. Everett in Coll. Fruhstorfer.

eurypylus sallastinus nov. subsp.
P. eurypylus var. *sallastius* Pagenstecher part. 4 ♂♂ und 1 ♀ aus Sumba differiren von Sumbawa ♂♂ durch die schmäleren Medianbinden der Flügel. Patria: Sumba.

eurypylus insularius Rothsch. Nov. Vol. III. June 1896, Kalao.
2 ♂♂ A. Everett leg. in coll. Fruhstorfer.
Das Exemplar ist kleiner, alle grünen Punkte sind noch reduzierter und die Medianbinde noch schmäler als in *sallastinus* von Sumba.

eurypylus crispus nov. subsp.
4 ♂♂, welche mir dieser Tage von der Insel Babber zugesandt wurden, bilden eine intermediäre Race zwischen *sallastius* von Sumbawa einerseits und *insularius* von Kalao andererseits.

Die Vdflgllänge beträgt 44 mm gegen 49 mm von Sumbawa ♂ und 47 von Kalao ♂

Crispus ist dunkler als *sallastius* jedoch heller als *insularius*. Sowohl die grünen Flecken und Binden der Oberseite als auch die Silbermakeln der Unterseite sind schmäler als in ersterem, breiter als in letzterem.

Der Silberstrich vor dem Apex der Zelle der Htflgl.-Unterseite aber ist ebenso schmal als in *insularius*.

Die Farbe der Medianbinden der Oberseite ist ungefähr wie in *P. evemon*, dunkler als in *sallastius* und heller als in *insularius*.

Patria: Babber, 4 ♂♂ in Coll. Fruhstorfer.

Staudingers *sallastius* ist nach Exemplaren von Wetter und Sumbawa geschrieben. Die Type ist demnach von Wetter. Es ist ja möglich das Wetter und Sumbawa eine Subspecies gemeinsam haben. Absolut sicher ist dies bei der grossen Neigung all dieser Papilios zur Racenbildung nicht und wäre es sogar viel affallender wenn sich *eurypylus* noch nicht differenzirt hätte, weil ja auch die nahe zusammenliegenden Inseln Sumbawa und Sumba bereits von getrenntenFormen bewohnt werden. Man darf sogar soweit gehen und behaupten, dass Inselracen selbst dann differenzirt sind, wenn wir auch vorläufig noch keine Abweichungen festzustellen vermögen oder sie ausdrücken, darstellen und verständlich machen können.

eurypylus pamphilus Feld.

Nord- und Süd-Celebes in meiner Sammlung. 1 ♀ mit grünen, 1 ♀ mit gelben Medianbinden. (Lompa-Battau, S.-Celebes März 1896) (Toli-Toli Nord-Celebes, Nov. Dez. 1895) H. Fruhstorfer leg.

eurypylus arctofasciatus Lathy. Entom. p. 148, Juni 1899.

= *eurypylus sulanus* Fruhst. Soc. Ent. 105—107, 1901. Sula-Mangoli.

eurypylus melampus Rothsch. Key-Toeal.

Nov. Vol. III. Dez. 1896.

ab. *rufinus* Rothsch. Key Toeal.

eurypylus sangirus Obthr.

Sangir-Insel.

Eine melanische und ausgezeichnete Inselrace, welche *jason eurypylides* ähnlich sieht.

eurypylus mecisteus Distant.

Malacca, Deli-Sumatra, Solok, S. W. Sumatra, Nord- und S.-Borneo, Natuna, West-Java (Mons Gede, 4000'). Coll. Fruhst.

eurypylus tagalicus nov. subsp.

P. gordion ab. *mecisteus* Rothsch. p. 435.

P. eurypylus ab. *mecisteus* Fruhst. B. E. Z. 1899 p. 37, Bazilan.

Wenn ich die *eurypylus* Form der Philippinen-Inseln mit einem Namen belege, so fusse ich auf die Bemerkung Rothschilds p. 435, dass auch Aberrationen ähnlich *acheron* Moore und *mecisteus* Dist. auf den Philippinen vorkommen und Felder demnach die Type von *gordion* auf den *jason* Verwandten der Philippinen basirt hat.

Eine *eurypylus* und eine *jason* Form sind mir aus Bazilan zugegangen, und beide kommen wahrscheinlich auf allen grösseren Philippinen-Inseln nebeneinander vor.

Ausserdem ist es wahrscheinlich, dass auch *evemon* die Philippinen bewohnt, denn Semper sagt: Schmetterlinge der Philippinen 1886—1892 p. 282

„Mir liegen von den Philippinen sowohl die beiden Formen mit dem rothen Fleck unterseits am Vorderrande der Hinterflügel und ohne ihn, als auch die beiden Formen mit verbundenem und getrenntem schwarzen Strich vor. Trotz aller Mühe vermag ich diese Formen nicht in mehrere Arten zu trennen, indem die Unterschiede allmählich von einer zur anderen Form übergehen. Vorherrschend ist die Form mit verbundenem schwarzen Strich und mit dem rothen Fleck. Auch die grünlich weisse Binde ist nicht immer breiter als bei Exemplaren von anderen Fundorten."

Sempers Bemerkung l. c. p 282/283

„Felder's Aeusserung, dass in dieser Gruppe die rothen Flecken auf der Unterseite der Hinterflügel sehr constant seien, kann ich nicht anerkennen; es kommen darin wohl überall Abweichungen vor; mir liegen die *eurypylus* Verwandten ausser von den Philippinen von Borneo und Nias vor,"

wird durch die Thatsache widerlegt, dass nicht allein der Verlauf der Binden sehr constant bleibt sondern mit alleiniger Ausnahme von Tonkin *albociliatus* dem *P. evemon* auch der rothe Costal-Fleck constant fehlt. Felders Ansicht hat sich also in jeder Weise bestätigt.

eurypylus acheron Moore gen. *vernal. acheron.*

Sikkim März-April, Siam, Kanburi, Assam, Hainan, Five Finger Mts. 4 ♂♂ Whitehead leg. (Coll. Fruhstorfer.) Shan-States, Birma? (Rothschild.)

eurypylus acheron gen. aest. *cheronus* Fruhst.

Sikkim, Juni-Oktober, aberrative ♂♂ mit blassroten und gelben anstatt carminroten Subanalflecken der Htflgl. Unterseite in Coll. Fruhstorfer.

Tonkin, Siam, Assam, Shau States, Birma?

eurypylus nov. subspec.

P. eurypylus axion Rothsch. p. 434.

Vielleicht eine *jason* Form. ?

Binde breiter als in indischen Stücken.

Patria: Andamanen.

eurypylus nov. subspec.

Rothsch l. c.

Binde schmäler als in indischen Exemplaren. (Vielleicht Lokalrace von *jason* Esp.?)

Patria: China!

Jason-Reihe.

P. jason Esper.

Ausl. Schmetterlinge, t. 58 f. 5, 1796—1798.

Hübners Figur stellt die Regenzeitform ziemlich gut dar und kann ich Rothschild's Meinung, dass Esper die Ceylon- oder Süd-Indien-Race abgebildet hat, nur beipflichten. *Pap. jason* ist in Ceylon saisondimorph.

Moore's Figur 3 auf t. 63 = *telephus* Moore stellt die Trockenzeitform dar. Es nennt Kandy, Galle als Fundorte. Moore's *doson*, Fundort Eastern Provinz — Flugzeit August, ist die Regenzeitform. Darauf passt auch Moore's Bemerkung „larger than telephus",

Ich selbst fing beide Zeitformen in Ceylon. Die wet season Brut besitze auch aus Süd-Indien.

jason axion Feld. gen. aest. *axion*.

Sikkim, Juni-Oktober, Assam, Tonkin, Siam, Annam, Tenasserim 2 ♂♂, Malay. Halbinsel. O. W. Java.

(Die Medianbinde aller Javanen hat eine Neigung sich zu verbreitern). 1 ♂ Natuna mit sehr schmaler, 2 ♂♂ Palawan, Januar 1894 mit schmalen, 3 ♂♂ mit breiten Medianbinden, N.-Borneo, Deli Sumatra (Coll. Fruhstorfer). Birma, Shau States, Banka, Billiton, Balabac (Rothsch.), Bali (de Nicéville J. A. S. B. 1898 p. 718 gleich Javanen). Ob sich Rothschild's Angaben S. O. China, Andamanen auch auf eine *jason*-Race beziehen oder dort nur *eurypylus* Ausläufer vorkommen ist gleichfalls fraglich, weil R. ja beide Arten als Gesammtheit betrachtet und aufgeführt hat.

jason axion gen. vern. *nivepictus* Fruhst.
Sikkim, März-April, Siam April.
Assam (ohne Datum), Hainan, Five Finger Mountains.
4 ♂♂ in Coll. Fruhstorfer.

jason nov. subspec.
= *P. telephus* Hagen Jahrb. Nass. V. f. Naturk. Wiesbaden 1896. *P. eurypylus* Pagenst. l. c. 1898 p. 182, Binde schmäler als in Ostjavanen. Bawean.

jason rubroplaga Rothschild.
Nov. Zool. Vol. II. p. 504.
6 ♂♂ in Coll. Fruhstorfer.
Durch die verbreiterte subanale Rotfleckung der Htflgl. ebenso ausgezeichnet wie *P. sarpedon rufovervidus* Fruhst. und *evemon igneolus* Fruhst.
Patria: Nias.
Auf den Batu- und Mentawey-Inseln werden noch ähnliche Lokalrassen entdeckt werden.

jason gordion Feld.
Nach Rothschild auf allen Philippinen Inseln. 1 ♂ Bazilan, (Febr. März 1898, W. Doherty leg.) in Coll. Fruhst.

jason jostianus Fruhst. Soc. Ent. N. 73 1902.
Formosa. Regenzeitform.

jason lucius nov. subspec.
1 ♂ von Tanah Djampea hat noch breitere Medianbinden als *gordion*, welche auf den Htflgl. nicht nach innen ausgebuchtet sind, sondern ziemlich geradlinig verlaufen.
1 ♂ Tanah Djampea, A. Everett leg. Dez. 1895.
Man wird ähnliche Formen auch auf Kalao finden.

jason eurypylides Staudinger.
P. eurypylus var. *eurypylides* Pagenst. Wiesbaden 1896, Jahr. Nass. V. für Naturk. p. 112/113 t. 4 f. 3. Sumba.
P. eurypylus eurypylides Fruhst. B. E. Z. p. 13, 1897. Lombok.

Staudinger hat mit gutem Blick die Zugehörigkeit zu *jason* erkannt und auch sehr richtig Vergleiche mit *telephus* Feld. angestellt.

Die dunkle Oberseite, die schmalen Binden erinnern in der That an *jason* Esp.

2 ♂♂ aus Sumbawa haben das Costalbändchen noch deutlich getrennt stehen, bei anderen ist es mit der Analbinde zusammengeflossen.

Eurypylides erschwert durch diese Veränderlichkeit, die bei der anderen Lokalform nicht vorkommt, seine Einfügung in den Rahmen der gegebenen Arten.

4 ♂♂ 3 ♀♀ Sumbawa, 2 ♂♂ 2 ♀♀ Lombok gehören vielleicht schon zu einer neuen Subspecies.

jason mikado Leech.

1 ♂ aus Kagoshima, Kiu-Shiu in meiner Sammlung. Wie alle Japan Papilios von auffallender Grösse! Er scheint selten zu sein; denn es kommen nur ganz vereinzelt Stücke nach Europa. Ein japanischer Händler in Tokio, der mir dortige gute Caraben zu sehr billigen Preisen verkaufte, verlangte für ein schlecht gespanntes Exemplar 25 Mk.! Der beste Beweis, dass auch den Japanern die Seltenheit der Art bekannt ist!

meyeri Hopffer.

Samanga, S. Celebes, Nov. 1895 H. Fruhst. leg. 1 ♂ mit unterseits gelben, statt roten Subanalflecken.

Tondano, N. Celebes.

P. meyeri muss bereits als eigene Art gelten. Er unterscheidet sich von den übrigen *jason*-Formen sowohl durch das bedeutendere Flügelausmass wie besonders durch den Verlauf des Costalbändchens, das in *meyeri* mit dem schwarzen Zellfleck zusammenfliesst und so als eine Parallelbinde neben der schwarzen Analbinde verläuft.

Die Analfalte resp. der Analsaum sind ungewöhnlich lang und weiss behaart.

Die vorstehende Uebersicht ergiebt bereits, dass die *jason*-Reihe weniger formenreich ist als die *eurypylus*-Serie.

Die Zahl der *jason*-Formen wird sich bei genauerer Untersuchung des in grossen Sammlungen steckenden Materials aber auch noch vermehren. Ebenso werden noch neue Formen gefunden; denn unsere Kenntnis des malayischen Archipels ist noch entfernt keine vollständige. Wenn einmal die Satellit-Inseln von Sumatra und die, Celebes vorgelagerten, kleinen Eilande erforscht sein werden, dürften sich die *eurypylus*-Subspecies beinahe verdoppeln und die *jason*-Gruppe wird noch einen reichen Zuwachs erfahren.

P. sarpedon L.

Dieser schöne und häufige Papilio gehört zu den constantesten aller Papilioniden; denn er hat sich das ganze indochinesische und westlich malayische Gebiet erobert ohne sich bemerkenswerth zu verändern.

Selbst die australischen Lokalracen stehen den continental-indischen noch näher wie beispielsweise australische *eurypylus lycaon* den Sikkim *eurypylus acheron.* Eine gleiche, oder besser gesagt noch grössere Resistenz zeigt nur noch *P. demoleus*, der sich in dem ganzen ungeheueren Gebiet von China und Nord-Indien bis nach Australien hin, nur in wenige Farbenracen zerplittert hat.

Am abgesondertsten stehen noch die *sarperon*-Abzweigungen von Celebes und den Moluccen, aber es würde schwer werden Exemplare aus Sikkim, Borneo und Sumatra und selbst solche von Australien zu sichten und auseinander zu halten, wenn Stücke der verschiedenen Fundorte durcheinander geworfen würden.

Von den Sunda-Inselbewohnern bilden nur *teredon* aus Java eine Ausnahme. Java-Stücke haben constant breitere Binden und das grüne Medianband der Vdflgl. verläuft geradliniger, auch sind dessen einzelne Flecken dichter aufeinandergerückt und stehen selbst apicalwärts nie so isoliert wie dies z. B. bei Japan-Exemplaren vorkommt. Auch die tiefschwarzen, submarginalen Flecke zwischen der grünen Medianbinde und den grünen Submarginalmöndchen werden in Java-Exemplaren nie so breit wie bei anderen *teredon.* Der schwarze Apicalfleck in der Zelle der Htflgl.-Unterseite ist gleichfalls schmäler.

Es wäre nun möglich, dass die Java-Stücke in meiner Sammlung, die leider nicht datirt sind, in der Trockenzeit gesammelt wurden. Dry season *teredon* haben nämlich, ähnlich wie *eurypylus acheron* Moore und *jason nivepictus* m., breitere Binden als solche der „wet season".

So haben 5 in Süd-Annam im Februar während der dürren Jahreszeit gefangene ♂♂, trotzdem sie kleiner sind, merklich breitere Binden als 3 Tonkin ♂♂ aus der Regenzeit. Wenn Linnés Type also wirklich mit Java-Exemplaren übereinstimmt (wie dies Aurivillius, teste Rothschild, Revision p. 441, angiebt) so liessen sich die *sarpedon*-Racen in folgender Weise gruppiren.

sarpedon sarpedon L.

Ost- und West-Java von der Küste bis zu 4000′ Höhe. 3 ♀♀ sind gelblichgrün, 1 ♀ dunkelgrün gleichwie die ♂♂. Lombok, Sapit, Mai Juni 1894 auf 2000′, 2 ♂♂, 2 ♀♀. Pik von Lombok 6000′, Bali (de Nicéville J. As. S. Beng. 1898 p. 718).

Sumatra, N. u. S. Borneo, Natuna, Singapore, Perak, Palawan, Mindoro, Bazilan, Sikkim, Tenasserim, Tonkin, Annam (Coll. Fruhstorfer), Hainan Five Finger Mountains, 2 ♂♂, Whitehead leg.

Die Frühjahrsbrut der Japan ♂♂ ist von *sarpedon* aus Sikkim oder solchen aus China kaum zu unterscheiden. Alle Exemplare von den Liu-Kiu-Inseln gehören aber einer besonderen Subspecies an, die sich durch ihre Grösse, die stets isolirt stehenden grünen Flecken der Vdfigl. auszeichnet.

Absolut identisch mit den Liu-Kiu *sarpedon* ist auch die Sommerbrut in Japan.

Man kann diese grosse Race als

sarpedon nipponus nov. subspec. bezeichnen.

Okinawa 3 ♂♂, 3 ♀♀, Ishigaki 1 ♀ in Coll. Fruhst.

In Japan kommt *nipponus* auch vor, muss aber dort als *sarpedon* form. temp. *nipponus* bezeichnet werden.

Nagasaki 10 ♂♂ ca. 20 ♀♀ in Coll. Fruhst.

Während in Sikkim und auf den meisten Sunda-Inseln die ♀♀ zu den allergrössten Seltenheiten gehören werden in Japan und Okinawa beinahe mehr ♀♀ als ♂♂ gefangen.

sarpedon semifasciatus Honrath.

1 ♂ 1 ♀ der typischen Form aus Szetschuan.

2 ♂♂ 1 ♀ mit schmalen Binden.

2 ♂♂ aus Siao-Lou bilden den Uebergang zu *sarpedon sarpedon.*

sarpedon teredon Feld.

4 ♂♂ aus Ceylon.

Bei 2 ♂♂ aus Malabar, ganz besonders aber 2 ♂♂ aus Trichinopolis ist die Medianbinde der Htflgl. merklich schmäler als in Ceylon-Exemplaren.

sarpedon teredon ab. *thermodusa* Swinhoe.

1 ♂ 2 ♀♀ in Coll. Fruhstorfer aus Malabar.

Das Fehlen des ersten grünen Fleckes der Medianbinde genügte Herrn Swinhoe um diese Aberration als besondere Species zu beschreiben!

sarpedon rufofervidus Fruhst.

Patria: Nias 4 ♂♂ in Coll. Fruhstorfer.

sarpedon adonarensis Rothschild.

Adonara, Tambora, Sumbawa (Rothschild).

3 ♂♂ von Tambora in Coll. Fruhst.

Htflgl. schmäler und länger als in *sarpedon* von Lombok.

sarpedon jugans Rothschild.

Sumba.

sarpedon timorensis Rothschild.

Timor.

sarpedon n. subspec.

Wetter (Rothschild, Nov. Z. Sept. 1896).

sarpedon choredon Feld.

3 ♂♂ 1 ♀ mit gelblichen Medianbinden, Queensland, 3 ♂♂ 1 ♀ Kapaur, 2 ♂♂ Dorey, Holl N.-Guiuea, 2 ♂♂ Deutsch N.-Guinea, 1 ♂♀ Key-Inseln (Coll. Fruhst.), N.-S.-Wales, Aru, Waigeu (Rothschild).

sarpedon imparilis Rothsch.

1 ♂ N.-Britanien (Coll. Fruhst.), N.-Irland, Duke of York (Rothschild).

sarpedon impar Rothsch.

Salomons-Inseln.

sarpedon monticolus Fruhst.

Soc. Ent. 1896.

(Bua-Kraeng, Februar 1896, 5000'. S.-Celebes. H. Fruhstorfer leg.).

Weicht von allen anderen *sarpedon*-Racen durch das Auftreten einer dünnen, grünen Sub Marginalbinde der Htflgl. Oberseite ab.

Monticolus ist ausschliesslich Höhenbewohner und dürfte auf der alten Landbrücke über die kleinen Sunda-Inseln eiugewandert sein. In Nord-Celebes ist er noch nicht beobachtet.

Von den Molukken dürfte die zweite Celebes-Race

sarpedon milon Feld

nach dieser Insel gekommen sein, wo er im Norden und Süden im Flachland überall gemein ist. *Milon* finden sich in der Regenzeit manchmal zu vielen hunderten, selbst in den Dörfern auf verunreinigten oder nassen Stellen zusammensitzend. Die ♀♀ sind selten. Gelegentlich finden sich auch ♂♂ mit gelben- anstatt roten Flecken.

ab. *citricinctus* Fruhst

B. E. Z. 1898 p. 423.

Honrath beschrieb einen Falter mit verkürzter Medianbinde der Htflgl. als

ab. *milonides* Honrath.

Auf den Molukken treffen wir 4 Racen.

sarpedon anthedon Feld.

Amboina, Ceram und eine Aberration gleich wie in *milon*, die als

ab. *aureifer* Fruhst. B. E. Z 1898 p. 423

aus Ceram erwähnt ist, auf der südlichen Gruppe,

während

sarpedon dodingensis Rothschild.

Halmaheira, Batjan bewohnt. 3 ♂♂ aus Buru in Coll. Fruhstorfer gehören auch hierzu.

Den Uebergang von *anthedon* zu *milon* bildet

sarpedon coelius Fruhst.

B. E. Z. 1898 p. 224. Sula Mangoli.

P. sulaënsis Lathy, Entomol. Juni 1899 p. 149.

sarpedon crudus Rothschild.

Nov. Zool. Vol. V, Aug. 1898. Insel Obi.

P. cloanthus Westw.

Bis jetzt in Tonkin noch nicht gefunden. Rothschild erwähnt ihn bereits aus den Shau-States und weil er auch in China vorkommt ist es sehr wahrscheinlich, dass er noch in Tonkin entdeckt wird.

Agamemnon-Gruppe.

P. agamemnon L.

Dieser schöne und häufige Papilio fand sich im ganzen Gebiet. Irgend welche Abweichungen von *agamemnon* aus Vorder-Indien oder den grossen Sunda-Inseln sind nicht zu constatiren, doch traf ich in Indo-China nirgend wo so grosse Exemplare wie ich sie von Sikkim aus der Regenzeit, aus Ceylon und Java besitze. Die Sikkim *agamemnon* im März-April also in der Trockenzeit gefangen, sind kleiner als jene der Regenzeit und ganz gleich den Siam, Malacca und Annam Exemplaren.

P. agamemnon hat einen unstäten Flug und weiss durch Zickzackbewegungen recht geschickt seinen Verfolgern auszuweichen. Wie alle Papilio der *eurypylus*-Gruppe kommt auch er gerne an nasse Stellen.

Tonkin, Annam, Siam.

agamemnon L.

Sikkim, Tonkin, Annam, Siam, Perak, Singapore, Sumatra, N. u. S. Borneo, Natuna, Java (3 ♀♀), Bazilan. (Coll. Fruhst.) De Nicéville erwähnt ihn von Bali, Snellen von Kangean. (T. v. Ent. 1902 p. 85). China, Hainan, N. W. Indien, W. u S. Indien, Tenasserim, Balabac, Palawan, Philippinen (Rothschild).

agamemnon rufoplenus Fruhst.

B E. Z. 1897 p. 310.

Nias. Mit verbreiterter Rotfleckung der Htflgl.-Unterseite. 6 ♂♂, 4 ♀♀.

agamemnon aelius nom. nov. für

agamemnon var. *baweana* (sic) Hagen, Jahrb. Nass. V. f. Naturk. 1896 p. 180/181.

Den Hagen'schen Namen ersetze ich durch *aelius*, weil Hagen auf p. 179/180 bereits eine *peranthus* Form mit *baweana* (sic) benannt hat. Ein Inselname darf nicht zweimal in derselben Gattung verwendet werden.

Bawean. ♂♀ (Coll. Rothschild).

agamemnon decoratus Rothsch.

Nicobaren, Andamanen (?)

agamemnon exilis Rothschild.

Tenimber (Type).

Nach Rothschilds Bemerkungen Rev. Pap. p 351 ist es im hohen Grade wahrscheinlich, dass die Insel Wetter von einer weiteren Subspecies bewohnt ist. Leider fehlt mir von beiden Inseln Material und bin ich nicht in der Lage zu entscheiden, ob *agamemnon*-Exemplaren der zwischen Wetter und Java gelegenen Inseln wirklich zu *exilis* zu rechnen sind oder mit der Wetterform zusammen eine geographische Race bilden.

2 ♂♂ 2 ♀♀, Sapit, April 1896. Lombok.

2 ♂♂ 1 ♀ Sumbawa und 4 ♂♂ 1 ♀ Sumba sind unter sich in der Färbung nicht verschieden, nur sind Sumba ♂♂ etwas kleiner.

agamemnon comodus nom. nov. für

celelebensis Fickert. Zool. Jahrb. p 130 1889.

Auch der Name *celebensis* muss fallen, weil Wallace schon einen *P. codrus celebensis* beschrieben hat. (Trans. Linn. Sec 1865 p. 64). Ausserdem existirt schon ein *Ornithoptera celebensis* Wall. l. c. p. 39, so dass vielleicht selbst die *codrus*-Form umgetauft werden muss, weil *Ornithoptera* (*Troides*) von mehreren Autoren nicht mehr als eigenes Genus angesehen wird, eine Anschauung der ich nur beipflichten möchte; denn die Ornithopt. stehen den Papilio der *priapus*-Gruppe viel näher als z. B. die Pap. der *clytia*-Gruppe jenen der *eurypylus*-Gruppe.

Nord u. S. Celebes 4 ♂♂, 3 ♀♀ in Coll. Fruhstorfer. Sula-Insel. Sangir (dieselben?) (Rothschild).

agamemnon guttatus Rothsch.

Halmaheira ♂♀, Batjan ♂♀ (Coll. Fruhst.) Ternate (Rothsch.).

agamemnon plisthenes Feld.

Ceram (2 ♂♂ Coll. Fruhst.), Amboina, Buru, Goram (?) (Rothschild).

agamemnon argynnus Druce.

Key-Inseln 2 ♂♂ 2 ♀♀, Coll. Fruhst.

agamemnon ligatus Rothsch.

Queensland 2 ♂♂ 2 ♀♀, Dorey ♂♀, Kapaur, Hattam ♂, Holl. N.-Guinea, Finschhafen ♂♀, Deutsch N.-Guinea, Mefor (Coll. Fruhst.).

Waigeu, Aru, Woodlark (?) (Rothschild).

agamemnon atreus nov. subspec.

♀ 57, ♀ 61 mm.

Die *agamemnon*-Race der Entrecasteaux-Inseln differirt vou *ligatus* durch die mehr gelb anstatt dunkelgrüne Färbung und die verbreiterten Flecken auf allen Flügeln.

Unterseite: Auf den Vdflgln. verdunkeln und verschmälern sich die Submarginalpunkte, während die mediane Reihe sich aufhellt.

Die Htflgl. sind graubraun anstatt schwarz wie ın *ligatus*, der weisse Costalfleck ist verbreitert, die roten Flecken dagegen wieder reduziert und jene lm Analwinkel sind überhaupt verschwunden. Die Duftschuppen in der Analrinne der Htflgl. sind heller.

Vdflgl. meines grössten *ligatus* ♂ aus N. Guinea 53 mm; des kleinsten *atreus* ♂ 59 mm; des grössten ♀ aus N. Guinea 57, des kleinsten ♀ von Fergusson 61 mm.

Patria: Kiriwina 2 ♂♂ 2 ♀♀, Fergusson 2 ♀♀.

agamemnon obliteratus Lathy.

Entomol. p. 149, Juni 1899.

Rossel Island.

agamemnon neopommeranius Hour.

(Die Lepidopterenfauna des Bismarkarchipels von Pagenstecher, Wiesbaden 1899, p. 29/30).

N. Pommern, N. Lauenburg, Duke of York-Insel.

agamemnon salomonis Rothsch.

Guadalcanar, N. Georgia, Alu (Rothsch.)

agamemnon n. subspec. (Rothsch. Rev. p. 454)

Pelew-Inseln.

agamemnon n. subspec.

Ugi, Salom-Inseln. (l. c. p. 454.)

meeki Rothschild.

Nov. Zool. Vol VIII p. 402, 1901. Isabel, Salomon-Inseln. Diese Form war ich geneigt nach der Abbildung für eine Lokalrace des *P. agamemnon* zu halten. Herr Dr. Jordan zeigte mir jedoch die Type, die zweifelsohne einer distincten Species angehört.

P. arycles arycleoides Fruhst.

(Sitzungsberichte d. B. E. Ver. vom 28. Nov. 1901, abgedruckt in der Insektenbörse am 30. Jan. 1902; Iris 1901, p. 344—345) unterscheidet sich vom typischen *arycles* Boisd. aus Perak durch rundlicheren Flügelschnitt und die stets blaugrüne Färbung, welche niemals jenen gelblichen, hellmoosgrünen Ton annimmt, der *arycles* auszeichnet. Ausserdem sind alle blaugrüuen Flecken zierlicher, und dadurch hat die schwarze Grundfarbe mehr Gelegenheit, sich auszubreiten, so das auch die Adern der Vorderflügel breiter schwarz umzogen sind. Der weisse Fleck am Costalsaum der Hinterflügel ist kreisrund und sehr klein, niemals länglich wie bei *arycles*, und die ihn begrenzende schwarze Binde viel breiter. Der oberste Fleck der Submarginalreihe rundlicher Punkte ist weiss und in der Mitte getheilt. Fundort ist Muok Lek, 1000 Fuss hoch, in Siam gelegen. Zeit: Februar 1901.

Im Jahrgang 1899 der Berl. Ent. Zeitschrift habe ich eine neue von *arycles* unterschiedene Aberration unbekannter Herkunft als ab. *sphinx* beschrieben. (Vergl. pag. 283, Tafel II. Fig. 12.)

Diese ist grösser als *arycleoides*, hat mit ihm die blaugrüne Färbung gemeinsam, auch sind die Flecken des Costalrandes der Hinterflügel alle weiss und der mittlere Fleck gleichfalls rund. Auf der Unterseite sind die bei *arycles* und *arycleoides* roten Flecken gelbgefärbt, eine Erscheinung, die aber auch beim typischen *arycles* vorkommen kann (Vgl. Rothschild's Monographie.) Jetzt im Besitze grösseren Materials vertrete ich die Meinung, dass *sphinx* als Subspecies aufzufassen sei und wahrscheinlich in Nord-Siam oder Tonkin zu Hause ist. Für letzteren Fundort spräche der Umstand, das dort alle indischen Papilionen Neigung zeigen, ein grösseres Flügelmass anzunehmen, eine Thatsache, die an ähnliche Verhältnisse auf Celebes erinnert.

Geographisch vertheilt sich nun die Sippschaft *arycles* so:

arycles Boisd. = *rama* Feld. Palembang (Sumatra), Palawan (Doherty, Januar 1898), Java, Palabuan (Fruhst., Januar 1896), Perak, Malcaca, Süd-Borneo (in coll. Fruhst).

arycles ab. *incertus* Fruhst. Ausgezeichnet durch ausgedehntere weissliche Flecken im discalen Theil der Hinterflügel-Unterseite. Vielleicht auch eine Subspecies. — Inseln bei Singapore — Banka oder Nias?

arycles sphinx Fruhst. Tonkin (?) Die Figur No. 12, Tafel II der Berl. Ent. Zeitschrift hat durch die Verkleinerung viel an Anschaulichkeit verloren. Das von *arycles* verschiedene Aussehen der Vorderflügelzelle und am Costalsaum der Hinterflügel ist aber deutlich zu erkennen.

arycles arycleoides Fruhst. Siam. Es ist vielleicht möglich, dass dieser Falter nur eine Trockenzeitform vorstellt, die in Gebieten auftritt, wo die dürre Zeit lang andauert.

Arycleoides war in Siam sehr selten. Ich glaube kaum das ich mehr als 8–10 Exemplare mitgebracht habe. Der zierliche Papilio mischte sich unter die gewöhnlichen *P. indochinensis* Fruhst., *antiphates*, *nomius*, *chaon* und *helenus* und setzte sich an von Waldbäumen beschattete Uferränder am Muok-Lek-Fluss.

Macareus-Gruppe.

P. macareus striatus Lathy.

(*Pap. striatus* Lathy. Entomologist, June 1899 p. 149.)

Pap. macareus iudochinensis Fruhst. und ab. *argentiferus* Fruhst.

Soc. Ent. 15. Okt. 1901 p. 106/107.)

Dieser Papilio, von dem Lathy den ♂ der Trockenzeitform beschrieben hat, bot eine der grössten Ueberraschungen meiner Reise.

Ich lebte in dem Glauben, dass die häufigeren Papilios von Siam und Tonkin nicht von vorderindischen (Sikkim, Assam) verschieden wären, wie das ja mit *P. helenus*, *chaon*, *eurypylus acheron*, *jason axion*, *agamemnon* und einigen anderen Arten auch thatsächlich der Fall ist. Auch Herr de Nicéville schrieb mir ein paar Mal, dass er befürchtet, ich würde weder in Tonkin noch in Siam reussiren, weil die Papilio dieser Gebiete mit jenen von Englisch Indien entweder identisch seien oder in diese gradatim über gehen, weil die Ländermassen ja nicht, gleich den Sunda-Inseln natürlich und scharf abgetrennt, sondern durch zusammenhängende Gebirgsmassen verbunden seien. Lokalformen werden sich nirgends gebildet haben, wenn aber eine Form zur Veränderung neige, so hätten wir es mit neuen Arten wie *nobléi*, *pitmani* und *doddsi* zu thun.

Unsere Anschauung erwies sich indess glücklicherweise als irrig, denn jedes Gebiet hat seine eigenen Formen und *P. macareus* scheint insbesondere zur Lokalracenbildung zu neigen. Er ist wahrscheinlich eine junge Art, die sich, wie auch gewisse Morphiden, z. B. *Tenaris*, noch nicht voll entwickelt hat oder vielleicht auch in hohem Grade anpassungsfähig ist und ausserdem hochempfindlich gegen atmosphärische und orographische Einflüsse zu sein scheint.

Pap. indochinensis Fruhst. ♂ u. ♀.

Würde man aber nur ♂♂ zum Vergleich heranziehen, so liesse sich der subspecifische Wert des *P. striatus* immer noch bezweifeln. Auf Grund der mir vorliegenden ♀♀ aber ergiebt sich jedoch das interessante Phänomen, dass Siam *macareus* gar nichts gemeinsam haben mit solchen aus Sikkim, Assam, ja selbst nicht einmal Birma, sondern, dass als ihr nächster Verwandter, der von mir auf Java wieder aufgefundene, typische *macareus* Godt. zu betrachten ist.

Das ♀ von *striatus* ist nämlich braun, also „heteromorph", während das ♀ vou *macareus indicus* ganz gleich dem ♂ gefärbt ist. In Java ist *macareus* dimorph und hat sowohl graue, mannähnliche, wie auch braune ♀♀.

Pap. argentiferus Fruhst. ♂ u. ♀.

Siam ♂♂ differiren von *macareus indicus* durch die schmäleren, weissen Strigae aller Flügel und die dafür verbreiterte, schwarze Rippenumsäumung, und auf der Htflgl.-Oberseite durch kräftiger entwickelte, weissgraue Submarginalflecken.

Die Flügelunterseite ist gleichfalls um vieles dunkler, die Grundfarbe mehr schwarz als rotbraun und die mediane Region graubraun beschuppt, während in Sikkim ♂♂ eine deutliche, weisse Zone offen bleibt.

Assam ♂♂ (*lioneli* Fruhst.) halten die Mitte zwischen beiden. *Striatus* weicht ausserdem von *macareus perakensis* Fruhst. dadurch ab, dass der schwarzbraune Marginalsaum der Htflgl.-Unterseite nicht wie auf 3 Perak ♂♂ meiner Sammlung fast scharf umgrenzt bis zur Zelle reicht, sondern sich darüber hinaus, vielfach bis zur Flügelbasis erstreckt.

Neben diesen ♂♂, welche jenen von *indicus*, *lioneli* und *perakensis* immerhin ähnlich sehen, fliegen in der vorgeschritteneren Trockenzeit auch solche, auf die Lathy seinen *striatus* basiert hat.

Bei diesen sind die Strigae aller Flügel verbreitert und aufgebellt. Nebenher fing ich eine noch extremere Aberration, welche ich l. c. als *argentiferus* beschrieb, bei der die Aufhellung der Strigae soweit geht, dass die transcellularen Streifen mit den Submarginalpunkten zusammenfliessen und auf der Htflgl.-Unterseite der schwarzbraune Marginalsaum zu einem schmalen Bändchen reduziert wird.

Diese Abweichung ist auf der Unterseite so auffallend, dass es ein Leichtes war, *argentiferus* in Schwärmen von Hunderten von gewöhnlichen *macareus* zu erkennen und fiel dieser Unterschied selbst meinem annamitischem Diener auf, der auf mein Anraten nur noch diese Aberration fing, weil wir von der normalen Form schon 2—3000 Exemplare eingesammelt hatten.

Von den ♀♀ fing ich 2 Aberrationen in 2 Grössen, 1 mit 50 mm, 1 mit 60 mm Vdfgllänge Von ersterer fing ich etwa 5—6, von letzterer nur 1 Exemplar.

Die kleinen ♀♀ mögen zur Regenzeitform *indochinensis*, die grösseren zu *argentiferus* gehören. Die Grundfarbe der *indochinensis* ♀♀ ist gleichmässig braunschwarz auf beiden Flügeln, während *argentiferus* ♀ durch dunkelbraune Vorder- und hellbraune Htflgl.-färbung charakterisirt ist. Das Abdomen von *indochinensis* ist oben schwarz und seitlich braun, von *argentiferus* jedoch einfarbig schwarz. Bezüglich der Flügel-Zeichnung verweise ich auf die Figuren.

Die ♀♀ von *indochinensis* fing ich auf Blüten, wo sie mit gefalteten Flügeln sitzen und eine allgemeine *Euploea* Aehnlichkeit haben.

Das prächtige ♀ von *argentiferus* aber traf ich auf einer von mir im Walde am Ufer des Muok-Lek-Flusses präparirten Köderstelle. Es kam hoch von den Bäumen herab und liess sich auf dem feuchten, mit Unrat bespritzten Erdboden nieder, wo es aufgeregt die Flügel zitternd und so hastig bewegte, dass ich lange Zeit nicht erkennen konnte welcher Gattung der vor mir sitzende Schmetterling angehöre.

Wenn sich alle *argentiferus* ebenso verhalten wird der Wert der mimetischen Färbung beim Sitzen wenigstens recht problematisch; denn die *Euploeen*, welche sich in der trockenen Zeit auch gerne auf den Erdboden setzen, verharren dort mit gefalteten Flügeln und in absoluter Ruhe.

Indochinensis ♂♂ waren wohl die häufigste Art in dem, an Schmetterlingen so überreich gesegneten Mittelsiam.

Die ersten Exemplare trafen wir gegen Anfang Februar auf Steinen, welche aus dem allmählig vertrocknenden Fluss herausragten und deren grünlicher Algenüberzug von den Sonnenstrahlen zerzetzt wurde. Später sassen sie auch auf den feuchten Stellen, welche beim Zurücktreten des Wassers sich jeden Tag neu bildeten.

Zuerst fanden sie sich nur in kleinen Trupps zusammen, nach einigen Wochen aber hatte sich ihre Zahl so bedeutend vermehrt, dass viele Hundert eng neben einander gerückt sassen und unverdrossen die ihnen so köstliche Feuchtigkeit aufsaugten.

Die Falter waren überdies so zutraulich, dass man sie bequem mit der Pinzette aufnehmen und töten konnte. Liessen wir die toten Stücke liegen, so dienten diese als vorzügliche Lockvögel und zu den toten Leibern gesellten sich immer wieder neue Ankömmlinge. Manchen Tag töteten wir auf diese Weise 5—600 Stück, so dass die mitgebrachten Düten nicht ausreichten und wir die Schmetterlinge auf flachen Siebkörben (welche die Eingeborenen zum Reinigen des Reises verwenden) nach Hause trugen.

Nachfolgende Uebersicht möge nun noch zeigen, wie viele Formen in den letzten Jahren neu beschrieben wurden:

macareus Godart.

Nach den Feststellungen Rothschild's ist die typische Form auf Java beschränkt, wo es mir vergönnt war, den von dort her, seit Godart's Beschreibung nicht wieder gebrachten Papilio von neuem zu entdecken. Der Falter ist über ganz Java verbreitet, im Osten enorm selten und im Westen keineswegs häufig.

Ich fand ihn von der Meeresküste an bis zu einer Höhe von 2000'. Das von mir in Ostjava erbeutete Exemplar sandte ich an Honrath und mit dessen nachgelassener Sammlung kam es nach Enfield. Jetzt hat Herr Lathy gefunden, dass dieses Stück ein ♀ und zwar ein ♂ ähnliches ♀ sei, während Westwood ein braun gefärbtes, heteromorphes ♀ abgebildet hat.

In der Sammlung Oberthür fand ich neuerdings noch eine prächtige Aberration (*palanus* m.), welche sich dadurch auszeichnet, dass sich alle submarginalen Punkte verbreitern und mit den transcellularen Strigae zusammenfliessen, so dass eine grosse Aehnlichkeit mit *argentiferus* aus Siam entsteht.

Von Palabuan besitze ich dann noch eine Zwischenform mit aufgehellten Htflgln, welche der Form *striatus* von Siam nahe kommt.

Wahrscheinlich handelt es sich bei all diesen Abweichungen um Zeitformen, während das ♀ aus Ostjava vielleicht einer Subspecies angehört. Also vielleicht

1. *macareus macareus* Godt. Westjava.
♀ ab. *astina* Westwood.
(Cab. Orient. Ent. p. 20, t. 9. f. 3. 1848).
Palabuan Jan. 1892, Sukabumi 2000′ H. Fruhst. leg.
♀ ab. *palanus* Fruhst. (forma temp.?)

2. *macareus masformis* Lathy. Ost-Java,
oder nur ♀ ab. *masformis* Lathy (?)
(Entomologist p. 149, Juni 1899.)

3. *macareus indicus* Rothschild.
= *P. polynice* de Nicéville J. A. Soc. B. p. 568, No. 3, II, 1897. Diese Form scheint auf Sikkim beschränkt zu sein, wo sie von Februar bis April in den tiefsten Thälern nicht allzu häufig vorkommt.

3 ♀♀ in Coll. Fruhst. In Assam findet sich schon eine zweite Lokalrace, welche de Nicéville irrtümlich für den typischen *indicus* Rothschild hielt, die ich in

4. *macareus lioneli* Fruhst.
Soc. Ent. 1902, p. 73, Jahrgang XVI,
umtaufte.

Assam, zahlreiche ♂♂ in Coll. Fruhst.

Das ♀ beschreibt Rothschild als braun, die Vdflgl. tragen nur eine Reihe von Submarginalflecken, während die Htflgl. ähnlich wie beim ♂ gefleckt sind und nur die Zeichnungen weniger deutlich und kürzer erscheinen. In Oberbirma scheint schon eine weitere

5. *macareus* subspec.
vorzukommen; denn Rothschild sagt Nov. Zool. Vol. III,

März 1896, dass ein ♀, welches ich ihm zugesandt hatte, weniger braun aussehe und ebenso breit wie die ♂♂ gefleckt sei. Vielleicht gehören hierzu auch noch ♂♂ von den Shan-States, von denen Rothschild sagt Rev. Pap. p. 457, dass sie in der Zeichnung an Borneo ♂♂ erinnern.

1 ♂ Oberbirma in Coll. Fruhst., der einen Uebergang bildet von Race 4 zu Race 6. Mit

6. *macareus striatus* Lathy.

sind dann wohl die Exemplare aus Siam, Annam und Tonkin zu vereinigen und zwar als

macareus striatus f. temp. *indochinensis* Fruhst. Type von Tonkin, als der Regenzeitform und

macareus striatus f. temp. *striatus* als der Uebergangs- und und ♂ ab. *argentiferus* Fruhst. der Trockenzeitform.

Fundorte: Muok-Lek, Februar, 1000′ Mittel-Siam, Than-Moi, Juni, Tonkin. Xom Gom, Februar, Annam.

7. *macareus perakensis* Fruhst.

Soc. Ent. No 7, Jahrg. XIV.

3 ♂♂ Perak in Coll. Fruhst.

8. *macareus xanthosoma* Staudinger.

10 ♂♂ Dr. Martin in Deli, leg. in Coll. Fruhst. Sumatra

9. *macareus macaristus* Grose Smith.

3 ♂♂ Nord-Borneo.

1 ♂ Süd-Borneo hat bereits breitere Makeln und wird das ♀ vielleicht schon erheblich verschieden sein von solchen aus Nord-Borneo.

10. *macareus maccabaeus* Staudinger.

Palawan, 4 ♂♂ in Coll. Fruhst.

P. Xenocles.

Ganz ähnlich wie bei *macareus* haben sich auch bei seinem nächsten Verwandten *xenocles* im hinterindischen Gebiet verschiedent Lokalformen ausgebildet.

Xenocles war in den von mir bereisten Gegenden ganz im Gegensatz zu Sikkim, wo er das ganze Jahr über fliegt, äusserst selten. In Tonkin fing ich nur 1 ♀ und in Siam kaum 5 oder 6 ♂♂. Auch Oberthür erwähnt ihn nicht in seiner Aufzählung der von Prinz Heinrich von Orleans gesammelten Tagfalter, doch besitze Oberthür eine wahrscheinlich von Soldaten gefundene Trockenzeitform vom schwarzen Fluss.

Das von mir in Tonkin gefangene ♀ beschrieb ich als *P. xenocles kephisos* nov. subspec.

(Soc. Ent. Jahrgang. XVI. p. 145. 1901.
Iris p. 346/347. 1901.)

Seltsamerweise sieht nun dieses Tonkin-♀ nicht dem *P. xenocles* ♀ aus dem geographisch doch zunächst liegenden Assam am ähnlichsten, sondern gleicht vielmehr der *xenocles*-Rasse aus Sikkim, welche de Nicéville „*phrontis*" getauft hat.

Kephisos differert von „*phrontis*" durch die schmäleren Cellular- und Internervalstreifen, wodurch die schwarze Grundfarbe mehr zur Geltung kommt und alle Adern breiter schwarz umzogen erscheinen.

Besonders die circumcellularen Makeln der Htflgl. sind sehr reduzirt, und der schwarze Aussensaum stösst bis an die Zelle. Submarginalflecken beider Flügelpaare sehr klein. Der anale Fleck ist hellgelb, beinahe viereckig, also nicht orange wie bei den Assam- und Sikkim-♀♀.

Die Unterseite der Vdflgl. ist gleichmässig schwarz, also am Apex nicht aufgehellt wie bei *phrontis* ♂ und ♀, oder dunkelbraun wie ein *xenocles* ♀.

Der Aussensaum der Htflgl. ist breiter schwarz und die weissen Submarginalflecken sind viel kleiner als im *xenocles* ♀ und etwas kleiner als in *phrontis* ♀♀.

Vdflgl. 57 mm, gegen 65 mm des Assam-♀ und 67 mm eines Sikkim-♀.

Patria: Chiem-Hoa, Aug.-Sept. 1900. Mittel-Tonkin.

Als ich das ♀ beschrieb, wusste ich nicht, wie der ♂ dazu aussieht. Seitdem ist nun meine Tenasserim-Ausbeute präparirt worden und darunter befand sich ein ♂, das alle die characteristischen Merkmale aufweist, durch welche sich *kephisos* ♀ von solchen aus Sikkim und Assam unterscheidet, also besonders die ausgedehntere schwarze Apicalfärbung der Vdflgl. wodurch die Weissfleckung reduzirt wird und auf der Unterseite durch den gleichmässig grauschwarzen Anflug am Marginal-Saum.

Kephisos ist die Regenzeitform. Die Trockenzeitform taufte ich als f. temp. *neronus*, Soc. Ent. 1902 p. 73. Jahrg. XVI.

Eine zweite neue *xenocles* Subspecies fing ich in Siam, welche als

xenocles lindos Fruhst.

Soc. Entom. l. c. und Iris 1901, p. 347 348.

beschrieb. In der Iris verwies ich bereits darauf, dass in Sikkim zwei Zeitformen vorkommen. Für Assam gilt dasselbe, die Trockenzeitform ist kleiner und auf der Htflgl.-Unterseite breit braun angehaucht, die Regenzeitform hat breitere Weissstreifung und nur eine schmale, aber tiefschwarze Submarginalbinde der Htflgl.

Es wird schwer fallen zu ermitteln, welche Zeitform Doubleday beschrieben hat. Die unbenannte Form dürfte wohl die der dry-season sein, welche als forma temp. *theronus* bezeichne.

Wir kennen jetzt folgende Reihen:

xenocles xenocles Doubl. f. temp. *xenocles.*
Assam. ♀ Regenzeitform Coll. Fruhst.

xenocles xenocles f. temp. *theronus* Fruhst.
Assam. Trockenzeitform.

xenocles phrontis de Nicéville f. temp. *phrontis*
(I. As. Soc. Beng. II, No. 3 p. 568, 1897)
Sikkim, Bhutan, Trockenzeitform 4 ♀♀ Coll. Fruhst.

xenocles phrontis f. temp. *xenocrates* Fruhst.
Soc. Ent. p. 145 146, XVI, 1901.
Iris p. 348, 1901.
Sikkim. Regenzeitform 2 ♀♀ Coll. Fruhst.

xenocles kephisos Fruhst. f. temp. *neronus* Fruhst.
1 ♂ Rivière Noire I. Trimestre, Coll. Oberthür.
3 ♂♂ Tenasserim, Oberbirma, Ruby-Mines, Coll. Fruhst; Shan States (Rothschild)
Trockenzeitform.

xenocles kephisos f. temp. *kephisos* Fruhst.
Regenzeitform. Tonkin; Juni.

xenocles lindos Fruhst. f. temp. *lindos*
Trockenzeitform. Siam.

xenocles xenoclides Fruhst. f. temp. *xenoclides*
(Soc. Ent. 1901 p. 73/74 1902)

Sämtliche *P. xenocles* aus Hainan unterscheiden sich von solchen aus Tonkin und dem indischen Continent durch ihre melanische Färbung, besonders auf der Vdflgl.-Unterseite und der Htflgl.-Oberseite und erinnern etwas an Tonkin ♂♂ von *kephisos*, von denen sie aber durch ihre Kleinheit und die breiter schwarz umsäumten Htflgl. abstechen.

Trockenzeitform, Hainan 4 ♂♂.
Five Finger Mountains. Whitehead leg. Coll. Fruhst.
Regenzeitform unbekannt.

Xenocles lebt ähnlich wie *macareus* und gesellt sich diesem gerne an überschatteten Flussufern zu.

Auch die dritte, mimetische Art der langsam fliegenden *macareus*-Gruppe

P. megarus Westwood.

erscheint im hinterindischen Gebiet in deutlich geschiedene Lokalformen aufgelöst.

Eine ausführliche Beschreibung der neuen Subspecies brachte die Iris p. 161 –163, Heft 1. 1902, sodass ich hier nur eine Aufzählung einfüge.

megarus Westwood.

Khasia Hills, Assam, Ruby Mines, Oberbirma.

megarus similis Lathy.

Entomologist, Juni 1899. Perak (Type.)

= *P. megarus* Distant, Rhop Malay. p. 468/469 Taf. 42 Fig. 9.

megarus mendicus Fruhst. Iris p. 161/162, 1902.

Muok-Lek, 1000', Januar 1900, Mittel-Siam.

Kanburi, April 1901, West-Siam.

Zahlreiche ♂♂, 1♀.

megarus megapenthes Fruhst. Iris l. c.

Than-Moi, 1000' Juni-Juli, 1900 Tonkin 3 ♂♂.

Xom-Gom. Februar 1901, Süd-Annam 4 ♂♂ 1 ♀.

megarus sagittiger Fruhst. Soc. Ent. No. 14 vom 15. Oktober 1901. Nord-Borneo.

megarus martinus Fruhst. Iris l c. p. 162/163.

(*P. megarus* Martin und de Nicéville, Butt. of Sumatra p. 529, 1895).

Sumatra.

Megarus mendicus war der zweithäufigste Papilio in Siam und fand sich stets in Gesellschaft von *macareus* und liess sich gleich diesem sehr leicht und auf dieselbe Manier einfangen.

Das einzige ♀ sah ich auf eine gelbe Blume im Waldesschatten zufliegen und glaubte ich eine *Danais melanoides* vor mir zu haben, so täuschend war die Flugart des zarten Falters.

Als Nachtrag zur *Polytes*-Gruppe ist noch

P. pitmani Elwes und Nicév.

(I. A. S. Beng. p. 434 t. 20. f. 1. 1886 Tavoy; Rothsch. Rev. Pap. p. 343), einzufügen.

Von dieser eigentümlichen Art waren ausser der Abbildung wohl nur wenige Exemplare bekannt. Auch Herr de Nicéville besass sie nicht; denn die Type behielt Herr Elwes und übergab ich meinem zu früh verstorbenen Freunde mehrere ♂♂ als ich ihn im Juni 1901 in Calcutta besuchte.

Pitmani findet sich stets in Gesellschaft von *maheswara* Moore und sitzt gleich diesem in der trockenen Zeit auf feuchten Uferstellen. Er ist aber schwieriger zu fangen, weil er sehr scheu und unruhig ist und sich im Netz sehr leicht beschädigt.

Das noch unbekannte ♀ ist mir auch entgangen. Es wird in der Regenzeit wohl anzutreffen sein und dürfte nicht erheblich vom ♂ abweichen.

In meiner Sammlung befinden sich kleine Exemplare mit nur 47 mm. Vdflgllänge und alle Abstufungen bis zu solchen mit 60 mm.

Die Flecken der Discalbinde der Htflgl. variiren in der Weise, dass sie sich analwärts etwas verschmälern und manchmal eine gelbliche Farbe annehmen

Bei einigen ♂♂ sind die untersten Flecke schwarz beschuppt.

Flugort: Muok-Lek, Mittel-Siam, Februar auf ca. 1000'.

Historische und geographische Notizen.

Ueber die Schmetterlinge von Tonkin erschienen bereits zwei Arbeiten, von denen die älteste auf einer ziemlich artenreichen Ausbeute basirt ist. Es ist dies ein Aufsatz, den

Charles Oberthür in den Etudes d'Entomologie p. 1—14 im Jahre 1893 über Lepidopteren der Reise des Prinzen Heinrich von Orleans veröffentlichte, und neuerdings publizierte der Abbé

J. de Joannis im Bulletin Scientifique de la France et de la Belgique, Paris. Oktober 1901, als Notes sur les Lepid. de la Region de Cao-Bang, Haut Tonkin eine, meistens nur gewöhnliche Species umfassende Aufzählung.

Die von Joannis genannten 14 Papilios befanden sich sämmtlich in meiner Ausbeute, von den 24, welche Oberthür erwähnte, fehlen mir zwar 5, dagegen gelang es mir 10 andere Species den bekannten anzureihen. Wir kennen somit insgesammt 36 Papilio-Arten von Tonkin. Mit dieser hohen Zahl rangirt Tonkin bereits unter den an Papilios **reichsten Gebieten** Asiens; denn von dem amgründlicbsten durchforschtem Sikkim sind nur 40 sichere Arten bekannt und Java hat gar nur 28, Sumatra 38 und die malayische Halbinsel etwa 34 bis 38 Species.

Ausserdem war es mir natürlich während meines nur kurzen Aufenthaltes (nur einer Saison) nicht vergönnt alle wirklich in Tonkin fliegenden Arten zu erbeuten und ist es in hohem Grade wahrscheinlich, dass sich folgende Spezies dort noch auffinden lassen, weil sie sämmtlich sowohl in China als auch in Birma vorkommen. Es sind dies *rhetenor*, *arcturus*, *agenor*, *gyas*, *epycides*, *cloanthus*.

Ueber Annam-Papilios war vor meiner Abreise überhaupt nichts bekannt und über die Siam-Fauna nur recht dürftiges Material.

Tabellarisch veranschaulicht kennen wir jetzt aus den drei Ländern:

Tonkin.

aristolochiae	Ob.	J.	Fruhst.
aidoneus	Ob.		
varuna	Ob.	J.	Fruhst.
zaleucus	Ob.		
crassipes	Ob.		Fruhst.
mausonensis Fruhst.			
philoxenus	Ob.		
demoleus	Ob.	J.	Fruhst.
helenus	Ob	J.	„
nobléi	Ob.		„
chaon	Ob.		„
agenor	Ob.	J.	„
protenor	Ob.	J.	„
polytes		J.	„
castor	Ob.		„
clytia		J.	„
telearchus			„
slateri	Ob.		
doddsi Fruhst.			
bianor		J.	Fruhst.
polyctor	Ob.		„
paris	Ob.	J.	
langsonensis Fruhst.			
antiphates	Ob.	J.	Fruhst.
agetes	Ob.		
nomius	Ob.		
hermocrates	Ob.		
eurypylus	Ob.	J.	Fruhst.
jason		J.	
evemon Fruhst.			
bathycles Fruhst.			
sarpedon	Ob.		Fruhst.
agamemnon	Ob.		„
macareus	Ob.	J.	„
xenocles Fruhst.			
megarus	Ob.		„

Annam.

aristolochiae
varuna
philoxenus
demoleus
helenus
agenor
protenor
polytes
mahadeva
clytia
paris
antiphates
agetes
nomius
jason
bathycles
sarpedon
agamemnon
macareus
megarus

Siam.

aristolochiae
demoleus
demolion
helenus
chaon
agenor
pitmani
polytes
mahadeva
slateri
clytia
paris
polyctor
antiphates
hermocrates
nomius
eurypylus
jason
sarpedon
agamemnon
macareus
xenocles
megarus

Annam und Tonkin haben demnach von 20 Arten 19 gemeinsam. In Tonkin fehlt bisher nur *mahadeva.* Siam und Tonkin besitzen von 23 Arten 20 gemeinschaftlich Noch nicht in Tonkin beobachtet sind nur *pitmani*, *demolion* und *mahadeva.*

Die Tonkinfauna präsentirt sich in ihren Grundzügen als eine fast **rein indische** und deckt sich in der Hauptsache mit den aus dem Ost-Zuge des Himalaya bekannten Arten. 32 von 36 Species sind bereits aus Sikkim bekannt, *zaleucus*, *doddsi* und *noblei* aus Tenasserim und den Shan-States und nur *crassipes* ist ausschliesslich auf Tonkin beschränkt, oder besser gesagt, bisher anderswo noch nicht gefunden. *Alcinous mausonensis* und *bianor triumphator* sind als Einwanderer aus China zu betrachten und *noblei* gravitirt nach Mindanao zu und steht dem *antonio* Hew. am nächsten.

Noblei ist selbst so innig verwandt mit *antonio*, dass ich bedaure ihn (pag. 172) nicht einfach als *antonio noblei* bezeichnet zu haben. Wie erklären wir nun diese Verwandschaft zwischen zwei räumlich so weit getrennten Racen, denn Mindanao liegt durch den Grossen Ocean volle 18° östlich und über 13 Breitengrade südlich von Tonkin? Ein gemeinsames Stammland muss angenommen werden, und gleichgültig ob wir den Continent oder Mindanao als Mutterland betrachten, es muss eine Wanderung stattgefunden haben. Auf welchem Wege ist diese nun erfolgt, über Hainan, die Paracelsus Inseln und Amphitrite Riffe als einer ehemaligen Landbrücke, oder über Süd-China und Formosa?

Verwickelt wird die Frage dann noch durch die Thatsache, dass auf Palawan, das zwischen Annam und Mindanao liegt, wieder, ebenso wie in Siam, der gewöhnliche *demolion* vorkommt. In Hainan, das allerdings noch ungenügend durchforscht wurde, ist *noblei* noch nicht beobachtet worden. Sein Vorkommen auf dieser Insel ist aber recht wahrscheinlich, denn von 23 hier aufgezählten *Papilio*-Arten

aristolochiae	*antiphates*
demoleus	*agetes*
helenus	*nomius*
chaon	*eurypylus*
agenor	*jason*
protenor	*bathycles*
polytes	*sarpedon*
mahela	*agamemnon*
clytia	*macareus*
slateri	*xenocles*
paris	*megarus*

doddsi

welche Moore, Holland und Crowly von Hainan erwähnen, fliegen mit alleiniger Ausnahme des *mahadeva hamela* Crowley alle auch in Tonkin.

Rein malayische Fragmente treffen wir in der Tonkinfauna nicht an, 19 von den 36 Tonkin-Arten sind jedoch als Lokalformen auch auf den grossen Sunda-Inseln nachgewiesen. Von den von mir für Tonkin neu beschriebenen sieben Lokalformen sind *alcinous mausonensis*, *payeni langsonensis*, *evemon albociliatus* nur aus Tonkin bekannt, *megarus megapenthes* hat Tonkin mit Annam, und *xenocles kephisos* mit Tenasserim gemeinsam. Ausserdem ist *P. slateri tavoyanus* bisher in Annam noch nicht gefangen und bildet vorläufig die einzige Art, welche sowohl in Siam als Tonkin vertreten ist und nicht zugleich in Annam vorkommt.

Berlin, Oktober 1901 – November 1902.

Hypolimnas pandarus junia nov. subspec.

Ein ♀ dieser prächtigen neuen Inselform steht *saundersi* Wall. von Timor sehr nahe, differirt jedoch auf der Flügeloberseite in folgenden Punkten:

Die weisse Subapicalbinde der Vorderflügel ist schmäler und der rote Anflug im Analwinkel reduzirt Die rotgelbe Submarginalbinde der Htflgl. ist gleichfalls schmäler, die eingebetteten, schwarzen Ocellen sowohl als der Marginalsaum sind um vieles grösser, resp. breiter. Unterseite der Htflgl: Alle Binden schmäler, intensiver gefärbt und schärfer abgegrenzt, die schwarzen Ocellen wiederum grösser, dunkler und ausgedehnter blau gekernt. Die weisse Submarginalbinde reiner weiss und aus rundlicheren Helmflecken zusammen gesetzt.

♀ Vdflgllänge 58 mm gegen 64 mm eines *saundersi* ♀ von Timor.

Patria: Insula Wetter, Mai 1892. W. Doherty leg.

Berlin, 1. Dezember 1902. H. Fruhstorfer.

Deilephila Siehei n. sp.

Von

Rudolf Püngeler.

(Mit Tafel III).

Bei einer hauptsächlich zu botanischen Forschungen unternommenen Bereisung des Taurus fand Herr Walter Siehe aus Berlin, jetzt in Mersina (Kleinasien) ansässig, vor einigen Jahren am Bulgar-Dagh die Raupen einer *Deilephila*, die zum Teil erst nach mehrjähriger Puppenruhe eine kleine Anzahl Falter ergaben Nach Untersuchung von 2 ♂♂ 4 ♀♀ kann ich diese mit keiner der bekannten Arten vereinigen und auf Wunsch des Herrn Martin Holtz in Wien, früher in Berlin, dem ich die Mittheilung der Stücke verdanke, benenne ich sie zu Ehren des Entdeckers.

Der Falter erinnert im gedrungenen, etwas plumpen Bau an die Arten der *euphorbiae*-Gruppe, in der Zeichnung weicht er dagegen durch das völlige Fehlen des grossen Fleckes in der Mittelzelle der Vorderflügel und der dahinter am Vorderrande stehenden, unvollständigen Binde ab, er gleicht darin mehr der viel schlänker gebauten *D. hippophaes* Esp. v. *Bienerti* Stgr., bei der jener Fleck nur durch einen schwachen Schatten angedeutet ist und die Binde ebenfalls fehlt. In der Grösse bleiben die vorliegenden Stücke durchschnittlich hinter deutschen *euphorbiae* zurück, was zum Theil indessen auf mangelhafter Fütterung beruhen mag.

Die eigentliche Grundfarbe der Vorderflügel ist schmutzig weiss, sie wird aber durch graue, olivengrün angeflogene Beschuppung und Zeichnung sehr eingeschränkt, einzelne Stücke sind röthlich überhaucht. Nahe der Wurzel steht ein nach dem Innenrand hin schwärzlich bestäubter Fleck, der sich dem Vorderrand entlang als breiter, unbestimmter Schatten fortsetzt. Dieser Fleck ist lange nicht so deutlich und so scharf begrenzt wie bei *euphorbiae*, bei *Bienerti*

Stgr. ist er sonst ähnlich, doch ist die schwarze Färbung ausgedehnter und tritt nach der Flügelmitte hin strahlenförmig vor. Unterhalb des Fleckes tritt wie bei den Verwandten weissliche Färbung auf. Im Mittelfelde fehlen, wie schon bemerkt, die dunklen Zeichnungen der übrigen Arten, ja bei einigen Stücken steht auf der Querrippe der Mittelzelle ein schwaches helles Fleckchen. Die innere Begrenzung der aus der Spitze entspringenden und sie theilenden Binde ist mehr oder weniger deutlich gewellt und in ziemlich gleichmässigem Bogen geschwungen, nicht so gerade wie bei den Verwandten, nach aussen ist die Binde unregelmässig begrenzt und hebt sich von dem etwas stärker röthlich gemischten Saumtheile nicht scharf ab, die Fransen sind nur wenig lichter.

Die Hinterflügel sind licht rosa, weisslich gemischt, blasser als bei den ähnlichen Arten, vor dem licht röthlichgrauen Saume steht nicht wie bei diesen eine mehr oder weniger breite Binde, sondern eine etwas zackige, schwärzliche Linie, die nach Mittheilung des Herrn Holtz bei zwei Stücken ganz fehlte; die schwarze Fleckung der Wurzel ist nicht sehr ausgedehnt, der darunter stehende, weisse Fleck von normaler Grösse.

Unterseits sind alle Flügel licht grauröthlich, die Mittelzelle der vorderen ist dunkler, mehr grau, auf der Querrippe steht hier bei allen Stücken ein etwas helleres Fleckchen, der Saum wird von einer dunkleren, in der Mitte der Vorderflügel zackig vortretenden Binde eingefasst. Bei Stücken mit stärker röthlicher Unterseite zieht die Färbung der Saumbinde in's violettrothe.

Die Bildung der Fühler, Palpen etc. ist ähnlich wie bei kleinen, deutschen *euphorbiae*, der Thorax hat die Färbung der Vorderflügelwurzel, die Schulterdecken sind bei einzelnen Stücken innen weiss gesäumt, der Hinterleib wird nach hinten etwas lichter, die Ringeinschnitte sind nicht weisslich, die beiden schwarzen Seitenflecken treten nicht besonders gross und scharf auf.

Unter den Formen der *euphorbiae*-Gruppe ist *centralasiae* Stgr. der neuen Art am ähnlichsten, sie ist aber spitzflügeliger, die Färbung lichter und matter, der grosse Fleck in der Mittelzelle der Vorderflügel ist vorhanden, während der sonst dahinter am Vorderrande stehende Fleck auch ihr fehlt, der Saum der Hinterflügel wird durch eine dunkle Binde begrenzt.

Ueber das Aussehen der Raupe liegen mir folgende Angaben des Entdeckers vor: „Grundfarbe hell weissbräunlich (Terra de Siena), im Rücken dunkler. Kopf und Nackenschild schwarz, letzteres halbmondförmig, Horn gerade, spitz, chagrinirt, schwarz. Auf jedem

Segmente beiderseitig ein länglich-runder, weisser, fast linsengrosser Fleck, der breit schwarz umsäumt ist. Auf dem Segmente, das das Horn trägt, ist der Fleck nach dem Horne spitz in die Höhe gezogen. Länge 7–8 cm." Die Nahrung soll bestimmt keine Euphorbiae sondern eine nicht näher bezeichnete Monocotyledone sein.

Bemerkenswerth ist, dass *centralasiae* auch als Raupe grosse Aehnlichkeit mit der vorbeschriebenen zeigt. Ein schön ausgeblasenes Stück von Aschabad ist eintönig bräunlichgelb, ohne Längsstreifen, als einzige Zeichnung stehen auf jedem Ringe mit Ausnahme des ersten zwei zweisse, schwarz umschattete Flecken, die des zweiten Ringes sind nach vorne, die des elften nach dem Horn hin ausgezogen, die des letzten sind klein und länglich, alle übrigen fast kreisrund, die vordersten am kleinsten. Der Kopf ist dunkel rothbraun, über dem schwarzen Gebiss schmal gelb, das Nackenschild, die Brustfüsse, die feinen Stigmen, das theilweise abgebrochene Horn und die seitlichen Hornplättchen der Bauchfüsse sind schwarz, die Afterklappe und die Seitenflecken des letzten Bauchfusspaares rothbraun. In der Hauptsache ist die Raupe sonach der von *Siehei* sehr ähnlich, nach der Beschreibung und einem mir vorliegenden, gepressten, ziemlich eingeschrumpften Stücke weicht diese dadurch ab, dass sie den Kopf und die Afterklappe schwarz statt rothbraun hat und dass die weissen Rückenflecken breiter schwarz eingefasst sind.

Ausser der Raupe von *centralasiae* Stgr. liegen mir auch die von *nicaea* Prun. und *euphorbiae* var. *peplidis* Chr. (die mit der mir unbekannten, indischen *Robertsi* Butl. zusammenfallen soll) von Aschabad vor. Die so charakteristische Raupe der *nicaea* stimmt auf das genaueste mit einem südfranzösischen Vergleichsstücke überein, auch der Falter ist sehr wenig verschieden. Die *peplidis*-Raupe gleicht sehr der von *euphorbiae* L., gegenüber einem Wiener Stücke finde ich den Kopf heller roth und am oberen Rande nicht schwarz gefleckt, das Nackenschild ist breit, roth, die bei *euphorbiae* die Subdorsalen vertretenden, hellen Flecken fehlen, die Seiten sind lichter, weissgelb, ohne Roth. Wie weit diese nicht sehr bedeutenden Unterschiede sich bei einem grösseren Materiale als ständig erweisen, muss dahingestellt bleiben, doch zweifle ich nicht, dass *peplidis* nur als Lokalvarietät der *euphorbiae* aufzufassen ist. Die besonders als Raupe so sehr verschiedene *centralasiae* betrachte ich dagegen als eine selbständige Art, wofür auch das gemeinsame Vorkommen beider in der Umgebung von Aschabad spricht, wenn sie auch möglicherweise unter verschiedenen Bedingungen, etwa im Gebirge und in der Steppe, leben. Leider habe ich auch über die Nahrungspflanze der *centralasiae* nichts erfahren können, ebenso kann ich über das Aussehen der Raupe von *hippophaes* var. *Bienerti* nichts sagen, die von *hippophaes* ist von der der *Siehei* weit verschieden.

Bei der Abbildung hat Herr Holtz ein besonders lichtes, männliches Stück dargestellt, das mir nicht vorlag, auch bei den von mir gesehenen ♀♀ war der Vorderflügel etwas dunkler.

Die Metamorphose*) von Cantharis abdominalis Fabr.

Gezeichnet und beschrieben
von *G. Luze* (Wien).

Mit 2 Abbildungen.

Larve. Heller oder dunkler braun, die dreigliedrigen Beine kurz und bräunlichgelb, wie die Hüften glasig glänzend. Rückenringe und letztes (resp. vorletztes) Abdominalsegment jederseits der Mittellinie mit dunkler Längsmakel, die übrigen Segmente der Oberseite mit gelblichweissen Flecken an den correspondirenden Stellen. Diese Flecken sind jederseits von einer ebenso gefärbten (mitunter aber wenig deutlich hervortretenden) Makel begleitet.

Der ganze Körper trägt ein aus ungleich langen Härchen bestehendes, mässig dichtes Haarkleid**).

Kopf gestreckt und flach, unterseits ganz, oberseits bis zur Verbindungslinie der kleinen glasigen Augen matt, vor derselben mit deutlichem Glanze. Stirne jederseits mit deutlicher Längsfurche, der Vorderrand in der Mitte mit einem kurzen, kräftigen, nach vorne gerichteten Dorne, innerhalb der Fühlerbasis jederseits schwach lappig ausgezogen, innerhalb dieser Erweiterung jederseits mit einem grösseren, breiteren, weiter nach vorne gestellten Lappen, zwischen diesem und dem Mitteldorne grob und kurz zahnförmig gekerbt.

Unterseite des Kopfes mit halbkreisförmigem Ausschnitte, aus dem die ganz eigenartig geformten Mundtheile ragen (fig. 1).

Kiefertaster viergliedrig***): erstes Glied kurz, etwas breiter als

*) Die weitwendige Beschreibung Beling's (Berl. Ent. Zeit. 1885, 354) übergeht einerseits recht charakterische Merkmale, anderseits steht meine Beobachtung theilweise im Widerspruche mit der Beling's, so dass sich die Notwendigkeit einer neuerlichen Erörterung ergibt.

**) An der Abbildung ist die etwas irreguläre und wenig in die Augen fallende Behaarung nur längs der Seitenränder angedeutet.

***) Von Beling als dreigliedrig bezeichnet, da das kurze, dritte Glied seiner Beobachtung entging. Die Taster sitzen auf grossen, conischen Kieferstämmen; innerhalb der Basalglieder ist jederseits ein grosses, kegelförmiges Gebilde (Maxillarlade) sichtbar.

lang, zweites cylindrisch, $1^1/_2$ mal so lang als breit, drittes Glied sehr kurz, mehr als doppelt so breit wie lang, das Endglied pfriemenförmig, etwas kürzer als das zweite Glied.

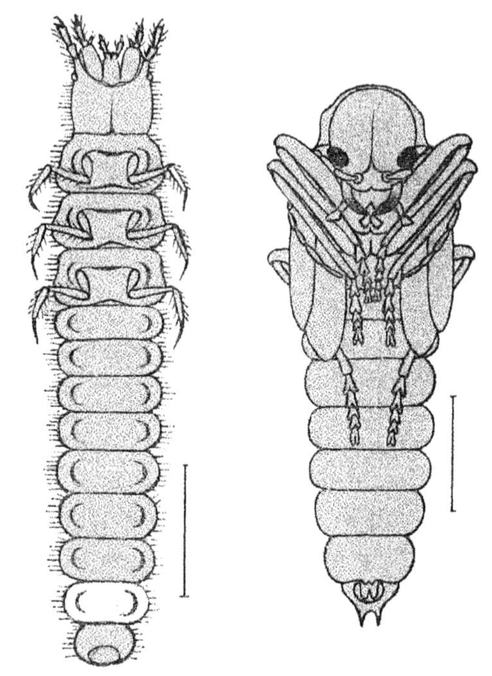

Fig 1. Larve v. *C. abdominalis* F. (Unterseite). Fig. 2. ♀ Nymphe v. *C. abdominalis* F. (Unterseite).

Lippentaster*) zweigliedrig: erstes Glied cylindrisch, $1^1/_4$ mal so lang als breit, das Endglied pfriemenförmig, merklich kleiner als das ganz ähnlich gebaute Endglied der Kiefertaster.

Mandibeln kräftig, leicht sichelförmig gekrümmt, scharfspitzig, im äusseren Drittel mit einem kurzen, kräftigen Zahne.

Fühler zweigliedrig**): erstes Glied ziemlich cylindrisch, beträchtlich länger als breit, zweites schwach keulig, so lang und etwas dünner als das erste, das Ende wie abgestutzt, elliptisch begrenzt und häutig geschlossen.

Dieser häutige Abschluss bildet die Basis zweier, nebeneinander liegender Gebilde, von denen das innere krallenförmig und leicht gebogen, das äussere eiförmig zugespitzt und merklich kürzer als das erste erscheint.

Abdomen zehngliedrig***): das erste Segment beträchtlich kürzer als die folgenden, das zehnte****) — ein kurzes ausstülpbares End-

---

*) Dieselben sitzen auf einem Doppelcylinder, der häutig mit dem grossen Lippenstamme articulirt.

**) Nach Beling dreigliedrig, da er das längere Anhängsel als Fühlerglied betrachtet. Der Contakt mit dem zweiten Gliede ist zu minimal, um eines oder das andere dieser Haut-Anhängsel als Fühlerglied betrachten zu dürfen. Genannte Anhängsel scheinen Tastkörper zu sein und die Stelle von Tastborsten zu vertreten.

***) Beling zählt den Kopf und „zwölf Abschnitte", so dass er anscheinend das in der Ruhe eingezogene, die ausstülpbare Haut tragende Endsegment nicht als Leibesring betrachtet.

****) An der Abbildung als Endellipse erscheinend.

segment — trägt eine mit warzigen Schwellungen ausgestattete, weissliche Haut und dient als Endfuss (Nachschieber).

Die Larve, 10—15 mm lang, fand ich Ende Juni (Osttirol, Taufers, 850 m Seehöhe) im Gerölle des Baches. Aufgestört rollt sie sich zu einer massiven Scheibe zusammen, wobei der Kopf aussen flach auf dem Rücken liegt.

Zugleich mit den Larven zeigten sich die ersten Käfer auf Steinen sitzend — einige Pärchen in copula — und unter grösseren, in feinen Sand gebetteten Steinen, einzeln in einem eiförmigen, relativ grossen Grübchen (Wiege) liegend, die

Nymphe. Blassroth, am Rücken bräunlich, Augen schwarz, die durch die Hülle blickenden Kiefer gegen das Ende allmälig dunkler braun.

Scheiden der Fühler, Beine sowie die der Decken und Flügel beinweiss.

Der stark geneigte Kopf liegt mit dem Munde auf der Basis der Vorderbeine; vor der Spitze der Mandibeln sind die Endglieder der Lippentaster, beiderseits davon die Kiefertaster sichtbar.

Oberlippe zweilappig. Die Fühler ziehen sich zwischen dem haubenförmig erscheinenden Halsschildrande und dem ersten Beinpaare entlang (Fig. 2) und krümmen sich hinter dem zweiten Paare auf die Unterseite des Körpers.

Die Scheiden der Decken und Flügel ragen ebenfalls hinter dem zweiten Beinpaare auf die Unterseite des Körpers, so dass das letzte Paar zum grössten Theile verdeckt erscheint. Die Scheiden der Flügel sind etwas länger und breiter als die der Decken. An den Endgliedern der Tarsen blicken die bräunlichen Klauen durch die Hülle.

Abdomen oberseits 10-, unterseits 8-gliedrig. Das zweizähnige Endstück (Gabel) ist das 9. Rückensegment, das Endsegment der Oberseite — zum grossen Theile eingestülpt — ist als elliptisch begrenztes Gebilde innerhalb der Gabel sichtbar.

Die Segmente 7 und 8 der Unterseite sind bei männlichen und weiblichen Nymphen verschieden gebaut:

♀. Siebentes Segment (Fig. 2) in der Mitte des Hinterrandes mit zwei kurzen, neben einander liegenden Zähnchen und jederseits davon seicht ausgebuchtet; achtes Segment rudimentär, als Zapfenpaar vorragend. —

♂. Siebentes Segment der ganzen Breite nach ausgebuchtet, achtes Segment zapfenförmig vorragend, am Ende seicht ausgerandet; Abdomen – insbesondere gegen das Ende — beträchtlich schmäler als bei der weiblichen Nymphe.

Lässt man die der Nymphe anhaftende Larvenhaut aufquellen, so erkennt man am Rücken einen Längsspalt, durch den der Kopf der Nymphe gezogen wurde. Die durch Eintrocknung schrumpfende Haut gleitet — wahrscheinlich durch Bewegungen der Nymphe gefördert — über den Körper hinab und haftet kugelig zusammengeballt am Ende des Abdomens.

Die ungemein zarte Nymphenhaut wird in ähnlicher Weise abgestreift wie die Larvenhaut.

Von Ihrer Königl. Hoheit der Prinzessin Therese von Bayern auf einer Reise in Südamerika gesammelte Insekten.

(Fortzetzung und Schluss)

Mit Tafel IV u. V.

V. Dipteren.

Von Therese Prinzessin von Bayern.

Vorwort.

Nachfolgend genannte 11 Arten von Dipteren wurden von mir im Jahre 1898 in Columbien gesammelt und durch Professor Brauer und Herrn Bischof in Wien bestimmt, welchen Herren ich hiermit meinen besten Dank ausspreche.

Zur systematischen Zusammenstellung dieser Dipteren diente mir die Biologia centrali-americana.

Familie Mycetophilidae.

1. *Sciara americana* Wiedem

Zwischen Mediacion u. Ibagué, Osthang der Centralcordillere (Columbien); Departement Tolima. 1500—2500 m Seehöhe. Den 22. Juli. 1 Exemplar.

Diese Trauermücke scheint nach van der Wulp (Biologia centrali-americana. Diptera I p. 1) in Central- und Südamerika häufig vorzukommen und von Guatemala bis Brasilien verbreitet zu sein. Sowohl van der Wulp (l. c. I p. 1), wie Schiner (Reise d. Novara. Zool. II S. 11) führen sie aus Columbien an.

Familie Culicidae.

2 *Culex* spec.

Larven. — Wasserlache bei Calamar am unteren Rio Magdalena (Columbien). Den 5. August. 20 Exemplare.

Familie Bibionidae.

3. *Plecia funebris* Wiedem.

Salto de Tequendama bei Bogotá (Columbien); ca. 2000 m Seehöhe. Den 11. Juli. ♂ 1 Exemplar.

Wiedemann (Exotische Dipteren I S. 74) erwähnt diese Haarmücke aus Südamerika, ohne nähere Fundortangabe, Macquart (Diptères exotiques I, p. 86) aus Brasilien und Schiner (Reise Novara etc. II S. 21) aus Columbien.

Familie Tabanidae

4. *Tabanus* (=*Therioplectes*) *cajennensis* F.

Zwischen Mediacion u. Ibagué, Osthang der Centralcordillere (Columbien); Departement Tolima. 1500—2500 m Seehöhe. Den 22. Juli. 1 Exemplar.

Diese Bremse ist sowohl von Wiedemann (l. c. I S. 178) wie von Walker (List Spec. Dipt. Insect. Brit. Mus. V Suppl. I p. 200) nur aus Brasilien und Guyana genannt.

Familie Asilidae.

5. *Andrenosoma* (=*Laphria*) *erythrogaster* Wiedem.

Brazo de Loba, unterer Rio Magdalena (Columbien); ca. 30—40 m Seehöhe. Den 20. Juni oder 21. Juli. 1 Exemplar.

Diese Raubfliegenart wird von Wiedemann (Aussereuropäische zweiflügelige Insekten I S. 523), von Schiner (Verhandl. Zool. Botan. Gesellsch. Wien 1867, I S. 382) und von Williston (Transactions of the Amer. Entom. Soc. XVIII 1891 p. 81) nur aus Brasilien erwähnt.

6. *Erax maculatus* Macq

Buschwald bei Cartagena (Nordcolumbien); Meeresniveau. Den 7. August. 1 Exemplar.

Diese Raubfliege ist nach van der Wulp (Biolog. centr. am. Diptera I p. 200) von den südlichen Vereinigten Staaten Nordamerikas an über die Antillen u. Centralamerika bis nach Brasilien verbreitet.

Familie Muscidae.

7. *Jurinella caeruleo-nigra* Macq.

Zwischen Mediacion und Ibagué, Osthang der Centralcordillere (Columbien); Depart. Tolima. 1500 - 2500 m Seehöhe. Den 22. Juli. 1 Exemplar.

Macquart (Diptères exotiques. Supplement I p. 146) und Brauer und Bergenstamm (Denkschrift K. Akad. d. Wissensch Math Naturw. Kl. LVI 1889 S. 132) führen diese Jurinella aus Columbien an.

8. *Sarcophaga tessellata* Wiedem.

Buenavestica, Osthang der Centralcordillere (Columbien); Depart. Tolima. Ca. 2000 m Seehöhe. Zweite Hälfte Juli. 1 Exemplar.

Wiedemann (Aussereurop. zweifl. Insekten II S. 363) führt diese Art aus Brasilien, Walker (List Spec. Dipt. Ins. Brit. Mus. IV p. 822) aus Uruguay an.

9. *Calobata angulata* Lw.

Urwald von Mochila am mittleren Rio Magdalena (Columbien); ca. 140 m Seehöhe. Den 2. Juli. 1 Exemplar.

Diese Muscidenart führt Loew (Berliner Entomologische Zeitschrift X S. 48) aus Columbien, Schiner (Reise d. Novara Zool. II S. 253) ausserdem aus Brasilien an.

Familie Syrphidae.

10. *Volucella opalina* Wiedem.

Urwald bei Mochila, am mittleren Rio Magdalena (Columbien); ca. 140 m Seehöhe. Den 2. Juli. 1 Exemplar.

Die Type dieser Syrphidenart, welchletztere in Wiedemann (Aussereurop. zweifl. Insekten II S. 203) irrthümlich aus Bengalen angeführt ist, stammt aus Brasilien und befindet sich im Wiener Hofmuseum.

Mein Exemplar ist nicht vollständig ausgefärbt.

11. *Eristalis melanaspis* Wiedem. (?)

Baranquilla (Nordcolumbien); Meeresniveau. Zweite Hälfte Juni oder Anfang August. 1 Exemplar.

Wiedemann (Aussereurop. zweifl. Insekten II S. 176) führt *E. melanaspis* aus Brasilien an, und *Eristalis melanaspis* Wd. Schiner des Wiener Hofmuseums stammt, nach Schiners handschriftlichem Catalog zu den Novara-Dipteren, aus dem gleichen Land.

Die Unterschiede meines Exemplares von der in Wien befindlichen Type Wiedemanns sind, nach Bischof, folgende:

Fehlen des gelben Fleckes auf dem Schildchen und Fehlen des braunen Flügelwisches.

Der Type *melanaspis* Wd. Schiner M. C. V. hingegen gleicht mein Exemplar vollkommen.

Zu bemerken ist, dass die Type Wiedemanns nicht vollständig mit der Origininalbeschreibung (Wiedemann: Aussereurop. zweifl. Insekten II 176) übereinstimmt. Sie hat das dritte Fühlerglied gelbroth, an der Spitze rothbraun nicht schwarz, die Beine schwarz mit gelben Knieen u. lichten Schenkelwurzeln; der braune Flügelwisch ist sehr schwach.

Vermuthlich erscheint bei *E. melanaspis* der braune Flügelfleck erst nach längerer Lebensdauer.

(Abbildung der *Eristalis melanaspis* (?) aus Baranquilla siehe Tafel IV fig. 1. Die Abbildung bringt fälschlich auf dem Mesonotum vier statt zwei schwarze Punkte und auf dem zweiten Hinterleibsabschnitt die schwarze Strieme oben nach abwärts gebogen statt geradelinig).

VI. Rhynchoten.

Von Therese Prinzessin von Bayern (mit Diagnosen neuer Arten, Varietäten etc. von Kuhlgatz u. Melichar).

Vorwort.

Nachfolgend aufgezählte 19 Arten von Heteropteren und 6 Arten von Homopteren sammelte ich auf einer im Jahre 1898 nach den Antillen und Südamerika unternommenen Reise. Eine weitere dieser Liste eingefügte Homopterenart, eine *Fidicina*, brachte ich im Jahre 1888 aus Brasilien mit; da sie neu ist, ausserdem gleichfalls aus Südamerika stammt, dachte ich ihre Diagnose hier mit einzuschliessen. Bis auf diese *Fidicina*, welche ich in Rio de Janeiro geschenkt erhielt, und eine *Edessa*, welche ich in Bogotá gekauft, habe ich sämmtliche in diesem Artikel angeführten Rhynchoten selbst gesammelt.

Die Bestimmung dieser Rhynchoten übernahmen gütigst Dr. Kuhlgatz in Berlin und Herr Handlirsch und Dr. Melichar in Wien. Dr. Kuhlgatz hat die Diagnosen fünf neuer Arten, drei neuer Varietäten, und die ergänzenden Diagnosen einiger schon beschriebener Arten, Dr. Melichar die Diagnose einer neuen Art verfasst. Ich ergreife hiermit die Gelegenheit diesen drei Herren meinen verbindlichsten Dank für ihre Bemühungen auszudrücken.

Zur systematischen Zusammenstellung der von mir gesammelten Heteropteren hielt ich mich an die Biologia centrali-americana, zu derjenigen der Homopteren theils an die Biologia centrali-americana, theils an Melichar: Cicadinen von Mitteleuropa.

Heteroptera.

Familie Pentatomidae.

1. *Oebalus insularis* Stål. var. *similis* Kuhlg. nov. var.

Boca de Saino, am mittleren Rio Magalena (Columbien); ca. 100 m Seehöhe. Den 30. Juni. ♀ 1 Exemplar.

(Beschreibung dieser neuen Varietät durch Dr. Kuhlgatz, siehe weiter rückwärts S. 253).

2. *Euschistus bifibulus* Pal.

Puerto Berrio am mittleren Rio Magdalena (Columbien); über 100 m Seehöhe. Den 1 oder 29. Juli. ♀ 1 Exemplar.

Mein Exemplar stimmt vollständig überein mit den drei im Wiener Hofmuseum als *Euschistus laesus* Stål bezeichneten ♀ *Euschistus*exemplaren aus Mexiko. *E. laesus* Stål ist aber ein Name i. l. geblieben, und sind zum mindesten die ♀ von *E. bifibulus* Pal. und *E. laesus* Stål so wenig von einander zu unterscheiden, dass *E. laesus* kaum als Varietat des *E. bifibulus* aufgestellt werden kann. Da jedoch Stål sagt, dass bei dieser Gruppe die ♀ sehr schwer zu trennen sind, müssten, um zu entscheiden ob die Aufstellung von *E. laesus* als Varietät von *E. bifibulus* gerechtfertigt ist, ♂ von *E. bifibulus* und *E. laesus* mit einander verglichen werden. Zu diesem Vergleich fehlt sowohl in Wien wie in Berlin das nöthige Material.

E. bifibulus führen Stål (Enumeratio Hemipterorum II p. 27 [Kong. Svensk. Vetenskaps-Akad. Handlingar. Ny Följd X 1871]) und Distant (Biologia centrali-americana. Rhynchota. Hemiptera-Heteroptera I p. 59. 330) aus Mexiko, Centralamerika, Columbien und von den grossen Antillen an.

2a. *Euschistus bifibulus* Pal. var. *guayaquilinus* Kuhlg. nov. var.

Guayaquil (Westecuador); Meeresniveau. Mitte August oder Anfang September. ♂ 1 Exemplar.

(Beschreibung dieser neuen Varietät durch Dr. Kuhlgatz, siehe weiter rückwärts S. 254. Abbildung Tafel IV fig. 2 u. 2a.).

3. *Thyanta perditor* F.

Zwischen Mediacion und Ibagué, Osthang der Centralcordillere (Columbien); zwischen 1500 u. 2500 m Seehöhe. Den 22. Juli. ♀ 1 Exemplar.

Diese Pentatomide führt Stål (Enumeratio Hemipterorum II p. 34) aus Texas, Mexiko, den Antillen und Columbien an, Distant; (Biologia centrali-americana. Rhynchota. Hemiptera-Heteroptera I p. 65) und Whymper (Supplementary Appendix to Travels amongst the Great Andes of the Equator p. 111) nennen sie ausserdem aus Nebraska, Colorado, Arizona, Centralamerika, Ecuador und Brasilien.

4. *Thyanta humilis* Bergroth var. *viridescens* Kuhlg. nov. var.

Dampfer zwischen Panamá und Guayaquil, westamerikanische Küste zwischen 9° n. und 2° s. Br. Mitte August. ♂ 1 Exemplar.

(Beschreibung dieser neuen Varietät durch Dr. Kuhlgatz, siehe weiter rückwärts S. 256).

5. *Edessa rufomarginata* Geer.

In Bogotá (Columbien) gekauft. ♂ 1 Exemplar.

Nach Stål (Enum. Hem. II p. 57) und Distant (Biolog. centr. am. I p. 96, 97, 349) ist diese Wanze von Mexiko bis Argentinien verbreitet.

Familie Coreidae.

6. *Pachylis pharaonis* F.

Boca de San Bernardo am unteren Rio Magdalena (Columbien); etwa 30—40 m Seehöhe. Den 31. Juli. — Larven. 4 Exemplare.

Stål (Enumeratio Hemipterorum I p. 131) erwähnt diese Randwanze nur aus Brasilien, Distant (Biolog. centr. am. I p. 107) auch aus Guyana und aus Panamá.

Diese auf reincitronengelbem Grund prachtvoll roth, schwarz und, so viel mir erinnerlich, auch blau gezeichneten Larven sind in der Tropenfeuchtigkeit vollständig verschimmelt und lassen jetzt die ursprüngliche Färbung absolut nicht mehr erkennen.

7. *Zoreva lobulata* Stål var. *a* Stål.

Urwald bei La Dorada am mittleren Rio Magdalena. Anfang oder Ende Juli. ♀ 1 Exemplar.

Diese Art wird von Stål (Enum. Hem. I p. 148) und von Lethierry et Severin (Cat. Gén. Hém. II p. 22) nur aus Columbien angeführt.

(Beschreibung dieser Art durch Dr. Kuhlgatz, siehe weiter rückwärts S. 257).

8. *Hypselonotus fulvus* Geer.

Puerto Berrio, am mittleren Rio Magdalena (Columbien); über 100 m Seehöhe. Den 1. oder 29. Juli. ♂ 1 Exemplar.

Stål (Enum. Hem. I p. 202) führt diese Randwanze aus Columbien, Ecuador und Brasilien, Distant (Biologia centr. am. I p. 152) ausserdem aus Guyana und Argentinien an.

Die Färbung meines Exemplares stimmt besser auf die Farbenangabe von Burmeister (Handbuch der Entomologie II S. 320) als auf diejenige von Hahn (Die wanzenartigen Insekten I S. 189), Blanchard (Histoire naturelle des Insectes III p. 126) und Amyot et Serville (Histoire nat. des Insectes Hémiptères p. 241).

9. *Hypselonotus interruptus* Hahn.

Puerto Berrio, am mittleren Rio Magdalena (Columbien); über 100 m Seehöhe. Den 1. oder 29. Juli. ♀ 1 Exemplar.

Stål (Enum. Hem. I p. 202), Blanchard (Hist. nat. Ins. III p. 126) und Burmeister (Handb. Ent. II S. 320) erwähnen diese Coreidenart nur aus Brasilien, Distant (Biolog. centr. am. I p. 152) führt sie auch aus Mexiko und Argentinien an, uud das Wiener Naturhistorische Museum besitzt unter anderem Exemplare derselben aus Venezuela und Paraguay. Aus Columbien ist sie bisher noch nicht angegeben gewesen.

10. *Paryphes laetus* F.

La Ceiba am oberen Rio Lebrija, Nebenfluss des Rio Magdalena (Columbien); ca. 70 m Seehöhe. Den 24 Juni. ♀ 1 Exemplar.

Diese Randwanze ist von Stål (Enum. Hem. I p. 204) aus Guyana, von Burmeister (Handb. Ent. II S. 336) u. Blanchard (Hist. nat. Ins. III p. 124) aus Brasilien und von Walker (Cat. Spec. Hemipt. Heteropt. IV p. 87) ausserdem aus Columbien und Venezuela genannt.

Familie Lygaeidae.

11. *Pamera serripes* F.

Boca de Saino, am mittleren Rio Magdalena (Columbien); ca. 100 m Seehöhe. Den 30. Juni. ♂ 1 Exemplar.

Diese Art wird von Stål (Hemiptera Fabriciana p. 77 u. Enum. Hem. IV p. 149) aus Südamerika, ohne nähere Fundortsangabe, von Distant (Biolog. centr. am. I p. 398) auch aus Panamá angeführt.

(Beschreibung dieser Art durch Dr Kuhlgatz siehe weiter rückwärts S. 258. Abbildung Tafel IV fig. 3, 3a u. 3b).

Familie Pyrrhocoridae.

12. *Largus cinctus* H.-Sch. (=*varius* Stål).

Oberhalb Magangué am unteren Rio Magdalena 20—30 m Seehöhe. Den 20. Juni. ♂ 1 Exemplar.

Herrich Schäffer (Hahn: Die wanzenartigen Insekten VII S. 7) erwähnt diesen Pyrrhocoriden aus Mexiko, Stål (Enum. Hem. I p. 94) aus Columbien und Distant (Biolog. centr. am. I p. 223, 412), ausser aus Mexiko, auch aus den südlichen Vereinigten Staaten Nordamerikas und aus Centralamerika.

13. *Dysdercus ruficollis* L.

Salto de Tequendama bei Bogotá (Columbien); ca. 2500 m Seehöhe. Den 11. Juli. Oder zwischen Ibagué und El Moral, Osthang der Centralcordillere (Columbien); ca 1500—2500 m Seehöhe. Den 17. Juli. ♂ 1 Exemplar.

Nach Stål (Enum. Hem. I p. 123) liegt diese Wanze aus Columbien und Brasilien vor, nach Burmeister (Handb. Ent. II S. 285) auch aus Guyana und nach Distant (Biol. centr. am. I p. 234, 415) ausserdem aus Centralamerika, Venezuela, Ecuador und Argentinien.

Mein Exemplar hat den Kopf, das Pronotum unmittelbar vor der Quernaht und an den Seitenrändern blutroth, das Scutellum ziegelroth und das Corium einfarbig gelb. Das Pronotum zeigt einen weissen Flecken in der Mitte und auf jeder Seite, der abgeschnürte Vorderrand desselben trägt, statt einer weissen Binde, eine schwarze.

Familie Capsidae.

14. *Resthenia* (subgen. *Callichila*) *amoena* Kuhlg. nov. spec.

Bogotá (Columbien); Juli. ♀. 1 Exemplar.

(Beschreibung dieser neuen Art durch Dr. Kuhlgatz, siehe weiter rückwärts S. 261. Abbildung Tafel IV fig. 4 u. 4a).

15. *Resthenia* (subgen. *Resthenia*) *simplex* Kuhlg. nov. spec.

Zwischen El Moral und Machin am Quindiupass, Osthang der Centralcordillere (Columbien); Departement Tolima. 2000—2400 m Seehöhe. Den 18. Juli. ♀ 1 Exemplar.

Beschreibung dieser neuen Art durch Dr. Kuhlgatz, siehe weiter rückwärts S. 263. Abbildung Tafel IV fig. 5 u. 5a).

Familie Aradidae.

16. *Dysodius lunatus* F.

An Bord des Dampfers auf dem mittleren Rio Magdalena (Columbien); 60—100 m Seehöhe. Den 30. Juli. ♂ 1 Exemplar.

Diese Aradidenart wird von Stål (Enum. Hem III p. 143) aus Columbien und Guyana erwähnt und ist nach Champion (Biolog. centr. am. Rhynchota. Hemiptera-Heteroptera II p. 87) von Mexiko bis Brasilien verbreitet.

Familie Reduviidae.

17. *Zelus* (*Diplodus* [Am. Serv.] Stål) *impar* Kuhlg. nov. spec.

Urwald bei La Dorada, am mittleren Rio Magdalena (Columbien); fast 200 m Seehöhe. Den 3. oder 28. Juli. ♂ 1 Exemplar.

(Beschreibung dieser neuen Art durch Dr. Kuhlgatz, siehe weiter rückwärts S. 264. Abbildung Tafel IV fig. 6, 6a, 6b).

18. *Repipta flavicans* Am. et Serv.

Urwald bei La Dorada am mittleren Rio Magdalena (Columbien); ca. 200 m Seehöhe. Den 3. oder 28. Juli. ♂ 1 Exemplar.

Nach Champion (Biolog. centr. am. Hem. Het. II p. 269) ist diese Wanze von Mexiko bis Argentinien verbreitet.

Familie Notonectidae.

19. *Corixa femorata* Guér.

Comines, bolivianische Puna zwischen La Paz und Ayoayo; ca. 4000 m Seehöhe. Den 3. Oktober. ♀ 2 Exemplare.

Dieser Ruderfüsser kommt ungemein häufig an und in den Seen vor, welche die Stadt Mexiko umgeben. (Annales de la Société Entom. de France III Sér. V. 2 p. CXLIX etc. — Annales de Sciences Nat. IV Sér. Zool VII p. 366. — Bull. Soc. Géolog. de France II Sér. XV p. 202).

Die Vermuthung Champions (Biolog. centr. am. II p. 381, 382), dass *C. femorata* identisch ist mit *C. abdominalis* Say und *C. bimaculata* Guér. wird, durch Vergleich von *C. femorata* mit Exemplaren von *C. abdominalis* und *C. bimaculata* des Wiener Hofmuseums, nicht bestätigt.

Homoptera.

Familie Cicadidae.

1. *Fidicina aldegondae* Kuhlg. nov. spec.

Rio de Janeiro (Brasilien). August—September 1888. ♂ 1 Exemplar.

(Beschreibung dieser neuen Art durch Dr. Kuhlgatz siehe weiter rückwärts S. 266. Abbildung Tafel V fig. 1, 1a, 1b, 1c, 1d).

2. *Fidicina steindachneri* Kuhlg. nov. spec.

Carúpano (Nordküste von Venezuela); Meeresniveau. Den 12. Juni. ♂ 1 Exemplar.

(Beschreibung dieser neuen Art durch Dr. Kuhlgatz siehe weiter rückwärts S. 269. Abbildung Tafel V fig. 2, 2a, 2b, 2c, 2d).

Familie Membracidae.

3. *Aconophora caliginosa* Wlk.

Boca de Saino, am mittleren Rio Magdalena (Columbien); ca. 100 m Seehöhe. Den 30. Juni. ♀ 1 Exemplar.

Diese Membracidenart, welche nach Fowler (Biologia centrali-americana. Rhynchota. Hemiptera-Homoptera II p. 62) aus Mexiko und Centralamerica vorliegt, war somit bisher nicht aus Südamerika bekannt.

Mein Exemplar ist um 2 mm kleiner als das in der Biologia auf Tafel V angegebene Maass.

Familie Jassidae.

5. *Tettigonia pulchella* Guér.

Puerto Berrio am mittleren Rio Magdalena (Columbien); über 100 m Seehöhe. Den 1. oder 29. Juli. ♀ 2 Exemplare.

Nach Fowler (Biologia centrali-americana. Hemipt. Homopt. II p. 260) ist diese Tettigonia gemein und von Mexiko bis Columbien und Venezuela verbreitet.

6. *Tettigonia flavoguttata* Ltr.

La Ceiba am Rio Lebrija, Nebenfluss des Rio Magdalena (Columbien); ca. 70 m Seehöhe. Den 24. Juni. ♂ 1 Exemplar.

Diese Singzirpe liegt nach Fowler (Biolog. centr. am. II p. 260) aus Mexiko, Centralamerika und Brasilien vor.

7. *Tettigonia quimbayensis* Kuhlg. nov. spec.

Las Cruzes am Quindiupass, Centralcordillere (Columbien); Departement Tolima. 2680 m Seehöhe. Den 18.—20. Juli. ♂ 1 Exemplar.

(Beschreibung dieser neuen Art durch Dr. Kuhlgatz siehe weiter rückwärts S. 274. Abbildung Tafel V fig. 3).

8. *Dorada* Mel. nov. gen. *lativentris* Mel. nov. spec.

Urwald bei La Dorada am mittleren Rio Magdalena (Columbien); fast 200 m Seehöhe. Den 3. oder 28. Juli. ♂ 1 Exemplar.

(Beschreibung dieser neuen Gattung und Art durch Dr. Melichar am Schlusse dieses Artikels. Abbildung Tafel V fig. 4, 4a, 4b, 4c).

Beschreibung der neuen Arten und Varietäten und ergänzende Beschreibung einiger schon beschriebener Arten.

von *Dr. Kuhlgatz* (Berlin) und *Dr. Melichar* (Wien).

Oebalus insularis Stål var. similis nov. var.

Beschrieben von Dr. Kuhlgatz.

Oebalus insularis Stål Enum. Hem. II, 1872, p. 22. (Cuba).

1 ♀. Colombia, Boca de Saino am mittleren Rio Magdalena.

Kennzeichnet sich durch die Kürze des ersten Rostrumgliedes, welches das Ende der Bucculae nicht ganz erreicht (Stål, Öfvers. K. Vetensk.-Akad. Förhandl. XXIV, 1867, p. 527), als zur Gattung *Oebalus* Stål gehörig.

Als *insularis* Stål ist das vorliegende Exemplar charakterisiert durch seine Dimensionen, seine Gesammtfärbung, die abgerundeten Pronotumecken ohne Dorn, durch das Vorhandensein unpunktierter geglätteter Stellen auf dem Ende und den vorderen Seitenpartieen des Scutellums sowie bei der Mitte der Cōrium-Fläche, durch spärliche punktförmige Fleckchen auf den Beinen, durch die kleinen schwarzen Fleckchen in der Nähe der Acetabula, sowie durch die subtile Furchung der ersten und die sehr subtile Furchung der zweiten Tibien.

Als Varietät ist die Form durch die deutlich weisslichgelbe Färbung der glatten Partieen auf dem Scutellum und durch das Fehlen der rotbraunen Punktierung auf den Seiten der Ventralfläche des Abdomens gekennzeichnet.

Die Grössenverhältnisse dieser neuen Varietät sind folgende:

Körper, Länge incl. Flügel: 8,3 mm; grösste Breite (Pronotum): 3,8 mm; Länge: Breite = 2,2:1; Länge ohne Flügel: 7,8 mm. — *Kopf*, Länge (lateral i. der Dorsallinie gemessen): 1,2 mm; Breite incl. Augen: 1,7 mm; Länge: Breite = 1:1,4; grösste Augenlänge (dorsal): 0,4 mm; grösste Augenbreite (dorsal): 0,4 mm; kleinster Abstand zwischen den Augen (dorsal): 0,9 mm. — *Pronotum*, Länge (lateral in der Dorsallinie gemessen): 2,1 mm;

Breite zwischen den Schulterecken (grösste): 3,8 mm; Länge: grösst. Breite: 1:1,8. — *Scutellum*, Länge: 1,4 mm. — *Abdomen*. Länge: 5,1 mm. —

Euschistus bifibulus (P. B.) var. guayaquilinus nov. var.

Beschrieben von Dr. Kuhlgatz. Abbildung Tafel IV fig. 2 u. 2a.

Palisot Beauvois, Ins. Afr. Amer. 1805, p. 148—149. Pl. X, Fig. 5.
[*Pentatoma*] Cuba, St Domingo.

Dallas, List Hem. Ins. 1851. Part I, p. 204.
[*Euschistus*] Honduras.

Stål, Stettin. Ent. Zeit. XXIII 1862 p. 100.
Mexico.

Stål, Enum. II, 1872 p. 27.
Synon.: *pallipes* Dallas.
Jamaica, Cuba, Mexico, Honduras, Nova Granada (Columbia).

Distant, Biol. Centr. I 1880 p. 59.
Mexico, Honduras, Guatemala, Costa Rica, Cuba, Jamaica, Colombia.

— Ibid. Suppl. 1889 p. 330.
Mexico, Brit. Honduras, Guatemala, Panama.

Körper, Länge incl. Flügel: 8,7 mm; grösste Breite (Pronotum): 5,8 mm; Länge: Breite = 1,5:1; Länge ohne Flügel: 8,4 mm. — *Kopf*, Länge (lateral i. d. Dorsallinie gemessen): 1,9 mm; Breite incl. Augen: 1,9 mm; Länge: Breite = 1:1; grösste Augenbreite (dorsal): 0,4 mm; kleinster Abstand zwischen den Augen (dorsal): 1,1 mm. — *Pronotum*, Länge (lateral i. d. Dorsallinie gemessen): 2,3 mm; Breite zwischen den Schulterecken (grösste): 5,8 mm; Länge: grösste Breite = 1:2,5. — *Scutellum*, Länge: 3,3 mm; Breite der Basis: 3 mm. — *Abdomen*. Länge: 5,6 mm. —

Dorsalseite schalgelb mit dicht gehäuften dunkelbraunen Punkten und Schattierungen, sodass die Gesammtfärbung hell braun erscheint. Ventralseite trüb gelb. Rostrum bis zwischen die dritten Coxen reichend. Glied 1 etwa solang wie der Kopf, Glied 2 etwas länger als Glied 1, Glied 3 etwa halb so lang als Glied 2, Glied 4 etwa so lang wie Glied 3. [antennae desunt]. Schulterhörner stark nach vorn gebogen. Bei der Stinkdrüsenöffnung jederseits auf der Metapleure ein rostbrauner Fleck. Männchen ohne Mittelkerbe im Rand des Analsegmentes.

Kopf:

Augen dunkel kirschroth, Ocellen hellrot. Ocellen von einander über doppelt so weit entfernt als von den Augen. Juga vor den Augen nur mässig verjüngt, vorn abgerundet. Tylus vorn kaum über die Juga vorragend, hinten bis auf die Höhe der Augenmitte reichend. Viertes Glied des Rostrums bräunlich und in der apikalen Hälfte schwarz.

Thorax:

Die hornförmig zugespitzten vorwärts und aufwärts gebogenen Ecken des Pronotums in dorsaler Ansicht etwa um die Distanz zwischen den beiden Ocellen über den Seitenrand des Abdomens vorragend, an der Spitze selbst schalgelb ohne braune Punktieruug. Pronotum-Rand vor den Ecken mit 7—8 winzigen stumpfen weisslichen Zähnchen. Scutellum jederseits an der Basis mit einem winzigen schwarzen Fleck. Sternum schmutzig gelb, auf den Pleuren mit gleichfarbiger oder wenig dunklerer, ziemlich weiter Punktierung. Prosternum aussen an der Basis der Hüftpfanne [acetabulum] jederseits mit zwei winzigen schwarzen Fleckchen. Mesosternum in der Mitte mit einem kielförmigen Längswulst, aussen an der Basis der Hüftpfannen jederseits mit einem winzigen schwarzen Fleckchen, ebenso seitlich davon in nächster Nähe des Vorderrandes. Orificium odorificum auf der Metapleure nahe am Vorderrande unmittelbar an der Aussenlinie der Hüftpfannen des zweiten und dritten Beinpaares liegend, nicht in eine Furche auslaufend, nach der Seite zu geöffnet und hier mit einem ziemlich grossen rostbraunen Flecken umgeben.

Beine trüb hellgelb mit wenigen undeutlichen winzigen bräunlichen Fleckchen. Hüftpfannen des ersten Beinpaares weiter von denen des zweiten entfernt als die des zweiten von denen des dritten, Tibien etwa so lang wie die Schenkel, auf der Dorsalseite ungefurcht.

Abdomen:

Ventralseite des Abdomens trübgelb mit einigen kleinen unregelmässigen verwaschenen grauen Flecken. Fünftes Segment am Hinterrande weit bogenförmig ausgeschnitten. Hinterrand des sechsten Segmentes zwischen den beiden spitzen, nach hinten gerichteten Seitenfortsätzen nahezu gerade, ebenso wie die ganze Fläche des siebenten Segmentes undeutlich rötlichbraun meliert.

1 ♂ Ecuador. Guayaquil.

Erstes aus Ecuador veröffentlichtes Exemplar dieser Art.

Die Kennzeichen dieser neuen Varietät sind: Die stark nach vorn gebogenen Schulterhörner; beim Männchen das Fehlen der nach Stål meistens vorhandenen winzigen Kerbe in der Mitte des Analsegmentes; die auffallend helle Färbung; der charakteristische rostbraune Fleck bei den Orificiis odorificis.

Thyanta humilis Bergroth var. viridescens nov. var.

Beschrieben von Dr. Kuhlgatz

Körper, Länge incl. Flügel: 8,2 mm; grösste Breite (Pronotum): 4,6 mm; Länge: Breite = 1 : 1,8; Länge ohne Flügel: 6,8 mm. — *Kopf*, Länge (lateral i. d. Dorsallinie gemessen): 1,5 mm; Breite incl. Augen: 1,8 mm; Länge: Breite = 1 : 1,2; grösste Augenbreite (dorsal): 0,4 mm; kleinster Abstand zwischen den Augen (dorsal): 1,1 mm. — *Pronotum*, Länge (lateral in der Dorsallinie gemessen): 1,9 mm; Breite zwischen den Schulterecken (grösste): 4,6 mm; Länge: grösst. Breite = 1 : 2,4. — *Scutellum*, Länge: 2,9 mm. — *Abdomen*, Länge: 3,8 mm. -

Dorsalseite des Körpers hell olivengrün mit dichter rostbrauner Punktierung. Membran glasartig durchsichtig mit matten braunen Tupfen. Ventralseite hell apfelgrün; Sternum mit sehr dichter, Kopf und Abdomen mit weniger dichter, tief dunkelgrüner Punktierung; die hinteren Ecken der Ventralschienen des Abdomens mit einem schwarzen Fleckchen. Beine hell schalgelb. Antennen etwas dunkler: apikale Hälfte von Glied 3 und 4 sowie apikales Zweidrittel von Glied 5 bräunlich. Rostrum sehr matt hellolivengrün: apikales Zweidrittel des vierten Rostrumgliedes dunkel schwarzbraun.

Körper ausserordentlich platt. Seitenrand des Kopfes vor den Augen leicht ausgebuchtet. Pronotum vor den Schulterecken geradlinig, Schulterecken stumpf und abgerundet. Frenum weit über die Mitte des Scutellums ausgedehnt. Erstes Antennenglied nicht ganz so lang wie die Augen in dorsaler Ansicht. Zweites Glied etwa von der Länge des Kopfes vor den Augen, etwas kürzer als Glied 3 und Glied 5, die ungefähr von gleicher Länge sind. Glied 4 am längsten, etwas länger als Glied 3. Rostrum bis zwischen die dritten Coxen reichend: Erstes Glied deutlich kürzer als der Kopf und etwas kürzer als das zweite Glied; drittes und viertes Glied etwa von gleicher Länge, jedes von ihnen etwas kürzer als das erste Glied.

1 ♂. Dampfer zwischen Panama und Guayaquil.

Diese Form gehört in die Stål'sche Gruppe a a „Frenis ultra medium scutelli extensis; articulo secundo antennarum articulo tertio haud vel paullo longiore" (Enum: Hem. II. 1872. p. 34—35) und ist speciell in jene Untergruppe zu stellen, bei denen das zweite Antennenglied kürzer als das dritte ist, und deren Schulterecken stumpf und abgerundet sind: *casta* Stål, *juvenca* Stål, *patagiata* Berg., *humilis* Bergr. Mit *humilis* Bergr. aus Minas Geraes (Bergroth, Rev. d'Ent. X. 1891. p. 225—226) stimmt sie, wenn man von der abweichenden Grundfärbung absieht — bleicholivengrün anstatt schalgelb -- in jeder Hinsicht, besonders auch durch den ausserordentlich platten Körper überein. Es handelt sich offenbar um eine Farbenvarietät von *humilis* Bergr.

Zoreva lobulata Stål var. a Stål.

Beschrieben von Dr. Kuhlgatz.

Stål, Enum. Hem. 1. p. 148. Stockholm 1870. (Kongl. Svenska Vetensk. Akad. Handl. Bandet IX, No. 1.) Nova Granada, Bogotá. ♂ ♀.

Lethierry et Severin, Cat. Gén. Hém. Tome II. p. 22. Bruxelles 1894. Colombia.

1 ♀ Urwald bei La Dorada am mittleren Rio Magdalena.

Die Länge (14 mm) ist dieselbe wie beim Typus. Breite 4,2 mm) etwas grösser als in der Originalbeschreibung angegeben (3,5 mm).

Vor allen Dingen durch folgende vom Autor in der Beschreibung besonders hervorgehobene Merkmale deutlich gekennzeichnet: „mesostethio et metastethio anterius granulatis, angulis lateralibus thoracis in dentem minorem, minus gracilem, levissime retrorsum vergentem prominentibus."

Die dunkele Färbung der Dorsalseite, besonders die schwärzliche Membran und die schwärzliche Ringelung der Tibien charakterisiert dieses Exemplar als die Stål'sche Varietät *a*.

Die für eine Identifikation stets sehr wichtigen Grössenverhältnisse sollen zur Vervollständigung der Stål'schen Beschreibung im folgenden näher angegeben werden:

Körper, Länge: 14 mm; grösste Breite (Pronotum): 4,2 mm; Länge: Breite = 3,3:1. — *Kopf*, Länge (lateral i. d. Dorsallinie gemessen): 1,6 mm; Breite incl. Augen: 2,1 mm; Länge: Breite = 1:1,3; grösste Breite der Augen (dorsal gemessen): 0,6 mm; kleinster Abstand zwischen den Augen: 0,9 mm. — *Pronotum*, Länge (lateral i. d. Dorsallinie gemessen): 3,1 mm; Breite am Vorderrande (kleinste) :1,6 mm; Breite zwischen den Schulterecken (grösste): 4,2 mm; Länge: grösst. Breite = 1:1,4. — *Scutellum*, Länge: 1,8 mm; Breite der Basis: 1,5 mm. — *Abdomen*, Länge: 10,5 mm, kleinste Breite (dorsal): 2 mm. —

Anmerkung: Die Differenz 1,2 mm zwischen der eigentlichen, im ganzen gemessenen Körperlänge von 14 mm und dem aus Summierung von Kopf-, Pronotum- und Abdomenlänge resultierenden Werte 15,2 mm ist der zahlenmässige Ausdruck für die dorsale Längswölbung zwischen Kopfspitze und Abdomenende, die hier also wie durchweg bei Coreiden eine sehr geringe ist.

Man kann diese Differenz von 1,2 mm als Wölbungsdifferenz bezeichnen.

Pamera serripes (F.)

Beschrieben von Dr. Kuhlgatz. Abbildung Tafel IV fig. 3, 3a, 3b.

Lygaeus serripes Fabricius, Systema Rhyngot. 1803, p. 236. Amer. mer.

Plociomera serripes F. Stål, Hem. Fabric. I, 1868, p. 77. Amer. mer.

Pamera serripes F. Stål, Enum. IV, 1874, p. 149. Amer. mer.

Pamera serripes F. Lethierry et Severin, Cat. Gén. Hém. II. 1894, p. 194. Amer. mer.

Körper, Länge: 9,1 mm; grösste Breite (Pronotum): 2 mm; Länge: Breite = 4,6 : 1. — *Kopf*, Länge: 1,6 mm; Breite incl. Augen: 1,4 mm; Länge: Breite = 1,1 : 1; Länge der Augen (dorsal): 0,5 mm; grösste Augenbreite (dorsal): 0,4 mm; kleinster Abstand zwischen den Augen (dorsal): 0,6 mm; — anteokulare Länge: 0,8 mm; postokulare Länge: 0,3 mm. — *Pronotum*, Länge: 2 mm; Breite zwischen den Schulterecken (grösste): 2 mm; Länge: grösst. Breite = 1 : 1; Länge der vorderen Partie: 1,3 mm; grösste Breite der vorderen Partie: 1,5 mm; Länge: Breite = 1 : 1,2; Länge der hinteren Partie: 0,6 mm. — *Abdomen*, Länge: 5,6 mm; grösste Breite: 1,9 mm. —

Grundfarbe schwarz. Hintere Pronotumpartie und Elytren dunkel röthlich braun, erstere mit vier trüb gelben, undeutlich begrenzten, gleich weit von einander und den Seitenrändern entfernten Flecken. Elytren auf Corium und Membran mit trübgelben Zeichnungen. Scutellumfläche mit einer — ziemlich undeutlichen — kurzen kielförmigen Linie. Ventralfläche des Abdomens dunkel kirschrot. Antennen, Rostrum, Beine im wesentlichen schalgelb. Drittes Antennenglied im apikalen Drittel verdickt und schwarzbraun. (Viertes Antennenglied fehlt!). Apikale Hälfte des vierten Rostrum-Gliedes bis auf die äusserste Spitze schwarz. Vorderschenkel bis auf das basale Drittel braun Erstes Antennenglied etwa so lang wie der Kopf vor den Augen; zweites Antennenglied über doppelt so lang wie das erste; drittes Glied nur wenig kürzer als das zweite; im apikalen Drittel stark keulenförmig verdickt. Rostrum bis zwischen die ersten Coxen reichend; erstes und zweites Rostrumglied jedes etwa von der Länge des ersten Antennengliedes; drittes Glied etwas kürzer als das zweite, viertes Glied halb so lang als das dritte. Vorderschenkel stark verdickt, mit vier starken und einigen schwächeren Dornen. Vordertibien ohne Dornen.

Kopf:

Mit sehr kurzen, hellen, farblosen, dicht anliegenden, borstenförmigen Häärchen bedeckt, die dorsal zwischen den Augen auf der Stirnfläche (frons) zwei feine in der Längsrichtung des Kopfes verlaufende, winkelig nach innen eingeknickte glänzend schwarze Linien frei lassen, welche mitten zwischen Auge und Ocelle endigen; ein gleicher winziger, glänzend schwarzer Punkt wird vor jeder dieser beiden Linien freigelassen. Augen dunkel kirschroth mit bräunlichen Schattierungen. Ocellen röthlich hellbraun. Zweites Antennenglied vor der Mitte wie mit einem undeutlichen, rötlich glänzenden Ringe lackiert.

Thorax:

Vorderer Pronotum-Abschnitt ebenso wie der Kopf mit anliegender, hier etwas spärlicherer Behaarung Hinterer Pronotum-Abschnitt ziemlich weit und grob punktiert, im vorderen Viertel wie der vordere Abschnitt behaart; von einem dunkelen rötlichen Braun mit vier trüb gelben, undeutlich begrenzten, in gleichen Abständen von einander und von dem Seitenrande entfernten Flecken; Seitenrand trüb gelb; die etwas tuberkelartig erhobenen Hinterecken glatt trüb-schwefelgelb. Meso- und Metathorax an den Seiten schwarz mit heller, kurzer, farbloser, dicht anliegender Behaarung, sodass sie grau erscheinen wie Kopf und vorderer Pronotum-Abschnitt; in der ganzen mittleren Partie glänzend schwarz Scutellum schwarz mit spärlicher, anliegender, kurzer, farbloser Behaarung. Erstes Beinpaar: Coxen schwarz mit einem kurzen, spitzen, nach vorn gerichteten Dorn. Trochanter auf der Unterseite stark spitz zulaufend, hell schalgelb mit schwarzbrauner Spitze. Schenkel auf der der Tibia zugewandten Seite im apikalen Zweidrittel mit vier starken und einigen schwächeren Dornen; von den vier Hauptdornen liegen alternierend zwei am

Aussen- und zwei am Innenrande; und zwar der am weitesten apikalwärts gelegene am Innenrande in nächster Nähe des Tibiengelenkes, der am weitesten basalwärts gelegene am Aussenrande bei der Mitte der Schenkellänge im zweiten Drittel des Schenkels*). Tibien entsprechend der zugekehrten Ausbauchung der unteren Schenkel-Fläche leicht gekrümmt, an der Spitze etwas verdickt und hier mit bräunlicher Färbung. Nicht ganz so lang wie der Schenkel. Erstes Tarsenglied länger als das zweite und dritte zusammen Erstes Tarsenglied am Ende, drittes ganz von bräunlicher Färbung. Zweites und drittes Beinpaar: Coxen braun bis bräunlich-schwarz, in der proximalen Partie sowie am apicalen Rande heller. Schenkel des dritten Beinpaares auf der Unterseite in der Nähe des Tibiengelenkes mit einem warzenartigen leicht behaarten Tuberkel. Elytren von sehr komplicierter, dem Gesammteindruck nach bräunlicher Färbung. Corium-Fläche sammetschwarz mit bläulichem Ton mit zwei sehr matten lilafarbenen, nur undeutlich hervortretenden, verwaschenen Längsstreifen. Hauptrippe, Membrannaht (sutur membranae) und Schlussnaht (sutura clavi) hellbraun. Zwischen Hauptrippe und Schlussnaht, letzterer genähert und parallel ein ziemlich breiter trüb gelblichweisser, nach der Basis zu allmählich verschwindender Streifen. An der Basis des Corium verbindet eine trüb gelblichweisse, schräg verlaufende Linie Schlussnaht und Hauptrippe. Clavus ebenfalls sammetschwarz mit bläulichem Ton, entlang der Schlussnaht (sutura clavi) mit einem undeutlichen, ziemlich breiten, trüb gelben Streifen, der im spitzen Winkel umbiegend auch den Schlussrand (commissura) noch ein kurzes Stück begleitet. Costalrand des Coriums mit einem, apikalwärts an Breite zunehmenden, die Spitze nicht ganz erreichenden, trüb gelblichweissen Streifen, der am Ende fleckartig erweitert bis an die Membrannaht (sutura membrani) noch einen diffusen, fast abgeschnürten Fortsatz entsendet.

Abdomen:

Ventralfläche dunkel kirschroth mit kurzer, heller, anliegender, stellenweise ziemlich dichter Behaarung, welche den rötlichen Grundton verschleiert.

1 ♂. Colombia, Boca de Saino, am mittleren Rio Magdalena.

Auf Grund der Stål'schen Beschreibung [Hem. Fabriciana. I. Kongl. Svenska Vetensk.-Akad. Handlingar, Bandet VII. No. 11, p. 77] halte ich die hier beschriebene Form für *serripes* (F.). Die Stål'sche

*) Zwischen die beiden äusseren und inneren Dornen kann die Tibia eingeklappt werden, wie die Klinge eines Taschenmessers gegen das Heft.

Beschreibung ist reichlich kurz, und giebt vor allem die Färbung nicht detailliert genug wieder. Leider fehlt an dem vorliegenden Exemplare das vierte Antennenglied, das an der Basis mit einer breiten weissen Binde versehen sein soll [das Hauptmerkmal der Fabricius'schen Originalbeschreibung i. Systema Rhyngot. 1803 p. 236].

Da die anteokulare Partie des Kopfes über zweimal so lang ist wie die postokulare, die vordere Partie des Pronotums doppelt so lang ist als die hintere Partie, die Scutellum-Fläche eine — wenn auch undeutliche — kielförmige Linie zeigt und die ersten Schenkel verdickt und mit starken Dornen versehen sind, so nähert sich diese Art sehr der Gattung *Pseudopamera* Distant (Biol. Centr. Amer. Heteropt. Vol. I. 1882 p. 209). Da aber das erste Antennenglied das Kopfende nicht ganz um die Hälfte seiner Länge überragt, und die ersten Tibien auf der Innenseite ohne Dorn sind, wie das für *Pseudopamera* verlangt wird, so belasse ich die Art in der Gattung *Pamera* Say.

Resthenia (subg. Callichila) amoena nov. spec.

Beschrieben von Dr. Kuhlgatz. Abbildung Tafel IV fig 4 u. 4a.

Körper, Länge incl. Flügel: 9,7 mm; grösste Breite: 3,5 mm; Länge: Breite = 2,8 : 1; Länge ohne Flügel: 7,8 mm. — *Kopf*, Länge (lateral i. d. Dorsallinie gemessen): 1,3 mm; Breite incl. Augen: 1,6 mm; Länge: Breite = 1 : 1,2; grösste Länge der Augen (dorsal): 0,6 mm; grösste Augenbreite (dorsal): 0,5 mm; kleinster Abstand zwischen den Augen (dorsal): 0,6 mm. — *Pronotum*, Länge (lateral i. d. Dorsallinie gemessen): 2:2 mm; Breite am Vorderrande (kleinste): 1,1 mm; Breite zwischen den Schulterecken (grösste): 3 mm; Länge: grösst. Breite = 1 : 1,4. — *Scutellum*, Länge: 1,2 mm; Breite der Basis: 1,7 mm. — *Abdomen*, Länge: 5,6 mm.

Grundfarbe von Kopf, Thorax, Scutellum, Basis der Elytren safranfarbig. Elytren im übrigen, Beine, Antennen, Augen, Ventralfläche des Abdomens pechschwarz. Kopf, Pronotum und Scutellum, Sternum und Abdomen mit einigen wenigen langen dünnen borstenförmigen Haaren, deren einige auf der Sternum-Fläche etwa die Länge des Kopfes erreichen. Erstes Antennenglied etwa von der Länge des Scutellums, zweites Glied doppelt so lang. Rostrum etwa bis in die Mitte zwischen den ersten und zweiten Coxen reichend. Erstes Glied des Rostrums, zweites und viertes etwa gleich lang, jedes etwa halb so lang wie das erste Antennenglied, drittes Glied deutlich kürzer.

Kopf:

Dorsalseite des Kopfes zwischen den Augen mit einem grossen, schwarzen, fast viereckigen Fleck, etwa von der Grösse eines Auges in Dorsalansicht. Kopfspitze ebenfalls schwarz. Rostrum im wesentlichen schwarz mit einer sehr schmalen und undeutlichen gelblichen Längslinie auf der Dorsalseite.

Thorax:

Pronotum vor dem Vorderrande mit deutlicher Einschnürung, hinter welcher symmetrisch zur Mittellinie zwei viereckige pechschwarze Flecke mit leicht abgerundeten Ecken, die etwas breiter als lang, ungefähr von der Grösse der dorsalen Augenfläche sind. Ausserdem drei grosse dreieckige ebenfalls pechschwarze Flecke, deren Basis den Pronotum-Hinterrand berührt. Von diesen treten zwei als Schulterflecke auf, etwa von dem doppelten Umfang der dorsalen Augenfläche, der dritte in der Mitte zwischen ihnen von der Form eines gleichschenkeligen Dreiecks, etwa von der Grösse der Dorsalfläche des Kopfes abzüglich der Augen.

Scutellum mit zwei ziemlich breiten, nach der Spitze zu konvergierenden, im basalen Drittel ziemlich undeutlichen, an der Spitze zusammenlaufenden pechschwarzen Längsstreifen.

Sternum in der Mitte zwischen den ersten und zweiten Coxen mit einer starken Queraufwölbung, auf deren Vorderseite ein grosser bräunlich-schwarzer, viereckiger Fleck; zu ihren beiden Seiten je ein etwa gleich grosser rundlicher, pechschwarzer Fleck.

Die pechschwarze Färbung des Abdomens greift an den Seiten auf die Fläche des Metasternums über in Form eines grossen spitzwinkeligen Dreiecks, dessen Spitze fast die Hinterecke des Mesosternums erreicht und seitlich eine grosse Partie des sonst safrangelben Metasternums pechschwarz färbt. Vor dieser schwarzen Randfärbung liegt ausserdem jederseits ein ziemlich grosser abgerundeter pechschwarzer Fleck von deutlich kleinerem Umfange als dem der Mesosternum-Flecke. Unmittelbar vor dem Hinterrande des Metasternums in der Mittellinie ein kleiner aber deutlicher pechschwarzer Fleck.

Erstes Beinpaar: Coxen safrangelb, am Ende mit einem kleinen pechschwarzen Fleck. Trochanter des ersten Beinpaares an der Basis safrangelb, sonst pechschwarz. Schenkel und Tibien des ersten Beinpaares etwa von gleicher Länge. Drittes Tarsenglied wenig kürzer als das erste; zweites Glied nur etwas über halb so lang wie das erste. Zweites und drittes Beinpaar: Coxen im wesentlichen pechschwarz, dicht hinter einander liegend, weit abgerückt von den

Coxen des ersten Beinpaares. Schenkel und Tibien des zweiten Paares etwa von gleicher Länge, erstes und drittes Tarsenglied von gleicher Länge, zweites nicht halb so lang als das erste. Tibien des dritten Beinpaares etwas länger als Schenkel.

Abdomen:

Die pechschwarze Ventralfläche stark nadelrissig und behaart.

1 ♀ Bogotá.

Gebört in nächste Nähe von *picticollis* Stål aus Mexiko.

Resthenia (subgen. Resthenia) simplex nov. spec.

Beschrieben von Dr. Kuhlgatz. Abbildung Tafel IV fig. 5, 5a.

Körper, Länge incl. Flügel: 6,5 mm; grösste Breite: 3,2 mm; Länge: Breite = 2:1; Länge ohne Flügel: 5,6 mm. — *Kopf*, Länge (lateral i. d. Dorsallinie gemessen): 1,1 mm; Breite incl. Augen: 1,4 mm; Länge: Breite = 1:1,3; grösste Länge der Augen (dorsal): 0,4 mm; grösste Augenbreite (dorsal): 0,4 mm; kleinster Abstand zwischen den Augen (dorsal): 0,5 mm. — *Pronotum*, Länge (lateral i. d. Dorsallinie gemessen): 1,6 mm; Breite am Vorderrande (kleinste): 0,9 mm; Breite zwischen den Schulterecken (grösste): 2,8 mm; Länge: grösste Breite = 1:1,8. — *Scutellum*, Länge: 1,2 mm; Breite der Basis: 1,5 mm. — *Abdomen*, Länge 4,2 mm. —

Kopf bis auf die Spitze, Rostrum bis auf die apikale Hälfte des vierten Gliedes, Thorax, Coxen und Trochanter sowie Ventralfläche des Abdomens lebhaft purpurrot. Kopfspitze, Augen, Antennen, apikale Hälfte des vierten Rostrumgliedes, Scutellum, Elytren, Femora und Tibien pechschwarz. Erstes und drittes Antennenglied jedes nur wenig kürzer als der Kopf in Dorsalansicht, ungefähr gleich lang; zweites Antennenglied deutlich über doppelt so lang wie das erste oder dritte. Viertes Glied $^2/_3$ so lang wie das dritte, Rostrum bis zwischen die Coxen des zweiten Beinpaares reichend; erstes Glied etwa $^2/_3$ so lang, wie das erste Antennenglied; drittes Glied deutlich kürzer wie das erste; zweites und viertes Glied etwa gleich lang, jedes etwas länger als das erste.

Kopf:

Antennen ziemlich dicht behaart.

Thorax:

Pronotumfläche ziemlich dicht, Scutellum etwas weiter punktiert. Auf den Mesopleuren jederseits eine dunkle Schattierung.

Beine ziemlich dicht behaart. Tibien am ersten Beinpaare etwas, am dritten Beinpaare bedeutend länger als die Schenkel. Erstes Beinpaar: drittes Tarsenglied etwas länger als das erste, zweites Tarsenglied halb so lang wie das erste; erstes und zweites Glied und die basale Hälfte des dritten Gliedes hellbraun; apikale Hälfte des dritten Gliedes schwarz. Klauen hellbraun. Drittes Beinpaar, rechts: erstes Tarsenglied hellbraun, zweites und drittes schwarz; links: erstes und zweites Tarsenglied braun, drittes schwarz; Klauen hellbraun.

Abdomen:

Ventralfläche von ziemlich dichter und langer feiner Behaarung.

1 ♀ Columbia, zwischen El Moral und Machin.

Nächst *guatemalana* Dist. aus Guatemala und *chiriquina* aus Panama.

Zelus (Diplodus [Am. Serv.] Stål) impar nov. spec.

Beschrieben von Dr. Kuhlgatz. Abbildung Tafel IV fig. 6. 6a u. 6b.

Körper, Länge incl Flügel: 12,1 mm; grösste Breite (Pronotum): 2,5 mm; Länge: Breite = 4,9:1; Länge ohne Flügel, incl. Genital-Stachel: 11,3 mm. — *Kopf*, Länge: 2,6 mm; Breite incl. Augen: 1,1 mm; Länge: Breite = 2,4: 1; Augenlänge (dorsal): 0,5 mm; grösste Augenbreite (dorsal): 0,3 mm; kleinster Abstand zwischen den Augen (dorsal): 0,5 mm; Länge vor den Augen: 0,9 mm; Länge hinter den Augen: 1,2 mm. — *Pronotum*, Länge: 2,3 mm; Breite zwischen den Schulterecken (grösste) 2,5 mm; Länge: grösst. Breite = 1; 1,1; Länge der Vorderpartie: 0,8 mm; Länge der Hinterpartie: 1,5 mm; *Abdomen*, Länge ohne Genital-Stachel: 6,1 mm, Länge des Genitalstachels: 0,4 mm. —

Kopf und Abdomen von trüber rötlicher, Antennen, apikale Hälfte des Rostrums, vordere Partie des Pronotums von dunkelbrauner resp. schwarzer Färbung. Hintere Pronotum-Partie von sehr rauher, trüb gelbbrauner Oberfläche. Elytren und Flügel hell rauchfarbig grau. Beine schokoladebraun mit trüb gelben Ringen, Tibienenden und Tarsen dunkler.

Kopf wenig länger als das Pronotum. Basalglied der Antennen etwa so lang wie Kopf, Pronotum und Scutellum zusammen. Rostrum bis zwischen die ersten Coxen reichend; Glied 1 etwa so lang wie der Kopf vor den Augen; Glied 2 etwas über doppelt so lang; Glied 3 etwa halb so lang wie das erste Glied. Vordere Pronotumpartie glatt, hinten mit tiefer längsgerichteter Mittelfurche, an den Vorderecken mit je einem kleinen glatten, gleichfarbigen Tuberkel. Schulterecken der hinteren Pronotum-Partie mit je einem schlanken, spitzen, nach auswärts gerichteten Dorn. Beine sehr lang, Schenkel ungefähr von der Länge des ersten Antennengliedes, an der Basis sehr leicht verdickt. Die ersten Tibien unmittelbar vor der Tarsuswurzel dorsal mit einem kleinen spornartigen Auswuchs. Genitalsegment (♂) mit einem deutlichen, spitzen, nur sehr wenig ventralwärts gekrümmten Stachel von der halben Länge der anteokularen Kopfpartie.

Kopf:

Rötlich safrangelb. Augen und Ocellen sehr dunkel kirschrot. Ocellen von einander weiter als von den Augen entfernt. Antennen dunkelbraun, Basisverdickung schwarz. Erstes Rostrumglied und das basale Drittel des zweiten schalgelb. Rostrum im übrigen dunkelbraun.

Thorax:

Vordere Pronotumpartie bei der Kopfinsertion scharf eingeschnürt. Hinterrand der hinteren Pronotumpartie leicht umgelegt. Ventralfläche des Thorax hellbraun mit spärlicher, anliegender, heller Behaarung. Scutellum trüb hellbraun mit etwas hellerer Spitze. Coxen und Trochanteren trüb braun Schenkel trüb braun, die ersten Schenkel an der Basis heller. Erste und zweite Schenkel mit zwei trüb gelben Ringen; an den dritten Schenkeln ein dritter basalwärts gelegener Ring nur undeutlich markiert. Vorderschenkel nur wenig kürzer als das erste Glied der Antennen. Vordertibien etwa ebenso lang wie die Schenkel. Die zweiten Schenkel nur wenig kürzer als das Abdomen, Tibien nur wenig länger als Schenkel. Die dritten Schenkel deutlich länger als das Abdomen, Tiebien deutlich länger als Schenkel. Erstes und zweites Tarsenglied der Beine gleich lang, drittes Glied etwa so lang wie erstes und zweites zusammen. Tibien dunkelbraun, in der Nähe der Basis mit zwei trüb gelben, hier und da undeutlichen Ringen und einem dritten ebenso gefärbten bei der Mitte. Elytren vor dem inneren basalen Stück des inneren Membranfeldes mit einem deutlichen kleinen viereckigen Feldchen von ungefähr dem Umfange eines Auges in dorsaler Ansicht. Aus der inneren apikalen Ecke dieses Elytrenfeldchens entspringen zwei an der Basis zusammenhängende apikalwärts gerichtete Adern. Inneres Membranfeld von etwas grösserem Umfange als das äussere.

Abdomen:

Dorsalfläche trüb rostbraun, Ventralfläche trübrotbraun. Rand trüb gelb.

1 ♂ Urwald bei La Dorada am mittleren Rio Magdalena.

Gehört vermöge des langgestreckten Kopfes, der dunklen Färbung der apikalen Hälfte des Rostrums, der Länge der Antennen (Basalglied so lang wie Kopf, Pronotum und Skutellum zusammen), des nach vorn sehr stark verschmälerten Pronotums, der glatten, hinten tief gefurchten Vorderpartie des Pronotums mit den beiden Tuberkeln an den Vorderecken, der rauhen Oberfläche der hinteren Pronotum-Partie, des schlanken, spitzen, nach auswärts gerichteten Dornes an den Schulterecken, der sehr langen und schlanken Beine eng zu *Zelus* [*Diplodus* (Am. Serv.) Stål] *fasciatus* Champion, also in die Verwandtschaft von *ruficeps* Stål, *grassans* Stål, *nugax* Stål, *mimus* Stål. Es sei hier ausdrücklich daran erinnert, dass Amyot et Serville ihre Gattung *Diplodus* enger fassen als Stål. Man muss also unterscheiden zwischen *Diplodus* Am, Serv. und *Diplodus* (Am. Serv.) Stål.

Fidicina aldegondae nov. spec.

Beschrieben von Dr. Kuhlgatz.

Abbildung Tafel V fig 1. 1a. 1b. 1c. 1d.

Tarsus dreigliedrig. Erstes Glied im Verhältnis zu Glied 2 und 3 sehr kurz.

Körperlänge: 19 mm — Spannweite der Flügel: 66 mm.—

Kopf (dorsal). Länge: 1,7 mm; Breite incl. Augen: 7,9 mm; Länge: Breite = 1 : 4,6. — *Pronotum*. Länge: 3,2 mm, grösste Breite: 8,6 mm; Länge: Breite = 1 : 2,7. — *Mesonotum*. Länge: 5,3 mm. — *Abdomen*, Länge incl. Genitalsegment: 9,2 mm. — Länge von Kopf: Pronotum Mesonotum: Abdomen = 1 : 1,9 : 3,1 : 5,4. — Breite von Kopf: Pronotum = 1 : 1,1. —

Flügel glasartig durchsichtig. Das zweite Randfeldchen der Elytren (areola marginalis II) $^3/_5$ so lang wie das erste (a. m. I). Erste Querader (nervus transversus I) nur sehr leicht gekrümmt, schräg gerichtet, einen deutlich stumpfen Winkel bildend, von der zweiten Querader (n. tr. II) um das 4,75 fache von ihrer Länge entfernt. Zweite Querader etwa so lang wie die erste, nur sehr leicht gekrümmt, stark schräg gerichtet, einen sehr stumpfen Winkel bildend. Dritte Querader deutlich länger als die zweite, nur wenig gekrümmt, fast gerade gerichtet, einen beinahe rechten Winkel bildend. Vierte Querader deutlich länger als die dritte, gekrümmt, schräg gerichtet, einen deutlich spitzen Winkel bildend. Fünfte Querader etwas länger als die vierte, apikalwärts stark eingebogen, einen spitzen Winkel bildend.

Färbung und Behaarung:

Dunkel kastanienbraun. Prothorax, Fläche der Opercula, Beine, Flügelgeäder heller. Fast überall dunkelbraune bis schwarze Schattierungen. Kopfunterseite schwarz mit braunen Zeichnungen. Stirnfurche an beiden Enden mit einem gelben Fleck endigend. Partieen des Meso- und Metasternum teils braun, teils schwärzlich. Rückenschienen des Abdomens jede am Vorderrande mit einer breiten schwarzen Kante.

Die durchweg farblose, seidenglänzende Behaarung ist ziemlich spärlich. In der Schläfen- und Zügelregion ist sie zu zweigähnlichen, der Unterlage dicht anliegenden Gebilden verfilzt. Auf den Sternal-Platten und -Pleuren liegt sie ebenfalls an, ist aber kürzer. Kurze, schwärzliche, mehr borstenähnliche Behaarung zeigt das Pronotum auf und neben den Seitenkanten vor den Hinterecken. Die Beine, besonders die Tibien sind deutlich behaart. Das Abdomen zeigt auf der Dorsalseite in der basalen Hälfte eine ziemlich starke, in der distalen Hälfte spärliche Behaarung, auf der Ventralseite sehr spärliche; in der Genitalgegend nimmt die Behaarung wieder zu und ist besonders ventral ziemlich stark.

Kopf:

Dorsalseite des Kopfes kastanienbraun mit einzelnen Stellen sehr kurzer, farbloser Behaarung besonders in den Furchen. Unmittelbar hinter den Augen Behaarung dicht und lang. Augen trüb braungrün, schwarz umrändert. Ocellen kirschrot. Vertex von den Ocellen bis an die Stirn und seitlich bis unweit der Augen sowie Stirn an der vorderen Kopfkante schwarz schattiert. Ventralfläche des Kopfes schwarz. Querrippen der Stirn braun; die mittlere schwarze Längsfurche verliert sich dorsalwärts gegen die vordere Kopfkante in einen kurzen, kommaförmigen, hellbraunen Fleck, ventralwärts nach dem Klypeus zu in ein ebenfalls hellbraunes Feldchen. Die Erhebung zwischen Zügel und Schläfen braun. Um das Basalglied der Antennen ein schmaler, brauner Ring. Erstes und zweites Glied des Rostrum hellbraun, drittes Glied dunkel kastanienbraun, deutlich über die Coxen des dritten Beinpaares hinüberreichend.

Thorax:

Die seitlichen Ecken des Pronotum-Hinterrandes leicht abgerundet, wenig vorstehend, wenig über die Augen vorragend. Furchen der Pronotum-Fläche ziemlich tief. Seiten- und Hinterrand nur leicht gefurcht. Auf der Fläche werden von den Furchen ausgeschnitten jederseits zwei schräg nach vorn und aussen gerichtete, stark gewölbte Felderchen von ovalem, resp. elliptischem Umriss und dazwischen in der Mitte der Fläche, dem Vorderrande angelagert, ein mit der Spitze nach hinten gerichtetes gleichschenkeliges Dreieck, dessen Basis, weil von einem Stück des Vorderrandes gebildet, leicht gekrümmt ist, und durch dessen geöffnete Spitze eine Leiste zum Pronotum-Hinterrande geht. Unmittelbar hinter der Basis und parallel mit dieser zeigt dieses Dreieck eine deutliche Quervertiefung. Färbung der Pronotum-Fläche braun, der ziemlich breite Rand etwas heller. Die Furchen und Vertiefungen dunkler bis schwarz. Der Rand trägt unmittelbar vor den seitlichen Ecken ein dunkleres Feldchen mit kurzen, schwärzlichen, borstenähnlichen Haaren, welches auch auf das Prosternum übergreift. Prosternum trüb gelb-braun mit kurzer, seidenglänzender Behaarung.

Mesonotum kastanienbraun, mit dunkelbraunen und schwarzen Zeichnungen. Die Querfurche, welche die X = förmige Leiste von der eigentlichen Fläche absetzt, von der Form eines nach vorn offenen Bogens ist schwarz. Unmittelbar vor den Enden dieser Furche je eine schwarze, punktartige Vertiefung; von hier zieht sich ferner ein schwach angedeuteter schwarzer Fleck von der Form eines stark spitz zulaufenden, gleichschenkeligen Dreiecks nach vorn bis nahe an den Vorderrand. Zu beiden Seiten dieses Fleckes verläuft vom Vorderrande des Mesonotum aus je eine tiefe Furche, die sich etwa auf der Mitte der Fläche einwärts krümmt und verliert. Die Innenseite jeder dieser Furchen begleitet ein breiter, schwarzer Streifen, sodass das von ihnen begrenzte Feld nur in der Mittelpartie braune Färbung zeigt, in welche die Spitze des schwarzen, von der X = förmigen Erhebung ausgehenden, keilförmigen Fleckes hineinragt. Die Basis des Mesonotum ausserhalb dieses Feldes mit breiter, nach aussen schmäler werdender, schwarzer Kante. Die Partieen des Meso- und Metasternum teils braun, teils schwarz mit kurzer, anliegender Behaarung.

Opercula klein, die Oeffnung nur gerade eben bedeckend; in

der Mitte einander stark genähert, aber deutlich getrennt; bis auf die schwärzliche Basis und die schwärzliche Seitenpartie, hellbraun.

Coxen des ersten und zweiten Beinpaares, Trochanter und Femur des ersten Beinpaares trüb gelb. Erstes Beinpaar: Trochanter an der Aussenkante mit schwarzbraunem Fleck; Femur auf der schwarzgefärbten Aussenkante mit zwei schwarzbraunen, kräftigen Dornen, davor ein dritter winziger Dorn, im apikalen Drittel mit ziemlich breiter schwarzbrauner Schattierung; Tarsus schwarzbraun. Zweites Beinpaar: Trochanter und Basis des Femur dunkel kastanienbraun, Femur apikalwärts heller; Tibia im basalen Zweidrittel hellbraun, im apikalen Drittel dunkel kastanienbraun gefärbt; Tarsus schwarzbraun. Drittes Beinpaar: Färbung ähnlich, doch ist hier die Coxa bis auf die hellere Umgebung des Trochanter-Gelenkes dunkel kastanienbraun und die basale Hälfte des dritten Tarsengliedes hellbraun. Rand des dornförmigen Fortsatzes der dritten Coxen schmutzig gelbbraun.

Elytren: Basalzelle nur am vorderen Rande bräunlich. Frenulum rauchfarben.

In der basalen Hälfte Costa schokoladebraun, die übrigen Adern gelblich grün, in der apikalen Hälfte erstere schwarz, letztere dunkelbraun. Costa beim Nodus mit deutlichem gelben Fleck. Flügel: Costa schwarz mit gelbem Claustrum. Frenulum an dem schwarzen Arculus entlang sowie in dem Dreieck zwischen Arculus, Basis und Hinterrand rauchfarbig; zwischen Radius suturalis und Arculus sowie an dem ersteren entlang rötlich braun. Adern im übrigen in der basalen Hälfte gelblich, sonst schokoladebraun.

Abdomen:

Rückenschienen am Vorderrande mit breiter schwarzer Kante.

1 ♂. Brasilien, Rio de Janeiro, Corcovado.

Fidicina steindachneri nov. spec.

Beschrieben von Dr. Kuhlgatz.

Abbildung Tafel V fig 2, 2a, 2b, 2c u. 2d.

Tarsus dreigliederig. Erstes Glied im Verhältnis zu Glied zwei und drei sehr kurz.

Körperlänge: 28 mm. — Spannweite der Flügel: 84 mm. — *Kopf* (dorsal), Länge: 3,25 mm; Breite incl. Augen: 10 mm; Länge: Breite = 1:3,1. — *Pronotum*, Länge: 4,25 mm; grösste Breite: 11 mm; Länge: Breite = 1:2,6. — *Me-*

sonotum, Länge: 8 mm. — *Abdomen*, Länge incl. Genitalsegment: 14,5 mm. — Länge von Kopf: Pronotum: Mesonotum: Abdomen = 1 : 1,3 : 2,5 : 4,5. — Breite von Kopf: Pronotum = 1 : 1,1. —

Flügel glasartig durchsichtig. Zweites Randfeldchen der Elytren (areola marginalis II) 5/6 so lang als das erste (a. m. I). Erste Querader kaum merklich gekrümmt, schräg gerichtet, einen stumpfen Winkel bildend, von der zweiten Querader um das dreifache ihrer eigenen Länge entfernt. Zweite Querader ein wenig gekrümmt, stark schräg gerichtet, ungefähr ebenso lang wie die erste Querader. Winkel sehr stumpf. Dritte Querader fast gerade, kaum schräg gerichtet, einen beinahe rechten Winkel bildend. Vierte Querader länger als die dritte, gekrümmt, ein wenig schräg gerichtet, Winkel spitz. Fünfte Querader (Arculus) deutich gekrümmt, einen spitzen Winkel bildend.

Färbung und Behaarung:

Bräunlich. Dorsalfläche des Kopfes, Pronotum, Mesonotum, sowie Mittellängslinie des Abdomen-Rückens kastanienbraun mit schwarzbraunen bis schwarzen, wenig deutlichen Zeichnungen. Stirn, Pronotum und vordere Partie des Mesonotum mit einer hellbraunen Mittellängslinie Ventralfläche von Kopf, Sternum und Abdomen und — abgesehen von der Mittellinie — auch die Rückenfläche des Abdomens hell lehmfarben. Beine gelblich-braun, Tibien und Tarsen des ersten und zweiten Paares distalwärts mit dunklerer Färbung. Die Behaarung besteht aus farblosen, seidenglänzenden Haaren oder Borsten und ist auf der Ventralseite von Kopf und Thorax sehr intensiv und fast zu einer filzartigen Bedeckung verdichtet. Sehr deutlich ist sie unmittelbar hinter und neben den Augen, an den Rändern und in den Vertiefungen der Pronotum-Fläche. Fast gar nicht behaart ist der Rücken des Abdomens in der Mittellängslinie, nach den Seiten zu deutlicher. Behaarung auf der Ventralseite des Abdomens spärlicher.

Kopf:

Dorsalfläche schwärzlich braun. Die Furchen, welche die Stirn und die beiden Präorbitalfelder von dem Vertex abtrennen, undeutlich gelblich braun. Eine ebenfalls gelblich braune Linie begrenzt die Präorbitalfelder vorn zwischen Antennenbasis und Augenvorderfläche. Augen und Ocellen gelbbraun. Antennen schwarz. Stirn auf der Dorsalseite des Kopfes mit einem schmalen, gelblich braunen Längsstreifen, auf der Ventralseite des Kopfes in der Mittellinie schwarz, seitlich auf den streifenartigen Rippen zwischen den hellbraunen, parallelen Querfurchen mit einer dünnen, farblosen, seidenartigen Haarbedeckung. Wangen schwarz. Clypeus schwarz. Rostrum im basalen Drittel gelblichbraun, im übrigen schwarz, bis zwischen die hinteren Coxen reichend.

Thorax:

Die seitlichen Ecken des Pronotum-Hinterrandes abgerundet, wenig vorstehend, seitlich nur sehr wenig über die Augen vorragend. Die Furchen der Pronotum-Fläche begrenzen jederseits unmittelbar hinter den Augen ein schräg nach vorn und aussen gerichtetes elliptisches Feld und schneiden in der Mitte ein ziemlich grosses gleichschenkeliges Dreieck aus, dessen grössere ungleiche Seite von einem Stück des Pronotum-Vorderrandes gebildet wird. Der ziemlich breite und deutlich abgesetzte Hinterrand des Pronotum deutlich gefurcht. Färbung des Pronotum kastanienbraun, in der Mitte mit einem ziemlich breiten, gelblich-braunen Längsstreif, dem jederseits ein glänzend schwarzer, nach vorn und hinten stark an Breite zunehmender Streifen angelagert ist. Die seitlichen, vorspringenden Ecken des Hinterrandes schwärzlich. Sternalregion mit einer filzartig verdichteten Bekleidung von farblosen, seidenglänzenden Borsten oder Haaren.

Auf der Fläche des Mesonotum schneiden, vom Vorderrande ausgehend, zwei symmetrisch zur Mittellinie angeordnete, den Seitenrändern parallel laufende Furchen von hellbrauner Färbung ein nach hinten offenes Feld aus, dessen Mitte, ebenso wie die Pronotumfläche, von einem gelblichbraunen, hier etwas undeutlichen Längsstreifen durchzogen wird. Jederseits der X = förmigen Leiste findet sich ein Feldchen von ziemlich langen, filzartigen, in der vorderen Gabel ein solches von weissgrauen Haaren. Von dem vorderen Feldchen ausgehend zieht sich ein schwarzer, stark spitz zulaufender Fleck bis etwa auf die Mitte des Mesonotum.

Opercula in der Mitte deutlich von einander getrennt, die am Aussenrande tief schwarze Höhlung gerade eben bedeckend, breiter als lang, über das erste Abdominalsegment nicht hinausragend.

Beine gelblich-braun, Tibien und Tarsen des ersten und zweiten Beinpaares distalwärts dunkler gefärbt Schenkel der Vorderbeine an der Aussenseite des der Tibia zugekehrten Randes mit zwei starken Dornen, von denen der eine am vorderen Ende der basalen Hälfte, der andere unweit des Tibien-Gelenkes entspringt. Dicht neben diesem letzteren Dorn apikalwärts ein dritter, kleinerer, weit schwächerer. Der spitze Fortsatz an den Coxen des dritten Beinpaares etwa von der Länge der Coxen selbst. Tibien des dritten Beinpaares mit vier starken Dornen versehen, von denen zwei auf der Ober-, zwei auf der Unterseite liegen; der eine dieser Dornen entspringt etwa in der Mitte der Tibienlänge, die anderen von hier aus distal. Das Tibienende umgeben von einem Kranz schwarzspitziger Dornen. Tarsenglieder am ersten und zweiten Beinpaare braun, nach der Spitze zu schwarzbraun. Klauen des ersten und zweiten Beinpaares schwarzbraun.

Elytren: Basalzelle bräunlich, Frenulum und Adern im basalen Drittel der Elytren olivengrün, Adern im übrigen schwarz. Costa an der Basis mit rötlichem Fleck. Die Querader beim Nodus zwischen der Diskoidal- und der zweiten Parallelzelle zum grössten Teile gelb. Flügel: Frenulum schwärzlich schattiert, Radius medius olivengrün.

Abdomen:

Abdomen, ausser auf der Mittellinie des Rückens, hell lehmfarben.

1 ♂. Venezuela, Carúpano.

Bemerkungen über die Gattung Fidicina Am. Serv.

von Dr. Kuhlgatz.

Die Eigenschaften, auf welche Amyot et Serville (Hist. Nat. Ins. Hém. Paris 1843, p. LIII—LIV) ihre Gattung *Fidicina* gründeten, waren im wesentlichen diese: Elytren gänzlich häutig; Prothorax jederseits nicht verbreitert; Kopf gross, fast ebenso breit wie der Prothorax, gewöhnlich von der Form eines stumpfwinkeligen, gleichschenkeligen Dreiecks; Opercula des Männchens von mässiger Länge; Schallhöhlen des Männchens nicht zu enormen Höhlungen entwickelt; Tarsen zweigliederig; Mesothorax hinten halbmondförmig ausgerandet.

Unter anderen ist also auch die Zweigliederigkeit der Tarsen für die Gattung charakteristisch. Nun haben aber unter den von Walker als *Fidicina* Am. Serv. beschriebenen Arten drei — wie Stål*) bei einem Besuche des Britischen Museums in London feststellte — nicht zwei-, sondern dreigliederige Tarsen. Im übrigen stimmen sie mit den von den Autoren angegeben Gattungscharakteren überein. Den Tarsus hatte Walker wahrscheinlich gar nicht untersucht. Diese drei Arten mit dreigliederigen Tarsen sind: *chlorogena*, *aper* und *basispes*. Sie würden gemäss der Tabelle von Amyot et Serville auf Grund der Dreigliederigkeit ihrer Tarsen einerseits in die von *Cicada L.*, *Tettigomyia* Am. Serv. und *Carineta* Am. Serv. gebildete Gruppe, andererseits auf Grund des hinten ausgehöhlten Mesothorax zu *Fidicina* Am. Serv. gehören, also ihrer systematischen Stellung nach zweifelhaft sein. Stål ordnete daher in seinen synonymischen Anzeigen (Öfvers. Kongl. Vet. Akad. Förhandl Arg. XIX. 1862. Stockholm 1863. p. 485) die *Fidicina*-Arten in zwei Gruppen an: „*Tarsis biarticulatis*„ und „*Tarsis triarticulatis.*" In die letztere Gruppe stellt er ausserdem noch folgende von Walker unter dem Gattungsnamen *Cicada* beschriebene Arten: *viridifemur*, *spinicosta*, *semilata*, *brizo*, *brisa*, *lacrines*, *cuta* (= *lucastea*), *innotabilis*. Da nun aber die Dreigliederigkeit der Tarsen einem Hauptmerkmal des Gattungsbegriffes widerspricht, so ist zu überlegen, ob man die *Fidicina*-Arten mit dreigliederigen Tarsen nicht besser in einer neuen Gattung denen mit zweigliederigen Tarsen gegenüberstellt. Belässt man beide Gruppen nach wie vor in einer und derselben Gattung, so muss man in der von Amyot und Serville (l. c. p. LIV) gegebenen Uebersichtstabelle die Anzahl der Tarsenglieder als Gattungsmerkmal streichen. Man erhält dann folgendes:

747. 9—2. (746) Cavités sonores des mâles non dévellopées en paniers énormes.

748. 10—1. (749) Mésothorax échancré en demi-lune postérieurement.

Fidicina (Am. Serv.) Stål.

a. Tarsis biarticulatis

Fidicina Am. Serv.

b. Tarsis triarticulatis

Fidicina (Am. Serv.) Stål.

749. 10—2. (748) Mésothorax non échancré en demi-lune postérieurement.

Cicada L.
Tettigomyia Am. Serv.
Carineta Am. Serv.

Obwohl nun durch die Stål'sche Gruppierung im Jahre 1862 die Anzahl der Tarsenglieder zu einem fundamentalen Merkmal geworden war, wird dieses Merkmal doch von den Autoren, welche seitdem *Fidicina*-Arten neu beschrieben haben: Stål selbst, Motschulski, Berg, Distant, mit Ausnahme von Berg, in den Beschreibungen nicht berücksichtigt Auch im übrigen sind die Merkmale, auf welche man neue Arten basiert hat, von den verschiedenen Autoren so ungleich ausgewählt, dass vielfach die Arten, wenn man die typischen Exemplare nicht vor sich hat und lediglich auf die Beschreibungen angewiesen ist, gewissermassen inkommensurabel geworden sind. Man sollte doch wenigstens das höchst wichtige Flügelgeäder berücksichtigen, wie z. B. Walker das gethan hat.

In die Guppe „*Tarsis triarticulatis*" kann man daher bis jetzt mit einiger Sicherheit nur folgende Arten — ohne Zweifel gehört eine grössere Anzahl dahin — stellen: *aper* Wlk., *basispes* Wlk., *bonaërensis* Berg, *brisa* (Wlk.), *brizo* (Wlk.), *chlorogena* Wlk., *cuta* (Wlk.) = *lucastea* (Wlk.). *gastracanthophora* Berg, *innotabilis* (Wlk.), *lacrines* (Wlk.), *pusilla* Berg, *semilata* (Wlk.), *spinicosta* (Wlk.), *viridifemur* (Wlk.).

In diese Gruppe gehören auch die beiden hier neu beschriebenen Arten, und zwar in nächste Nähe von *semilata* (Wlk.) aus Cayenne und *viridifemur* (Wlk.) von unbekannter Herkunft.

Tettigonia quimbayensis nov. spec.

Beschrieben von Dr. Kuhlgatz.

Abbildung Tafel V fig. 3.

Länge 12 mm, Spannweite 30 mm. *Kopf* incl Augen etwa doppelt so breit als lang und etwa 2/3 so breit als das Pronotum. Seine Länge in der Mittellinie beträgt etwa die Hälfte der Pronotum-Länge. In dorsaler Ansicht übertrifft die anteokulare Länge des Kopfes etwas die Länge der Augen. Ocellen in der Höhe des vorderen Augenrandes liegend, von einander nur wenig weiter entfernt als von den Augen. Kopfrand vor den Augen zunächst in gerader Linie verlaufend, dann breit abgerundet, Kopfende stumpf. *Pronotum* fast doppelt so breit als lang. Erstes Tarsenglied des dritten Beinpaares bei Beginn des apikalen Drittels mit zwei dünnen, deutlichen Dornen.

Kopf, Pronotum, Scutellum, Coxen, Schenkel, sowie die dem Kopf zugekehrte Seite der Acetabula dunkel kirschrot. Um jede Ocelle ein trüb milchweisser Fleck; zwischen diesem und dem Auge derselben Seite eine bläuliche Bereifung. In der Mitte der Pronotum-Fläche eine trüb milchweisse Zeichnung etwa von der Form eines seitlich leicht zusammengedrückten griechischen Ω (Omega); jederseits davon eine ebenso gefärbte Zeichnung von der Form eines lang- und dünngestielten Blattes. Thorax im übrigen hellbraun. Elytren auf der Dorsalfläche hell rotbraun, mit zahlreichen kleinen, milchweissen Fleckchen bestreut Costalrand und Clavus an der Basis matt kirschrot.

Kopf:

Augen glänzend schwarz, vorn mit einem sehr schmalen, gelblichbraunen Rand, in der Mittelpartie von matt dunkelgrüner, sich allmählich in das Schwarz verlierender Färbung. Ocellen bernsteinfarben. Antennen hellbraun Rostrum etwa von der halben Länge der Vordertibien, die Coxen des zweiten Beinpaares ungefähr erreichend; erstes und zweites Glied etwa von gleicher Länge. Färbung des Rostrums trübgelb, seitlich mit hellen, rötlich braunen Flecken.

Thorax:

Scutellum: weisslila bereift, an der Spitze in einen kurzen Dorn ausgezogen, unmittelbar vor diesem ein winziger, trübgelber Fleck.

Elytren: Die unregelmässig verteilten, durchweg langgestreckten, schmalen, milchweissen Fleckchen sind im allgemeinen von winkeligen Umrissen. Von den Rändern aus dringt stellenweise die rotbraune Grundfarbe der Elytrenfläche in Form von deutlichen Ausrandungen in ihr Inneres vor, sodass in einigen Fällen nur schmale Randpartien der Flecken übrig bleiben. Flügel milchweiss, im apikalen Drittel von leichter bräunlicher Trübung.

Beine: dunkel kirschrot, teilweise mit bläulichweisser Bereifung und dunkler Schattierung. Die ersten Tibien schwarz, auf der Dorsalseite mit einer feinen, rinnenförmigen Furche. Aussen- und Seitenpartie der zweiten Tibien dunkel kirschrot, Färbung nach der Basis zu in schwarz übergehend, Innenseite heller. Erste und zweite Tibien auf der Innenseite mit einer dichten Reihe von Borsten besetzt. Hintertibien zum Teil mit hellbrauner Färbung, dicht mit Borsten und Dornen besetzt, auf der Aussenseite mit deutlicher Furche und zwei Reihen Dornen. Erstes Beinpaar: Schenkel und Tibien etwa gleich lang; erstes und zweites Tarsenglied etwa gleich lang, drittes Tarsenglied etwa so lang wie Glied 1 und 2 zusammen Zweites Beinpaar: Tibien deutlich länger als Schenkel; relative Länge der Tarsenglieder wie am ersten Beinpaare. Drittes Beinpaar: Tibien nicht ganz doppelt so lang als Schenkel; erstes Tarsenglied so lang wie Glied 2 und 3 zusammen.

Abdomen:

Schokoladebraun; Hinterrand der dorsalen Schienen bläulichweiss bereift, an den Seiten trüb gelblichweiss. Ventralfläche bläulichweiss bereift.

1 ♂. Columbien, Quindiupass, Las Cruzes.

Dorada nov. gen.

Beschrieben von Dr. Melichar.

Caput cum oculis pronoti aeque longum; vertex semicircularis, supra et infra deplanatus, in margine furcatus. subtiliter transverso aciculatus; antennae longae; tempora supra carina tenui, ab oculis ad suturam frontis ducta instructa; clypeus quadrangularis, lorae semicirculares; rostrum valde breve; pronotum hexagonale, lateribus convergentibus; scutellum triangulare, acutum; tegmina hyalina, venibus crassis instructa, membrana angusta; alae hyalinae; abdomen planum latumque; pedibus longibus, tibiis posticis armatis.

Kopf mit den Augen so breit wie der Vorderrand des Pronotum. Scheitel fast halbkreisförmig, oben und unten abgeflacht, der Scheitelrand sonach geschärft und kantig, mit einer Randfurche versehen, welche von einem Auge zum anderen zieht und durch äusserst feine Querlinien gestrichelt erscheint Augen anliegend. Gesicht breiter wie lang. Stirne flach, mit seichten, abgekürzten Querfurchen; Fühlergruben flach, oben von einer bogenförmigen, feinen Leiste begrenzt, welche vom inneren Augenrande zur Stirnnaht zieht. Fühler unter dem Scheitelrande an den Schläfen eingelenkt. Das Basalglied kurz, das zweite Fühlerglied cylindrisch, fast doppelt so lang wie breit, Fühlerborste lang. Rostrum sehr kurz. Pronotum sechseckig, die Seiten gekielt, nach vorne convergierend, der Hinterrand flach bogenförmig ausgeschnitten. Schildchen gross, dreieckig, hinten scharf zugespitzt. Deckflügel hyalin, von starken Nerven durchzogen, Membran schmal. Flügel hyalin, mit zarten Nerven. Hinterleib breit, flach; Beine lang, Hinterschenkel an der Spitze mit 3 Dornen, die Aussenkanten der Hinterschienen mit starken Borsten besetzt.

Diese neue Jassidengattung, welche der Gruppe Acocephalidae nahe steht, unterscheidet sich von derselben dadurch, dass die zwei Ocellen sich auf der Oberfläche des Scheitels befinden, wodurch diese Gattung der Gypona-Gruppe näher steht, von letzterer aber sich hauptsächlich durch den gefurchten Scheitelrand unterscheidet.

Dorada lativentris nov. spec.

Beschrieben von Dr. Melichar.

Abbildung Tafel V fig. 4. 4a. 4b. 4c.

Corpore brunneo-fusco, glauco; pronoto antice impressis nonnullis, postice sulcis parallelis transversis instructo; scutello basim rugoso, in angulis basalibus glabro, postice acuto producto: tegminibus hyalinis, venis crassis, fuscis; alis hyalinis; abdomine plano, lato, fusco; pedibus fuscis, tibiis anticis, apicibus tibiarum mediarum posticarumque, tarsis omnibus piceis.

Körper breit, robust, gelblichbraun. Scheitel in der Mitte halb so lang wie an der Basis breit, vorne bogenförmig abgerundet, kantig, oben und unten abgeflacht, auf der Oberfläche mit seichten Eindrücken und Runzeln, welche zum Auge quer verlaufen. In der Mitte des Scheitels zwei Ocellen, welche zu einander näher stehen, als jede Ocelle vom inneren Augenrande entfernt ist. Augen anliegend, dreieckig, braun. Gesicht schief nach unten gerichtet, Stirne doppelt so lang wie breit, die Seiten parallel, zum Clypeus gerundet, die Stirnfläche schwach gewölbt, mit zwei Reihen von kurzen seichten Querfurchen. Clypeus viereckig, die Wangenspitzen nicht überragend; Wangen breit, der Aussenrand derselben eine sehr stumpfe abgerundete Ecke bildend, auf der unteren Hälfte gerunzelt. Zügel halbkreisförmig; Rostrum kurz Pronotum doppelt so lang wie der Scheitel, sechseckig, die Seiten gekielt, nach vorne stark konvergierend, die Hinterecken breit quer gestutzt, der Vorderrand flach gebogen, der Hinterrand flach bogenförmig ausgeschnitten; die Oberfläche quer gewölbt, mit mehreren Eindrücken in der Nähe des Vorderrandes und mit zahlreichen parallelen Querfurchen auf der hinteren Hälfte. Schildchen gross, dreieckig, flach, an der Basis grob gerunzelt, in den Basalwinkeln jederseits ein glattes Dreieck. Die hintere Hälfte des Schildchens quergestreift, nach hinten verschmälert und in eine scharfe Spitze verlängert. Deckflügel überragen etwas wenig die Hinterleibsspitze, sind hyalin, von stark vortretenden, punktirten, pechbraunen Nerven durchzogen. Die Costalzelle etwas gelblich verfärbt. Im Corium zwei Diskoidalzellen, drei Anteapikalzellen und fünf längliche Apikalzellen. Im Clavus zwei einfache Nerven. Die vom Schlussrande und inneren Clavusnerv begrenzte Zelle des Clavus ist zur Hälfte pechbraun ausgefüllt. Die Clavusspitze und die schmale Membran an der Clavusspitze pechbraun. Flügel hyalin, von zarten, pechbraunen Nerven durchzogen. Hinterleib breit oval, flach, oben und unten gelblichbraun. Beine gelbbraun, die Schienen und Tarsen der Vorderbeine, die Spitzen der Schienen und die Tarsen der Mittel- und Hinterbeine, pechschwarz. Auf der Spitze der Hinterschenkel befinden sich drei gebogene Dornen, während die äusseren Kanten der Hinterschienen mit je einer Reihe von starken, braunen Borsten, die innere Kante mit kurzen Härchen, gegen die Spitze zu mit 4 - 5 starken Borsten besetzt sind.

♂ Letztes Bauchsegment fast doppelt so lang wie das vorhergehende, der Hinterrand desselben in der Mitte stumpfwinkelig ausgeschnitten, so dass zwei breite Lappen gebildet werden. Genitalplatten kurz, viereckig, aneinander schliessend, die äusseren Hinterecken abgerundet Das letzte Rückensegment so lang wie die Genitalplatten, die Seitenlappen hinten gerade gestutzt, die untere Ecke in einen nach innen gekrümmten Zahn vorgezogen und mit braunen aufgerichteten Borsten besetzt.

♂ Länge 10 mm; Breite 4 mm; Spannweite 17 mm.

Columbien, Urwald bei La Dorada, Rio Magdalena, ein Exemplar ♂ in der Sammlung Ihrer kgl. Hoheit Prinzessin Therese von Bayern.

Nachtrag zu den Pseudoneuropteren.

Von Therese Prinzessin von Bayern.

(siehe Berliner Entomologische Zeitschrift, Band XLV (1900) S. 258 u. ff.).

Familie Ephemeridae.

Subfamilie Palingenia.

Section Polymitarcys.

1. *Campsurus* spec.

Brazo de Loba; unterer Rio Magdalena (Columbien). Ca. 60 m Seehöhe, den 20. Juni (oder 31. Juli). — Imago ♂ 1 Exemplar.

Von der Gattung Campsurus, welche nach Eaton (A Revisional Monograph of Recent Ephemeridae or Mayflies [Transactions Linnean Society London 2. Ser. III Zoology p. 38 a. f.] und Biologia centrali-americana. Neuroptera p. 2) in Texas, Mexiko, Central- u. Südamerika vertreten ist, war bisher keine Species aus Columbien bekannt.

Mein einziges *Campsurus*exemplar ist durch ein Insekt, wahrscheinlich eine Anthrenuslarve, so zerstört, dass es dem Rev. A. E. Eaton in Seaton, welcher gütigst die Bestimmung übernommen hatte, leider nicht möglich war festzustellen, zu welcher Art es gehört.

Zu den früheren Artikeln (Artikel Ib, II, III, IV) gehörige Berichtigungen geographischer Namen.

Band	XLV	S. 99	Zeile	20	von	unten	statt	Mochin	lies	Machin.
〃	〃	S. 253	〃	9	〃	〃	〃	〃	〃	〃
〃	XLVI	S. 249	〃	6	〃	oben	〃	Vejel	〃	Verjel.
〃	〃	S. 258	〃	19	〃	unten	〃	〃	〃	〃
〃	〃	S. 267	〃	13	〃	oben	〃	〃	〃	〃
〃	〃	S. 269	〃	17	〃	unten	〃	〃	〃	〃
〃	〃	S. 288	〃	9	〃	〃	〃	〃	〃	〃
〃	〃	S. 289	〃	9	〃	oben	〃	〃	〃	〃
〃	〃	S. 464	〃	17	〃	unten	〃	Machacamac	lies	Machaca-Marca.
〃	〃	S. 464	〃	3	〃	〃	〃	Machacamac	lies	Machaca-Marca.

Erklärung der Tafeln IV und V.

Zu dem Artikel: Von Ihrer Königl. Hoheit der Prinzessin Therese von Bayern in Südamerika gesammelte Insekten. (Fortsetzung und Schluss.)

V. **Dipteren** von Therese Prinzessin von Bayern.
VI. **Rhynchoten** von Therese Prinzessin von Bayern (mit Diagnosen neuer Arten und Varietäten von Kuhlgatz uud Melichar).

Tafel IV.

			Seite	
Fig.	1.	*Eristalis melanaspis* Wiedem. (?)	245	
„	2	*Euschistus bifibulus* Pal var. *guayaquilinus* Kuhlg. Dorsalansicht 1 : 2	247	254
„	2a.	Desgleichen. Ventralansicht 1 : 2.		
„	3.	*Pamera serripes* F. Dorsalansicht 1 : 2 . .	249	258
„	3a	Desgleichen. Lateralansicht von Kopf u. Thorax 1 : 4.		
„	3b.	Desgleichen. Lateralansicht des rechten Vorderbeines 1 : 4.		
„	4.	*Resthenia amoena* Kuhlg. Dorsalansicht 1 : 2	250	261
„	4a.	Desgleichen. Ventralansicht 1 : 2.		
„	5.	*Resthenia simplex* Kuhlg. Dorsalansicht 1 : 2	250	263
„	5a	Desgleichen. Ventralansicht 1 : 2.		
„	6.	*Zelus impar* Kuhlg. Dorsalansicht 1 : 2 . .	250	264
„	6a.	Desgleichen. Kopf und Thorax. Dorsalansicht 1 : 4.		
„	6b.	Desgleichen. Kopf und Thorax. Lateralansicht 1 : 4.		

Tafel V.

			Seite	
Fig.	1.	*Fidicina aldegondae* Kuhlg. Dorsalansicht 1 : 1	251	266
„	1a.	Desgleichen. Ventralansicht 1 : 1,5.		
„	1b.	„ Vorder- und Hinterflügel 1 : 1,5.		
„	1c.	„ Vorderbein 1 : 3.		
„	1d.	„ Hinterbein 1 : 3.		
„	2.	*Fidicina steindachneri* Kuhlg. Dorsalansicht 1 : 1	251	269
„	2a.	Desgleichen. Ventralansicht 1 : 1,5.		
„	2b.	„ Vorder- und Hinterflügel 1 : 1,5.		
„	2c.	„ Vorderbein 1 : 3.		
„	2d.	„ Hinterbein 1 : 3.		
„	3.	*Tettigonia quimbayensis* Kuhlg. Dorsalansicht. 1 : 1,5	252	274
„	4.	*Dorada lativentris* Mel. Dorsalansicht . . .	252	276
„	4a.	Desgleichen. Kopf von unten.		
„	4b.	„ Kopf, Lateralansicht.		
„	4c.	„ Hinterleibsspitze, Ventralansicht.		

Zwei neue Satyriden aus der Cordillere von Südamerica.

Von *Prof. Dr. Otto Thieme.*

1. Caerois vespertilio*).

Im Umriss mit *chorinaeus* F. nicht übereinstimmend, mit gespitzten Vorderflügeln, etwa wie bei *Antirrhaea geryon* Felder. Die länglich viereckigen Hinterflügel in einen Schaufelschwanz ausgezogen, der nicht, wie bei *chorinaeus*, nach der horizontalen Linie umgekrümmt ist, sondern in der Richtung der Ader ausläuft. Färbung der Oberseite schmutzig braun, gegen den Aussenrand der Vorderflügel dunkler, mit je zwei verloschenen dunkelbraunen Augen der Vorderflügel nahe dem Aussenrande, von denen das grössere apicale durch einen weissen Augenkern bemerklicher wird. Das untere ist klein mit trübem Augenkern, von einem feinen Kreis lehmbrauner Farbe umzogen. Von demselben Lehmbraun ist das obere Auge nur andeutungsweise umrandet und liegt zwischen beiden Augen ein kleiner Querwisch Die Hinterflügel führen nahe dem Aussenrande zwei kaum erkennbare Augen (dunklere Scheiben), die nur durch die aufgesetzten weisslichen Lichter zu finden sind.

Die Unterseite zeigt dieselbe Blattaderzeichnung wie *chorinaeus* F. bei etwas blasserem Ton der Grundfärbung, nur dass die schräge, vom Analwinkel beginnende Querlinie der Hinterflügel hier etwas steiler aufsteigt, mithin den Vorderrand um ein weniges mehr innenwärts erreicht.

Ein ♂, von dem verdienstvollen Sammler Herrn Richard Hänsch bei Balzabamba in Ecuador gefangen

2. Lasiophila piscina.

Nur mit *cirta* Felder zu vergleichen und hinter dieser einzufügen. Der eigentümliche milchweisse Flecken auf der Oberseite der Hinterflügel ist aber bei *piscina* auf ein kleines unregelmässiges

*) Mit der in der Biologia Centr. Amer. nach einem stark defecten Stücke aufgestellten (wiederbelebten) Art Caerois gerdrudtus F. kann vespertilio nicht identisch sein. Denn die Basalhälfte der Vdfl. zeigt b. m. Stücke keine Spur von einem blauen Anfluge (so wenigstens deute ich mir den unmoglichen Ausdruck „cyaneo-lavatus"). Auch steht das zweite kleinere Auge bei Vespertilio am Aussenrande, näher dem Innenrande als dem Apex. Die Zeichnung der Unterseite ist bei Vespertilio fast genau die von chorinaeus F.; und schliesslich hätte, wenn den Verfassern der Biologia mein Vespertilio vorgelegen hätte, die von chorinaeus F. abweichende Bildung der Vdfl. nicht unerwähnt bleiben können.

Viereck reducirt, welches in der Mitte der Hinterflügel, etwas näher dem Innenrande, isolirt steht. Seine Randung ist verschwommen, namentlich in der Richtung nach aussen, indem das Weiss über die dunkle Grundfarbe wie übergewischt erscheint. Das die Grundfarbe der Flügel bildende Rotbraun ist bei dieser Art besonders lebhaft, lebhafter als bei *Parthyene* Hew., am Basalteile der Vorderflügel mässig, an dem der Hinterflügel in breiter Ausdehnung und bis über den milchweissen Flecken hinaus in ein mattes Graubraun abgetönt. Die dunklen Zeichnungen sind klar und scharf und bestehen auf den Vorderflügeln aus einem mässig breiten Aussenrande und dahinter einer Schnur von runden Flecken, auf welche noch eine unterbrochene Fügung z. T. dreieckiger Flecken folgt; auf den Hinterflügeln einer eben solchen Randfassung, die auch die schwanzähnlichen Fortsätze umfasst, und dahinter einer Reihe von Flecken, deren untere nierenförmig erscheinen.

Zeichnung und Färbung der Unterseite ist die in der Gattung wiederkehrende, der von *Persepolis* Hew. am nächsten kommend, nur dass die durchschlagende Zeichnung der Vorderflügel hier auch eine andere Fleckenbildung bedingt.

Eine ausgezeichnete und vornehme Art und unter den beschriebenen wohl die schönste.

Eine kleine Anzahl Stücke in einer Sendung, welche Herr Hermann Rolle kürzlich aus Bolivien erhielt.

Eine neue Tithorea vom Chanchamayo.

Beschrieben von *Prof. Dr. Otto Thieme.*

Tithorea anachoreta.

Subsimilis duennae Bates, maculis alarum anteriorum albis eisdem, sed majoribus, margine alarum posteriorum lato, his ipsis pallidiusculis, in parte flavescentibus, fascia transversali nulla.

Die Peru-Form von *duenna* Bates, aber doch einen recht abweichenden Eindruck machend durch die Grösse der weissen Flecken auf den Vorderflügeln, den breiten Saum der Hinterflügel, das Fehlen der schwarzen Halbbinde auf denselben, welche sich nur noch durch einen kleinen schwärzlichen Tupf hinter der Mittelzelle andeutet und vor allem durch den gelben Wisch, der sich, vom Vorderrande ausgehend, bis über die Mitte der Hinterflügel durch das Castanienbraun hindurchzieht (2 ♀♀, aus dem Thal des Chanchamayo. Peru).

Neue Cetoniden-Arten.

Von

J. Moser, Hauptmann a. D.

Entelesthes similis.

Niger, nitidus, lateribus elytrorum late brunneo-vittatis, vitta ante humerum et ante apicem abbreviata. Capite grosse punctato, clypeo subquadrato, supra excavato, medio longitudinaliter subcarinato, margine antico medio elevato; pronoto dorso sparsim lateribus densius punctato; scutello latera versus punctato; elytris lateribus exceptis, obsolete foveolato-striatis et subcostatis, pygidio transversim-striolato. Subtus medio fere laevi, abdomine in mare leviter impresso, tibiis anticis bidentatis, tibiis mediis extus uno dente armatis. Long. 21 mm.

Dem *Entelesthes lateralis* Kolbe von Kamerun sehr ähnlich und hauptsächlich durch folgende Punkte von ihm unterschieden: Grösser als *lateralis*, das Halsschild auf der Mitte schwächer punktiert, die Struktur der Flügeldecken etwas gröber. Der obere Zahn der Vorderschienen ist bei *similis* näher an den Endzahn herangerückt, die Mittelschienen haben an der Aussenseite einen kleinen spitzen Zahn, während sie bei *lateralis* ungezähnt sind. Die Unterseite ist ganz schwarz, wogegen bei *lateralis* am Hinterrande des vierten Bauchsegments zwei braune Flecke vorhanden sind.

Ein Männchen von deutsch Ostafrica (Manow).

Tmesorrhina viridicyanea.

Viridicyanea, nitidissima, tarsis nigris; capite grosse, laxe punctato, medio longitudinaliter convexiusculo, clypeo subquadrato, apice late leviter sinuato; pronoto sparsis punctis versus margines laterales positis, disco fere laevi, lateribus anguste marginatis, sulco marginali post medium abbreviato; scutello triangulari, acuto, laevi; elytris a basi attenuatis, dorso lineato-punctatis, lateribus ante apicem transversim-strigulosis; subtus medio laevi, lateribus grosse, parum dense punctatis; processu mesosternali lato, plano, apice rotundato; femoribus strigosis, tibiis anticis ♂ bidentatis ♀ tridentatis, tibiis posticis extus uno dente obtuso armatis, intus nigro-ciliatis. — Long. 21 mm.

Von der Grösse und Gestalt der *Tmesorrhina iris* F., mit Ausnahme der schwarzen Tarsen grün mit starkem blauen Schimmer. Die Art unterscheidet sich von *iris* abgesehen von der Färbung durch folgende Punkte: Das Halsschild ist sehr glatt, nur gegen die Seitenränder hin sind einige grosse Punkte bemerkbar. Die Seitenfurche des Halsschildes endet bei *viridicyanea* schon kurz hinter der Mitte des Seitenrandes. Das Schildchen ist vollkommen glatt, während sich bei *iris* zerstreute Punkte auf demselben befinden. Während bei *iris* die Seitenränder der Flügeldecken lm hinteren Drittel quergestrichelt sind, ist dies bei *viridicyanea* nur unmittelbar neben dem Endbuckel der Fall. Der Brustfortsatz ist viel breiter als bei *iris*, kürzer und vorn flacher abgerundet. Die Behaarung der Hinterschienen ist bei *viridicyanea* schwärzlich.

Ein Pärchen aus dem Innern von Deutsch Ostafrica.

Chromoptilia Nickerli.

Nigra, supra nigro-, subtus griseo-hirta, elytris fascia flava transversa tenui interrupta, pygidio nigro, griseo-hirto; tarsis posticis nigro-et fulvo-pilosis. —. Long. 14 mm.

Von der Grösse der *Chromoptilia diversipes* Westw., etwas schmäler, hauptsächlich durch die dunkle Behaarung der Oberseite und das ungefleckte Pygidium von ihr unterschieden Kopf dicht punktiert, schwarz behaart; Clypeus dunkelbraun, fast nackt. Taster und Fühlerfächer rothbraun. Das Halsschild ist matt, gleichmässig und dicht punktiert, wie die Flügeldecken schwarz behaart. Das Schildchen ist fast glatt, mit erhabener Mittellinie. Die Flügeldecken sind wie bei *diversipes* mit scharfer glänzender Kante und erhabenem Schulterbuckel versehen. Letzterer ist jedoch nicht glatt, sondern mässig dicht punktiert. Im Uebrigen ist die Punktierung der Flügeldecken dicht und nadelrissig. Die gelbe Querbinde beginnt am Seitenrande hinter der Mitte und ist gegen die Naht hin schräg nach vorn gerichtet Sie ist schmal und wird durch die Naht und die Dorsalrippen in vier Theile zerlegt. Das quernadelrissige Pygidium ist kurz greis behaart und zeigt keine gelb tomentirte Flecken wie *diversipes.* Die Unterseite ist auf der Brust ziemlich dicht, auf dem Abdomen zerstreut nadelrissig punktiert und greis behaart. Das erste Bauchsegment zeigt am Hinterrande eine in der Mitte unterbrochene, schmale gelbe Binde. Die Behaarung der Schenkel und Schienen ist schwarz und graumeliert, die Hintertarsen sind ähnlich wie bei *diversipes* mit schwarzen und rothgelben Wimperhaaren besetzt

Ein einzelnes Männchen, welches Herr Dr. Nickerl in Prag aus Madagascar erhielt und mir gütigst überliess.

Dilochrosis parvula.

Nigra, nitida; capite grosse punctato, clypeo profunde exciso; thorace subtilissime et densissime punctato, majoribus punctis versus margines laterales densius positis; elytris subtilissime punctatis, sparsis punctis gravioribus, apice vage striolatis; pygidio dense transversim-striolato; subtus medio fere laevi, abdomine in mare leviter impresso. Long. 25 mm.

Var. *biplagiata: Elytris nigris, singulis plagam oblongam rubram ferentibus.*

Patria: Insel Larta (Tenimber).

Eine durch ihre Kleinheit ausgezeichnete Art; entweder ganz schwarz oder jederseits mit einem rothen Längswisch auf den Flügeldecken. Kopf mässig dicht, grob punktiert mit tief ausgeschnittenem Clypeus; Fühler pechbraun. Das Halsschild zeigt neben einer sehr feinen und dichten mit blossem Auge kaum wahrnehmbaren noch eine stärkere nach den Seitenrändern hin gröber und dichter werdende Punktierung. Der Hinterrand ist vor dem Schildchen tief bogenförmig ausgeschnitten. Das Schildchen ist länger als breit, spitz dreieckig, mit einigen groben nadelrissigen Punkten in den Vorderecken Die Flügeldecken zeigen auch eine sehr feine und dichte Punktierung; und ausserdem zerstreute, nach dem Hinterrande zu dichter stehende Punkte. Die Spitze der Flügeldecken ist quernadelrissig. Der Hinterrand ist leicht ausgeschnitten und tritt die in der hinteren Hälfte erhabene Naht hier zahnartig vor. Das Pygidium ist dicht quernadelrissig. Die Unterseite ist in der Mitte fast glatt, an den Seiten mehr oder weniger dicht nadelrissig punktiert. Der Prosternalfortsatz ist schmal und spitz. Während die Vorderschienen bei sämmtlichen ♀♀ deutlich dreizähnig sind, ist die Bezahnung der Vorderschienen bei den ♂♂ sehr verschieden. Bei den meisten Exemplaren ist ausser dem Endzahn noch ein mehr oder weniger spitzer Mittelzahn vorhanden. Bei einigen Exemplaren ist der Mittelzahn kaum angedeutet, während bei einem ♂ die Vorderschienen stumpf dreizähnig sind Die schwarz bewimperten Mittel- und Hinterschienen zeigen beim ♀ an der Aussenseite einen Zahn, während sie beim ♂ ungezähnt sind.

Dilochrosis nigra Krtz. var. *bipustulata.*

Dilochrosis nigra Krtz. kommt auch mit rothen Längswischen auf den Flügeldecken vor. Ich erhielt diese Art in Anzahl gleichfalls von Tenimber und befinden sich darunter einige Exemplare dieser Varietät.

Gnorimus albomaculatus.

Niger; capite rugoso-punctulato, 4-albo-maculato, clypeo rubro subquadrato, bilobato; antennis rufis; thorace sparsim grosse punctato, margine laterali et linea media impressa albis; scutello triangulari grosse et sparsim punctato; elytris opacis, bicostatis, albo-maculatis; pygidio brunneo, albo-bimaculato et bifoveolato; subtus, pectoris et abdominis mediis exceptis, flavo-tomentosus; abdomine medio pedibusque (tibiis posticis nigris exceptis) rufis; tibiis anticis bidentatis, tibiis mediis et posticis uno dente armatis. — Long. 20 mm ♀.

China (Siao-Lou) Mus. Oberthür.

Diese Art, von der mir nur ein ♀ vorliegt, ist von der Grösse und Gestalt des *Gnorimus variabilis* L. Die Oberseite ist mit Ausnahme des Kopfschildes und Pygidiums, welche rothbraun gefärbt sind, schwarz mit weissen Zeichnungen, die Flügeldecken sind matt. Der grob punktierte Kopf zeigt vier weisse Flecke und zwar zwei beiderseits der Stirn und zwei auf dem Kopfschild. Die rothbraunen Fühler haben einen verhältnismässig kurzen Fächer. Das Halsschild ist etwas breiter als lang, in der Mitte am breitesten, nach hinten schwach, nach vorn stärker verschmälert, zerstreut grob punktiert, mit breiten weissen Seitenrändern und vertiefter weisser Mittellinie. Das Schildchen hat die Gestalt eines gleichseitigen Dreiecks nnd ist mit einzelnen groben Punkten bedeckt. Die Flügeldecken haben eine erhabene Naht und zwei erhabene Rippen, von denen die äussere nach vorn verkürzt ist. Jede Flügeldecke zeigt ca. 10 weisse Flecke. Das braune Pygidium hat in jeder Vorderecke einen weissen zweizackigen Tomentfleck und vor der Mitte des Hinterrandes einen doppelten Eindruck. Die Unterseite ist mit Ausnahme der schwarzen Mitte der Brust und der rothbraunen Mitte des Abdomens gelbweiss tomentirt. Die Beine sind gelbbraun mit Ausnahme der Schienen und der beiden ersten Tarsenglieder der Hinterbeine, welche schwarz gefärbt sind. Die Vorderschienen zeigen zwei starke Zähne, während Mittel- und Hinterschienen an der Aussenseite mit einem Zahn versehen sind.

Trichius Oberthuri.

Niger; capite rugoso-punctato; clypeo reflexo, concavo, antice vix emarginato; antennis ferrugineis; thorace grosse punctato, albolimbato, linea media et macula utrinque albis; scutello nigro; elytris punctato-striatis, testaceo-rufis, opacis, utrinque vitta lata nigra ante et post medium fasciola testaceo-rufa interrupta, fasciola posticae utrinque tribus punctis albis ornata; pygidio convexo, albo-bimaculato; subtus pectoris et abdominis lateribus flavo-tomentosis; femoribus nigris, tibiis et tarsis rufo-testaceis. Tibiis anticis bidentatis, tibiis mediis et posticis extus uno dente armatis. — Long. 12 mm. ♂.

China (Siao-Lou-Lou-Chan). Mus. Oberthür.

Diese Art, von der mir nur ein ♂ vorliegt, ist nahe verwandt mit *Doenitzi* Har. und sieht einem kleinen Exemplar dieser Art sehr ähnlich. Das Kopfschild ist vorn stark vertieft, der Aussenrand aufgebogen, vorn ganz schwach ausgerandet. Die Fühler sind rothbraun mit langer Fühlerkeule. Das grob punktierte Halsschild ist etwas breiter als lang, weiss gerändert, mit einer weissen Mittellinie und jederseits einem weissen Wisch. Das Schildchen ist nicht wie bei *Doenitzi* rothbraun tomentirt, sondern schwarz, glänzend, stark punktiert. Die punktiert gestreiften Flügeldecken sind rothbraun und zeigen je einen breiten, schwarzen Längswisch, der vor und hinter der Mitte durch eine schmale rothbraune Querbinde unterbrochen wird. In der hinteren Querbinde befinden sich jederseits drei kleine weisse Flecke. Das Pygidium ist schwarz und hat in der Nähe der beiden Vorderecken je einen gelben Tomentfleck. Die schwarze Unterseite ist gelb behaart, an den Seiten gelb tomentirt. Die Schenkel sind schwarz, Schienen und Tarsen rothbraun, die Vorderschienen zweizähnig, Mittel- und Hinterschienen an der Aussenseite mit einem stumpfen Zahn versehen.

Ueber eine interessante Form von Smerinthus populi L. (ab. decorata m.).

Von *Oskar Schultz.*

Maculis alarum anticarum ferrugineis acque ac in basi posticarum.

Auffallend dadurch, dass rostrote Flecken (von der Färbung des Hinterflügel-Wurzelfeldes) auf den Vorderflügeln sich deutlich von der lichtgrauen Grundfärbung abheben.

Oberseits: Vorderflügel: Licht aschgraue (nicht rötlichgraue) Grundfarbe. Mlt breitem dunkler grauem Mittelfeld, welches von dem helleren Wurzelfeld deutlich abgegrenzt ist, während es nach dem Saume zu verschwommen endet. Dunklere Wellenlinien treten auf den Vorderflügeln nur sehr verwaschen auf.

Im Mittelfelde beider Vorderflügel, längs des Innenrandes, sich bis Rippe 3 ausbreitend, rostrote Färbung gleich der des Wurzelflecks der Hinterflügel, welche wurzelwärts und saumwärts stärker hervortritt als in dem dazwischen liegenden Teil des Flügels.

Hinterflügel: Grau, an der Wurzel breit rostrot bestäubt, mit deutlichen dunkleren, durch die lichte Aderung unterbrochenen Wellenlinien.

Unterseits: Lichtgrau mit kaum hervortretenden Wellenlinien auf Vorder- und Hinterflügeln.

Leib, Thorax, Fühler grau.

Aus Ungarn.

Ich schlage vor, diese interessante Form als ab. *decorata* Schultz in die entomologische Nomenklatur aufzunehmen.

Das Exemplar (bei Wien gefangen?), von dem Treitschke in Band X, I (1834) seiner „Schmetterlinge von Europa" p. 141 berichtet: „Herr Kollar fing einen solchen Schmetterling (sc. *Smer. populi* L.), der auf **einen** Vorderflügel, wie auf den beyden hinteren, den rostroten Wurzelfleck führte" (cf. auch Rühl-Bartel, die pal. Grossschm. und ihre Naturgeschichte Bd. II p. 185), scheint ein asymmetrischer Uebergang zu der oben beschriebenen Aberration gewesen zu sein.

Litteratur.

J. W. Tutt, F. E. S. — A natural history of the British Lepidoptera, a text-book for students and collectors. Vol. III, London 1902 (Sw. Sonnenschein u. Co., London und Friedländer u. Sohn, Berlin). Preis 20 Shilling.

Die dem vorliegenden 3. Bande vorhergehenden Volumina dieses bedeutsamen Werkes, welches — man kann wohl sagen — alles Aehnliche in den Schatten stellt, enthielten ausser dem sehr ausführlichen allgemeinen Teil über den Ursprung der Schmetterlinge, Embryologie, Parthenogenesis, Variation, Schutzfärbung der Imago, Metamorphose, Morphologie, Phylogenie der Puppe etc, den Anfang des ersten Stammes (Stirps) des vom Autor aufgestellten und ausführlich begründeteu Systems, die *Sphingo-Micropterygiden*. Der 1. Band (1899) behandelte die Superfamilien: *Micropterygiden*, *Nepticuliden*, *Cochlididen* und *Anthroceriden*. Den Anfang macht also eine Familie, welche bisher an den Schluss der „Micro"-Schmetterlinge (es sei mir gestattet, den Ausdruck zu gebrauchen) gestellt wurde, eine weitere Kleinschmetterlingsfamilie schliesst sich an und es folgen die unter der Bezeichnung *Limacodiden* und *Zygaeniden* geläufigeren beiden, nach bisherigen Begriffen recht entfernt von einander stehenden Familien In Band 2 (1900) erscheinen *Psychiden* und der Anfang der *Lachneiden* (=*Lasiocampiden*). Zu ersteren werden einige Gattungen der *Tineiden* uud *Talaeporiden* (Kleinschmetterlinge) gestellt, eine Neuerung, die im besonderen ebenso umwälzend wirkt, wie das System im allgemeinen. Bei den *Lasiocampiden* erscheint inmitteu eine bisher zu den *Notodontiden* gezählte Gattung (*Nadata*). Band 3 bringt den Rest der *Lachneiden*, die *Dimorphiden* (=*Endromididen*), *Bombyciden*, *Attaciden*, und den Anfang der *Sphingiden* nebst einer Uebersicht der palaearctischen *Lachneiden*. — Als ein Factor zur Beurteilung der Gründlichkeit des Werkes mag gelten, dass in dem Bande von 558 Seiten nur 13 Arten Lepidopteren behandelt werden, wenn auch auf die allgemeine Systematik der Superfamilien, Gruppen, Familien, Subfamilien, Tribus und Genera ein nicht unbedeutender Raum entfällt. Die Decentralisierung des Systems, so ausführlich sie auch begründet und klar durchdacht ist, wirkt fast etwas zu erschwerend auf das Ganze und möchte die Frage nicht unberechtigt erscheinen, ob hierzu eine dringende Notwendigkeit oder eine, dem Zwecke entsprechende Nützlichkeit vorliegt. Die Revision der einzelnen Gruppen geschieht in des Sinnes weitester Bedeutung. Im besonderen beschäftigt sich die Systematik mit den in Grossbritannien heimischen Arten unter genauester Aufzählung alles dessen, was über die Biologie,

Gynandromorphismus, Hybridismus, Verbreitung und Variation der Art überhaupt bekannt ist und spielt somit die Arbeit in Gebiete über, welche auch dem Sammler des Festlandes von ungemein grosser Bedeutung sind und welche dem Buch eine besondere Wichtigkeit verleihen, namentlich auch deswegen, weil eine ausserordentlich umfassende Litteraturcitation und Verzeichnisse aller bekannten paläarctischen Gattungen und Arten das Studium letzerer wesentlich erleichtern. Ebenso wie der Autor die generelle Systematik der höheren Einheiten mit einer ausgiebigen Zahl neuer Bezeichnungen, die sich im wesentlichen nur in der Endung unterscheiden*), bereichert, wird auch eine grössere Anzahl verschollener Genera wieder eingeführt und bei den einzelnen Arten eine, man möchte sagen, mehr als ausreichende Menge neuer Aberrationsnamen aufgestellt. Ueber den Wert solcher Namen ist schon viel gestritten worden. Eine gewisse Utilität ist bei dem Prinzip, Spielarten zu benennen, nicht zu läugnen, wenn dies in mässigen Grenzen geschieht. Bedenkt man aber, dass von den Individuen einer Art kaum eines dem andern völlig gleicht, und wollte man jede Farbenabänderung oder von dem Typus in sonst einer Weise gering abweichende Form benennen, so dürfte dies zu weit führen und bei dem Sammler einen Grad der Mnemotechnik erheischen, der weit über der Grenze des Geistes eines Durchschnittsmenschen liegt Schlagen wir z. B. p. 227 des Buches auf: Wir finden im Index unter *Macrothylacia (Bombyx) rubi* L. sage und schreibe 43 Aberrationen auct. Tutt. Das dürfte genügen und den Autorgelüsten anderer Entomologen oder Entomophilen ein für alle Mal einen Riegel vorschieben. Diese Methode der Namensgebung beweist aber andererseits wiederum, die intensive Ausführlichkeit der Arbeit, an der neben dem Autor und seinen Specialmitarbeitern (Chapman, Bacot, Prout) etwa 200 Lepidopterologen beigesteuert und zu der nur alles erdenkliche Material aus Zeitschriften und Special-Werken zusammengetragen worden ist

Das Werk verdient deswegen unsere volle Aufmerksamkeit und Anerkennung und soll die Gelegenheit nicht versäumt werden, den Sammler europäischer Schmetterlinge, für den dasselbe nicht minder wertvoll als für den Briten, ja man kann wohl sagen unersetzlich ist, hierauf hinzuweisen. Der Beschaffungspreis ist, — auf die Erscheinungszeit der einzelnen Bände verteilt — ein durchaus erträglicher, und sollten es sich auch die Lepidopterologen des Festlandes, namentlich aber Institute, Gesellschaften und Vereine angelegen sein lassen, durch Beschaffung der Bücher das Unternehmen zu unterstützen und zu fördern, und wir wollen dem Autor wünschen, dass es ihm vergönnt sein möchte, das gewaltige Werk programmmässig zum Abschluss zu bringen. St.

Entomologisches Jahrbuch XII. Jahrg., Kalender für alle Insecten-Sammler auf das Jahr 1903, von Dr. O. Krancher Leipzig (Frankenstein u. Wagner) 1902. Preis 1,60 M., in Partieen billiger.

Zeitig im Jahre, fast zu zeitig (Oktober), lag uns der „neue" Kalender vor und, wie in den Vorjahren, begrüssen wir ihn mit gleicher

*) Tutt bezeichnet die Superfamilie mit der Endung „ides" (englische Pluralbildung oder Lateinisierung?), Familie mit „idae" Subfamilie mit „inae", Tribus mit „idi", also z. B.: Bombycides, Bombycidae, Bombycinae, Bombycidi, Bombyx.

Sympathie und empfehlen ihn den Insecten-Freunden und Sammlern zur Anschaffung. Die Einteilung entspricht der früherer Jahre: Kalendarium, mit eingestreuten Notizblättern, monatlichen Sammelanweisungen etc., Astronomie, Postalisches, dann Abhandlungen, Litteratur (auch Zeitschriften), Statistik, Vermischtes, Inserate. Die Sammelanweisungen beziehen sich diesmal auf Lepidopteren (Warnecke) u. Orthopteren (v. Schulthess), über Allgemeines schreibt Dr. Melichar (Entomol. Excursion nach Bosnien), Alté (Fossilien) und Prof. Bachmetjew: „Bevorstehende Untersuchungen für Entomologen", d. h. eine etwas umständliche Art des Studiums der Veränderlichkeit der Grösse einer Art, für welche Autor sich kaum Anhänger unter den practischen Sammlern erwerben wird Ueber Lepidopteren schreiben u. a. Gauckler u. Fassl von der Eiablage, Dr Pabst über Sphingiden etc. bei Chemnitz, Rothke, Zuchtversuche des Eichenseidenspinners etc. Den Coleopteren, Dipteren, Hymenopteren u. Arachneiden werden gleichfalls Artikel gewidmet, so dass der Kalender an Vielseitigkeit des Stoffes nichts zu wünschen übrig lässt. St.

Monographie des Coleopteren-Tribus Hyperini. Mit 3 Tafeln u. 58 Textfiguren von Dr. Karl Petri. Herausgegeben vom Siebenbürgischen Verein für Naturwissenschaften zu Hermannstadt. Kommissionsverlag von R. Friedländer u. Sohn. Berlin. Preis 7 M.

Wer sich jemals mit dem Bestimmen der Hyperini befasst hat, wird die Schwierigkeit erkannt haben, welche ihm gerade diese Gruppe bot. Trotz der grundlegenden Arbeit von Capiomont gab es nur wenige, die in dieser Familie Bescheid wussten Die Variabilität vieler Arten, die meist abweichende Körperform in beiden Geschlechtern, die meist gut erhaltene Bekleidung, die grosse Zahl der oft ungenügend beschriebenen Arten, die unsichere Begrenzung der Genera etc. waren wohl geeignet, vom Studium dieser Gattungen abzuschrecken. Wohl hatten Kraatz, Kirsch, Bedel u. Seidlitz kleinere Faunengebiete mit Fleiss und gutem Erfolg bearbeitet und es jedem möglich gemacht, seine heimischen Arten einigermassen sicher zu bestimmen; darüber hinaus wagten sich jedoch nur wenige.

Wir müssen nun dem Verfasser dafür dankbar sein, dass derselbe eine Revision dieser schwierigen Familie vorgenommen und nach Kräften dazu beigetragen hat, unser Interesse für diese Rüssler zu beleben. Seine Arbeit bedeutet für die Entomologie einen grossen Fortschritt, da es ihm gelungen, neue und constante Merkmale zur genaueren Feststellung und Begrenzung der Genera und Arten zu finden. Als solche betrachtet Herr Dr. Petri die Bekleidung, die Form des Mesosternalfortsatzes, die Stirnbreite, die Rüssellänge, die Form der Flügeldecken. Auch die Fühler werden genau beschrieben. Letztere sind wohl geeignet, zweifelhafte Arten zu unterscheiden. Nicht minder wichtig erschien dem Verf. die Untersuchung des Forceps. Und gerade hier liegt der Schwerpunkt seiner Arbeit. Es braucht hier wohl nicht erst erwähnt zu werden, welche wichtige Rolle die Form des Forceps gerade bei sehr ähnlichen Arten spielt und wie durch ihn allein oft problematische Arten fixirt werden. Ueberall hat Verf. abweichende Formen durch Zeichnungen erleutert.

In der Einteilung der Subtribus und Genera ist Verf. dem Capiomont gefolgt. Nur das Genus Fronto tritt als neu hinzu. Dann folgen

Bestimmungstabellen, unter denen die des Genus Hypera und Phythonomus den meisten Raum einnehmen Ihnen schliesst sich nun eine ausführliche und präcise Beschreibung der Arten an. Bei fehlenden Species ist die Originalbeschreibung beigefügt. Ihre Zahl ist nicht unerheblich.

Dass Herr Dr. Petri auch auf zahlreiche neue Arten stiess, darf nicht wunder nehmen Sind doch seit dem Erscheinen der Capiomont'schen Arbeit 34 Jahre verflossen. In dieser Zeit haben nur Faust u. Reitter neue Hyperinii beschrieben.

Den Schluss bildet eine Synonymentafel, welche Zeugnis giebt, in welcher Weise Verf die Litteratur benutzt hat.

Die beigefügten Abbildungen müssen als eine sehr dankenswerte Beigabe bezeichnet werden.

Wenn Herr Dr. Petri uns nun mitteilt, dass er diese umfangreiche und schwierige Arbeit in 2 Jahren vollendet hat, so müssen wir seinem Fleisse volle Achtung zollen.

Nun folgen einige unmassgebliche Bemerkungen meinerseits.

1. Ein Index sämmtlicher Arten wäre sehr erwünscht gewesen, um schnell die gesuchte Art zu finden.

2. Das Citat der 1 Beschreibung würde dem Nacharbeitenden sehr willkommen sein; Verf. hätte es leicht gehabt, desselbe allen Arten beizufügen.

3. Ob sich gerade Coniatus aegyptius Petri (statt aegyptiacus Cap.) in seiner gut lateinischen Form (p. 193) wohler fühlen wird, als Phytonomus aegyptiacus (p. 184) in seiner schon bei Plinius (6. 28. 32) gebrauchten Schreibweise, wage ich nicht zu entscheiden. Ohne triftigen Grund sollte kein Name geändert werden.

J. Schilsky.

Th. Hüeber. Catalogus insectorum faunae germanicae: Hemiptera Heteroptera. Systematisches Verzeichnis der deutschen Wanzen. Berlin 1902. (Friedländer u. Sohn). Preis 1,50 M.

Jeder Sammler bedarf vorerst eines Kataloges der von ihm zu sammelnden Objecte. Diesem Bedürfnis diente bezüglich der Hemipterologen seither der Puton'sche Katalog der palaearctischen Fauna. Die weite Ausdehnung des Gebietes erschwerte aber die Benutzung für den Anfänger. Diesem Uebel wird einmal durch den vorliegenden, ein engeres und in der Vorrede näher beschriebenes Gebiet umfassenden Katalog abgeholfen, dann aber auch — und dies ist das Hauptziel der Arbeit — soll derselbe zum näheren Beobachten und Sammeln dieser, wenn auch kleinen, so doch ausserordentlich mannigfaltigen und interessanten Ordnung anregen. Dem Autor ist für beide Fälle Erfolg mit der Einführung des Kataloges zu wünschen. St.

P. Fraisse, Dr. med. et phil., Prof. a. d. Univers. Leipzig. Meine Auffassung der Zellenlehre, Akademischer Vortrag.

Zur schnellen Gewinnung eines Ueberblicks über die wichtigsten Fragen auf dem Gebiete der Lehre von der Zelle nach dem Stande der Wissenschaft im Jahre 1898 dürfte das compendiöse Heftchen schätzbare Dienste leisten. Es stellt eine recht geschickte, gedrängte Zusammenstellung der Ergebnisse aller wichtigen Arbeiten dar, welche bis zum genannten Zeitpunkte über die lebende, pflanzliche und tierische Zelle veröffentlicht wurden. Wenn allerdings, durch die Ueberschrift veranlasst jemand erwarten sollte, neue Entdeckungen, noch nicht dagewesene, persönliche Auffassungen oder eine Zusammenstellung des Bekannten unter neuen Gesichtspunkten zu finden, so dürfte er kaum auf seine Rechnung kommen. Abgesehen von einer gewissen Schwerfälligkeit des Stils und häufig mangelnder Klarheit in der Beschreibung allerdings sehr verwickelter Vorgänge, die ohne Abbildungen dem Uneingeweihten kaum verständlich sind, (wie z. B. der Vorgänge bei der Zellteilung), ist die Arbeit besonders für popularisirende Zwecke und für das Studium der Laien empfehlenswert, da sie besondere Vorkenntnisse nicht voraussetzt. Der Umfang des Werkes ist ja auch viel zu beschränkt, um das Thema wissenschaftlich auch nur einigermassen zu erschöpfen, was ja wohl von vornherein gar nicht beabsichtigt wurde. Unter Anlehnung an die Theorie Darwins leitet der Verf. das Werk geschichtlich mit der Lehre vom ersten Ursprung des lebenden Protoplasma ein und gelangt so zur Zelle als grundlegender Einheit aller lebenden Wesen. Unter gleichmässiger Berücksichtigung der Tier- und Pflanzenwelt wird die Anatomie und Physiologie abgehandelt und auch die Chemie des lebenden Eiweisses besprochen. Eine recht eingehende Darstellung der mikroskopischen Vorgänge in der Zelle bei der Zellteilung schliesst das lesenswerte Werkchen. Dr. med. O. Bode.

Paul Ihle und Moritz Lange. Gross-Schmetterlinge Deutschlands, deren Eier, Raupen, Puppen sowie Nährpflanzen. Gotha 1902. Selbstverlag und R. Kreuzburg, Gotha.

Dieses von der Gothaer Landesgewerbe Ausstellung 1898 mit goldner Medaille preisgekrönte farbige Tafelwerk zeichnet sich von allen ähnlichen Unternehmungen dadurch aus, dass auf jeder Tafel der Entwicklungscyklus nur eines einzigen Schmetterlinges dargestellt wird. Dieses bietet für Lehrzwecke unschätzbare Vorteile. Die Eier und Raupen in verschiedenen Stadien sind in natürlicher Stellung auf der Futterpflanze gruppiert und erwecken wie auch die Puppen, Gespinnste und Falter in versch. Geschlechtern und Stellungen einen sehr natürlichen Eindruck. Obgleich der Preis in Anbetracht der Ausführung ein niedriger ist (das Heft mit je 3 Blatt kostet 2,50 M), dürfte doch im allgemeinen das ganze Werk für den Sammler eine zu grosse Ausgabe bedeuten. Dagegen ist es für Schulen, Vereine etc. in jeder Hinsicht empfehlenswert, zumal auch einzelne Hefte abgegeben werden. Es sind bisher 5 Hefte erschienen mit folgenden Blättern: Heft I. *Saturnia pavonia* L. (Kl. Nachtpfauenauge), *Limenitis populi* L. (Grosser Eisvogel), *Sphinx ligustri* L. (Ligusterschwärmer); Heft II: *Catocala fraxini* L. (Blaues Ordensband), *Lasiocampa potatoria* L. (Graselephant), *Vanessa polychloros* L. (Grosser Fuchs); Heft III: *Papilio machaon* L. (Schwalbenschwanz), *Endromis versicolora* L (Scheckflügel), *Deilephila euphorbiae* L. (Wolfsmilchschwärmer); Heft IV: *Arctia caja* L. (Brauner Bär), *Deilephila elpenor* L. (Mittlerer Weinschwärmer), *Lasiocampa quercifolia* L. (Kupferglucke); Heft V: *Acherontia atropos* L. (Totenkopf), *Apatura iris* L. (Grosser Schillerfalter), *Dondrolinus (Lasioc.) pini* L. (Tannenglucke). In Vorbereitung sind noch eine Reihe weiterer Arten. Besonders eignen sich ferner stark variierende und schädliche Schmetterlinge, etwa *Psilura monacha* L. (Nonne) mit der Aberration *eremita* O. und mit Uebergängen dazu, *Agrotis segetum* Schiff. (Saateule) etc. Wert ist auch auf Jugendstadien von Raupen zu legen. Ein Buchstabenhinweis auf die zuweilen verborgenen Eier wäre angebracht. G. E.

Schmiedeknecht, Otto. Opuscula Ichneumonologica. Fasc. I. Allgemeine Einteilung Die Gattung der Joppinen, Ichneumoninen, Listrodominen, Heresiarchinen, Gyrodontinen und Alomyinen. Bestimmungstabelle der paläarctischen Arten der Gattung Ichneumon. Blankenburg i. Thür. 1902. 80 pag.

Als Vorarbeiten zu der allgemeinen monographischen Bearbeitung der Ichneumoniden, Braconiden etc. für das „Tierreich" sind vom Verfasser diese „Opuscula Ichneumonologica" in Angriff genommen worden, von denen das erste Heft soeben erschienen ist. Es enhält neben einer allgemeinen systematischen Uebersicht den 1. Teil einer Bestimmungstabelle der paläarktischen Arten der Gattung Ichneumon L., die sich dadurch vorteilhaft auszeichnet, dass sie eine einheitliche Gesammttabelle darstellt. Ob dieselbe allerdings eine sichere Bestimmung aller Arteu (circa 500) gestatten wird, ist wohl zweifelhaft, aber sie wird jedenfalls als wertvolle Erleichterung einer Uebersicht über die umfangreiche Gattung allen Ichneumonidologen willkommen sein. G.E.

Kohl, Franz, Friedr. Die Hymenopterengruppe der Sphecinen. II. Monographie der Neotropischen Gattung Podium Fabr. Abhandlungen der K. K. Zool.-Botan. Gesellschaft in Wien. Band I. Heft 4. 1902. Mit 7 Tafeln. 101 pag. Preis 8,40 M.

Eine Fortsetzung der monographischen Bearbeitung der Spheciden ist diese Durcharbeitung der nur im neotropischen Faunengebiet heimischen Gattung *Podium*. Der erste Teil, eine Monographie der Gattung *Sphex* erschien im Jahre 1890 in den Ann. d. K. K. naturhist. Hofmuseums in Wien. v. V. Mit Recht fasst der verdienstvolle Verfasser die Gattungen *Dynatus*, *Trigonopsis*, *Parapodium* und *Podium* zusammen und wendet den Begriff der Gattung *Podium* im Sinne von Fabricius an. Die 43 bekannten Arten, worunter sich 17 neue befinden, werden auf 7 natürliche Artgruppen verteilt. Ausführliche Angaben über Morphologie, Biologie und geographische Verbreitung erhöhen den Wert der vortrefflichen Arbeit. G. E.

Hendel, Friedrich. Revision der paläarctischen Sciomyciden. (Dipteren-Subfamilie). Abhandlungen der K. K. Zool. Botan. Gesellschaft in Wien. Bd. II. Heft 1. 1902. Mit 1 Taf. 93 pag. Preis 7,00 M.

Verfasser teilt die Sciomyciden in 2 Subsectionen ein, die *Sciomyzinae* und *Tetanocerinae*. Erstere enthält nach der Auffassung Hendel's 9 Gattungen, letztere 18 Gattungen.

Die Sciomyzinen mit 38 Arten und 4 Gattungen der Tetanocerinen (*Renocera* Hend., *Antichaeta* Hal., *Heteropteryx* Hend. und *Ctenulus* Rond.) mit 10 Arten behandelt er monographisch. Die Arten sind ausführlich beschrieben; eine Bestimmungstabelle für jede Gattung erleichtert die Uebersicht. G. E.

B. Hagen. Vorläufige Diagnose neuer Rhopaloceren von den Mentawai-Inseln. Sonderabdruck aus: **Bei liebenswürdigen Wilden,** ein Beitrag zur Kenntnis der Mentawai-Insulaner von Alfred Maass. Berlin, 1902. (Z. Vergl. auch Abh. Senckenb.-Nat. Gesellsch. 1902).

Herr A. Maass unternahm 1897 in Begleitung des Herrn Dr. Morris eine Reise nach den längs der Westküste Sumatras gelegenen Mentawei-Inseln, die hauptsächlich ethnographischen Studien gewidmet war. Auf Anregung des Herrn Hofrat Hagen liess derselbe jedoch auch Schmetterlinge sammeln, von denen sich eine grössere Zahl als neu erwies und die in dem vorliegenden, mit 2 prachtvollen Chromotafeln ausgestatteten Heft beschrieben werden. Ueber die eventuellen Artrechte dieser Schmetterlinge und betreffs einiger anderer specieller Punkte, hat sich Referent bereits früher geäussert (Ins. Börse v. 19, 1902 p. 355) und sei eine Wiederholung hier erspart. Hervorzuheben ist noch die von Herrn Maass in den Verhandl. der Gesellschaft f. Erdkunde zu Berlin 1898 No. 4 gemachte Schilderung seiner Reise nach der wenig erschlossenen Inselgruppe und der Erlebnisse daselbst, welche auf einen lehrreichen und interessanten Inhalt seines Buches, dessen Titel oben erwähnt ist, schliessen lassen. St.

Dr. Günther Enderlein. Eine einseitige Hemmungsbildung bei Telea polyphemus von ontogenetischen Standpunkt. Ein Beitrag zur Kenntnis der Entwicklung der Schmetterlinge (Zool. Jahrb. Abtlg. f. Anat. u. Ontog. v. 16, Heft 4). Jena 1902. 3 Taf. u. 4 Textfiguren

Anlass zu dieser Arbeit gab ein abnorm entwickeltes Weibchen von *Telea polyphemus* Cr. Zur genetischen Erklärung dieser Abnormität (Rückschlag in der Aderbildung) hat Autor, infolge überhaupt ungenügender Kenntnis der normalen Entwicklung, es als erste Aufgabe betrachtet, die ontogenetischen Vorgänge in der Schmetterlingspuppe, speciell der Saturniiden, zu studieren und damit seine ursprüngliche Absicht weit überschritten. Die Untersuchungen, welche sich durch 4 Jahre hindurch erstrecken, geben ein ausführliches Bild von der Entwickelung der Flügel in der Puppe und des Tracheensystems derselben unter Erläuterung der Gesammtanatomie, besonders der Topographie des Respirationsapparates und erstrecken sich in zweiter Linie auf vergleichend-morphologische Betrachtungen in Hinsicht auf einige andere Lepidopteren-Familien. Die Hauptresultate, welche auf S. 38 u. f. zusammengefasst sind, divergieren u. a. nicht unwesentlich mit den jetzt dominierenden Anschauungen über das Adersystem des Schmetterlingsflügels, namentlich wird trotz Redtenbacher, Spuler u. Haase das Vorhandensein einer tracheal angelegten Costa constatiert, so dass die jetzt allgemein unter dieser Bezeichnung (Costalis) bekannte Ader zur Subcosta degradiert wird und die bisherige Subcostalis als verästelter Radius auftritt. Diese 3 Adern bilden den Radialen Flügelstamm, im Gegensatz zu dem Medianen Flügelstamm, der sich im Vorderflügel aus der 3 ästigen Media (d. i. nach jetziger Auffassung die beiden Radialen und der vordere Medianast), dem 2-ästigen Cubitus (= den beiden hinteren Medianästen mit dem Stamm der bisherigen Mediana), der Analis (verschwindend), der 1. Axillaris (= Submediana) und der 1—3 ästigen 2. Axillaris zusammensetzt. Diese

Resultate bedeuten eine arge Umwälzung der gebräuchlichen Bezeichnung des Adersystems und erscheint er als dringende Notwendigkeit, dass von autoritativer Stelle, vielleicht von der Generaldirection des „Tierreich", eine durchgreifende Reform und Einheitlichkeit hierin geschaffen wird. — Im weiteren ist hervorzuheben, dass, entgegen der Theorie Grotes die *Saturniiden* mit geschlossener Mittelzelle als phylogenetisch jünger zu betrachten sind, als diejenigen ohne Zellschluss *(Attacinen)*. — Die Untersuchung von Vergleichsmaterial erstreckte sich u. a. auf *Aporia crataegi* und werden (S. 27) zwei interessante Abnormitäten dieser Art beschrieben, deren eine in dem Vorderflügel das normale Geäder der Gattung *Hebomoia* Hübner trägt. Diese oder ähnliche Erscheinung wiederholt sich und erachtet es Autor unter Berücksichtignng ihrer Wichtigkeit für entwicklungsgeschichtliche Betrachtungen für angebracht, auf diese Abnormität des Geäders einen Aberrationsnamen (ab *karschi*) zu begründen. Dieser Fall der Namensgebung für eine morphologisch-abnorme Flügelbildung, der in der Hymenopterologie gebräuchlich und nicht ungewöhnlich ist, dürfte in der Schmetterlingskunde der einzige und erste sein, weshalb er hier besonders Erwähnung findet. Diese kurzen Bemerkungen mögen Zeugnis ablegen, welch ein interessanter und lehrreicher Stoff hier verarbeitet worden ist. Die Arbeit wird dem eingehenden Studium dringend empfohlen. St.

Berichte über Land- und Forstwirtschaft in Deutsch-Ostafrika, herausgegeben vom Kaiserl. Gouvernement von Deutsch-Ostafrika in Dar-es-Salâm. Heidelberg, Carl Winters Universitätsbuchhandlung, Bd. 1 Heft 1 u. 2, 1902. Preis 2,80 bzw. 2,40 M.

Dies neue litterarische Unternehmen des Kais. General-Gouverneurs muss als Beweis für die eifrige Thätigkeit der Kolonialverwaltung zur Hebung und Pflege der Bodencultur in unserem fernen Tochterlande gelten. Die Hefte, welche in zwangsloser Aufeinanderfolge zur Ausgabe gelangen, bringen ein reichliches und interessantes Material, dessen Studium allen Interessenten bald zur Gewohnheit und zum Bedürfnis werden wird. Naturgemäss spielen Aufsätze entomologischen Inhalts keine unwesentliche Rolle hierbei. Heft 1 enthält in der Hauptsache eine „Uebersicht über Land- und Forstwirtschaft in Deutsch-Ostafrika im Betriebsjahr vom 1. Juli 1900 bis 30 Juni 1901. (Dr. F. Stulhmann) im 2., mit 3 Tafeln ausgestatteten Heft sind ausser einigen, die Bodenbeschaffenheit, Flora und Witterungsverhältnisse behandelnden Artikeln folgende mehr oder weniger entomologische Aufsätze enthalten: Stuhlmann: Notizen über die Tsetsefliege *(Glossina morsitans* Westw.) und die durch sie übertragene Surrahkrankheit; derselbe: Ueber den Kaffeebohrer *(Anthores leuconotus* Pasca) in Usambara; derselbe: Vorkommen von *Glossina tabaniformis* Westw. bei Dar-es Salâm und Lommel: Bericht über eine Reise nach Mkamba zwecks Infizierung von Heuschreckenschwärmen mittels des „Heuschreckenpilzes". St.

Bartel, Max u. Herz, A. Handbuch der Grossschmetterlinge des Berliner Gebietes. Berlin, 1902. Verlag von A. Böttchers Naturalienhandlung. Preis 2,00, 3,00, 3,25 M., je nach Ausstattung.

Die Herausgabe dieses „Verzeichnisses der Berliner Grossschmetterlinge" war zuerst von der Berliner Entomol. Gesellschaft*), welche sich die Erforschung der Insectenfauna von Berlin und Umgebung zur Aufgabe gestellt hat, geplant (Internat. Entom. Zeitschr. Guben, April 1902). Es ist daher nur billig darauf hinzuweisen, dass dieser Vereinigung in erster Linie das Verdienst gebührt, durch gemeinsames Wirken den Grund zu der Arbeit gelegt zu haben. Wie es kommt und möglich gewesen ist. dass die Herren B. u. H nach ihrer Lossagung von der erwähnten Gemeinschaft in die Rechte der Verfasser eintraten, entzieht sich der genaueren Beurteilung, soll auch nicht Sache des Referats sein. In Hinblick auf diese Thatsache wird indes die Behauptung der Autoren in der Vorrede, dass sich die biologischen**) Angaben zum grössten Teil auf eigenene, durch mehrjährige Sammelthätigkeit im Gebiet gewonnene Erfahrung stützen, etwas skeptisch aufzufassen sein Um eine solche Fülle von Erfahrung aufzuspeichern, welche erforderlich ist, die Entwicklungsgeschichte von über 800 Schmetterlingen auch nur in primitivster Weise zu geben, genügt keine mehrjährige (!) und noch dazu, wie es hier der Fall ist, durch Berufspflichten wesentlich eingeschränkte Thätigkeit einer einzelnen oder zweier Personen. Hierzu gehört das Zusammenwirken einer grösseren Zahl tüchtiger Sammler und statistische Aufzeichnungen, die unter Umständen ein Lebensalter erfordern, es sei denn, dass die „Erfahrungen" aus früheren Publikationen entlehnt sind (Rössler?).

Zur Sache selbst kann im vornherein anerkannt werden, dass das „Handbuch" (besser Verzeichnis) mit nur wenigen Ausnahmen dem Zwecke und — soweit ein Urteil bei der Fülle des Stoffes möglich ist — auch den Thatsachen entspricht und, abgesehen von dem unverhältnismässig hohen Preise, für den heimatlichen Sammler ein willkommenes Nachschlagebuch darstellt. In der Systematik folgen die Autoren dem Catalog von Staudinger und Rebel III. Aufl. bis auf die *Psychiden*, für welche Tutt, Brit. Lepidoptera als Muster angenommen wird Der Grund der Wahl dieses „gemischten" Systems wird nicht verraten und ist das Verfahren um so weniger zu erklären, als das Tutt'sche System nicht einmal in seinem ganzen Umfange bezüglich seiner Superfamilie *Psychides* angewendet wird, weil die von letzterem aus den „Kleinschmetterlingen" ausgeschiedenen und zu den *Psychiden* gestellten Gattungen der *Tineiden* und *Talaeporiden* unberücksichtigt bleiben. In der Schreibweise der Namen sind verschiedentlich orthographische Fehler der Autoren übernommen. Es lässt sich darüber streiten, ob das Princip richtig ist, einen von seinem Urheber augenscheinlich falsch geschriebenen Namen in dieser Form dauernd zu verewigen Die vom 5. Internat. Zoologen-Kongress zu Berlin hierüber fixierten Regeln sind auch nicht bestimmt. Es heisst in § 8: „Die ursprüngliche Schreibung eines Namens ist beizubehalten, falls nicht ein Schreib- oder Druckfehler oder ein Fehler in der Transscription nachzuweisen ist". In dem

*) Nicht zu verwechseln mit dem die vorliegende Zeitschrift herausgebenden Entomol. Verein zu Berlin.

**) Biologie=Lehre vom Leben. Der Ausdruck ist etwas zu viel für das Gebotene!

Worte „nachweisen" liegt die Schwierigkeit. Nach dem Tode des Autors wird sich allerdings ein solcher Nachweis kaum führen lassen, es sei denn, dass derselbe mit der Etymologie des Wortes geführt und anerkannt wird. Dann müssten wir annehmen: „galii" statt „gallii", „lambda" statt „lamda", „chlorana" statt „clorana" u. s. w. In manchen Angaben finden Berufungen auf englische Sammler statt (Tutt, Dadd), Das ist zwecklos, weil sich die faunistischen Verhältnisse anderer Gegenden, namentlich Englands, nicht auf Berlin übertragen lassen und endlich sind neuerdings aufgefrischte, Prioritätsrechte besitzende Speciesnamen, die noch zu wenig bekannt sind, ohne Synonym angeführt z. B. *Zyg. purpuralis* Brünnich=*pilosellae* Esp. Das wirkt erschwerend.

Vielfach sind Zeit und Lokalitätsangaben, insbesondere bei den verbreiteten Arten nicht ausreichend. Letztere schliessen häufig mit „u. s. w."; damit kann gesagt sein: Die Art kann auch noch wo anders vorkommen, wir wissen es aber nicht", oder aber: „Es sind uns noch weitere Fundorte bekannt, wir halten es aber nicht für nötig, sie zu nennen"! Beides ist unbefriedigend. Wenn Lokalitäten genannt werden, so muss alles aufgeführt werden, was bekannt ist, oder aber es ist zu empfehlen, den bevorzugten Aufenthalt (Wald, Feld, Wiese etc.) dem allgemeinen Worte „verbreitet" hinzuzufügen.

Einige, durch Stichproben ermittelte Ergänzungen in dieser Hinsicht folgen, ohne dass indes damit eine durchgreifende Vervollständigung bezweckt und erreicht würde.

Nachzutragen bleibt zunächst auf S. 60: *Metrocampa honoraria* Schiff., vom Referenten 1888 im Grunewald nächst Schmargendorf in der Dämmerung in einem ♂ Exemplar gefangen. Die Anzahl der Arten steigt hiermit auf 835.

Im einzelnen können bei folgenden Nummern Ergänzungen etc. Beachtung finden. Die nicht eigenen Erfahrungen des Referenten sind mit „r. r."=„relata refero" gekennzeichnet. Einige Druckfehler werden den Autoren bereits selbst aufgefallen sein.

A. Zeitangaben:

5. *P. machaon* Raupen im Juli (Finkenkrug) $^{1}/_{4}$ erwachsen (r. r.). — 7. *P. daplidice* R. Ende August $^{3}/_{4}$ erwachsen (r. r.). — 49. R. im Juli $^{9}/_{10}$ erwachsen angetroffen (r. r.). — 70. *C. phlaeas* soll im Juli $^{3}/_{4}$ erwachsen an Disteln gefunden sein (r. r.). — 100. *H. malvae* R. Mitte August $^{1}/_{2}$—$^{3}/_{4}$ erwachsen (r. r.). — 149. *T. pinivora* R. schon im Juni (r. r.). — 507. *P. ridens* R. im Juli $^{3}/_{4}$ erwachsen (r. r.) — 656 *T. pygmaeata* R. 24/VI gefunden (Jungfernheide) (r r.). — 779. *O. quadra* R. noch im Juli $^{3}/_{4}$ erwachsen (Finkenkrg.) (r. r.). — 785. *L. lutarella* R. Mitte August, Tegel (r. r.).

B. Lokalitätsangaben.

3. *A. crataegi* bei Tempelhof (Ring-Bahn) und Lichterfelde (r. r.). — 38. *A. ino*: Jungfernheide häufig. — 47. *S. semele* nicht nur in Kiefernwäldern, ruht auch an einzelnen Bäumen im freien Gelände (Tempelhof, Militär-Exercierplatz). — 60. *Th. spini*: Tegel (r. r.). — 65. *Z. betulae*: Pankow. — 90. *H. morpheus*: Jungfernheide häufig (nächst den Schiesständen). — 151. *O. antiqua*: Interessant zu erwähnen: Gedeiht mitten in Berlin, Potsdamer, Askan. Platz an Hecken der gärtner. Anlagen. — 177. *S. pavonia*: Grunewald, häufig. — 203. *S. nervosa*: Westend (r. r.). — 204. *A. albovenosa*: Treptow (r. r.).

220. *A. candelarum*: Schmargendorf, Grunewald (in den 80. Jahren nicht selten). — 231. *A. simulans*: Jungfernheide — 259. *M. splendens*: Spandauer Forst, wie vor — 271. *M. chrysozona*: Tempelhof. — 356. *L. conigera*: Jungfernheide. — 430. *C. asteris*: Grunewald (r. r.). — 475. *C. elocata.*: Im Süden und Westen Berlins, verbreitet (Schmargendorf, Steglitz). — 744. *S. cucullatella*: Finkenkrug (r. r.). — 745. *N. strigula*: Grunewald. — 707. *A. hebe*: Tempelhof. — 799. *H. asella*: Rüdersdorf (r. r.).

C. Verschiedenes

14. var. (ab.) *clitie.* Diese Form kommt bei Berlin nur als Aberration vor, wenn auch vielleicht häufiger wie die Stammform — 19. *V. jo* Schreibweise unrichtig, Linné, Syst. nat. 10. p. 472 u 88 schreibt richtig *Io*, also *i*, nicht *j*. — 173. *O. pruni.* Raupe auf Rotbuche, einmal Jungfernheide angetroffen. — 448. *A. luctuosa.* Raupe an Blüten der Ackerwinde entbehrt der Bestätigung von competenter Seite. — Von Rössler entlehnt? — 558. *T. amata.* R. an Polygonum (r. r.). — 574. *L. viretata.* R. an unreifen Beeren von Hartriegel entbehrt der Bestätigung. Erscheinungszeit zu früh, als dass schon Beeren vorhanden. R. auch an anderen Pflanzen z. B. Eiche (Cöpenick, Tegel) (r. r.). — 577. *T. dubitata.* Zeitangabe lässt auf 2 Generationen schliessen. Es giebt nur eine. R. im Frühjahr (r. r.). — 608. *L. cuculata.* Wie vor. Nur eine Generation bekannt, Schmetterl. im Juli (r. r.). — 623 *L. obliterata* Mai-Juni, 2 Generationen unklar. Berichtigung auf Wunsch des Gewährsmannes anderer Stelle vorbehalten (r. r). — 737 *T. brunneata* (auch Nachtr. 75). Angaben über Entwickelung ganz irrig (r. r.). Berichtigung wie vor. — 738. *T. petraria* Futterpflanze falsch (r. r.), Bericht. wie vor. — 804. *A. crenulella* v. *helix*, Ueber Synonymie dieser *Psychide* schreibt Dönitz in: Berlin. Ent. Z. v. 46 S B. p. (10) u. Ins. Börse v. 18 (1901) p. 309. Der Gattungsname ist auch deswegen nicht haltbar, weil *helix* nicht als erste Art unter ihm aufgeführt ist und daher nicht als Typus des Genus *Apterona* gilt. (Millière in: Ann. Soc. Linn. Lyon v. 4 (1857) p. 192). Weshalb der Name *helix* als var. angeführt wird (auch bei Tutt, Staud.-Rebel) ist gänzlich unklar. Giltig ist: *Cochlophanes* Siebold *helix* Sieb. St.

Prof. Dr. W. Marschall. Gesellige Tiere. Hochschulvorträge für Jedermann. Heft XXIII—XXVIII. Leipzig. Verlag von Dr. Seele u. Co. 1901.

Mit der Lebendigkeit und Anschaulichkeit, die den scharfbeobachtenden Naturfreund und Naturforscher auszeichnet, schildert uns der rühmlichst bekannte Verf. in den vorliegenden vier Heftchen ein höchst anziehendes Stück Tierleben. Sehr glücklich betritt er damit wieder die Pfade, auf denen sich Brehm seine grossen Erfolge errang. Besonders wohlthuend berührt der für populär-naturwissenschaftliche Werke einzig richtige, vielfach humorvolle, leichte und höchst unterhaltende Plauderton, der entfernt von academischer, langweiliger Lehrhaftigkeit es dem Leser schwer macht, die fesselnde Lectüre zu unterbrechen Und doch entdeckt man bei näherem Suchen, dass in den Werkchen eine ganz gehörige Menge wissenschaftlichen Materials, eigener und fremder Beobachtung, verarbeitet und sehr geschickt zusammengestellt ist. Es ist nicht genug anzuerkennen, wenn Männer der Wissenschaft sich auf solche Weise bemühen, im Volke die Liebe zur Natur zu wecken und zu verbreiten Der Laie wird dadurch angeregt, selbst in die Natur hinauszugehen, selbstständig zu beobachten und zu urteilen Das Ergebnis wird immer eine Veredelung des Gemütlebens, eine Schärfung der sinnlichen Beobachtung sowie der eigenen Urteilsfähigkeit sein.

Der 1. Vortrag behandelt zunächst die Kormen oder Tierstöcke der Pflanzentiere und geht dann bald zu höheren, massenhaft auftretenden Tieren über. Bespricht die verschiedenen Ursachen, die zum Geselligleben nicht nur der Tiere derselben Art, sondern auch verschiedener, in der Tierordnung oft weit voneinander stehenden Arten führen. Da lediglich Wirbeltiere behandelt werden, so hat dieser Vortrag kein specifisch entomologisches Interesse.

Auch der 2. Vortrag behandelt das Thema in derselben Richtung. Jedoch folgt hier ein Uebertritt auf entomologisches Gebiet, indem Verf. das Auftreten des sog. Heerwurms als massenhaftes Auftreten der Trauermücke (Sciara militans), sowie die Lebensgewohnheiten der Raupe vom Processionsspinner (Cnethocampa processionea) sehr eingehend beschreibt und soweit die Hypothesen reichen, begründet.

Der 3. Vortrag behandelt die Lehre von der Zelle vom Gesichtspunkte der Arbeitsteilung der Zellen im höher organisirten Körper aus, der als ein Zellenstaat betrachtet wird, und geht dann des weiteren auf die besondere Geschlechtseigenschaft der Zelle und weiter auf die Geschlechtsfunctionen der höheren Tiere über. Entomologisch interessant ist hier wieder die genaue Beschreibung der Lebensgewohnheiten der Mistkäfer in Bezug auf ihre Fortpflanzung. So des Copris lunaris, das Pillendrehen des echten, heiligen aegyptischen Mistkäfers (Ateuchus). Dann beschreibt er das Zusammenleben des Phanaeus, der Totengräber, des Rebenschneider (Lethrus cephalotes) und der Feldgrille (Gryllus campestris).

Fast ganz entomologisch ist der 4 Vortrag, der mit einer Betrachtung der gesellig lebenden Wanzen beginnt. Sodann kommt Verf. auf den eigentlichen Kern der Sache, auf die staatenbildenden Hautflügler. Nach einer anatomischen Einleitung beginnt er mit den Faltenwespen (Vespa crabro, vulgaris, rufa, germanica, media, holsatica, Polistes gallica). Es wird die Bildung des Staates und die geschlechtliche Qualität der einzelnen Wespenformen des Staates beschrieben. Sodann kommt ausführlich der Bau ihrer Nester an die Reihe, woran sich ein Ueberblick über die Nesterbauart tropischer Faltwespen anschliesst. Mit einer Betrachtung der Art der Nahrungsaufnahme und der besonderen Lebensgewohnheiten der Papierwespen schliesst der Vortrag.

Der 5. Vortrag behandelt nun zunächst im allgemeinen die Immen und geht dann auf die Hummeln über. Zweifellos ist dies der gelungenste der Vorträge. Der Character, die Liebhabereien und Lebensgewohnheiten dieses gutmütigen Insects werden mit grösster Sorgfalt beobachtet und in geradezu glänzender Weise dargestellt. Hier lässt der Verf. stellenweise in köstlichster Weise seinem trockenen Humor die Zügel schiessen. Neu ist hier die angeführte und wissenschaftliche Begründung des Vorkommens eines Hummeltrompeters, der früh die Hummeln durch helles, durchdringendes Summen aus der Nachtruhe erweckt.

Der 6. Vortrag ist den Meliponen, jenen tropischen, stachellosen Bienenformen gewidmet, deren Anatomie, Lebensweise, und Bauart nicht weniger eingehend wie im vorigen bei den Hummeln abgehandelt wird.

Ich kann mir nicht versagen, zum Schlusse nochmals dringend die Lecture dieser Vorträge zu empfehlen.

Dr. O. Bode — Halensee.

Die Käfer Europa's nach der Natur beschrieben von Dr. Küster und Dr. Kraatz. Fortgesetzt von J. Schilsky. 38. Heft, Nürnberg 1901.

Als Fortsetzung der wertvollen Arbeiten, welche uns dieses Werk bereits gebracht hat, beginnt der Verfasser mit dem 38. Bändchen eine Beschreibung der *Apionen.*

Wie gross und mühsam ein derartiges Unternehmen ist, erhellt schon aus den einleitenden Worten des Verfassers. Denn von *Apionen* der paläarktischen Zone hat schon Desbrocher im „Frelon" 310 Arten bearbeitet. Aber obwohl diese Arbeit erst vor 5 Jahren abgeschlossen ist, war abermals eine Revision nötig, da Abweichungen in der Form innerhalb einer Art und mangelhafte Kenntnis vornemlich der Geschlechtsunterschiede vielfach Irrtümer und Doppelbenennungen verursacht haben.

Die Bearbeitung musste sich daher auch auf ein äusserst reichhaltiges Studienmaterial stützen, welches die Museen von Berlin, Wien, Budapest und Sarajevo, die zoologischen Institute von Halle und Kiel mit ihren Typen von Germar u. Fabricius, und von Privatleuten Herr Major von Heyden und die Herren Staudinger und Banghaus zur Verfügung stellten. In dem erschienenen Bändchen ist zunächst ein neuer Versuch zur Aufstellung von Untergattungen gemacht. Es folgt die eingehende Beschreibung von 100 Arten mit Angabe des Vaterlandes und vielfach auch der Nährpflanze.

Nach Abschluss der Beschreibungen, durch welche bis jetzt 5 neue Arten bekannt gemacht wurden, verspricht der Verfasser eine Zusammenstellung der Arten nach ihren Nährpflanzen zu geben, sowie eine Bestimmungstabelle. Wir sind zu erfahren begierig, wie weit es in dieser gelingen wird der Schwierigkeiten Herr zu werden, welche gerade bei den *Apionen* die grosse Mannigfaltigkeit der Geschlechtsunterschiede bietet.

Slr.

Dr. E. S. Zürn. Maikäfer und Engerlinge. Leipzig, H. Seemann Nachf. 50 Pf.

Das hauptsächlich für Gartenbesitzer und Landwirte geschriebene Werkchen enthält zunächst eine genaue Beschreibung der in Deutschland vorkommenden Maikäferarten, sowie ihres Entwicklungsganges, welcher bei *Melolontha hippocastani* ein Jahr länger als bei *M. vulgāris* und im nördlichen Deutschland wiederum ein Jahr länger (5 bzw. 4 Jahre) als im südlichen (4 bzw. 3 Jahre) währt. Eine genaue Zusammenstellung der Schwärmjahre ergiebt indessen, dass feste Regeln für die Schwärmperioden nicht aufgestellt werden können. Es folgen eingehende Angaben über die Grösse des Schadens, über die Eiablage, den Aufenthaltsort der Engerlinge und die nach Zeit und Ort gebotene Möglichkeit sie zu vernichten. Der Verfasser hält ihre Bekämpfung durch Erzeugung ansteckender Krankheiten mittelst Pilzculturen (Botrytis tenella) für zu teuer und wenig erfolgreich. Er legt grösseren Wert auf das Einsammeln sowohl der Käfer wie der Engerlinge und giebt Recepte zur Verwertung der eingesammelten Mengen.

Das Werkchen ist knapp und gut geschrieben. Von grossem Interesse sind die nach dem Prometheus (1898 No. 168 u. 169) gegebenen Mitteilungen über die mittelalterlichen, in aller Form erfolgten Ladungen der Engerlinge vor die bischöflichen Gerichte und ihre Belegung mit dem Kirchenbann. Stlr.

Carl Fromholz Buchdruckerei, Berlin C., Neue Friedrichstr. 47

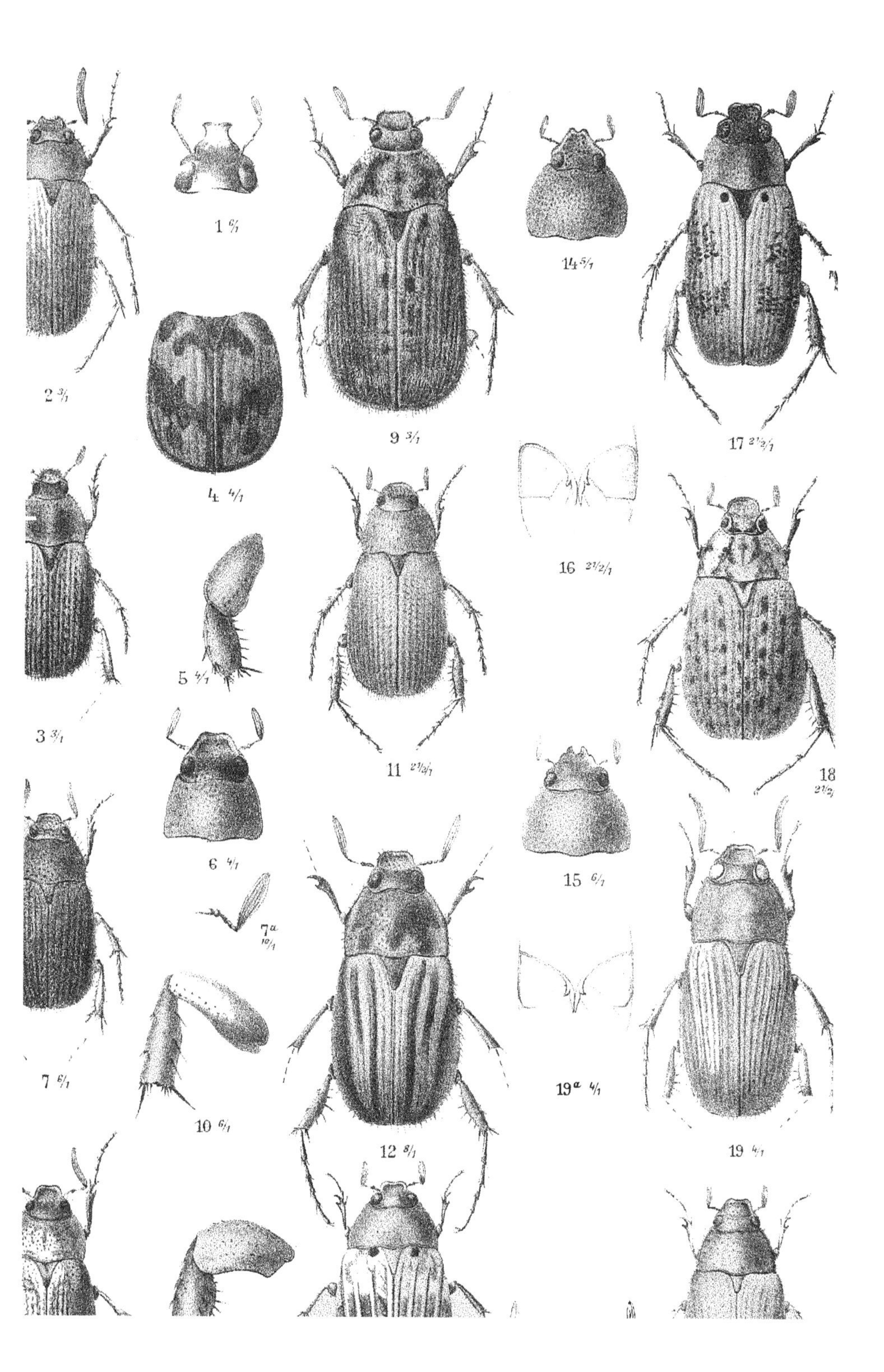

1 6/1
2 3/1
3 3/1
4 4/1
5 4/1
6 4/1
7 6/1
7a 10/1
9 3/1
10 6/1
11 2½/1
12 8/1
14 5/1
15 6/1
16 2½/1
17 2½/1
18 2½/
19 4/1
19a 4/1

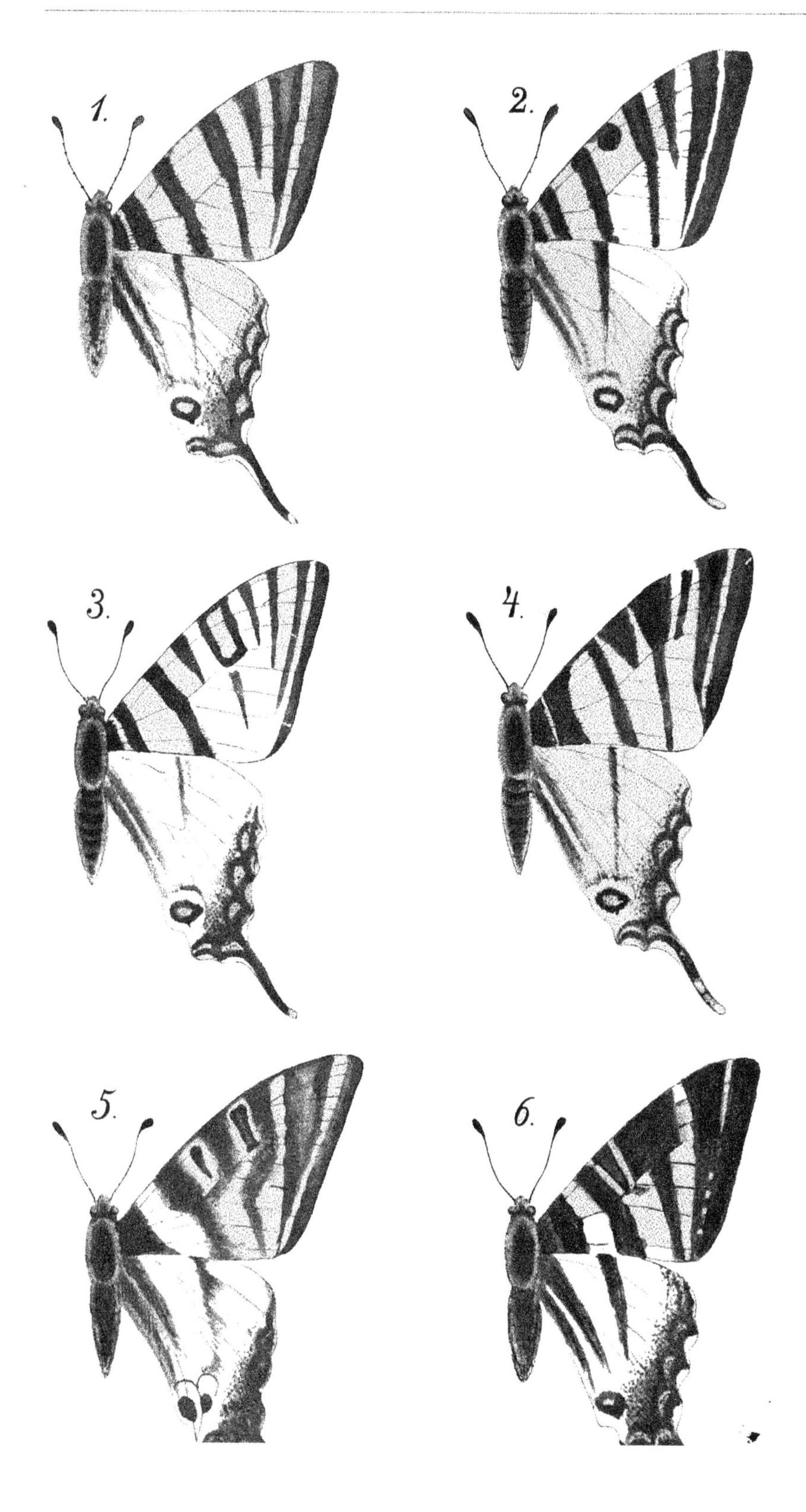
1.
2.
3.
4.
5.
6.

Dei ephila Siehei Pün ler

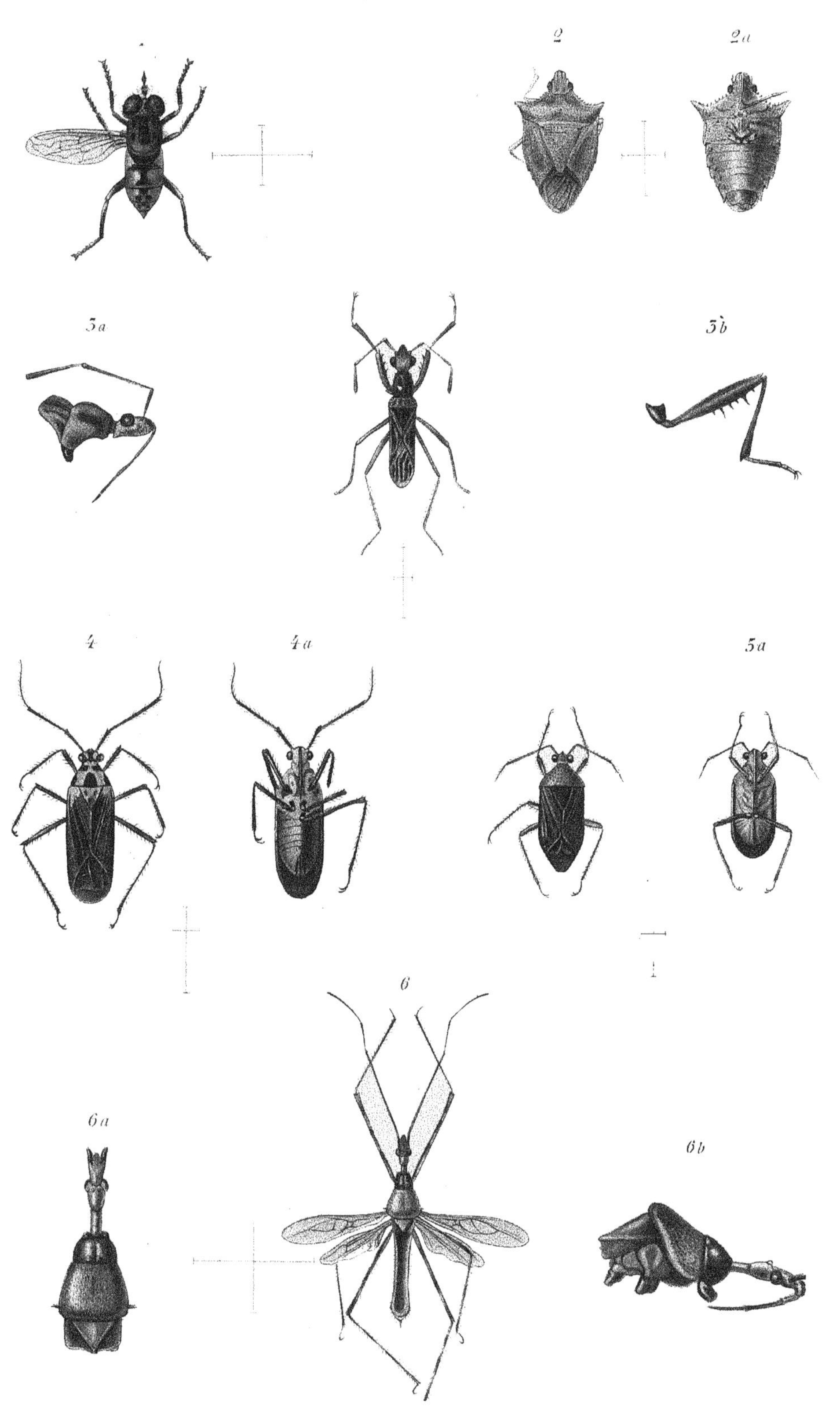
2
2a
3a
3b
4
4a
5a
6
6a
6b

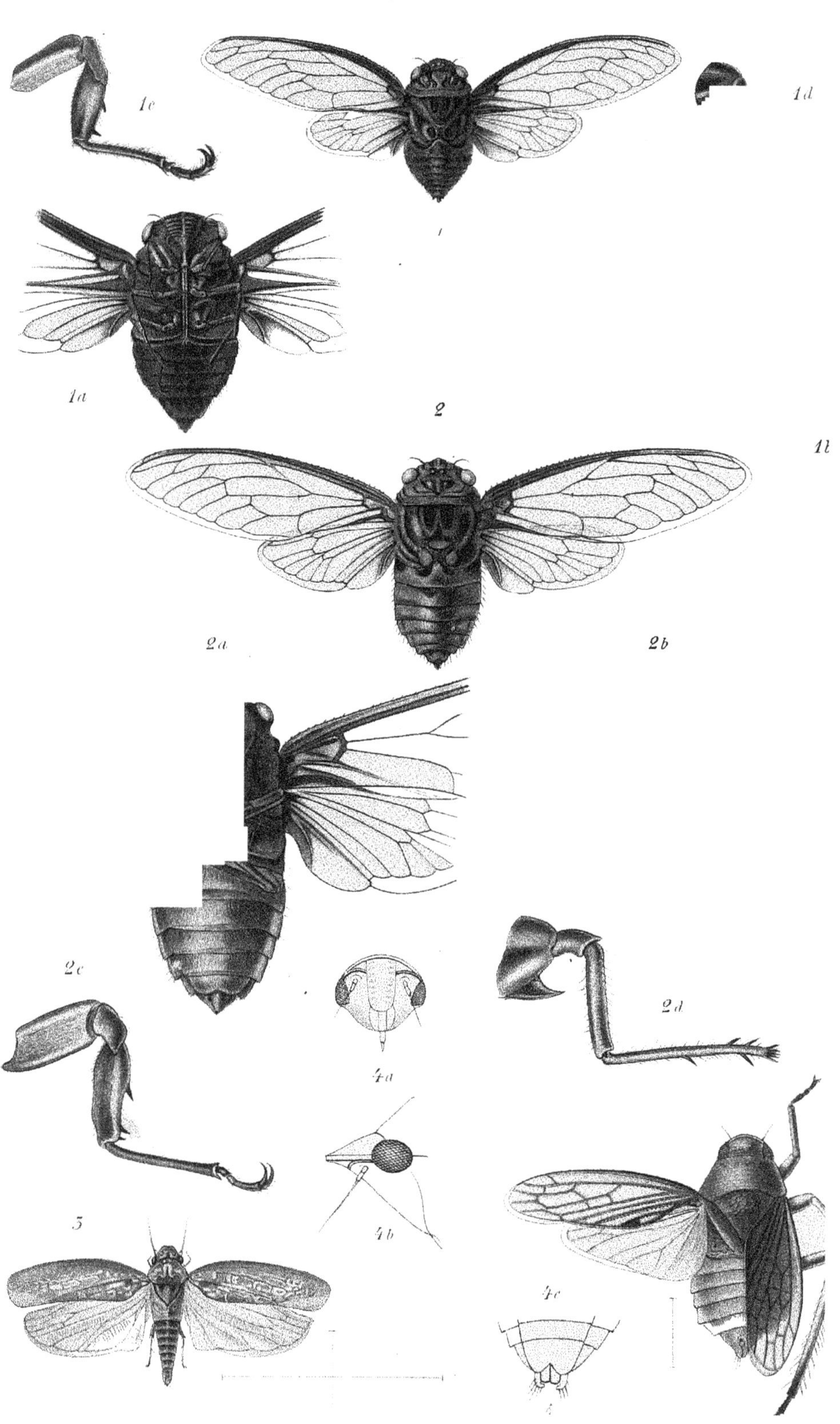
1c
1
1d
1a
2
1l
2a
2b
2c
2d
4a
4b
3
4c

Aeltere Jahrgänge der Zeitschrift von **1857** an werden den Mitgliedern zu **besonders ermässigten** Preisen überlassen, ferner sind abgebbar Beihefte und Separata:

Inhalts-Verzeichnis der Berl. Ent. Zeitschr. Jahrg. I–VI (1857–1862), VII–XII (1863–1868), XIII–XVIII (1869–1874) je . . . . —,25 M.

desgl. Jahrg. XIX–XXIV (1875–80) und chronolog. Verzeichnis der Arbeiten der einzelnen Autoren im Jahrg. I–XXIV (1857–1880) . . . —,40 „

Alle 4 Verzeichnisse (ausschliesslich Porto) . . . . . . 1,— „

v. Baerensprung, Doct. F. Catalogus Hemipterorum Europae (1860) 25 Seit. . . . . —,75 „

Stierlin, Revision der europ. Otiorhynchus-Arten (1861), 344 Seiten . . . . 2,— „

v. Baer, K. Ernst. Welche Auffassung der lebenden Natur ist die richtige und wie ist diese Auffassung auf die Entomologie anzuwenden? (1862) 57 Seiten 1,— „

Seidlitz, die Otiorhynchiden (1868), 153 Seiten . . . 1,50 „

Haag-Rutenberg, G. Beitr. z. näher. Kenntnis einiger Gruppen aus der Familie der Tenebrioniden (1875), 56 Seiten . . . . —,75 „

Joseph, Gust. Dr. med. et phil. Erfahrungen im wissenschaftlichen Sammeln und Beobacht. der den Krainer Tropfsteingrotten eigen. Arthropoden (1882) 104 Seit. 1,50 „

Amelang, Schmetterlingsfauna der Mosigkauer (Dessauer) Haide (1887), 43 Seiten, 1 Karte . . . . 1,25 „

J. Schilde, Schach dem Darwinismus! Studien eines Lepidopterologen (1890), 360 Seiten . . . . 3,— „

Reitter, Edm. Die europ. Nitidularien und Revision der europ. Cryptophagiden (1875), 88 Seiten . . . . . 1,50 „

Jhering, H. von. Die Ameisen von Rio Grande do Sul (1894), 126 Seiten, 1 Tafel, 7 Textfiguren . . . 2,— „

Kieffer, J. J. Neuer Beitrag zur Kenntnis der Epidosis-Gruppe (1896), 44 Seiten, 2 Tafeln, 3 Textfig. 2,— „

Huwe, A. Verzeichnis der von H. Fruhstorfer auf Java erbeuteten Sphingiden (mit Neubeschr.), 16 Seiten, 1 Tafel (1895) . . . . 1,50 „

Becker, Th. Dipterolog. Studien, Sapromyzidae (1895) 94 Seiten, 1 Tafel, 1 Textfigur . . . . 2,— „

Rebeur-Paschwitz. Canarische Insecten (Blephar. mendica, Hypsicorypha Juliae) [1895], 12 Seiten, 1 Tafel, 1 Zinkätzung . . . . 1,— „

Kriechbaumer, Dr. Jos. Beitrag zu einer Monographie der Joppinen (1898) 166 Seit. 1 Taf. . . . . . . 2,50 „

Weymer, G. Einige neue Neotropiden (1899), 30 Seiten, 1 Tafel . . . . 1,50 „

Entomol. Inhalts-Verzeichnis zu den Verhandlungen der zool.-botan. Gesellschaft Wien, Jahrg. I–XXV. . . . . . . —,50 „

z Buchdruckerei. Berlin C., Neue Friedrichstr. 47

Lightning Source UK Ltd.
Milton Keynes UK
UKHW020732261118
332983UK00008B/574/P